Einführung in die Fertigungstechnik

Ralf Förster · Anna Förster

Einführung in die Fertigungstechnik

Lehrbuch für Studierende ohne Vorpraktikum

2. Auflage

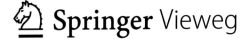 Springer Vieweg

Ralf Förster
Fachbreich VIII
Berliner Hochschule für Technik
Berlin, Deutschland

Anna Förster
Berlin, Deutschland

ISBN 978-3-662-68129-9   ISBN 978-3-662-68130-5   (eBook)
https://doi.org/10.1007/978-3-662-68130-5

Die Deutsche Nationalbibliothek verzeichnet diese Publikation in der Deutschen Nationalbibliografie; detaillierte
bibliografische Daten sind im Internet über http://dnb.d-nb.de abrufbar.

Planung/Lektorat: Eric Blaschke
Springer Vieweg ist ein Imprint der eingetragenen Gesellschaft Springer-Verlag GmbH, DE und ist ein Teil von
Springer Nature.
Die Anschrift der Gesellschaft ist: Heidelberger Platz 3, 14197 Berlin, Germany

Das Papier dieses Produkts ist recyclebar.

Geleitwort zur zweiten Auflage

Wir freuen uns sehr, dass das Interesse an diesem kleinem Buch so groß ist, das es eine zweite Auflage gibt. Wir haben uns bemüht die Fehler der ersten Auflage zu beseitigen und neue Informationen zu verschiedenen Themen einzuarbeiten. Insbesondere sind wir den zahlreichen Wünschen und Anregungen der Studierenden nachgekommen, die mehr über die verschiedenen Werkzeuge, Maschinen deren Anwendung und richtige Bezeichnung der Einzelteile lesen und wissen möchten. Weiterhin haben wir uns bemüht im Kapitel 10 weitere komplexe Fertigungsketten darzustellen, da dies von vielen Lesern gewünscht wurde. Wir hoffen das wir mit diesem Buch einen kleinen Beitrag leisten, um die teilweise seit Jahrhunderten verwendeten Fertigungstechniken, deren richtige Anwendung und Benennung nicht in Vergessenheit geraten zu lassen. Insbesondere wünschen wir uns, dass mehr technische Produkte, die wir im Alltag verwenden, öfter repariert werden. Durch die Kenntnisse der richtigen Werkzeuge, deren Funktion und gefahrlosen Anwendung können auch Menschen, die bisher nur wenig Kontakt zu technischen Anwendungen haben, ggfs. "technische"Berührungsängste überwinden und selbst Reparaturen unter Beachtung der Arbeitssicherheit ausführen. Mehr Reparieren, die technischen Produkte länger nutzen und langlebige, qualitativ hochwertige Produkte kaufen und lange verwenden leistet sicherlich einen Beitrag zur nachhaltigen und verantwortungsvollen Nutzung der Ressourcen unserer Erde. Wir hoffen natürlich auch, die Hürden für die Aufnahme eines technischen oder naturwissenschaftlichen Studiums zu senken und es Studienanfängern zu ermöglichen, sich sehr viel leichter in die Terminologie der Ingenieurwissenschaften einzuarbeiten. Dies sollte den Spaß am Lernen deutlich erhöhen.

Berlin, September 2023   *Ralf Förster*

Anna Förster

Geleitwort zur ersten Auflage

Ursprünglich wurde dieses Buch als Skript für indonesische Studierende konzipiert, um ihnen einen kurzen umfassenden Überblick über die Fertigungstechnologien, deren richtiger Benennung und den richtigen und ungefährlichen Einsatz der entsprechenden Werkzeuge und Maschinen zu geben, ohne den bewährten Büchern der Fertigungstechnik, die viele der hier dargestellten Sachverhalte voraussetzen, ein weiteres zur Seite stellen zu wollen. Während der Übungen und Vorlesungen in Deutschland wurde der Wunsch der Studierenden deutlich, auch ein entsprechendes Buch auf Deutsch zur Verfügung zu haben.

Da es leider immer mehr technische Studiengänge an deutschen Hochschulen und Universitäten, insbesondere des Maschinenbaus und des Wirtschaftsingenieurs Maschinenbau gibt, die kein Grundpraktikum in der Industrie mehr voraussetzen und daher die Studierenden in den ersten Semestern zwar über eine Hochschulzugangsberechtigung verfügen, aber leider keine Vorstellungen mehr von den verwendeten Fertigungstechniken, der Anwendung und der richtigen Benennung der in der industriellen Praxis teilweise seit Jahrhunderten benutzten Techniken und Werkzeuge besitzen, besteht die Notwendigkeit diese Lücke zu schließen, um den Unterricht weiterhin verfolgbar zu machen.

Die Anzahl der Studienanfänger, die eine Ausbildung besitzen, ist ebenfalls stark rückläufig, daher ist es in den ersten Semestern des Studiums sehr wichtig geworden, die wichtigsten technischen Grundbegriffe und einfachen technischen Grundlagen, die bisher vor Aufnahme eines technischen Studiums erlernt wurden, innerhalb der ersten Übungen und Vorlesungen zu vermitteln. Eine Reihe von Studierenden kann den Übungen und Vorlesungen nicht folgen, weil ihnen technische Standardbegriffe wie z. B. Körner, Reiben oder Ringschlüssel nicht geläufig sind und sie keine Vorstellungen von den Abläufen und Prozessen der Fertigung besitzen. Kenntnisse über den Aufbau und die richtige Benutzung von Messschiebern und Bügelmessschrauben sind leider nicht mehr Allgemeingut der Studierenden in den Ingenieurwissenschaften.

Weiterhin sind sehr viele Menschen aktiv in der Maker-Bewegung und den Repair Cafés und wollen eigene Ideen und Projekte verwirklichen bzw. lieb gewordene bewährte Dinge erhalten und reparieren, kennen aber die entsprechenden technischen Fachbegriffe und den richtigen Umgang mit den Werkzeugen nicht. Viele dieser Menschen haben ein starkes Interesse an technischen Fragestellungen und möchten sich auch aktiv im technischen Umfeld engagieren, haben aber bisher wenig technische Kompetenz erwerben können, da es nur noch wenige Fahrrad-, Motorrad- oder Autobesitzer gibt, die selbst ihre Fahrzeuge reparieren.

Dieses kleine Buch soll nicht die Standardbücher der Fertigungstechnik ersetzen, sondern die Lücke zwischen der schulischen Ausbildung und einem technischen Studium schließen. Es soll eine kleine Hilfe sein, damit auch Studierende die technische Fachsprache von Facharbeitern, Technikern und Meistern sprechen und sich im industriell-praktischen Umfeld richtig artikulieren können.

Berlin, August 2018   *Ralf Förster*

                                                                        Anna Förster

Danksagung

Die Überarbeitung dieses Buches wurde auf Anregung und mit Hilfe vieler Studierender und Leser aus vielen Bereichen ermöglicht. Ihnen gebührt natürlich der erste Dank, denn ohne die Diskussionen über deren technische Erfahrungen und Hindernisse beim Verstehen von technischen Zusammenhängen wäre eine Weiterentwicklung der zweiten Auflage nicht möglich gewesen. Natürlich ist eine derartig umfangreiche Arbeit nur mit der Unterstützung zahlreicher weiterer Menschen möglich. Unser größter Dank gilt daher zunächst unserer Frau und Mutter Dr. med. Cornelia Förster, die an vielen Tagen und langen Abenden auf uns verzichten musste, ebenso wie unsere Tochter und Schwester Antje Förster. Ohne die familiäre Rückendeckung durch Horst und Monika Förster, unsere Eltern, bzw. Großeltern wäre dieses Projekt nicht möglich gewesen. Weiterhin gebührt großer Dank Lukas Schulz, dem Mann von Anna Förster, der auch viel Geduld bewies und mit einer Vielzahl von Hinweisen und Diskussionen zum Entstehen diese Buches beitrug.

Für sehr viel Unterstützung, praktische Hilfe und immer ein offenes Wort danken wir auch Prof. Dr.-Ing. Andreas Loth, der viel von seinen praktischen Erfahrungen und seinem umfangreichen Wissen beisteuerte. Auch den Mitarbeitern des Labors für Produktionstechnik der Berliner Hochschule für Technik Berlin verdanken wir viele Anregungen, Diskussionen und Hilfe bei der Überarbeitung dieses Buches. Hier danken wir insbesondere Ralph Zettier, Frank Hauser, Viktor Georgiev, Frank Honeck, Martin Kaiser, Erik Höhne, André Zühlsdorf und natürlich auch Michael Steinbrück. Sie waren alle jederzeit bereit, die Arbeit zu unterstützen und Hinweise über die Verständnisprobleme der Studierenden zu geben.

Selbstverständlich ist eine derartige Arbeit nicht ohne die Hilfe zahlreicher Kollegen, Freunde und Bekannte denkbar, die uns mit Fotos, Bauteilen und "Mitbringseln"ür Visualisierung und mit zahlreichen Hinweisen und Diskussionen unterstützten. Insbesondere Prof. Dr. Albert Herbert Fritz, Prof. Dr.-Ing. Tiago Borsoi-Klein, Prof. Dr.-Ing. Jan Rösler, Prof. Dr.-Ing. Jörg Hornig-Klamroth und Prof. Dr. Annette Juhr haben ständig mitgearbeitet. Auch ihnen allen sei hiermit sehr herzlich gedankt.

Für die schnelle, sehr umsichtige und gründliche und stets extrem gut gelaunte Hilfe bei der Korrektur und Überarbeitung der Texte danken wir sehr herzlich Jean-Marc Witzmann. Sehr viel Unterstützung und Hilfe erhielten wir, wie auch schon bei der ersten Auflage dieses Buches von zahlreichen Museen und deren Mitarbeitern, insbesondere dem Binnenschifffahrtsmuseum in Oderberg, dem Museum Stade, dem Bernischen Historischen

Museum, dem Museum Tobiashammer in Ohrdruf und der Stadtbibliothek Nürnberg. Ihnen allen soll auch hier gedankt werden.

Weiterhin sind natürlich die vielen Abbildungen, die einen Einblick in den derzeitigen Stand der industriellen Produktion ermöglichen, nicht ohne die Hilfe und das Interesse der Mitarbeiter und Eigentümer zahlreicher Firmen möglich. Stellvertretend für die vielen Unterstützer aus dem industriellen Bereich soll hier Feike Bakx, Dr. Christian Wolff, Dr. Thomas Ardelt, Dr. Carsten Russner und Dr. Javier Fuentes gedankt werden. Weiterhin möchten wir uns bei Elle Babbo, Florian Eichin und Dr. Siddharth Tiwari für die Unterstützung bedanken. Sie alle leisteten einen Beitrag, um die Überarbeitung des Buches zu ermöglichen. Aber natürlich sei auch allen anderen Firmen und deren Mitarbeitern gedankt, die Bilder für das Buch zur Verfügung stellten.

Abschließend möchten wir uns natürlich auch ganz besonders bei Laura Hankeln und Eric Blaschke vom Springer-Verlag bedanken, die uns jederzeit mit Rat und Tat zur Seite standen.

Berlin, September 2023   *Ralf Förster*

                                                             Anna Förster

Inhaltsverzeichnis

Formelzeichen und Abkürzungen

Abkürzungen

Großbuchstaben

ABS	Aufbauschneide
BAZ	Bearbeitungszentrum
BDM	Bound Metal Deposition
BIS	Beam Interface Solidification
BJT	Binder Jetting
BSF	British Standard Fine
BSP	British Standard Pipe
BPM	Ballistic Particle Manufactoring
CBN	Kubisches Bornitrid
CFK	kohlenstofffaserverstärkter Kunststoff
CNC	Computerised Numerical Control
CVD	Chemical Vapour Deposition
DED	Directed Energy Deposition
DIN	Deutsches Institut für Normung e.V.
DLC	diamond-like carbon
DLP	Digital Light Processing
DLZ	Drehmaschine mit Leit- und Zugspindel
EKD	Eisen-Kohlenstoff-Diagramm
FDM	Fused Deposition Modeling
FEPA	Federation of European Producers of Abrasives
FFM	Fused Filament Fabrication
FLM	Fused Layer Modelling
FLM	Fused Layer Manufacturing
GG	Gusseisen mit Lamellengraphit
GGG	Gusseisen mit Kugelgraphit
GS	Stahlguss
HIS	Holographic Interference Solidification
HS	Schnellarbeitsstahl
HSK	Hohlschaftkegelaufnahmen
IHU	Innenhochdruckumformen
ISO	Internationale Organisation für Normung
KSS	Kühlschmierstoff
LH	Left Hand
LLM	Layer Laminate Manufacturing
MEX	Material Extrusion
MF	Metrisches ISO-Feingewinde
MJM	Multi-Jet Modeling
MJT	Material Jetting
MK	Morsekegel
MMS	Minimalmengenschmierung

NC	Numerische Steuerung
NE-Metalle	Nichteisenmetalle
NPS	Nullpunktspannsysteme
OSB	Oriented Strand Board
PBF	Powder Bed Fusion
PC	Personal Computer
PCBN	Polykristallines kubisches Bornitrid
Pg	Panzergewinde
PKD	Polykristalliner Diamant
Pl.	Plural
PM	Pulvermetallurgisch
PVD	Physical Vapour Deposition
REM	Rasterelektronenmikroskop
RH	Right Hand
RP	Rapid Prototyping
S	Hauptschneide
S´	Nebenschneide
SDS	Shaping-Debinding-Sintering
SFP	Solid Foil Polymerisation
SGC	Solid Ground Curing
SK	Steilkegelaufnahme
SL	Stereolithography
SLS	Selective Laser Sintering
SMS	Selective Mask Sintering
STEM	Shape Tube Electrolytic Machining
SW	Schlüsselweite
TH	Technische Hochschule
TU	Technische Universität
UNF	Unified National Fine
VDE	Verband der Elektrotechnik Elektronik Informationstechnik e. V.
VDI	Verband deutscher Ingenieure e.V.
VHM	Vollhartmetall
VPP	Vat Photo Polymerizationl
WSP	Wendeschneidplatte
WST	Werkstück
WKZ	Werkzeug
Z	Ordnungszahl
ZTU	Zeit-Temperatur-Umwandlung

Kleinbuchstaben

kfz	kubischflächenzentriert
krz	kubischraumzentriert
v. Chr.	vor Christus

Formelzeichen

Großbuchstaben

A	mm^2	Querschnitt
A_α	mm^2	Freifläche
A_γ	mm^2	Spanfläche
F	N	Kraft
F_c	N	Schnittkraft
F_{Spann}	N	Spannkraft
L	mm	Länge
M	Nm	Drehmoment
P_c	W	Schnittleistung
P_e	W	Wirkleistung
Ra	μm	Mittenrauwert
Rm	$\frac{N}{mm^2}$	Zugfestigkeit
$Rp_{0,2}$	$\frac{N}{mm^2}$	0,2% Dehngrenze
Rt	μm	Rautiefe
Rz	μm	Gemittelte Rautiefe
T	$^\circ C$	Temperatur
T_s	$^\circ C$	Schmelztemperatur
T_r	$^\circ C$	Raumtemperatur
T_z	$^\circ C$	Zündtemperatur
VB	mm	Verschleißmarkenbreite
W	m/min	Wälzgeschwindigkeit
Wc	J	Schnittarbeit
W_f	J	Vorschubarbeit

Kleinbuchstaben

a_e	mm	Eingriffsweite
a_p	mm	Schnitttiefe
a_{pmax}	mm	maximale Schnitttiefe
b	mm	Spanungsbreite
b_{G1}	mm	Breite Gehrung 1
b_{G2}	mm	Breite Gehrung 2
b_{HTN}	mm	Halsbreite T-Nut
b_{HTS}	mm	Halsbreite T-Nutenstein
b_{TN}	mm	Breite T-Nut
b_{TS}	mm	Breite T-Nutenstein
d_A	mm	Außendurchmesser
d_{a0}	mm	Wälzfräseraußendurchmesser
d_{a2}	mm	Zahnradaußendurchmesser
d_B	mm	Bohrungsdurchmesser
d_{Fr}	mm	Durchmesser eines Fräsers
d_I	mm	Innendurchmesser
d_K	mm	Gewindekerndurchmesser
d_N	mm	Gewindenenndurchmesser
$d_{WkzSchleif}$	mm	Durchmesser eines Schleifwerkzeuges
d_{Wst}	mm	Durchmesser Werkstück
e	mm	Fase
f	mm	Vorschub
f_z	mm	Vorschub je Zahn/ Schneide
h	mm	Spanungsdicke
h_{GTN}	mm	Gesamthöhe T-Nut
h_{GTS}	mm	Gesamthöhe T-Nutenstein
h_{TN}	mm	Höhe T-Nut
h_{TS}	mm	Höhe Nut T-Nutenstein
hch	mm	Spandicke
k		Korrekturfaktor
$k_{c1.1}$	$\frac{N}{mm^2}$	spezifische Schnittkraft für b = h = 1 mm
k_{Fer}		Korrekturfaktor für das Fertigungsverfahren
k_{Sch}		Korrekturfaktor für den Schneidstoff
k_{vc}		Korrekturfaktor für die Schnittgeschwindigkeit
k_{ver}		Korrekturfaktor für den Verschleiß
k_{γ}		Korrekturfaktor für den Spanwinkel
l	mm	Fräserlänge
l/d		Längen zu Durchmesserverhältnis
m	kg	Masse
m_c		Spanungsdickenexponent
n	min^{-1}	Drehzahl

n_{Wst}	min^{-1}	Werkstückdrehzahl
r	mm	Radius
s	mm	Dicke
t	s	Zeit
t_c	min	Schnittzeit
u	mm	Schneidspalt
v_c	$\frac{m}{min}$	Schnittgeschwindigkeit
v_f	$\frac{m}{min}$	Vorschubgeschwindigkeit
z		Schneidenanzahl

Griechische Kleinbuchstaben

α	$°$	Winkel
η	$m^2 s^{-1}$	kinematische Viskosität
v	Nsm^{-2}	Dynamische Viskosität
σ	Nmm^{-2}	Spannung

Kapitel 1
Geschichte der Fertigungstechnik

Zusammenfassung Die Geschichte der Menschheit ist eng mit der Möglichkeit verbunden, die täglich benutzten Dinge (Werkzeuge, Kleidung, Waffen usw.) herzustellen und natürliche gefundene Dinge (Steine, Knochen, Äste, Horn) zu bearbeiten und sich damit das Leben zu vereinfachen bzw. überhaupt zu überleben. So werden die Epochen der Menschheitsgeschichte auch nach der Möglichkeit, verschiedene Werkstoffe zu bearbeiten, eingeteilt. Die einzelnen Entwicklungsabschnitte der Menschheit werden daher in die Steinzeit, Bronzezeit und Eisenzeit gegliedert. Die Steinzeit begann etwa vor 2,5 Millionen Jahren und dauerte etwa bis 2200 v. Chr. Der Steinzeit folgte die Bronzezeit, die etwa bis 800 v. Chr. dauerte. Ihr folgte die Eisenzeit. Die zeitliche Einteilung ist allerdings nicht weltweit gültig. Die oben genannten zeitlichen Abfolgen entsprechen denen im Mittelmeerraum und Mitteleuropa. In Asien, Amerika und auch im südlichen Afrika wurde teilweise die Ver- und Bearbeitung von Bronze erst zeitgleich oder sogar später als die Bearbeitung von Eisen begonnen.

1.1 Steinzeit

Nachdem zuerst einfache Stöcke und Steine zur Bearbeitung von Werkstücken von unseren ältesten Vorfahren genutzt wurden, lernten die ersten Menschen in der Steinzeit, Werkzeuge selbst herzustellen und so die Umwelt aktiv zu verändern und Einfluss auf die Gestaltung des eigenen Lebensraums zu nehmen. Die ältesten Werkzeuge, die bisher durch archäologische Funde nachgewiesen wurden, sind Werkzeuge aus Horn, Knochen und Steinwerkzeuge. In Abb. 1.1 sind dafür Beispiele in Form einer Geweihaxt, von Steinbeilen und einer Hacke dargestellt. Diese wurden, aus einfachen Steinen, die zum Schlagen und Werfen verwendet wurden, entwickelt. Eines der bekanntesten Werkzeuge ist der Faustkeil, der zunächst ein Universalwerkzeug war, aber später durch Bearbeitung an seinen Rändern eine erste Spezialisierung erfuhr. So entstanden durch Bearbeitung von Steinen erste Werkzeuge zum Schlagen bzw. Meißeln und erste Messer bzw. Sägen. Weiterhin wurde die Arbeitsbewegung angepasst (vom Schlagen mit dem Faustkeil bis zum Schaben bzw. Ziehen mit Klingen). Durch diese Entwicklungen und das Sammeln von Erfahrungen mit den immer weiter spezialisierten Werkzeugen wurden die verschiedenen Schneidkeilformen der Werkzeugschneiden entwickelt. Auch die verschiedenen Fertigungsverfahren

© Springer Fachmedien Wiesbaden GmbH, ein Teil von Springer Nature 2023
R. Förster und A. Förster, *Einführung in die Fertigungstechnik*,
https://doi.org/10.1007/978-3-662-68130-5_1

wurden dabei weiterentwickelt. Die Schneiden der Steinwerkzeuge wurden geschlagen, geschliffen und geläppt. Die Muskelkraft der Menschen und später die domestizierter Tie-

Abb. 1.1 Geweihaxt, Steinbeile und Hacke im Binnenschifffahrtsmuseum Oderberg

re war bis zur Nutzung des Feuers die einzige Energiequelle. Während der Jungsteinzeit wurden die Werkzeuge weiter spezialisiert. Es wurden Sägen und Äxte aus Stein für die Bearbeitung von Holz entwickelt. Für die Herstellung von Kleidung aus dem Leder der erlegten Tiere wurden Nadeln aus Knochen und Holz benutzt. Zur Jagd wurden Speere, Pfeile und Bogen aus Holz und Knochen verwendet, die Pfeil- und Speerspitzen bestanden aus bearbeiteten Steinen (Abb. 1.2). In der Jungsteinzeit bildete sich die erste Form einer menschlichen Gesellschaft, die mit dem Beginn einer Spezialisierung der Fertigungstechnik einherging. Die Menschen wurden sesshaft. Sie gingen nicht mehr auf die Jagd und zum Sammeln in den Wald. Durch den Übergang zu Ackerbau und Viehzucht wurde das gesamte gesellschaftliche und wirtschaftliche Leben der Menschheit neu strukturiert. Von CORDEN CHILDRE, einem englischen Historiker, wird dieser Vorgang als „neolithische Revolution" bezeichnet. Dieser Begriff wird von HANS J. NISSEN aber als irreführend betrachtet, da der Zeitraum für die Herausbildung der neuen Fähigkeiten der Menschheit mehrere Jahrtausende betrug und keine sprunghafte Änderung ihrer Fertigkeiten erfolgte. Unter Betrachtung der tiefgreifenden Veränderungen, die im Neolithikum erfolgte, wird

Abb. 1.2 Klingen und Pfeilspitzen aus Feuerstein im Binnenschifffahrtsmuseum Oderberg

der Begriff dennoch weiter benutzt. Die Menschheit war erstmalig in ihrer Geschichte in der Nahrungsmittelbeschaffung von der natürlichen Umwelt unabhängig geworden. Anstatt Felle zu Kleidung zu verarbeiten, wurden Schafe geschoren, Garne gesponnen und zu Textilien gewebt. Aus Ton wurden Ziegel für den Hausbau und Keramikgefäße als Nahrungsmittelspeicher hergestellt. Damit wurde zum ersten Mal ein Werkstoff verwendet, der in der Natur so nicht vorkommt. Die Möglichkeit, die erzeugten Nahrungsmittel zu lagern und eine Vorratswirtschaft zu betreiben, war eine der Grundlagen, um sesshaft zu werden.

Die durch die neuen landwirtschaftlichen Methoden erzeugten Nahrungsmittelüberschüsse mussten gelagert werden. Durch diesen tiefgreifenden innovativen Wandel wurden auch neue angepasste, spezialisierte Werkzeuge und Hilfsmittel entwickelt. So wurden Werkzeuge zum Töpfern, Spinnen, Weben und zur Bearbeitung von landwirtschaftlichen Flächen entwickelt. Auch erste Maschinen, wie die in Abb. 1.3 dargestellten Steinbohrapparate, wurden entwickelt. Diese Steinbohrapparate entstanden aus Feuersteinen vor etwa 40 000 Jahren [FEL31] [SPU04] [FEL14].

Abb. 1.3 Nachbau von Steinbohrapparaten im Schwedenspeicher-Museum Stade [Quelle: Museen Stade]

1.1.1 Aufwand zur Herstellung von Steinwerkzeugen

M. ZÁPOTOCKÝ erklärt die Herstellung von Steinwerkzeugen aus Felsgestein mit den möglichen Techniken Zuschlagen, Picken, Schleifen, Polieren und das Schaftlochbohren. Die Rohteile wurden zugesägt oder geschlagen, danach wurde durch Picken die Form des Werkzeugs grob gefertigt. Oft wurde vor dem Schleifen der Klingen des Werkzeugs das Schaftloch gebohrt. Der Herstellungsaufwand von Hammeräxten übersteigt den der Beilklingen deutlich, da noch die Bohrung für den Schaft eingebracht werden musste. Über den erforderlichen Zeitaufwand für die Fertigung derartiger Werkzeuge wurden zahlreiche Experimente durchgeführt. In einem Versuch, der 1958 von RIETH mit Flintsplittern als Bohrer an einem 40 mm dicken Quarzit durchgeführt wurde, wurden für die Bohrung mit einem Vollbohrer 100 Stunden und mit einem Hohlbohrer 68 Stunden für die Herstellung der Durchgangsbohrung benötigt. Andere Experimente geben für eine 3 bis 3,4 mm tiefe Hohlbohrung lediglich 1 Stunde an [ZAP92]. Bei diesen Experimenten fehlen allerdings die Angaben über die Durchmesser der Bohrungen und die verwendeten Gesteinssorten. Für den Fertigungstechniker von Interesse ist allerdings die Tatsache, dass nachweislich schon sehr früh mit Hohlbohrern (heute auch als Kronenbohrer bezeichnet) gearbeitet wurde, um schneller und effektiver zu sein. In Abb. 1.4 sind derartige mit Hohlbohrern hergestellte Bohrungen mit den entsprechenden Innenstücken für die Verwendung in Steinäxten dargestellt. Sie wurden in der Nähe von Bern in der Schweiz gefunden. KEGLER-GRAIEWSKI schätzt für die Fertigung von 38 mm langen Schaftlöchern einen Arbeitsaufwand von 12 bis 95 Stunden [KEG07]. Der gesamte weitere Fertigungsaufwand richtet sich natürlich nach der Form, dem Gestein und der Qualität der Oberflächenbehandlung. Von K. BLEICH wird die Herstellung einer Hammeraxt mit insgesamt ca. 80 Arbeitsstunden angegeben (zitiert bei [ZAP92], S.144). D. OLAUSSON schätzt die Zeit für die Herstellung einer Axt auf 20 bis 50 Stunden ([OLA98] S.132).

Abb. 1.4 Kernlochbohrungen und Steinäxte [Quelle: Bernisches Historisches Museum, Bern. Foto Stefan Rebsam]

1.2 Bronzezeit

Kupfer als eines der ersten vom Menschen genutzten Metalle wurde am Ende des sechsten Jahrtausends vor Christus in gediegener (d. h. natürlich rein vorkommende Metalle) Form mit Hämmern kalt bearbeitet. In größeren Mengen vorkommende gediegene Metalle sind Kupfer, Silber, Gold, Platin und auch Eisen [BON09]. Teilweise wird die Übergangszeit zur Bronzezeit auch als Kupferzeit bezeichnet. Mit der Entwicklung der Nutzung von Wasser- und Windkraft und teilweise auch der Schwerkraft wurde die Energietechnik weiterentwickelt. Durch die Nutzung des Feuers als weitere Energiequelle und der Erfindung der Schmelzmetallurgie konnten neue Werkstoffe der Menschheit zugänglich gemacht werden. Durch Rösten von Kupfererz über einem Holzkohlenfeuer konnte erstmals Kupfer erschmolzen werden. Im alten Ägypten wurden ab den dritten Jahrtausend v. Chr. aus Kupfer, welches aus dem Sinai und aus Bronze (eine Legierung aus 90 % Kupfer und 10 % Zinn), welche aus Asien stammte, Waffen und Werkzeuge geschmiedet oder gegossen [SPU04]. Eine zeitgenössische Darstellung der verschiedenen Metallbearbeitungsmöglichkeiten in Ägypten findet sich auf Zeichnungen im Grab des REKAHMARA (siehe Abb. 1.5). Werkzeuge aus Bronze waren jenen aus Stein deutlich überlegen, da Bronze durch die Legierung mit Zinn deutlich härter ist als reines Kupfer. Um Kupfer zu schmelzen, wurden zunächst Blasrohre verwendet, um durch Sauerstoffzufuhr höhere Temperaturen zu erreichen. Später wurden dazu die leistungsfähigeren Tretblasebälge (Abb. 1.5 links) verwendet. Werkzeuge wurden auch durch Gießen hergestellt, wie die in Troja gefundene Gussform für einen Bronzemeißel (Abb. 1.6) zeigt. Durch die Erfindung

Treten des Blasebalgs zum Metallschmelzen   Gießen von flüssigen Metall in Gussformen   Löten und Schmieden

Abb. 1.5 Metallbearbeitung in Ägypten auf Darstellungen aus dem Grab des Rekahmara um 1475 v. Chr. [FEL31]

des Rades konnte die Herstellung von Keramikgefäßen (Töpferscheibe) deutlich verbessert werden und als Wagenrad (in Ägypten ab 1550 v. Chr. nachweisbar) erleichterte es den Transport von Waren und Gütern aller Art. Es konnten nun Metalle und andere Handelsgüter über große Entfernungen auch auf dem Landweg transportiert werden. Durch den von Tieren gezogenen Pflug verbesserte sich die Arbeitsproduktivität in der Landwirtschaft. Durch die erzielten Überschüsse konnten größere Siedlungen entstehen und der Handel mit anderen Gebieten zum Austausch der überzähligen Produkte entwickelte sich. Gleichzeitig entwickelten sich verschiedene stark spezialisierte Berufsgruppen. Die-

Abb. 1.6 Gussformen aus für Bronzemeißel aus Troja [FEL31]

se Entwicklungen erforderten einen immer größeren Verwaltungs- und Planungsaufwand, so dass eine soziale Schicht, aus Priestern, Adligen und Verwaltungsbeamten entstand, die

nicht mehr körperlich arbeiteten. Es entstanden erste Normungssysteme, deren Längeneinheiten meist abhängig von den Körpermaßen der jeweiligen Herrscher waren (Fuß, Elle,
Spanne usw.). Weiterhin wurde es notwendig, eine Schrift und einen Kalender zu entwickeln. Mit der Schrift entstand eine nicht mehr an die persönliche, mündliche Übertragung
gebundene Kommunikationsform. Wichtige Beschreibungen und Regelungen konnten unabhängig vom menschlichen Gedächtnis gespeichert und weitergegeben werden. Somit
konnten technische Verfahren, Anwendungen und auch Normen gesichert, konserviert
und über einen langen Zeitraum benutzt werden. Die Schrift entstand im alten Ägypten
Ende des 4 Jahrtausends v. Chr. zunächst als Bildschrift, die sich dann zur Silbenschrift
weiterentwickelte [MUS92]. Über verschiedene Schritte, bedingt durch die verwendeten
Schreibmaterialien, wurde bis etwa 1000 v. Chr. das phönizische Alphabet entwickelt, das
aus 22 Zeichen für Konsonanten bestand. Dieses Alphabet bildete die Grundlage der west-
lichen und östlichen Alphabete. Allerdings fehlten die Vokale und so konnten die Worte
verschieden ausgesprochen werden. Beispielsweise sind die Namen Samson und Simson
gleichen Ursprungs, werden aber aufgrund des Fehlens der Vokale anders gesprochen.
Weitere derartige Beispiele finden sich in der Konsonantenfolge s-l-m l-ch-m in der jü-
dischen Sprache: Schalom alechem und im arabischen: Salam aleikum [MUS92]. Durch
die Griechen wurden etwa 900 v. Chr. dieser Schrift Vokale hinzugefügt und somit eine
vollständige Lautschrift entwickelt [MUS92]. In China wird die Entwicklung einer Bil-
derschrift in einigen Quellen dem Kaiser FU HSI zugeschrieben und etwa um 2800 v.Chr.
datiert [MUS92]. Dieser Kaiser lässt sich aber historisch nicht belegen. Die ältesten Funde
von chinesischen Schriftzeichen stammen aus der SHANG-Dynastie (16.-11.Jhd. v. Chr.)
[NN17]. Durch Vereinfachungen dieser Schrift um etwa 200 v. Chr. entstand die noch heute gültige Form der chinesischen Schriftzeichen. Es lassen sich ein Vielzahl von beschriebenen Materialien nachweisen, neben Knochen sind dies Bambus, Stein, Seide und auch
Papier, das schon im 2. Jhd. v. Chr. in China erfunden wurde[NN17]. Die chinesischen
Schriftzeichen geben den beschriebenen Begriff wieder aber nicht deren Aussprache, daher werden diese Zeichen auch überall in China unabhängig vom örtlich gesprochenen
Dialekt bzw. der regionalen Sprache verstanden [MUS92]. Dieser Vorteil der komplexen
chinesischen Schriftzeichen wird auch heute noch als Begründung für den Verzicht auf
eine Lautschrift angeführt. Immerhin sind etwa 1,4 Milliarden Menschen auf der Welt
chinesische „Schrift"-Muttersprachler [HAU17]. Eine ähnliche überregionale Bedeutung
besitzen nur noch die arabischen Ziffern, die ebenfalls unabhängig von deren regionaler
Aussprache sind. Die Entwicklung der Sprache ist für die Entwicklung der Technik und
Normung von sehr großer Bedeutung, da nur mit einer einheitlichen Sprache, deren Begriffe überall gleich gedeutet und verstanden werden, einheitlicher Informationsaustausch
stattfinden kann. Daher erlernen Studenten aller Fachrichtungen auch eine „neue" Fachsprache, mit der sie sich untereinander eindeutig verständigen können.

1.3 Eisenzeit

Die Menschheit war in etwa ab 1000 v. Chr. in der Lage, aus Eisenerz metallisches Eisen
zu gewinnen. Es wurde sehr bald für Waffen und Werkzeuge verwendet, da diese deutlich
bessere Gebrauchseigenschaften als solche aus Bronze aufweisen. Allerdings konnte zunächst nur Schmiedeeisen hergestellt werden [SPU04]. In der Eisenzeit, deren Beginn sich
regional sehr unterschiedlich gestaltete, begannen Griechen und Römer sich auch theore-

tisch mit der bereits vorhandenen Technik auseinanderzusetzen und fanden so das Hebelgesetz und entwickelten den Flaschenzug und die Winde, die das Heben von Lasten ver-
einfachten. Erste theoretische Grundlagen der technischen Mechanik, der Pneumatik und
der Hydrostatik wurden entwickelt. Erste Maschinen entstanden, darunter das Katapult
und die Archimedische Schraube, die zur Entwässerung von Bergwerken genutzt wurde.
Erste Drehmaschinen sind etwa ab dem 3. Jh. v. Chr. nachweisbar. Sie wurden überwiegend mit dem Fidelbogen (Schnurzug), dargestellt in Abb.1.7, betrieben. Hierbei wird eine
Schur oder Sehne einmal um das Werkstück oder die Welle des Antriebs gewickelt und an
einem leicht gespannten Bogen verknotet. Durch die oszillierende Bewegung des von einem Menschen angetriebenen Bogens dreht sich das Bauteil. Diese Technik findet bis in
die heutige Zeit überall auf der Welt in Gebieten Anwendung, in denen noch eine nicht
industrialisierte Handwerkstechnik vorherrscht. Die Griechen errichteten große Tempel,

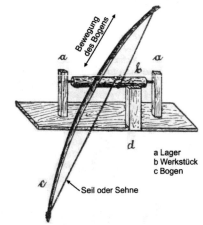
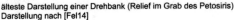

älteste Darstellung einer Drehbank (Relief im Grab des Petosiris)
Darstellung nach [Fel14]

Prinzip eines Schnurzugantriebes (Fidelbogen)
Darstellung nach [Fel31]

Abb. 1.7 Schnurzugdrehbank und deren Funktionsweise nach [FEL14] und [FEL31]

deren Dachkonstruktionen durch zahlreiche Säulen abgestützt wurden. Die Römer dagegen konnten mit dem Rundbogen und dem Gewölbe deutlich tragfähigere und dadurch
auch größere Gebäude errichten. Außerdem bauten sie zahlreiche Straßen und Brücken,
die Handel und Truppenbewegungen erleichterten. Sie verbesserten durch den Bau von
Wasserleitungen (Aquädukten) und Abwasserleitungen (Kloaken) die hygienischen Ver-
hältnisse deutlich. Teile der antiken römischen Wasserleitung (cloaca maxima) sind auch
auch heute noch, 2000 Jahre nach ihrem Bau, in Betrieb. Gegen Ende der Antike wurden Wasserräder zur Bewässerung der Felder und zum Mahlen von Getreide eingesetzt.
Mit dem Zerfall des Römischen Reiches (zwischen 350 bis 500 n.Chr.) verfiel auch das
technische Wissen. Die vorwiegend von Bauern hergestellten Werkzeuge und Hilfsmittel
besaßen ein niedriges Fertigungsniveau, da die Haupttätigkeit der Bauern auf die Erzeugung von Lebensmitteln ausgerichtet war. Erst mit der Steigerung der landwirtschaftlichen
Produktivität konnten sich spezialisierte Handwerker etablieren. Durch diese Arbeitstei-
lung und Spezialisierung der Produktion war es möglich, größere Siedlungen als Dörfer
zu gründen. Die ersten Städte entwickelten sich und mit ihnen begann eine Spezialisierung der Fertigung. Gleichzeitig wurde wieder versucht, allgemeingültige Maßeinheiten

einzuführen. So führte KARL DER GROSSE in seinem Herrschaftsbereich als einheitliches Längenmaß „den Fuß des Königs" ein [MUS92].

1.3.1 Mittelalter

Die Städte entstanden entlang von bekannten Handelsrouten, Furten und Kreuzungen der Handelswege. Durch die weitgehende Autonomie der Städte konnten sich dort Handwerkerzünfte und Kaufmannsgilden entwickeln, die nur noch über den Handel mit der landwirtschaftlichen Produktion verbunden waren. Der Reichtum und der Erfolg der Städte und deren Einwohner hing in großem Umfang von dem Können und der Innovationskraft der Handwerker und dem Handelsgewinn der Kaufleute ab. Neben der Muskelkraft wurde die Nutzung von Wasser- und Wind-energie weiterentwickelt. Durch die Verwendung von hölzernen Nockenwellen wurden aus den bisher verwendeten Wasser- und Getreidemühlen sogar Schmiedehämmer und Gattersägen entwickelt [MOM81]. Mit der Entwicklung

Abb. 1.8 Hämmer und hölzerne Nockenwelle im Industriedenkmal Tobiashammer Ohrdruf

der Zünfte fand auch eine immer stärkere Spezialisierung innerhalb der Berufsgruppen statt. Zum einen entwickelten sich sehr stark spezialisierte Fachleute zum anderen wurde auch die Machtposition einzelner Zunftmeister gestärkt. Einen sehr interessanten Überblick über die Vielzahl von Spezialisierungen gibt das Hausbuch der Mendelschen Zwölfbrüderstiftung in Nürnberg. In den Abb. 1.9 bis 1.11 sind einige der Berufe der Handwerker dargestellt, die ab etwa 1425 in der sozialen Stiftung des Nürnberger Kaufmanns KONRAD MENDEL aufgenommen worden sind. Es sind eine Reihe von Werkzeugen zu erkennen, die auch heute nach verwendet werden. Weiterhin ist zu erkennen, wie stark die Spezialisierung der einzelnen Berufsgruppen vorangeschritten ist. Es gibt neben Schlossern (Abb. 1.10 Mitte) auch Zirkelschmiede (Abb. 1.9 links) und Beckenschläger (Abb. 1.9 rechts). Aber auch Messtechniker werden als eigene Berufsgruppe erwähnt (Abb. 1.10 rechts), hier die Holzmesser, die das Volumen der gelieferten Hölzer bestimmten. Weiterhin sind verschiedene Drehmaschinen abgebildet, so benutzt der Rosenkranzmacher (Abb. 1.9 Mitte) eine Drehbank mit Schnurzug, wie sie schon 1000 Jahre früher verwendet wurde. Vom Kannengießer (Abb. 1.10 links) wird eine Drehbank mit Kurbelrad verwendet, die eine einheitliche Drehrichtung ermöglicht. Auch die Bedeutung und Herkunft vieler deut-

Zirkelschmied   Rosenkranzmacher   Schlosser (Beckenschläger)

Abb. 1.9 Berufe aus dem Hausbuch der Mendelschen Zwölfbrüderstiftung zu Nürnberg [Quelle: Stadtbibliothek Nürnberg, [MEN279-66, MEN317-13, MEN317-135]]

Kannengießer   Schlosser   Holzmesser

Abb. 1.10 Berufe aus dem Hausbuch der Mendelschen Zwölfbrüderstiftung zu Nürnberg [Quelle: Stadtbibliothek Nürnberg [MEN317-29, MEN317-27, MEN317-108]]

Wagner   Schroeter   Messerschmied

Abb. 1.11 Berufe aus dem Hausbuch der Mendelschen Zwölfbrüderstiftung zu Nürnberg [Quelle: Stadtbibliothek Nürnberg [MEN317b-40, MEN317-114, MEN317b-154]]

scher Nachnamen kann aus der sehr starken Spezialisierung innerhalb der Handwerkerzünfte hergeleitet werden. Neben den sicherlich allen geläufigen Bedeutungen der Namen
Schmied, Müller und Förster sind auch sehr viel andere Familiennamen von Berufen abgeleitet, die nicht mehr ausgeübt werden bzw. ausgestorben sind. So war der Wagner (Abb.
1.11 links) für die Herstellung von (Leiter)-wagen und Karren zuständig. Ein Schroeter
(Abb. 1.11 Mitte) stellte Wein- und Bierfässer her.

1.3.1.1 Entwicklung der Drehbänke

Ende des 15. Jhd. n. Chr. und Mitte des 16. Jhd. n. Chr. werden auch weitere Maschinen
verwendet, mit denen eine mechanisierte Fertigung stattfindet. So werden erste Drehmei-
ßelhalter beschrieben. LEONARDO DA VINCI entwickelt in diesem Zeitraum eine Vielzahl von Maschinen, z. B. die in Abb. 1.12 dargestellte Wippendrehbank mit Fußantrieb,
Kurbel und Schwungrad. Eine Spezialdrehbank zum Schraubendrehen wird von BESSON
beschrieben. Von CHERUBIN stammt die Abbildung einer Drehbank (Abb. 1.12 rechts),

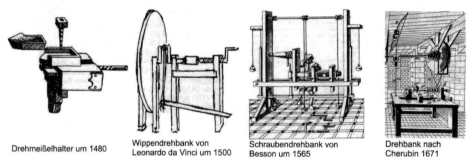

Drehmeißelhalter um 1480 | Wippendrehbank von Leonardo da Vinci um 1500 | Schraubendrehbank von Besson um 1565 | Drehbank nach Cherubin 1671

Abb. 1.12 Entwicklung von Drehbänken [FEL14]

die das Prinzip des Schnurzugs mit einer Wippendrehbank und einem Riementrieb zusam-
menführt. Mit diesem System können verschiedene Drehzahlen in einem größeren Bereich
realisiert werden.

1.3.1.2 Entwicklung der Bohrsysteme

Ein große Bedeutung hatten seit jeher die Systeme zum Bohren. Zum einen wurden mit
ihnen Holzrohre zum Transport von Wasser hergestellt (Abb. 1.13), zum anderen wurden
Kanonenrohre nach dem Gießen aufgebohrt. Für diese Anwendung wurden eine Vielzahl
von Maschinen entwickelt, die sowohl senkrecht als auch waagerecht bohrten. Abb. 1.14
zeigt eine derartige Maschine, die mit Wasserkaft angetrieben wurde und die zum Bohren
verwendeten Werkzeuge.

Wendelbohrer für Holz nach Bailey 1772

Löffelbohrer für Holz nach de Caus 1615

Abb. 1.13 verschiedene historische Bohrer [FEL14][FEL31]

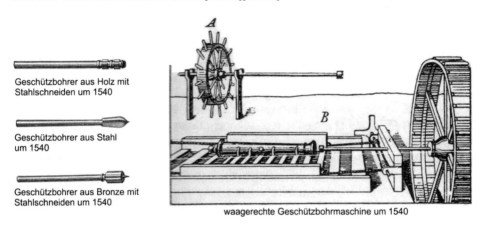

Geschützbohrer aus Holz mit
Stahlschneiden um 1540

Geschützbohrer aus Stahl
um 1540

Geschützbohrer aus Bronze mit
Stahlschneiden um 1540

waagerechte Geschützbohrmaschine um 1540

Abb. 1.14 Geschützbohrer und Geschützbohrmaschine [FEL14]

1.3.1.3 Entwicklung der Schleifverfahren

Schleifen gehört zu den ältesten, weltweit benutzen Fertigungsverfahren. Zum erstmaligen Schärfen und auch zum Nachschärfen von sowohl von Messern, Scheren und Werkzeugen als auch von Waffen wird es seit Jahrtausenden im Produktionsprozess verwendet. Die ersten Schleifsteine waren flache Steine, mit denen Klingen durch flaches Überstreichen geschärft wurden. Später wurden runde, angetriebene Schleifscheiben benutzt. Es wurden und werden eine Vielzahl von Verfahren angewendet, um mit Fußantrieb, Schnurzug und auch mit einfachen Handkurbeln Schleifscheiben anzutreiben. Einen kleinen Überblick über die verwendeten Techniken gibt Abb. 1.15. Hand- und Fussgetriebene Schleifscheiben wurden von fahrenden Scheren- und Messerschleifern in Deutschland und Europa nach bis zum Anfang des zwanzigsten Jahrhunderts verwendet.

chinesische Schleifmaschine mit Schnurzug | fußwippengetriebener Schleifstein um 1485 | Wassergetriebene Schleifscheiben um 1570

Abb. 1.15 Überblick historische Schleifverfahren [FEL14, FEL31]

1.3.1.4 Leonardo da Vinci

LEONARDO DA VINCI wurde am 15. April 1452 in dem Dorf Vinci bei Florenz geboren. Er starb am 2. Mai 1519 in Amboise in Frankreich. Er war ein bedeutender italienischer Maler, Bildhauer, Architekt, Anatom, Mechaniker und Ingenieur. Er ist einer der berühmtesten Universalgelehrten. Von 1469 bis etwa 1477 wurde er in der Werkstatt von AN-DREA DEL VERROCCHIO (1435–1488) ausgebildet. Ab etwa 1481 arbeitete er in Mailand sowohl als Bildhauer und Maler auch als Ingenieur und Architekt [FEL14]. Interessanter Weise bewarb sich LEONARDO bei der in Mailand herrschenden Familie SFORZA, in dem er seine umfassenden Kenntnisse im Brückenbau, dem Bau von diversem Kriegsgerät wie Minen, Geschützen, Handfeuerwaffen und Mauerbrechern hervorhob. Er betonte auch seine Erfahrungen im Wasserbau, dem Bau von Gebäuden, Wasserleitungen und Maschinen [FEL14]. Er machte während seiner Tätigkeit für die SFORZA ebenfalls Vorschläge

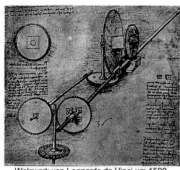

Walzwerk von Leonardo da Vinci um 1500 | Maschine zum Schneiden von Schrauben von Leonardo da Vinci

Abb. 1.16 Entwicklungen Leonardo da Vincis [FEL14]

zur Verbesserung der sanitären Situation in Mailand und beschäftige sich mit der Anatomie sowohl von Menschen als auch von Tieren. Neben seinen zahlreichen, weltberühmten Bildern wie der *„Madonna in der Felsengrotte"*, *„Das Abendmahl"* und der *„Mona Lisa"* schuf er auch viele Skulpturen und Kunstgegenstände. Er war auch ein sehr bedeutender Ingenieur, der sich sowohl mit der Militärtechnik (Kanonen, Festungsanlagen) als auch mit der Flugtechnik (Hubschrauber, Fallschirme und Segelflugzeuge) und diversen Maschinen zur Herstellung vielfältiger Produkte beschäftigte. Abb. 1.16 zeigt beispielsweise ein Walzwerk LEONARDO DA VINCIS und eine Maschine zur Herstellung großer Schrauben. Seine Entwicklungen im Bereich der Fertigungstechnik waren seiner Zeit weit

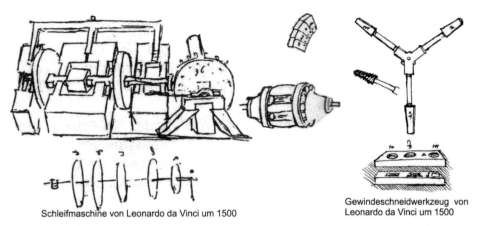

Schleifmaschine von Leonardo da Vinci um 1500

Gewindeschneidwerkzeug von Leonardo da Vinci um 1500

Abb. 1.17 Weitere Entwicklungen Leonardo da Vincis [FEL14]

voraus, allerdings veröffentlichte Leonardo seine zahlreichen technischen Arbeiten und Skizzen nicht zu seinen Lebzeiten. FELDHAUS bemerkt hierzu:

> „Hätte Leonardo im technischen Wissen Schüler hinterlassen, die sein Erbe studiert, ausgebaut und verwertet hätten, so wäre Technik und Maschinenbau im 16. Jahrhundert weiter gekommen, als sie mühsam am Ende des 19. Jahrhunderts waren." [FEL14]

1.4 Industrielle Produktion

Mit der Industrialisierung der Produktion begann der Übergang von der Agrarwirtschaft zur Industriegesellschaft. Mit der Entwicklung von Manufakturen, die einen sehr hohen technischen Entwicklungsstand aufwiesen und deren Handwerker ein sehr großes handwerkliches Geschick und Können besaßen, entstanden die Keimzellen der späteren Fabriken. In den Manufakturen wurden Produkte in Serie unter handwerklichen Bedingungen in einer gleichbleibenden guten Qualität hergestellt. Weiterhin begann in den Manufakturen eine weitere Spezialisierung der Mitarbeiter. Die Porzellanmaler durften zum Beispiel nicht alle Dekore zeichnen, sondern mussten sich für jedes Dekor qualifizieren. Teilweise bestehen die Namen dieser Manufakturen heute noch, beispielsweise ist die Firma Saint Gobain aus der französischen Manufaktur für Spiegel und Glas in Versailles hervorgegangen. Weitere bekannte Manufakturen, die meist von den regierenden Königen und Fürsten gegründet wurden, um die Wirtschaftskraft ihrer Länder zu stärken, sind die Porzellan-Manufaktur Meißen und die Königliche Porzellan-Manufaktur Berlin. Es wurden in den Manufakturen schon eine Vielzahl von Maschinen eingesetzt, allerdings wurden diese noch durch Wasser-, Wind- oder Muskelkraft angetrieben. Abb. 1.18 zeigt eine fußbetriebene, heute noch funktionsfähige Standbohrmaschine aus dem Tobiashammer in Ohrdurf. Aufgrund der geringen bzw. nicht immer und nicht überall zur Verfügung stehenden Kräfte waren der Ausweitung der Produktion enge Grenzen gesetzt. Durch die Erfindung der Dampfmaschine durch JAMES WATT vollzog sich der Übergang von einer durch kleine Handwerks- und Agrarbetriebe im Umfeld von Manufakturen gekennzeichneten, handwerklichen Produktion zur industriellen Produktion. Es standen mit der Nutzung der Dampfmaschine erstmals große Kräfte unabhängig von Wasser-, Wind- und Muskelkraft zur Verfügung.

1.4.1 Erste industrielle Revolution

Abb. 1.18 Fußbetriebene Standbohrmaschine im Tobiashammer Ohrdruf

Die erste industrielle Revolution wurde durch die Verbesserung des Wirkungsgrades der Dampfmaschine durch JAMES WATT ab 1776 in England ausgelöst. Die erste Dampfmaschine wurde von Schmied THOMAS NEWCOMEN entwickelt. Sie wurde zum Auspumpen von Wasser in Bergwerken verwendet und fand hundertfach Anwendung, allerdings lag ihr Wirkungsgrad unter 1 %. Watt konnte den Wirkungsgrad der Dampfmaschine durch die Einführung eines doppelwandigen Zylinders und eines Kondensors entscheidend verbessern [KOE97b, KOE97c, MOM81]. Weiterhin entwickelte er aus der Pumpe, bei der ein Kolben eine translatorische Bewegung ausführte, eine Maschine die Drehbewegungen ausführt. Watt führt auch den Fliehkraftregler an Dampfmaschinen ein, der bereits an Windmühlen Verwendung fand. Durch diese Entwicklung konnte die Dampfmaschine in fast allen Industriezweigen Anwendung finden. Durch die Verbesserungen der Dampfmaschine wurde der Wirkungsgrad auf verbessert und die benötigte Brennstoffmenge konnte um ein Drittel reduziert werden. Watt verlangte als Bezahlung für die Nutzung seiner Maschinen einen Teil der eingesparten Brennstoffkosten [KOE97b, KOE97c, MOM81]. Die Dampfmaschine wurde so zum Motor der industriellen Revolution und England zur Werkstatt der Welt. Mit der Dampfmaschine stand erstmals eine Maschine zur Verfügung, die unabhängig von Wind-, Wasser- und Muskelkraft sehr hohe Mengen an Energie zur Verfügung stellte, um Maschinen und Fahrzeuge und anzutreiben. BAUERNHANSL et al. stellen zur Bedeutung der Dampfmaschine fest, dass diese zu einem Anheben des Wohlstands geführt hat, sodass „keine strukturell bedingten Hungerkatastrophen mehr entstanden sind"[BAU14]. Es folgte seit der Entwicklung der Dampfmaschine ein weltweiter Bevölkerungsanstieg von unter einer Milliarde (1750) auf etwa 7,5 Mrd. Menschen bis 2017, wie die Abb. 1.19 illustriert [DUR67, DUR77, STA18, STR17]. Der englische Fabrikant JOHN WILKINSON stellte

Abb. 1.19 Entwicklung der Weltbevölkerung [STA18]

nicht nur die erste Dampfmaschine von James Watts mit Drehbewegung auf, er fertigte auch sehr genaue Zylinder für die Dampfmaschinen, indem er die Bohrstange nicht mehr einseitig lagerte, sondern auf beiden Seiten, dadurch konnte die Abweichung im Durchmesser der Zylinder auf 1,5 bis 2 mm reduziert werden [MOM81, KOE97c]. Der Dampfmaschine erschlossen sich eine Reihe von neuen Einsatzmöglichkeiten, so wurden beispielsweise Dampfpflüge gebaut, die in der Landwirtschaft und beim Treideln von Schiffen verwendet wurden. MAX VON EYTH, ein deutscher Ingenieur, der für die englische Dampfpflugfabrik Fowler u. a. in Amerika und Ägypten tätig war, beschreibt in seinen Büchern sehr deutlich die Schwierigkeiten bei der Einführung der neuen Technik. Es entwickelten sich mit der Dampfmaschine auch neue Berufe und Organisationen, die einen sicheren Betrieb der neuen Maschinen sicherstellen sollten. So wurde 1866 in Mannheim, nach einem Unfall mit einem Dampfkessel, die „Gesellschaft zur Ueberwachung und Versicherung von Dampfkesseln" gegründet. Dieser Verein, dem weitere in Deutschland folgten, ist der Vorläufer des heutigen TÜV. Der technologische Vorteil, den England damit weltweit besaß, sollte durch eine Reihe von Schutzmaßnahmen erhalten werden. So war es Fachkräften verboten, aus England auszuwandern. Auch der Export der englischen Werkzeugmaschinen war verboten [KOE97c, KOE97d, MOM81, REI14, REI79]. Allerdings gab es natürlich Bestrebungen anderer europäischer Staaten, diesen Vorsprung aufzuholen. So gründete CHRISTIAN PETER WILHELM BEUTH den „Verein zur Beförderung des Gewerbefleißes in Preußen" und unternahm auch zusammen u. a. mit Friedrich Schinkel Reisen nach England, um die technologischen Neuerungen zu studieren. Er fertigte entsprechende Zeichnungen an und kaufte Maschinen und schickte diese nach Preußen [REI14, REI79]. Dort wurden sie interessierten Firmen kostenlos zu Verfügung gestellt, um sie zu kopieren und zu verbessern [REI79]. BEUTH erwarb 1823 auf einer Englandreise ebenfalls widerrechtlich Maschinen und führte diese nach Preußen ein [REI79]. Auch in anderen deutschen Ländern wurde ähnlich vorgegangen. Es wurden zahlreiche technische Gewerbeschulen gegründet, um die technische Ausbildung zu verbessern. Deutschland war zu dieser Zeit ein industriell schlecht entwickeltes Land mit billigen Löhnen. Der deutsche Maschinenbauprofessor FRANZ REULEAUX bezeichnete die deutschen Produkte als „Billig und schlecht" während seines Besuchs der Weltausstellung in Philadelphia

1876. Nachdem die Solinger Messerfabrikanten ihre deutschen Produkte mit dem britischen Qualitätssiegel „Sheffield" bezeichneten, setzten englische Firmen mit dem „Merchandise Act" von 1887 durch, dass alle aus Deutschland importierten Produkte den Stempel „Made in Germany" tragen müssen. Allerdings hat sich die Qualität der deutschen Produkte deutlich verbessert, so dass aus der abfällig gemeinten Kennzeichnung ein Begriff für hohe Qualität wurde. Das Siegel „Made in Germany" war nun keine Warnung vor schlechter, sondern ein Hinweis auf gute Qualität. Die Verbraucher kauften vermehrt die Waren aus Deutschland und die deutsche Wirtschaft wuchs Ende des 19. und Anfang des 20. Jahrhunderts stark [KOE97c, KOE97d, MOM81, REI14, REI79].

Ab etwa 1800 wurden die Werkzeugmaschinen entwickelt, die noch heute verwendet werden, wie Dreh-, Fräs-, Bohr- und Hobelmaschinen. HENRY MAUDSLAY, ein englischer Ingenieur, entwickelte den Kreuzsupport für Drehmaschinen. Mit ihm konnte sehr viel exakter gefertigt werden, da die Führung der Werkzeuge nicht mehr vom Geschick und der Kraft der Arbeiter abhängig war. Seine erste Maschine war eine Schraubendrehbank. Von MAUDSLAY wurde auch die erste komplett aus Metall bestehende Leitspindeldrehbank gefertigt. Er hat 1821 das Prinzip der Messschraube entwickelt. MAUDSLAY wird aufgrund seiner herausragenden Bedeutung auch als Begründer des englischen Werkzeugbaus bezeichnet. Durch die Nutzung der Dampfmaschinen in Verbindung mit Transmissionen zum Antrieb der Werkzeugmaschinen entwickelten sich aus den Manufakturen hocheffiziente Fabriken. Auch die Normung in der Produktion ging von England aus. JOSEPH WITHWORTH begann, nachdem er eine Zeitlang in der Fabrik MAUDSLAYS gearbeitet hatte, mit Arbeiten zur Gewindenormung. Das von ihm entwickelte und nach ihm benannte Withworth-Gewinde ist heute noch weltweit im Einsatz. Neben Gewinden beschäftige er sich ebenfalls mit einem einheitlichen Passungssystem, dessen praktische Anwendung in der Serienproduktion und im Austauschbau konnte er jedoch nicht durchsetzen [MOM81, KOE97c]. Neue Impulse insbesondere zum Austauschbau und der Serienproduktion kamen aus den Vereinigten Staaten von Amerika, wo in der Waffenindustrie für den amerikanischen Bürgerkrieg (1861-1865) Bauteile in großen Stückzahlen hergestellt werden mussten. Die Entwicklung der Fräsmaschinen geht auf Fabrikanten wie ELI WHITHNEY und SAMUEL NORTH zurück, die das manuelle Feilen an Gewehren ersetzen wollten [MOM81, KOE97c]. Firmen wie Brown & Shape entwickelten diese Maschinen dann weiter. Brown & Shape stellte 1862 die erste Universal-Fräsmaschine mit schwenk- und kippbaren Arbeitstisch vor. Eine Universalrundschleifmaschine stellte Brown & Shape 1874 vor, nun war es möglich, auch sehr harte Werkzeuge zu schleifen und hoch genaue Oberflächen zu erzeugen. Gleichzeit wurden Lehren und Messgeräte entwickelt, die für eine Serienproduktion und den Austauschbau von hoch genauen Bauteilen erforderlich waren [MOM81]. JOSEPH R. BROWN entwickelte 1851 den Messschieber (siehe Abschnitt 5.2.1.4) mit Nonius [HIN16]. Seit 1867 bot die Firma Brown & Shape auch die erste industriell gefertigte Bügelmessschraube an. In Deutschland wurde das bis dahin sehr uneinheitliche Maßsystem auf das metrische System am 20. Mai 1872 umgestellt. Dabei wurde ebenfalls das Kilogramm als gesetzliches Maß übernommen. Bis dahin gab es regional sehr unterschiedliche Längeneinheiten, so betrug der sächsische Fuß 283,19 mm, der württembergische Fuß 286,49 mm, der bayrische Fuß 291,86 mm und der preußische Rheinfuß 313,85 mm [HIN16]. Unternehmer wie CARL MAHR nutzten die Umstellung und boten auf den Schiebelehren neben dem metrischen System noch die Möglichkeit drei weitere bis dahin regional übliche Längenangaben zu messen [HIN16]. Auch heute noch bieten zahlreiche Schiebelehren die Möglichkeit, neben mm auch Zoll zu messen.

Die Stahlproduktion wurde durch HENRY BESSEMER (um 1850) durch das nach ihm benannte Bessemer-Verfahren maßgeblich verbessert. Bei diesem Verfahren wird Luft in das flüssige Roheisen geblasen und der Kohlenstoff und weitere unerwünschte Begleitelemente wurden durch Verbrennen aus dem Eisen entfernt. Dieser Stahl war gießbar und technologisch den bisher verwendeten Stählen überlegen. Das Thomas-Verfahren, benannt nach SIDNEY THOMAS (und zusammen PERCY GILCHRIST entwickelt) ist eine ab 1878 benutzte Variante des Bessemer-Verfahrens, die für phosphorreiche Erze verwendet wurde. Ein weiteres neues Verfahren ist das Siemens-Martin-Verfahren, das ab 1864 benutzt und von den drei Brüdern, FRIEDRICH, OTTO und WILHELM SIEMENS (Brüder von Werner von Siemens) sowie dem französischen Metallurgen PIERRE ÉMILE MARTIN entwickelt wurde.

1.4.2 Zweite industrielle Revolution

Die zweite industrielle Revolution begann etwa um 1870 und wurde maßgeblich durch den von WERNER VON SIEMENS 1866 entwickelten elektrischen Generator und das vom ihm gründlich untersuchte elektrodynamische Prinzip beeinflusst. Elektrische Energie konnte nun in großem Umfang produziert und schnell flächendeckend verteilt werden. Die Elektromotoren, lösten nun die Dampfmaschinen und Transmission in den Werkstätten und Fabriken ab. Fahrzeuge wurden nicht mehr durch Dampfmaschinen angetrieben, sondern durch Verbrennungsmotoren, die von NIKOLAUS OTTO bzw. RUDOLF DIESEL entwickelt wurden. Ingenieure, wie FREDERIC WINSLOW TAYLOR und HENRY FORD in Amerika begründeten dort ab etwa 1900 die Fließband- und Massenproduktion. Durch die industrielle Massenproduktion konnte ein enormer Anstieg der Stückzahlen bei der Produktion erzielt werden. In dem Zeitraum von 1908 bis 1925 stellte die Ford Motor Company 15 Millionen Automobile des T-Modells her [FOR18]. TAYLOR entwickelte 1900 auch den Schnellarbeitsstahl (siehe Abschnitt 3.2.1) und begann erste Arbeiten zur wissenschaftlichen Betriebsführung, in der er mit wissenschaftlichen Methoden die Fertigungsprozesse untersuchte. GEORG SCHLESINGER führte derartige Arbeiten an der TH Berlin-Charlottenburg auch in Deutschland durch [SPU00, SPU14, SPU91]. Hier wurde 1904 ein Lehrstuhl für Werkzeugmaschinen und Fabrikbetrieb eingerichtet. An der TH Aachen wurde 1906 mit dem Lehrstuhl für Dampf- und Werkzeugmaschinen, Fabrikorganisation und Bergwerksmaschinen ebenfalls ein Lehrstuhl geschaffen, der sich wissenschaftlich mit industriellen Produktionsprozessen beschäftigte [SPU00].
In Deutschland wurde 1917 der „Normenausschuß der Deutschen Industrie" gegründet, der die technischen Systeme wie Passungen, Gewinde, Konusse, Reitstockspitzen usw. vereinheitlichen sollte, so dass diese Systeme leicht übertragen werden konnten. OTTO KIENZLE konnte sich nach Ende des ersten Weltkrieges zusammen mit RICHARD KOCH in einem Ingenieurbüro niederlassen und dort die Normenprüfstelle des Deutschen Normenausschusses einrichten [SPU14].
Durch die Massenfertigung wurden, aufgrund geringer Fertigungskosten, die Güter preiswerter und waren somit nicht mehr nur wohlhabenden Bürgern vorbehalten, sondern wurden auch für Arbeiter, die die Waren herstellten, erschwinglich. HENRY FORDS erstes Automobil kostete zu Beginn der Produktion 850 USD, durch die Einführung der Reihenfertigung konnte der Preis auf 300 USD gesenkt werden [FOR18]. HENRY FORD lagen die Interessen seiner Arbeiter sehr am Herzen. Er war der Meinung, es sei besser eine

große Anzahl von Autos mit wenig Gewinn zu verkaufen, als wenig Autos mit viel Gewinn. Er wollte „noch mehr Männer einstellen, um so viele Menschen wie möglich an den Vorteilen dieses Industriesystems teilhaben zu lassen". Allerdings konnte er sich mit diesen Ansichten nicht gegen die Aktionäre seines Unternehmens durchsetzen. In einem Prozess, der 1919 von den Gebrüdern DODGE gegen HENRY FORD angestrengt wurde, unterlag FORD den Klägern, die eine höhere Dividende einklagen wollten, anstelle einer von FORD angestrebten Fabrikerweiterung. Das Gericht stellte fest „es sollte keine Verwirrung über die Pflichten bestehen, von denen Herr Ford glaubt, dass er und die Aktionäre sie der Öffentlichkeit gegenüber haben. (…) ein Unternehmen wird in erster Linie zur Gewinnerzielung für die Aktionäre gegründet und durchgeführt. Die Vollmachten der Geschäftsführer sind zu diesem Zweck zu nutzen" [SUK13]. FORD betonte seine Ansicht, dass sein Unternehmen „ein Werkzeug des Dienstes, keine Maschine zum Geldverdienen" sei [SUK13]. Ähnliche Ansichten sind heute vor allem in inhabergeführten Firmen zu finden. So betonen die Inhaber der Carl Mahr GmbH „Als Familienunternehmen denken wir in längeren Zeiträumen (…und wir wissen..) wie wichtig unsere vielen qualifizierten Mitarbeiter für den Fortbestand des Unternehmens (….) sind" [HIN16]. In Bezug auf die Wirtschaftskrise 1929 stellen sie fest „...ggfs. mussten die Gesellschafter also wieder etwas zuschießen" [HIN16]. In Deutschland kostete der Opel 4 PS, im Volksmund als Laubfrosch bezeichnet, bei Ersteinführung im Jahr 1924 4500 Rentenmark. Dieser Preis entsprach in etwa dem Preis eines Eigenheims. Nach der Einführung der Fließbandfertigung wurde der „Wagen für Jedermann" [FOR18] im Jahr 1930 für lediglich 1990 Reichsmark verkauft [STR17]. HENRY FORD führte 1914 den Achtstundentag in seinem Unternehmen ein und hat den Mindestlohn, damals Effizienzlohn genannt, von 2,53 USD auf 5,00 USD angehoben [STR17, FOR18].

1.4.3 Dritte industrielle Revolution

Nach den beiden Weltkriegen und den Jahren des Aufbaus in den 50er Jahren begann in Deutschland in den 60er Jahren die Zeit des Wirtschaftswunders. Diese Phase der dritten industriellen Revolution wurde laut BAUERNHANSL „getrieben durch die Elektronik und später die Informations- und Kommunikationstechnologie, die eine fortschreitende Automatisierung der Produktionsprozesse ermöglichte" [BAU14]. Die Produktion wurde schneller und effizienter, weiterhin wurde rationalisiert. Die Produktion diente nicht mehr nur der Erzeugung von Waren zur Befriedigung der Grundbedürfnisse, sondern es entstanden differenzierte Produkte, deren Funktionen an den Kunden angepasst wurden. Es entstand die „variantenreiche Serienproduktion, bis hin zu Mass Customization" bei der die Qualität und der individuelle Aspekt der Produkte immer mehr in den Vordergrund rückten [BAU14].

1.4.4 Vierte industrielle Revolution

Die vierte industrielle Revolution begann mit der schnellen Entwicklung der Computertechnik und der Durchdringung der Produktion und des täglichen Lebens mit Rechnerbasierten Anwendungen, die nahezu alle Lebensbereiche durchdringen und vernetzen.

Durch ein Projekt der Bundesregierung, das den Namen „Zukunftsinitiative - Industrie 4.0 als Hightech-Strategie" trägt, wurde ab dem Jahr 2011 begonnen, Strukturen zu schaffen, die der vollständigen Vernetzung aller Produktions- und Lebensbereiche dienen. Allerdings sind die Begriffe „Industrie 4.0" und vierte industrielle Revolution noch nicht einheitlich definiert, so dass es sehr viele Definitionen und Interpretationsmöglichkeiten für sie gibt. Abb. 1.20 verdeutlicht die Entwicklung der Bedeutung, den der Begriff in den letzten 5 Jahren erhalten hat. Bevor der Begriff im Rahmen der oben genannten Initiative benutzt wurde, war er praktisch bedeutungslos. JASPERNEITE fasst zusammen: „die-

Abb. 1.20 Anzahl der Anfragen nach dem Suchbegriff Industrie 4.0 [STR17]

sen Begriffen ist jedoch gemeinsam, dass es sich um Handlungsfelder handelt, bei denen eine zunehmende Informatisierung im Vordergrund steht. Das führt letztendlich zu intelligenten technischen Systemen, die sich dadurch auszeichnen, dass sie adaptiv sind, mit ihrem Umfeld interagieren und sich diesem durch Lernen anpassen können" [JAS12]. Für zahlreiche Entwicklungen, die in den letzten Jahren stattgefunden haben und sich ständig weiterentwickeln, kann als Ziel beschrieben werden, dass im industriellen Maßstab Prozesse entwickelt werden sollen, mit denen personalisierte und an den Kunden angepasste Produkte mit der Stückzahl eins gefertigt werden können. An diesen spannenden Herausforderungen können alle Leser dieses Buches aktiv teilnehmen.

Literaturverzeichnis 1

[BAU14]   Bauernhansl, T., ten Hompel, M., Vogel-Heuser, B.: Industrie 4.0 in Produktion, Auto-
             matisierung und Logistik. Springer Fachmedien, Wiesbaden. 2014
[BEC80]   Beckmann, J.: Anleitung zur Technologie oder zur Kenntnis der Handwerke, Fabriken
             und Manufacturen 1780- Freundesgabe anläßlich des 20-jährigen Bestehen des Verlages,
             in altdeutscher Frakturschrift gedruckt Fachbuchverlag Leipzig
[BON09]   Bonewitz, R.L.: Steine und Mineralien. Dorling Kindersley Verlag GmbH, München,
             2009
[DUR67]   Durand, J.D.: The Modern Expansion of World Population. Proceedings of the American
             Philosophical Society 111, S. 136-159. 1967
[DUR77]   Durand. J.D.: Historical Estimates of World Population: An Evaluation. Population and
             Development Review 3, S.253-296. 1977
[FEL31]   Feldhaus, F. M.: Die Technik der Antike und des Mittelalters. akademische Verlagsge-
             sellschaft Athenion Potsdam, 1931
[FEL14]   Feldhaus, F. M.: Die Technik. Ein Lexikon der Vorzeit, der geschichtlichen Zeit und der
             Naturvölker. 1914
[FOR18]   http://www.henry-ford.net/deutsch/biografie.html 01.01.2018; 20:38 Uhr
[FIS05]   Fischer, H.: Die Werkzeugmaschinen. Erster Band: Die Metallbearbeitungs-Maschinen.
             Text- und Tafelband. Verlag von Julius Springer Berlin. 1905
[FIS05-2]   Fischer, H.: Die Werkzeugmaschinen. Zweiter Band: Die Holzbearbeitungs-Maschinen.
             Verlag von Julius Springer Berlin. 1905
[GIO00]   Gioppo, L. u. Redemagni, P.: Il Codice Atlantico di Leonardo da Vinci nell'edizione
             Hoepli 1894-1904 curata dall'Academia de Lincei. 2000
[HAU17]   Hauser, F.: China für die Hosentasche. Was Reiseführer verschweigen. S. Fischer Verlag
             GmbH, Frankfurt am Main, 2017
[HIN16]   Hinz, U.; Keidel, T.; Seidel, R.; Strümpel, J.: Messen mit Mahr, Geschichte eines Fami-
             lienunternehmens seit 1861; Verlag Vandenhoeck & Ruprecht, 1. Auflage, 2016
[JAS12]   Jasperneite, J.: Was hinter Begriffen wie Industrie 4.0 steckt. in Computer & Automation,
             19 Dezember 2012; 23.12.2012; 22:14 Uhr
[LUX17]   Luxbacher, G.: DIN von 1917 bis 2017 Normung zwischen Konsens und Komkurrenz
             im Interesse der technisch-wirtschaftlichen Entwicklung, Beuth Verlag GmbH, Berlin,
             Wien, Zürich, 2017, 1.Auflage
[KAG13]   Kagermann, H.; Wahlster, W.; Helbig, J.: Recommendations for implementing the stra-
             tegic initiative Industrie 4.0: Final report of the Industrie 4.0 Working Group, 2013
[KEG07]   Kegler-Graiewski, N.: Beile – Äxte – Mahlsteine Zur Rohmaterialversorgung im Jung-
             und Spätneolithikum Nordhessens, Dissertation, Universität zu Köln, 2007
[KOE97a]   König, W. (Hrsg.): Propyläen Technikgeschichte, Erster Band, Propyläen Verlag Berlin,
             1997
[KOE97b]   König, W. (Hrsg.): Propyläen Technikgeschichte, Zweiter Band, Propyläen Verlag Ber-
             lin, 1997
[KOE97c]   König, W. (Hrsg.): Propyläen Technikgeschichte, Dritter Band, Propyläen Verlag Berlin,
             1997
[KOE97d]   König, W. (Hrsg.): Propyläen Technikgeschichte, Vierter Band, Propyläen Verlag Berlin,
             1997
[MEN279-66] Die Hausbücher der Mendelschen Zwölfbrüderstiftung zu Nürnberg, Stadtbibliothek
             Nürnberg, Amb-2-279-66-v
[MEN317-13] Die Hausbücher der Mendelschen Zwölfbrüderstiftung zu Nürnberg, Stadtbibliothek
             Nürnberg, Amb-2-317-13-r
[MEN317-135] Die Hausbücher der Mendelschen Zwölfbrüderstiftung zu Nürnberg, Stadtbibliothek
             Nürnberg, Amb-2-317-135-v
[MEN317-29] Die Hausbücher der Mendelschen Zwölfbrüderstiftung zu Nürnberg, Stadtbibliothek
             Nürnberg, Amb-2-317-29-v
[MEN317-27] Die Hausbücher der Mendelschen Zwölfbrüderstiftung zu Nürnberg, Stadtbibliothek
             Nürnberg, Amb-2-317-72-v
[MEN317-108] Die Hausbücher der Mendelschen Zwölfbrüderstiftung zu Nürnberg, Stadtbibliothek
             Nürnberg, Amb-2-317-108-v

[MEN317b-40]   Die Hausbücher der Mendelschen Zwölfbrüderstiftung zu Nürnberg, Stadtbibliothek Nürnberg, Amb-2-317b-40-v

[MEN317-114]   Die Hausbücher der Mendelschen Zwölfbrüderstiftung zu Nürnberg, Stadtbibliothek Nürnberg, Amb-2-317-114-r

[MEN317b-154]   Die Hausbücher der Mendelschen Zwölfbrüderstiftung zu Nürnberg, Stadtbibliothek Nürnberg, Amb-2-317b-154-v

[MOM81]   Mommertz, K.H.: Bohren, Drehen und Fräsen, Geschichte der Werkzeugmaschinen, Rowohlt Taschenbuchverlag GmbH, Reinbek bei Hamburg 1981

[MUE94]   Müller, I. Grundzüge der Thermodynamik. Mit historischen Anmerkungen. Springer Verlag, Berlin Heidelberg. 1994,

[MUS92]   Muschalla, R.: Zur Vorgeschichte der technischen Normung, Beuth Verlag GmbH Berlin, Köln 1992, 1. Auflage

[NED07]   Nedden, F. zur: Das praktische Jahr des Maschinenbau-Volontärs. Ein Leitfaden für den Beginn der Ausbildung zum Ingenieur. Verlag von Julius Springer Berlin. 1907

[NED21]   Nedden, F. zur: Das praktische Jahr in der Maschinen- und Elektromaschinenfabrik : Ein Leitfaden für den Beginn der Ausbildung zum Ingenieur. Verlag von Julius Springer Berlin. 1921, 2.Auflage

[NED40]   Nedden, F. zur; Renesse, H. von: Wegweiser für den Praktikanten im Maschinen- und Elektromaschinenbau. Ein Hilfsbuch für die Werkstattausbildung zum Ingenieur. Vierte Auflage des Buches Das praktische Jahr. Im Einvernehmen mit dem Reichsinstitut für Berufsausbildung in Handel und Gewerbe neubearbeitet. Verlag von Julius Springer Berlin, 1940, 4.Auflage

[NNi7]   Vis-á-Vis China, Dorling Kindersley Verlag GmbH, München 2017

[OLA83]   Olausson, D.S., Tools and technology. Lithic technological analysis of Neolithic axe morphology (Lund 1983). 212

[OLA98]   Olausson, D.S., Battleaxes: Home-made, Made to Order or Factory Products?. In: L. Holm u. Knutsson, K. (Hrsg.), Third Flint Alternatives Conference at Uppsala (Uppsala 1998) 125-140.

[OLI85]   Oliver, R. u. Fagan, B.M.: Africa in the Iron Age. c. 500 B. C. to A.D. 1400, Cambridge University Press, 1985, ISBN=0-521-20598-0

[REI79]   Reihlen, H.: Christian Peter Wilhelm Beuth, Eine geschichtliche Betrachtung zum 125. Todestag, Beuth Verlag GmbH Berlin, Köln, 1979

[REI14]   Reihlen, H.: Christian Peter Wilhelm Beuth, Eine Betrachtung zur preußischen Politik der Gewerbeförderung in der ersten Hälfte des 19. Jahrhunderts und zu den Beuth-Reliefs von Johann Friedrich Drake, Beuth Verlag GmbH Berlin, Wien, Zürich, 4. Auflage, 2014

[RIE58]   Rieth, A., Zur Technik des Steinbohrens im Neolithikum. Zeitschrift für schweizerische 213 Archäologie und Kunstgeschichte 18, 1958, 101-109.

[SCH11]   Schlesinger, G.: Selbstkostenberechnung im Maschinenbau. Zusammenstellung und kritische Beleuchtung bewährter Methoden mit praktischen Beispielen. Verlag Julius Springer Berlin, 1911

[SPU91]   Spur, G.: Vom Wandel der industriellen Welt durch Werkzeugmaschinen, Hanser Verlag München 1991

[SPU00]   Spur, G. u. Fischer, W. (Hrsg.): Georg Schlesinger und die Wissenschaft vom Fabrikbetrieb. Hanser Verlag 2000 1. Auflage

[SPU04]   Spur, G.: Vom Faustkeil zum digitalen Produkt. Hanser Verlag 2004 1. Auflage

[SPU14]   Spur, G. (Hrsg.): Handbuch Spanen und Abtragen, Hanser Verlag, 2. Auflage, 2014, ISBN 978-3-446-42826-3

[STA18]   Statista   http://de.statista.com/statistik/daten/studie/1716/umfrage/entwicklung-der-weltbevoelkerung/, 08.02.2018; 21:05 Uhr

[STR17]   Strzedula, D.: Industrie 4.0 - Voraussetzungen und Herausforderungen unter besonderer Berücksichtigung des Datenschutzes, Masterarbeit, Beuth Hochschule für Technik Berlin, 2017

[SUK13]   Sukhdev, P.: Corporation 2020, Warum wir Wirtschaft neu denken müssen. oekom Verlag München, 2013

[TYL75]   Tylecote, R.: The origin of iron smelting in Africa, In: Westafrican Journal of Archaeology, Vol. 5, S.1–9, ISSN=0331-3158, 1975

[WAL08]   Wallichs, A.; Taylor, F. W.: Über Dreharbeit und Werkzeugstähle. Autorisierte deutsche Ausgabe der Schrift: On the art of cutting metals von Fred. W. Taylor, Philadelphia, Verlag Julius Springer Berlin, 1908

[ZAP92]   Zápotocký, M., Streitäxte des mitteleuropäischen Äneolithikums. Quellen und Forschungen zur prähistorischen und provinzialrömischen Archäologie 6 (Weinheim 1992), 1992

Kapitel 2
Einteilung der Fertigungsverfahren nach DIN 8580

Zusammenfassung Um sicherzustellen, dass alle von den jeweiligen Fachleuten verwendeten Begriffe eindeutig definiert sind und auch von allen gleich verstanden und benutzt werden, wird schon seit Jahrhunderten versucht, ein Normungs- und Definitionssystem für sehr viele Bereiche des Zusammenlebens zu erstellen. Neben diversen Rechts- und Sozialnormen wurden beispielsweise im Bereich der Fertigungstechnik schon im alten Ägypten Ziegelsteine zum Bau von Häusern genormt. Diese Normen waren ständigen Veränderungen unterworfen, sowohl in Ägypten bzw. Mesopotanien als auch in Europa hingen die verwendeten Maße immer auch von den Körpermaßen der jeweiligen Herrscher ab. Verkörperungen von Maßen, die allgemeinverbindlich waren, sind schon aus Babylon um etwa 2400 v. Chr. bekannt [FEL31]. Insbesondere wurden auch in den deutschen Kleinstaaten und Städten versucht, neben den Maßen und Gewichten auch die Vorschriften zur Herstellung von Produkten zu normen. Die für die Fertigungstechnik grundlegende Norm ist die DIN 8580. In ihr werden die Fertigungsverfahren beschrieben und deren Bezeichnungen genormt.

2.1 Einführung in die DIN 8580

Nach der Norm DIN 8580 werden zu den Fertigungsverfahren alle Verfahren gezählt, die zur Herstellung von geometrisch bestimmten, festen Körpern genutzt werden. Hierzu zählen auch die Verfahren zur Gewinnung einer ersten Form aus einem formlosen Zustand, zur Veränderung dieser Form sowie zur Veränderung der Stoffeigenschaften dieser Form. Die Fertigungsverfahren können sowohl von Hand als auch von Maschinen oder anderen Fertigungseinrichtungen im Handwerk und auch industriell ausgeführt werden. In der genannten Norm wird eine systematische Einteilung der Fertigungsverfahren vorgenommen [DIN 8580].

Das wesentliche Ordnungsprinzip (Tab. 2.1) ist in dieser Norm der Zusammenhalt des Werkstoffs. Hierbei wird unter Zusammenhalt sowohl der Zusammenhalt im Sinne des Zusammenhalts von Teilchen eines festen Körpers als auch im Sinne des Zusammenhalts der Teile eines zusammengesetzten Körpers verstanden. Der Zusammenhalt kann hierbei entweder geschaffen (Urformen), beibehalten (Umformen), vermindert (Trennen) oder vermehrt (Fügen, Beschichten, Einbringen von Stoffteilchen) werden.

© Springer Fachmedien Wiesbaden GmbH, ein Teil von Springer Nature 2023
R. Förster und A. Förster, *Einführung in die Fertigungstechnik*,
https://doi.org/10.1007/978-3-662-68130-5_2

Schaffen der Form	Ändern der Form					Ändern der Stoffeigen- schaften
Zusammen- halt schaffen	Zusammen- halt beibehalten	Zusammen- halt vermindern	Zusammenhalt vermehren			
Hauptgruppe 1 Urformen	Hauptgruppe 2 Umformen	Hauptgruppe 3 Trennen	Hauptgruppe 4 Fügen	Hauptgruppe 5 Beschichten	Hauptgruppe 6 Stoffeigen- schaften ändern	

Tabelle 2.1 Einteilung der Fertigungsverfahren nach [DIN 8580]

2.2 Hauptgruppe 1 Urformen

Alle Fertigungsverfahren, bei denen aus einem formlosen Stoff ein Körper hergestellt wird, werden als **Urformen** bezeichnet. Mit diesen Verfahren wird der Zusammenhalt der Stoffteilchen erstmalig geschaffen. Die neuen Körper können hierbei aus dem flüssigen, gasförmigen, plastischen, körnigen oder pulverförmigen Ausgangzustand erzeugt werden. Eingeteilt wird die Hauptgruppe Urformen in die in Abb. 2.2 dargestellten Untergruppen. Mit den urformenden Fertigungsverfahren werden die Ausgangsmaterialien für eine Vielzahl von Produkten erzeugt. Gleichzeitig werden unter Umständen die Eigenschaften der zukünftigen Produkte (z. B. der Klang einer Glocke oder die Anzahl von Einschlüssen) schon bei diesem ersten Fertigungsschritt entscheidend mitbestimmt. Schon in einem sehr frühen Stadium der Entwicklung muss der Ingenieur entscheiden, durch welches Verfahren des Urformens der erste stoffliche Zusammenhalt des Werkstoffes geschaffen werden soll. Eine sehr große Bedeutung hat hierbei das Gießen (Urformen aus dem flüssigen Zustand). Allerdings stehen mit neuen generativen Fertigungsverfahren weitere Möglichkeiten zur Verfügung, mit denen Produkte mit Eigenschaften hergestellt werden können, die bisher so nicht herstellbar waren, z. B. geschlossene Kühlkanäle und **Hinterschneidungen** (Abb. 2.1).

Als **Hinterschnitte** oder Hinterschneidungen (engl. under cut) werden im technischen Sinn Konstruktionsdetails bezeichnet, die bei Gussbauteilen eine direkte Entnahme des Bauteils aus der Form verhindern. Hinterschnitte liegen unterhalb der Oberfläche von Bauteilen. Sie können meist nicht mit einfachen Werkzeugen oder Fertigungsverfahren hergestellt werden.

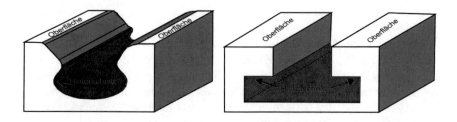

Abb. 2.1 Beispiele für Hinterschnitte

2.2.1 Urformen aus dem flüssigen Zustand

Aus dem flüssigen Zustand werden hauptsächlich metallische Werkstoffe wie Stahl-, Leichtmetall und Schwermetall-Gusswerkstoffe urgeformt. Aber auch Kristalle (für die Halbleiterindustrie z. B. Silizium-Einkristalle) und faserverstärke Kunststoffe werden aus dem flüssigen Zustand hergestellt. Allerdings kann nicht jeder Werkstoff mit den Verfahren dieser Untergruppe geformt werden. Neben Anzahl der Bauteile sind das Gewicht und die geforderte Genauigkeit für die Wahl der Verfahren von Bedeutung. Es werden sowohl Handform- als auch Maschinenformverfahren verwendet. Handformverfahren werden bei großen Gussstücken und bei niedrigen Stückzahlen eingesetzt, Maschinenverfahren meist bei der Serienfertigung. Es finden sowohl verlorene Formen, die nur für einen Abguss benutzt werden, als auch Dauerformen Anwendung. Der Aufbau und die Gestaltung von verlorenen Formen und Dauerformen sind prinzipiell gleich. Allerdings sind die verwendeten Werkstoffe für die Formen unterschiedlich. Während als Formstoff für verlorene Formen Gießereisande, wie Quarz-, Chromit-, Silica oder Zirkonsand unter Zugabe von Bindemitteln (z. B. Ton, Gips, Wasserglas, Kunststoffe usw.) nur einmal verwendet werden, bestehen Dauerformen aus verschleißfesten Stählen, Gusseisen und Kupfer und Kupferlegierungen. Sie können mehrmals verwendet werden. Weiterhin werden auch Grafit und keramische Werkstoffe als Dauerform angewendet [SPU85]. Das älteste und am häufigsten angewandte Gießverfahren ist das **Sandgießverfahren**. Beim diesem Verfahren werden die Bauteile in einer Sandform hergestellt. Um die Festigkeit des Formsandes zu erhöhen, werden Bindemittel wie Ton, Zement oder Kunstharzbinder verwendet. Nach dem Einlegen des Modells erfolgt die Verdichtung des Sandes durch Stampfen von Hand, pneumatisch oder maschinell durch Rütteln oder Pressen. Der Formsand wird nach dem Entformen des Gussstückes aufbereitet und weiter verwendet. Bei der in der Abb. 2.3 dargestellten Gussform, die aus einem Ober- und einem Unterkasten besteht, ist die Trennfuge an den Kästen zu erkennen, die später auch am fertigen Gussteil sichtbar ist. Diese Trennfuge muss nach dem Entformen verputzt werden. An derartigen Trennfugen sind häufig auch am fertigen Bauteil die verwendeten Fertigungsverfahren zu erkennen. Die Angussund Speiseranschlüsse müssen ebenfalls nach dem Guss entfernt und verputzt werden. Die Trennfuge beschreibt auch die Teilungsebene der Form. Um ein durch den Gießdruck bedingtes ungewolltes Öffnen des Formkastens zu verhindern, müssen die Formkästen durch Sicherungsklammern oder Gewichte auf der Oberseite des Oberkastens gesichert werden. Das Gießen von Metallen besitzt folgende Vorteile:

- Hohe konstruktive Gestaltungsfreiheit für optimal ausgelegte Bauteilkonturen
- Komplexe dreidimensionale Innenstrukturen (Hinterschnitte) fertigbar
- Große verfügbare Werkstoffvielfalt
- Werkstückeigenschaften unabhängig von Richtungstexturen
- Wirtschaftlichkeit gegenüber anderen Fertigungsverfahren
- Geeignet sowohl für die Einzel-, als auch Massenfertigung.

Als **Lunker** werden die in einem Bauteil beim Gießen entstandenen Hohlräume bezeichnet. Lunker entstehen durch die Verringerung des Volumens eines Bauteils beim Erstarren der Schmelze. Lunker sind unerwünschte Fehler im Werkstoff, die die Festigkeit der Bauteile herabsetzen. Häufig kann kein flüssiges Material mehr nachfließen. Durch konstruktive Maßnahmen bei der Gestaltung der Gussform und prozesstechnische Änderungen beim Gießen wird die Gefahr des Entstehens von Lunkern verringert.

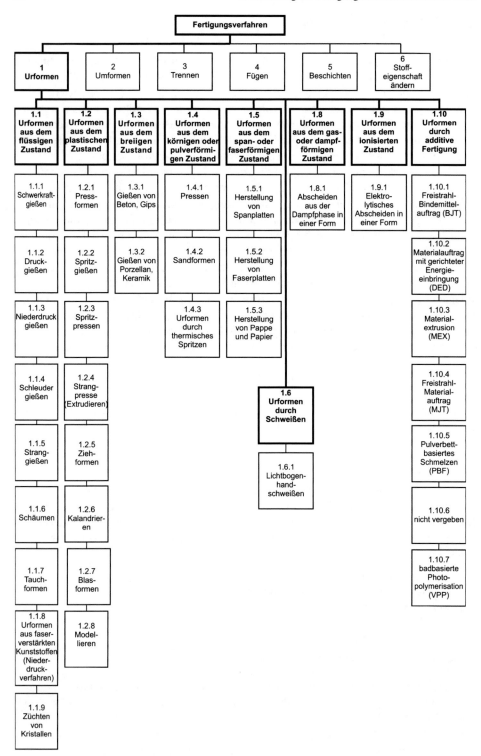

Abb. 2.2 Einteilung der urformenden Fertigungsverfahren nach DIN 8580

Die Einteilung der metallischen Gusswerkstoffe ist in Tab. 2.2 dargestellt.

Metalle		
Eisen-Gusswerkstoffe	Leichtmetall-Gusswerkstoffe	Schwermetall-Gusswerkstoffe
Gusseisen Temperguss Stahlguss Sondergusseisen	Aluminium-Basis-Legierungen Magnesium-Basis-Legierungen	Kupfer-Basis-Legierungen Zink-Basis-Legierungen Blei Basis-Legierungen Zinn-Basis-Legierungen Nickel-Basis-Legierungen

Tabelle 2.2 Einteilung der metallischen Gusswerkstoffe

Beim Gießen sind auch einige verfahrenstypische Besonderheiten zu beachten, die auch materialabhängig sein können. Durch **Schwindung** (Verringerung des Volumens eines Stoffes beim abkühlen) können **Lunker** und Risse im Bauteil entstehen. Die Schwindung beträgt bei Gusseisen mit Lamellengraphit (GG) ca. 1 %, bei Gusseisen mit Kugelgraphit (GGG) ca. 1,2 % und bei Stahlguss (GS) ca. 2 %. Durch die Beachtung von Gestaltungsprinzipien der Bauteile kann der Bildung von Lunkern und Rissen entgegen gewirkt werden. Beim Kokillengießen wird eine ruhende Dauerform drucklos gefüllt.

Die Gestalt der Kokille bestimmt die Form des Werkstücks. Typische Kokillengussteile sind Kurbelwellen. Es können Bauteile aus Leichtmetallen, Kupferlegierungen, Feinzink, Gusseisen mit Lamel-len- und Kugelgraphit bis etwa 100 kg Gewicht hergestellt werden. Beim **Druckgießen** wird die Schmelze maschinell unter hohem Druck (ca. 10 bis 200 MPa) und mit großer Geschwindigkeit in eine metallische Dauerform gepresst. Typische Metalldruckgussteile sind Motorblöcke und auch Modellau-

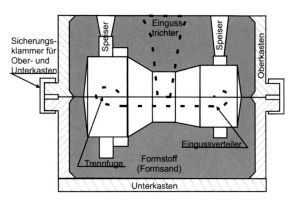

Abb. 2.3 Gussform

tos. Es können Werkstoffe wie Druckgusslegierungen auf Al-, Mg-, Zn-, Cu-, Sn- und Pb-Basis, bedingt auch Eisenwerkstoffe mit Gewichten bis zu 50 kg (bei Al-Legierungen) gegossen werden. Beim **Schleudergießen** wird die Schmelze in eine rohr- oder ringförmige Kokille geführt, die um ihre Achse rotiert. Unter der Einwirkung der Zentrifugalkraft erstarrt die Schmelze. Typische Werkstücke sind hierbei Ringe, **Rohre**, und zylindrische Werkstücke aus Gusseisen mit Lamellen- und Kugelgraphit, Stahlguss, Leichtmetalle und Kupferlegierungen mit Gewichten bis zu 5000 kg.

> Unter dem Begriff **Rohr** werden alle geschlossenen Profile (nicht nur mit einem kreisförmigen Querschnitt) verstanden, die hohl sind und deren Länge deutlich größer als deren Querschnitt ist. Es werden Rechteckrohre, Dreieckrohre usw. unterschieden.

Beim **Stranggießen** wird die Schmelze in eine beidseitig offene Kokille gegossen, die beim Angießen auf einer Seite verschlossen ist. In der Stranggießkokille kühlt die Schmelze ab, bis sie eine ausreichende Festigkeit erreicht, um das Gussprofilstück kontinuierlich ausziehen zu können. Typische Produkte sind Halbzeuge aus Gusseisen mit Lamellen- und Kugelgraphit, Stahlguss, Leichtmetalle und Kupferlegierungen, die noch weiter gewalzt, gepresst oder tiefgezogen werden müssen und als **Knüppel**, **Vorblöcke** oder **Brammen** bezeichnet werden. In Abhängigkeit von den verwendeten Anlagen und Querschnitten können Bauteile mit mehreren Tonnen Gewicht hergestellt werden.

Unter dem Begriff **Brammen** werden Halbzeuge mit rechteckigem Querschnitt als Vormaterial zum Walzen von Blechen und Bändern zusammengefasst.
Als **Knüppel** und **Vorblöcke** werden Halbzeuge mit quadratischem, rechteckigem oder rundem Querschnitt bezeichnet, die u. a. als Vormaterial zum Walzen von Stäben, Draht oder Rohren verwendet werden.

2.2.2 Urformen aus dem plastischen oder teigigen Zustand

Ein typisches Verfahren des Urformens aus dem plastischen oder teigigen Zustand ist das **Spritzgießen**. Es wird hauptsächlich in der Kunststoffverarbeitung eingesetzt. In einer Spritzgussmaschine wird der Werkstoff erwärmt (plastifiziert), dadurch ändert sich die **Viskosität** des Kunststoffes und er wird fließfähig. In der Spritzgussmaschine wird der nun erweichte Kunststoff unter hohem Druck in die benötigte Form gespritzt (Abb. 2.4). Diese Spritzgussform, die Kavität, bestimmt die Oberflächenstruktur und geometrische Gestalt des Werkstücks. Nach dem Abkühlen des Werkstoffes und dem Öffnen der Spritzgussform kann das Bauteil entnommen bzw. ausgeworfen werden. Der Anguss muss entfernt werden, das Material kann in den meisten Fällen wieder verwendet werden. Der Anguss kann bei sehr kleinen Bauteilvolumina die Masse des Bauteils um ein Vielfaches übersteigen. Mit diesem Verfahren lassen sich direkt verwendbare Bauteile in extrem großen Stückzahlen sehr kostengünstig herstellen. Allerdings sind die Herstellkosten für das benötigte Spritzgusswerkzeug sehr hoch. Die Toleranzen dieser Werkzeuge betragen auch für einfache Bauteile nur wenige Mikrometer. Dieses Fertigungsverfahren kann daher nur wirtschaftlich für die Massenproduktion eingesetzt werden. Es ist aufgrund der weitreichenden Materialauswahl (siehe Tab. 2.3) und der hohen Kosteneffizienz in der Massenfertigung eines der meist verwendeten Fertigungsverfahren. Die Fertigung von Spritzgussformen stellt zusammen mit der Fertigung von Stanz-, Biege- und Folgeverbundwerkzeugen die Firmen des Werkzeug- und Formenbaues vor immer neue Herausforderungen und ist Treiber von Innovationen in der mechanischen Fertigung.

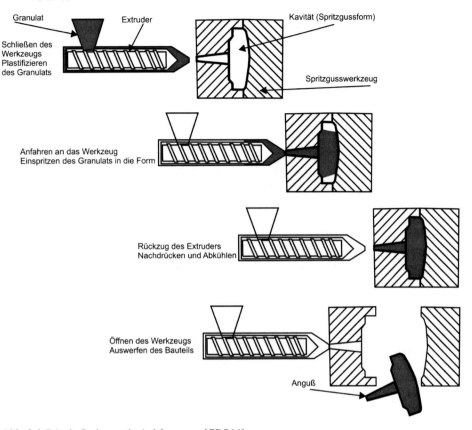

Abb. 2.4 Prinzip Spritzguss in Anlehnung an [GRO14]

Die **Viskosität** beschreibt die Fließfähigkeit einer Flüssigkeit (eines Fluids). Je dick-flüssiger ein Fluid ist, umso größer ist dessen Viskosität, d. h. das Fluid fließt langsam (Beispiel Honig). Die Eigenschaft der Viskosität von Flüssigkeiten ist in vielen tech-nischen Bereichen von Bedeutung, beispielsweise für die Versorgung von Maschinen und Motoren mit Schmierstoffen. **Achtung!!** Die Viskosität ist stark temperaturabhän-gig, deshalb sind Viskositätsangaben ohne Temperaturangabe meist nicht vergleichbar. Es wird zwischen der dynamischen Viskosität und der kinematischen Viskosität unter-schieden. **Dynamische Viskosität** v: Ein Stoff, der sich zwischen zwei Platten befin-det, hat die dynamische Viskosität $1\ Nsm^{-2}$ wenn bei einer Größe der Platten von $1\ m^2$ und einem Plattenabstand von $1\ m$ eine Kraft von $1\ N$ benötigt wird, um die Platten mit einer Geschwindigkeit von $1\ ms^{-1}$ gegeneinander zu verschieben. Die Einheit der dynamischen Viskosität ist Pas $= Nsm^{-2}$. Die **kinematische Viskosität** η kann über Dichte aus der dynamischen Viskosität berechnet werden $\eta = v \cdot \rho$. Die Einheit der kinematischen Viskosität ist m^2s^{-1}.

Vorteile des Spritzgießens sind:

- wirtschaftliche Serienfertigung von komplexen Geometrien
- hohe Taktzeiten

- hohe Reproduziergenauigkeit
- vollautomatische Produktion von komplizierten Geometrien
- keine bzw. geringe Nacharbeit an Formteilen.

Weitere Verfahrensvarianten des Spritzgießens sind:

- Einkomponentenspritzgießen
- Mehrkomponentenspritzgießen
- Pulverspritzgießen
- Reaktionsspritzgießen.

Ein weiteres sehr weit verbreitetes Urformverfahren für Kunststoffe ist das Extrusionsblasformen. Hierbei wird der aufgeschmolzene Kunststoff durch eine Düse in eine erste Form gepresst. Diese Vorform wird dann in einer Blasform mit Druckluft belastet. Der plastifizierte Kunststoff wird dadurch an die Kontur der Blasform gedrückt. Es entsteht ein Hohlkörper. Neben Öl- und Kraftstofftanks werden so vor allem Flaschen hergestellt. Typische Produkte sind Flaschen für Wasser und Obstsäfte. Neben Verpackungen für die Medizin- und Biotechnologieindustrie mit Volumina von wenigen Kubikmikrometern werden auch Tanks mit Volumina von einigen Kubikmetern gefertigt.

Polymere		
Duroplaste	Thermoplaste	Elastomere
Phenoplaste	Ungesättigte Polyesterharze(UP)	Naturkautschuk
Aminoplaste	Polystyrol (PS)	Siliconkautschuk
Epoxidharze (EP)	Polyvinylchlorid (PVC)	Polyurethankautschuk
	Polyamid (PA)	Styrol-Butadien-Kautschuk
	Polyethylen (PE)	Butylkautschuk

Tabelle 2.3 Einteilung der Kunststoffe für den Spritzguss

2.2.2.1 Ziehen von Gläsern

Ein nicht in der DIN 8580 beschriebenes Verfahren ist das zum Ziehen von Gläsern direkt aus einer zähflüssigen Schmelze. Hierbei (Abb. 2.5) wird direkt aus einem Ofen die hochviskose Glasschmelze gezogen. Der Zug erfolgt dabei senkrecht von oben nach unten und nutzt die Schwerkraft. Die Rohre werden dabei endlos in der geforderten Endqualität gefertigt. Typische Anwendungen für diese Quartzglasrohre sind Glaszylinder für Filmprojektoren, Xenonlampen und andere Hochleistungslampen.

2.2.3 Urformen aus dem breiigen oder pastösen Zustand

Die Fertigungsverfahren des Urformens aus dem breiigen oder pastösen Zustand werden häufig in der Keramik-, Porzellan- und Baustoffindustrie angewendet. Beispielsweise wird beim Schlickerguss eine Gipsform mit dem **Schlicker** (Mineral-Wassergemisch mit definiter Viskosität) gefüllt. Mit Hilfe der Gipsform wird der Wasseranteil aus dem Schlicker

herausgesaugt. An den Wandungen der Gipsform lagern sich die Feststoffe ab und es entsteht der sogenannte Scherben, der deutlich fester ist als das Mineral-Wassergemisch. Ist
die geforderte Scherbendicke erreicht, wird der überschüssige Schlicker abgegossen. Nach
einer weiteren Trocknung hat der Scherben eine Grünfestigkeit erreicht und kann gesintert
werden. Von Bedeutung ist dieses Verfahren als Zwischenschritt bei der Formgebung von
vielen Bauteilen, die durch Sintern hergestellt werden. Weiterhin ist das Gießen von Beton
für Fundamente, Brücken und Decken in Häusern und Hallen ein Beispiel für Urformen
aus dem breiigen Zustand. Beton ist ein Gemisch aus Zement, verschiedenen Zuschlag-
stoffen (z. B. Sand und Kies) und Wasser. Im Gegensatz zum Schlicker, dem nur Wasser
entzogen wird, bindet Beton durch eine chemische Reaktion ab. Das bedeutet, das zunächst breiige Zement – Wassergemisch versteift, erstarrt und wird schließlich fest. Diese
chemische Reaktion des Zements mit dem Wasser ist sehr stark temperaturabhängig. Zement ist ein hydraulisches Bindemittel, das erst durch Zugabe von Wasser erhärtet. Beton
kann deshalb auch unter Wasser aushärten. Ebenso ist die Herstellung von Figuren aus
Gips ein Beispiel für das Urformen dieser Gruppe. Im Maschinenbau werden Maschinenbetten, die aus Mineral- oder Polymerbeton bestehen, ebenfalls in eine Form gegossen
und härten dann zur Endform aus. Bei diesen Verfahren besteht eine große konstruktive
Gestaltungsfreiheit.

2.2.4 *Urformen aus dem körnigen oder pulverförmigen Zustand*

Ein typisches Fertigungsverfahren des Urformens aus dem
körnigen oder pulverförmigen Zustand ist das Sintern. Hierbei müssen in einem ersten Fertigungsschritt die Pulvermas-
sen so geformt werden, dass ein erster, sehr geringer Zusammenhalt der Pulverpartikel vorhanden ist. Diese erste Form
des Bauteils, der **Grünling** genannt wird, hat noch eine sehr
geringe Festigkeit. Die Form kann zum Beispiel durch Pressen oder Schlickern, aber auch durch Spritz- oder Folien-
gießen erzeugt werden. Im Bereich der Keramikherstellung
werden auch einfache geometrische Formen erzeugt, die anschließend spanend bearbeitet werden. Alle Bearbeitungen,
die im ungesinterten Zustand an dem Bauteil erfolgen, werden als Grünbearbeitung bezeichnet. Im Anschluss durch-
läuft der Grünling verschiedene Wärmebehandlungen unterhalb der Schmelztemperatur, die unter hohem Druck erfolgen und als **Sintern** bezeichnet werden. Dieser Sintervorgang verläuft grundsätzlich in drei Stufen, während der die
Porosität und das Volumen des Grünlings deutlich verringert
werden. In der ersten Stufe wird das Volumen des Grünlings
verdichtet, in der zweiten Stufe wird die offene Porosität verringert und in der dritten Stufe wird die Endfestigkeit des ge-

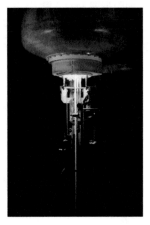

Abb. 2.5 Herstellung von
Glasrohren aus der Schmelze
[Quelle: OSRAM GmbH,
Berlin]

sinterten Bauteils erreicht, indem sich durch Oberflächendiffusion zwischen den Pulverpartikeln als Sinterkanäle bezeichnete Strukturen bilden. Die Bildung dieser Sinterkanäle
erfolgt, da alle Körper bestrebt sind, eine möglichst kleine Oberflächenenergie zu besitzen.
Die kugelförmigen Partikel des Sinterpulvers erreichen dies durch die Diffusion an ihren

Berührpunkten [BEI13]. Um die eventuell noch vorhandenen Poren im Bauteil zu schließen und die Eigenschaften des Werkstoffs besser an den Einsatzzweck anzupassen, können diese Poren noch mit der Schmelze von andern Werkstoffen infiltriert werden. Beispielsweise werden auf diesem Weg Wolframkupferelektrodenwerkstoffe für die Funkenerosion hergestellt. Die definierte Porosität eines Rohlings aus gesintertem Wolfram wird dabei mit flüssiger Kupferschmelze aufgefüllt. Damit wird die elektrische Leitfähigkeit und Abbildegenauigkeit des Sinterverbundes verbessert. Sintern wird verwendet, um keramische und auch metallische Bauteile (**Pulvermetallurgie**) zu erzeugen. Im Bereich der additiven Fertigungsverfahren werden auch Laser (siehe Abschnitt 2.4.4.1) verwendet, um ein lokales Verschmelzen von Pulverpartikeln zu erreichen, dieser Prozess wird **Lasersintern** genannt. Die Pulvermetallurgie bietet folgende Vorteile:

- Herstellung von Werkstoffen, deren Komponenten im flüssigen Zustand schlecht oder nicht mischbar sind
- Verarbeitung hochschmelzender Metalle (Wolfram)
- Ausnutzung besonderer pulvermetallurgischer Eigenschaften wie der Porosität
- hohe Maßhaltigkeit
- Fertigformnähe (Materialeinsparung)
- hohe Wirtschaftlichkeit bei hohen Stückzahlen
- Energieeinsparung gegenüber alternativen Verfahren
- sehr hohe Werkstoffvielfalt (siehe Tab. 2.4) sowohl von keramischen und metallischen Werkstoffen als auch von Kunststoffen.

Werkstoffgruppe	Anwendungsgebiet	Beispiele
Hartmetalle und Hartstoffe, Carbide der Metalle Wolfram, Tantal, Titan und Kobalt	Zerspanung auf Werkzeugmaschinen, Werkzeugbau	Schneid- und Wendeplatten, Gewindebohrer, Schneideisen, Messbügel
Sintereisen und Sinterstahl: unlegiert, niedriglegiert, hochlegiert	Fahrzeug- und Maschinenbau, Waffen- und Haushaltstechnik, Werkzeugbau, Elektrotechnik, Feinmechanik und Optik	Stoßdämpferkolben, Zahnriemenräder, Einspritzpumpenteile, Schnecken, Pumpenräder, Ventilführungen, Lehren, Führungsleisten, Rändelmuttern und-schrauben
Reibwerkstoffe aus Eisenpulver mit nichtmetallischen Zusätzen, z. B. Glas, Grafit	Motorräder und Fahrzeuge, allgemeiner Maschinenbau	Bremsbeläge, Bremsklötze, Kupplungsscheiben, Synchronringe
Metallkohlen-Magnetwerkstoffe für Dauermagnete und Weicheisenteile	Elektrotechnik und Elektromaschinenbau, Feinwerktechnik	Gleitlager, Führungsringe, Stoßdämpferkolben, Filter, Düsen, Sinterelektroden, Kolbenringe
Hochschmelzende Reinmetalle, wie z. B. Wolfram, Tantal, Molybdän, Kobalt und Nickel, Kontaktwerkstoffe Silber, Kupfer	Elektronische Bauteile, allgemeine Elektrotechnik, Textiltechnik und Vakuumtechnik	Lampendrähte, Elektronenröhren, Schleif- und Gleitkontakte, Schalterteile, Spinndüsen, Kondensatoren
Sinteraluminium und Aluminium-Siliziumpulver mit und ohne Zusatz von Aluminiumoxid	Maschinen- und Fahrzeugbau, Hochleistungsmotorteile, Luft- und Raumfahrt	Gleitlager und Getriebeteile, warmfeste und aushärtbare Pleuelstangen und Kolben

Tabelle 2.4 Anwendungsgebiete verschiedener Sinterwerkstoffe nach [PAU08]

2.2.5 Urformen aus dem span- oder faserförmigen Zustand

Diese Verfahren dienen hauptsächlich der Herstellung von Span- und Faserplatten für die Holz- und Baustoffindustrie. Ein typisches Produkt von Faserplatten ist die OSB (oriented strand board) Platte, die dreischichtig aufgebaut ist. Hierbei verläuft die Ausrichtung der Späne überwiegend in der obersten und der untersten Schicht längs und in der Mittelschicht quer zur Plattenherstellrichtung. Die Späne werden beleimt, schichtweise durch Wurf angeordnet und dann unter hohem Druck und Temperaturen von etwa 200 °C gepresst und getrocknet. Auch Dämmstoffplatten für die Bauindustrie werden durch urformende Verfahren produziert. Zellulosedämmstoffplatten werden beispielsweise aus Altpapier hergestellt. Die zerkleinerten Altpapierflocken werden mit Wasserdampf behandelt, um die vorhandenen natürlichen Bindemittel (Ligninsulfonat, Tallharz) zu aktivieren. Anschließend werden die Zelluloseflocken unter Druck zu Platten gepresst. Ebenfalls werden Pappe und Papier aus dem span- oder faserförmigen Zustand hergestellt.

2.2.6 Urformen aus dem gas- oder dampfförmigen Zustand

Die Herstellung von Bauteilen aus dem gas- oder dampfförmigen Zustand erfolgt durch chemische Gasphasenabscheidung (engl.: chemical vapour deposition) oder durch physikalische Gasphasenabscheidung (physical vapour deposition). Bei diesen Verfahren wird ein gas- oder dampfförmiger Stoff meist durch Kondensation in einen festen Aggregatzustand überführt. Im Unterschied zu den Beschichtungsverfahren, die ebenfalls mit CVD- oder PVD-Verfahren erfolgen, wird bei den urformenden Fertigungsverfahren in eine Form abgeschieden, die ggfs. zerstört wird.

2.2.6.1 Chemische Gasphasenabscheidung (CVD)

Durch chemische Reaktionen an der Oberfläche von Formen erfolgt der Niederschlag (die Kondensation) von festen Stoffen aus der Gasphase, die durch chemische Prozesse erzeugt wurde.

2.2.6.2 Physikalische Gasphasenabscheidung (PVD)

Bei den PVD-Verfahren wird der abzuscheidende Werkstoff über physikalische Vorgänge beim Verdampfen im Hochvakuum in die Dampfphase überführt und anschließend auf der Form als fester Stoff niedergeschlagen. Eine weitere Beschreibung und Einteilung in die weiteren Varianten der CVD- und PVD-Verfahren erfolgt im Abschnitt 2.6.7.

2.2.7 Urformen aus dem ionisierten Zustand durch elektrolytisches Abscheiden

Das Urformen aus dem ionisierten Zustand wird auch als Galvanoformen bezeichnet. Hierbei wird der metallische Werkstoff elektrolytisch aus einem wässrigen Salzbad abgeschieden. Es können sehr komplexe metallische Bauteile, wie Siebe, Filter und auch Scherblätter von elektrischen Rasierapparaten, hergestellt werden. Für das Galvanoformen verwendete Anlagen bestehen aus einem Elektrolytbad mit Anode (Werkstoff) und Kathode (Bauteil) und einer externen Gleichstromquelle. Weiter können Systeme für Heizung, Kühlung und Umwälzung der Elektrolytlösung Anwendung finden. Auf der Negativform des zu fertigenden Bauteils wird durch elektrolytische Abscheidung das metallische Bauteil in dünnen Schichten (Schichtdicken von 0,1 bis zu mehreren Millimetern sind möglich) aufgebaut. Die Negativform (das Modell) kann aus jedem Metall oder Kunststoff bestehen, aber auch Leder, Glas und Holz können verwendet werden. Die notwendige elektrische Leitfähigkeit kann durch Beschichten mit Leitlacken oder Sputtern von Metall erreicht werden. Es können Genauigkeiten im Bereich von 50 µm erreicht werden.

> **Salze** sind Verbindungen von Metallen mit den Säurerestionen von verschiedenen Säuren. Zwischen den Metall-Ionen und den Säurerestionen besteht als Feststoff eine Ionenbindung. In wässrigen Lösungen liegen die Metall- und Säurerestionen meist dissoziiert vor.

2.2.8 Additive Fertigungsverfahren

In die DIN 8580 neu aufgenommen wurden die additiven Fertigungsverfahren. Mit diesen Verfahren können Bauteile aus dem festen, flüssigen, plastischen oder teigigen Zustand gefertigt werden. Weit verbreitete Bezeichnungen für die additiven Fertigungsverfahren sind **Rapid-Prototyping** (RP), **3D-Druck** und **generative Fertigungsverfahren**. Eine typische Anwendung für additive Fertigungsverfahren ist in Abb. 2.6 dargestellt. Die Abdeckung der Kontrolllampe eines Magnettisches einer

Abb. 2.6 Zerstörte und additiv gefertigte Lampenabdeckung

über 60 Jahre alten Werkzeugmaschine wurde zerstört und war nicht mehr erhältlich. Mit Hilfe eines stereolithografischen Fertigungsverfahren wurde ein entsprechendes Ersatzteil hergestellt.

In Abb. 2.7 wird ein Überblick über die derzeit gängigen additiven Fertigungsverfahren gegeben. In der VDI Richtlinie 3405 werden die additiven Fertigungsverfahren beschrieben und geordnet. Im Gegensatz zu fast allen anderen Fertigungsverfahren trennen die

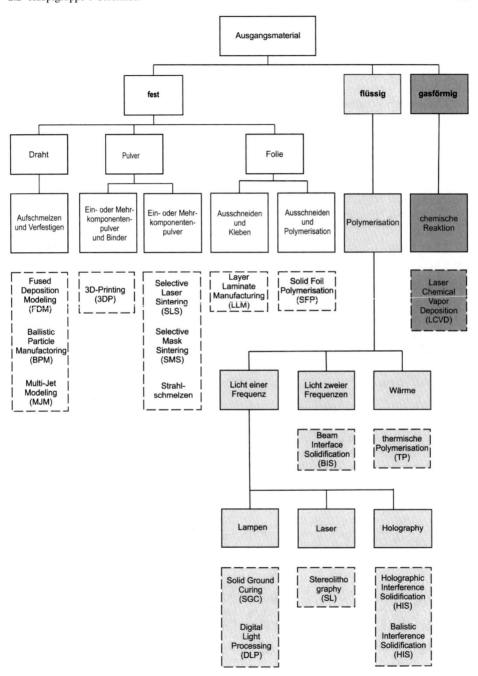

Abb. 2.7 Einteilung der additiven Fertigungsverfahren in Anlehnung an [KIE13] und [GEB13]

generativen Fertigungsverfahren kein Werkstückvolumen ab, um die Endform zu erhalten, sondern bauen das gesamte Bauteilvolumen schichtweise auf. Dazu ist es notwendig, das zu generierende Werkstück, nachdem es genauso wie für die subtraktive Fertigung mit einem CAD-System modelliert wurde, schichtweise digital zu zerlegen. Die vom CAD-Programm erzeugte Modelldatei wird dazu in das CLT-Dateiformat umgewandelt. Danach wird das dreidimensionale Bauteil in viele zweidimensionale Schichten zerlegt. Die Schichtdicke ist von einer Reihe von Faktoren, wie z.B. der Materialstärke, dem verwendeten Material, dem Energieeintrag und der Komplexität des Bauteils abhängig. Nach dem als **Slicen** bezeichnetem Vorgang wird mit Hilfe von entsprechenden PC-Systemen das Programm (der Maschinencode) erzeugt. Mit diesem Maschinencode (meist ein G-Code) kann dann die additive Fertigungsmaschine das zuvor konstruierte Bauteil drucken. In Abhängigkeit der Komplexität des Bauteils muss noch die Stützstruktur entfernt werden. Weitere Nachbearbeitungsprozesse zur Verbesserung der Bauteileigenschaften (z.B: Stützstrukturen entfernen, Entbindern, Sintern, Reiben, Schleifen, Beschichten und Reinigen) können noch notwendig werden. Die additiven Fertigungsverfahren bieten folgende Vorteile:

- lokale Schaffung von Werkstoffzusammenhalt
- direkte Schichtengenerierung aus einer rechnerinternen Darstellung der Bauteile
- keine Kollision von Werkzeugen möglich
- große Werkstoffvielfalt
- Geometrien hoher Komplexität sind herstellbar (auch Hinterschnitte und geschlossene Strukturen)
- Werkstückeigenschaften in den meisten Fällen unabhängig von Richtungstexturen.

Das Vorgehen bei der Fertigung von Bauteilen mit Hilfe der additven Fertigungsverfahren ist in Abb. 2.8 exemplarisch dargestellt. Alle additiven Fertigungsverfahren erzeugen die dreidimensionle Struktur des Bauteils aus einer zweidimensionalen Struktur durch wiederholten Schichtauftrag an der gleichen Stelle. Dazu muss entweder, das Bauteil abgesenkt werden und eine neue Materialschicht wird aufgetragen, oder die Düse wird angehoben.

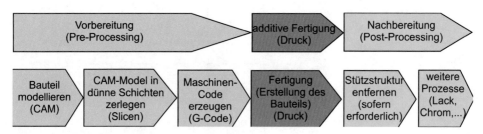

Abb. 2.8 Prozesskette der additiven Fertigungsverfahren

2.2.8.1 Freistrahl-Bindemittelauftrag (BJT)

Beim Freistrahl-Bindemittelauftrag, auch als **Binder Jetting** bezeichnet, wird ein flüssiges Bindemittel (z.B. Wasser) an den Stellen aufgetragen, an denen eine Verbindung des

Werkstoffs (z.B. Gips) erfolgen soll. Der Auftrag des pulverförmigen Werkstoffs erfolgt schichtweise. Es können alle Werkstoffe verwendet werden, die sich durch eine Flüssigkeit verfestigen lassen. Dieses Verfahren wurde am Massachusetts Institute of Technology (MIT) zu Beginn der 1990er Jahre entwickelt. Dort wurde auf Grundlage eines Tintenstrahldruckers eine Maschine gebaut, die statt Tinte ein Bindemittel auf den pulverförmigen Werkstoff druckte. Der Begriff „**3D-Drucken**", als Synonym für additive Fertigungsverfahren geht auf dieses Verfahren zurück [GEB07] [FRI22].

2.2.8.2 Materialauftrag mit gerichteter Energieeinbringung (DED)

Zu den Verfahren des Materialauftrags mit gerichteter Energieeinbringung zählen alle additiven Fertigungsverfahren, bei denen gebündelte Energie genutzt wird, um das Material, dort wo es aufgebracht wird, zu verbinden [DIN EN ISO/ASTM 52900]. Die Energie kann dabei durch Laserstrahl, Elektronenstrahl, Lichtbogen, Plasmastrahl oder Reibung übertragen werden. Es können zahlreiche Metalle und Kunststoffe verwendet werden, die in Form von Pulver, Drähten oder Stangen vorliegen können. Das Verfahren kann noch weiter in die folgenden Unterkategorien unterteilt werden:

- Materialauftrag mit gerichteter Energieeinbringung mittels thermischer Energie und Pulver: ein Laserstrahl schmilzt das Pulver auf und erzeugt schichtweise das Bauteil. Dies kann unter Vakuum, Schutzgasatmosphäre oder an der Luft erfolgen.

Abb. 2.9 additve Fertigung durch robotergeführtes WIG-Auftragsschweißen (Energieeinbringung mittels thermischer Energie und Draht)

- Materialauftrag mittels gerichteter Energieeinbringung mittels thermischer Energie und Draht (siehe Abb. 2.9): ein Laser- oder Elektronenstrahl oder ein Plasma schmilzt einen Metall- oder Kunststoffdraht auf und erzeugt schichtweise das Bauteil. Dieser Prozess kann unter Vakuum, Schutzgasatmosphäre oder an der Luft durchgeführt werden.

- Materialauftrag mit gerichteter Energieeinbringung mittels kinetischer Energie und Stangenmaterial: Stangenmaterial wird durch Rotation auf ein Substrat aufgetragen und aufgeschmolzen. Durch Wiederholung dieses Vorgangs wird das Bauteil generiert.

- Materialauftrag mit gerichteter Energieeinbringung mittels kinetischer Energie und Pulver: Metallpulver wird durch eine Düse aufgetragen und erzeugt schichtweise das Bauteil.

- Materialauftrag mit gerichteter Energieeinbringung mittels Widerstandsschweißens: ein Draht wird durch Widerstanderwärmung aufgeschmolzen und erzeugt durch schichtweisen Aufbau das Bauteil.

2.2.8.3 Materialextrusion (MEX)

Bei dem Fertigungsverfahren der Materialextrusion (Abb. 2.10), wird das Material selektiv durch eine Düse oder Öffnung geführt und aufgeschmolzen. Es können zahlreiche Werkstoffe, wie Kunststoffe, Metalle, Keramiken, Gläser und auch Beton und diverse Stoffgemische und Komposit-Werkstoffe in verschiedenen geometrischen Formen verwendet werden [DIN EN ISO/ASTM 52900]. Dabei wird ein Filament aus Kunststoff, Metall, Keramik mit Bindemittel oder ein Komposit-Werkstoff aufgeschmolzen. Durch die gezielte Positionierung der Düse und nachfolgender Erstarrung des Werkstoffs wird das Bauteil generiert. Für dieses Verfahren sind auch folgende Benennungen üblich:

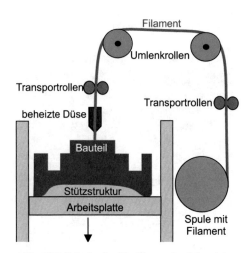

Abb. 2.10 Prinzip des Verfahrens der Materialextrusion (Fused Deposition Modeling)

- Fused Layer Modeling oder Fused Layer Manufacturing (FLM)
- Fused Deposition Modeling (FDM)
- Fused Filament Fabrication (FFF)
- Bound Metal Deposition (BMD)
- Shaping-Debinding-Sintering (SDS)

Als **Filament** wird im allgemeinen eine einzelne Faser beliebiger Länge bezeichnet. Im Bereich der generativen Fertigungsverfahren werden Kunststoffe, Metalle, keramische Werkstoffe mit Bindern und Komposit-Werkstoffe als Filament bezeichnet, die als Drähte vorliegen und auf Rollen aufgewickelt sind.

Ein Beispiel für die Komplexität der nachfolgenden Prozesse, die teilweise noch nach der Fertigung der Bauteile durch additive Fertigung notwendig sein können, ist in Abb. 2.11 dargestellt. Nach dem Druck mit einer keramischen Masse muss des Bauteil noch chemisch und thermisch entbindert werden. Anschließend wird das Bauteil gesintert. Dabei schrumpfen keramische Werkstoffe teilweise erheblich. Der Schrumpf muss bei der Konstruktion des Bauteils beachtet und bei der Herstellung vorgehalten werden. In Abb. 2.12 sind zwei Bauteile dargestellt, die mit Hilfe der oben dargestellten Komplexen Prozesskette hergestellt wurden. Das linke Bauteil ist ein Filter aus einer Siliziumcarbid-Keramik das rechte Bauteil ist ein Mikrowärmetauscher aus Edelstahl.

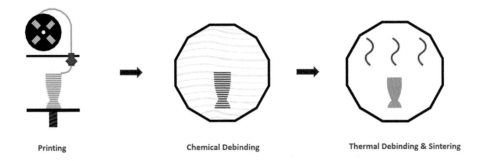

Printing   Chemical Debinding   Thermal Debinding & Sintering

Abb. 2.11 Nachgelagerte Prozesse bei der Herstellung von keramischen Bauteilen durch Materialextrusion [Quelle: 3DCeram Sinto Tiwari GmbH, Berlin]

 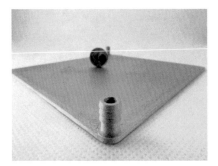

Abb. 2.12 Filter aus SiC (links) Mikrowärmetauscher aus Edelstahl (rechts), beide hergestellt durch Materialextrusion [Quelle: 3DCeram Sinto Tiwari GmbH, Berlin]

Ein weiteres Beispiel für die Komplexität der mit den additiven Fertigungsverfahren herstellbaren Bauteile ist die in Abb. 2.13 dargestellte Schiffsschraube. Da ein Bauteil, das nur aus Freiformflächen besteht, wie die in Abb. 2.13 dargestellte Schiffsschraube, nicht sicher auf einer Arbeitsplatte fixiert werden kann, muss zuerst mit der Herstellung einer Stützstruktur begonnen werden.

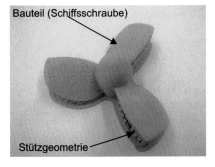 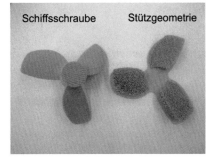

Abb. 2.13 Durch Materialextrusion hergestellte Schiffsschraube mit Stützgeometrie

Diese Stützstruktur muss bei der Konstruktion und bei der Planung des Arbeitsablaufs mit berücksichtigt werden. Nach der Fertigung des Bauteils muss die Stützstruktur auch noch sicher, ohne Beschädigung des Bauteils, entfernt werden können. Bei der Auslegung der benötigten Stützstrukturen bieten sehr viele Softwareprodukte während der Erstellung der benötigten Programme Unterstützung für den Bediener an. Einige der notwendigen Prozessschritte während der Fertigung der Stützgeometrie sind in Abb. 2.14 dargestellt. Es ist zu erkennen, dass die Stützgeometrie eine sehr viele lockerere und offenere Struktur hat als das fertige Bauteil.

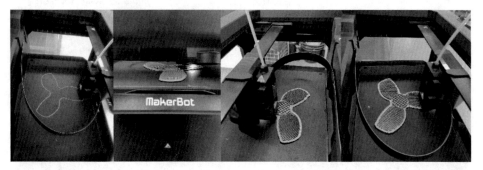

Abb. 2.14 Einzelne Prozessschritte bei der Fertigung der Stützstruktur der Schriffsschraube [Foto Tiago Borsoi-Klein]

An dem Mikrowärmetauscher (Abb. 2.12, rechts) und an der Schiffsschraube (Abb. 2.13) sind auch die feinen, parallelen Strukturen zu erkennen, die sich typischerweise aus der Form der aufgeschmolzenen und wieder erstarrten Filamente bei der Nutzung der Fertigungsverfahren der Materialextrusion ergibt. Für höhere Anforderungen an die Form und Oberflächenqualität der Bauteile müssen diese Strukturen noch nachgearbeitet werden.

2.2.8.4 Freistrahl-Materialauftrag (MJT)

Beim Freistrahl-Materialauftrag wird das Ausgangsmaterial in Form von kleinen Tropfen selektiv abgelegt wird. Es können zahlreiche Materialien wie flüssiger Kunststoff, flüssiges Wachs, Dispersion aus Metall, Partikel aus Metall, Keramik und Kunststoff genutzt werden [DIN EN ISO/ASTM 52900].

2.2.8.5 Pulverbettbasiertes Schmelzen (PBF)

Beim pulverbettbasierten Schmelzen werden einzelne Regionen eines Pulverbettes durch thermische Energie verbunden oder verschmolzen. Es können Metalle und Kunststoffe in Pulverform und Pulvergemische aus Kunststoff und Sand, Keramik oder Metall verwendet werden. Die Energieeinbringung erfolgt mit Laserstrahlen, Elektronenstrahlen oder Wärmestrahlung [DIN EN ISO/ASTM 52900]. Das Verfahren des Pulverbettbasierten Schmelzens ist exemplarisch in Abb. 2.15 dargestellt. Nicht verwendete Pulver können wieder

benutzt werden. Teilweise werden diese noch gesiebt und gereinigt, bevor sie einer noch-
maligen Verwendung zu geführt werden.

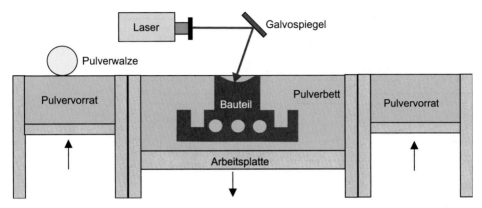

Abb. 2.15 Prinzip des Verfahrens des Pulverbettbasierten Schmelzens

2.2.8.6 Badbasierte Photopolymerisation (VPP)

Bei der badbasierten Photopolymerisation wird ein flüssiges, photosensitives Mo-
nomer selektiv ausgehärtet. Die Aktivie-
rung der Polymerisation erfolgt durch UV-
Licht [DIN EN ISO/ASTM 52900]. Es
werden zahlreiche verschiedene Photomo-
nomere verwendet. Dieses Verfahren wird
auch häufig als Stereolithographie bezeichnet. Die badbasierte Photopolymerisation ist exemplarisch in Abb. 9.23 dargestellt. Nicht verwendete Monomere können wieder benutzt werden.

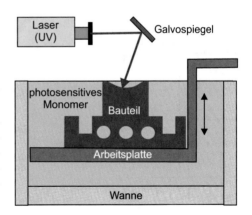

Abb. 2.16 Prinzip des Verfahrens der Badbasierten
Photopolymerisation

2.3 Hauptgruppe 2 Umformen

Alle Fertigungsverfahren, bei denen die feste Form eines zuvor urgeformten Körpers geändert wird, werden nach DIN 8580 als **Umformen** bezeichnet. Die Einteilung der Hauptgruppe 2, Umformen ist in Abb. 2.17 dargestellt. Dabei werden sowohl die Masse als auch
der Zusammenhalt des Körpers beibehalten. Es findet nur eine Verschiebung der Werkstoffteilchen statt. Hierbei wird die Möglichkeit von metallischen Werkstoffen ausgenutzt,
sich nicht nur elastisch, sondern auch plastisch zu verformen. Unter einer elastischen Ver-

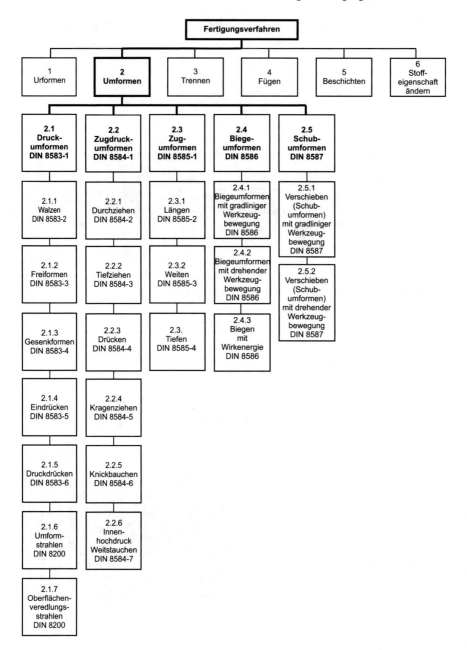

Abb. 2.17 Einteilung der umformenden Fertigungsverfahren [DIN 8582]

formung wird die wieder rückgängig machbare (reversible) Änderung einer Form verstanden (z. B. Federn, Gummibänder usw.). Dies passiert immer, wenn die einwirkende Kraft entfällt. Eine plastische Verformung ist nicht umkehrbar (irreversibel), d. h. nach Wegfall der Kraft bleibt die Formänderung bestehen (z. B. Hammerschläge auf Blech, Biegen von Büroklammern).

> Als **Bleche** werden Bauteile bezeichnet, deren Dicke sehr viel kleiner ist als die Fläche der Bauteile. Im Schiffbau werden auch mehrere Zentimeter dicke Werkstücke als Bleche bezeichnet, da sie eine mehrere Quadratmeter große Fläche besitzen.

Die Unterteilung der Untergruppen des Umformens erfolgt laut DIN 8582 nach den wirksamen Spannungen in der Umformzone. Unter **Spannungen** werden im fertigungstechnischen Sinne mechanische Spannungen verstanden, wie sie in der technischen Mechanik definiert werden. Um zu bewerten, wie stark ein Werkstück belastet wird, ist nicht die absolute Krafteinwirkung von Bedeutung, sondern die pro Fläche (A) wirkende Kraft (F), die Spannung (σ).

$$\sigma = \frac{F}{A} \tag{2.1}$$

Die SI-Einheit der Spannung ist $\frac{N}{mm^2}$. Je nach Belastung am Werkstück werden Druck-, Zug-, Biege- und Schubspannungen unterschieden, es können auch Kombinationen dieser Spannungen auftreten. Dementsprechend werden die Umformverfahren nach DIN 8582 eingeteilt in:

- Druckumformen
- Zugdruckumformen
- Zugumformen
- Biegeumformen
- Schubumformen.

Die Kombination verschiedener Umformverfahren, sowohl von nacheinander ablaufenden als auch von gleichzeitig ablaufenden Umformprozessen, ist hierbei möglich.

Das Umformen kann ohne Erwärmen des Werkstücks erfolgen (Kaltumformen) oder auch mit Erwärmung des Werkstücks (Warmumformen). Das **Kaltumformen** findet in der Regel bei Raumtemperatur (aber immer unterhalb der Rekristallisationstemperatur der umzuformenden Werkstoffe) ohne Vorwärmen statt. Die **Warmumformung** findet bei Temperaturen statt, die über der Rekristallisationstemperatur der Werkstoffe liegen. Bei Stählen liegt die Rekristallisationstemperatur zwischen 950 °C und 1250 °C. Im Gegensatz zum Umformen wird das Überschreiten der Plastizitätsgrenze bei nicht beherrschtem Umformprozess oder zu komplexer Geometrie als Verformung bezeichnet. Eine **Verformung** bezeichnet eine nicht gewollte Veränderung der geometrischen Form, die meist mit einer Zerstörung bzw. Unbrauchbarkeit des Werkstücks (z. B. Risse, Wellen, Knicke usw.) einhergeht. Durch Warmumformung werden die erforderlichen Umformkräfte deutlich reduziert, da die Bindungskräfte innerhalb des Werkstoffes ebenfalls abnehmen. Es können Bleche (Blechumformen) ebenso wie Stangen oder Platten (Massivumformen) umgeformt werden. Beim Blechumformen erfolgt die Umformung des Werkstücks in zwei Koordinatenrichtungen, d. h. eine Änderung der Blechdicke findet meistens nicht statt. Beim Massivumformen wird das Werkstück in drei Koordinatenrichtungen umgeformt. Die Begriffe Blech- und Massivumformung sind nicht genormte aber praxisübliche, historisch gewachsene Bezeichnungen. Die Vorgänge, die im Werkstoff auf Kristallebene ablaufen und die Umformeigenschaften und die Eigenschaften der Fertigprodukte bestimmen, werden hier nicht behandelt, da diese Gegenstand von vielen anderen Fachbüchern sind und den Umfang dieses Buches deutlich übersteigen würden.

2.3.1 Druckumformen

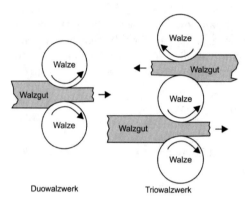

Als Druckumformen wird das Umformen eines Körpers bezeichnet, bei dem die plastischen Formänderungen im Wesentlichen durch ein- oder mehrachsige Druckspannungszustände hervorgerufen werden. Die Verfahren des Druckumformens sind:

- Walzen
- Gesenkformen
- Eindrücken
- Durchdrücken
- Prägen
- Freiformen
- Strangpressen.

Abb. 2.18 Prinzip Walzen

2.3.1.1 Walzen

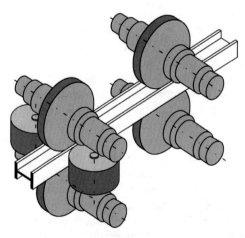

Beim Walzen [DIN 8583-2] wird der umzuformende Werkstoff zwischen zwei oder mehreren rotierenden Werkzeugen umgeformt, dabei wird der Querschnitt des Bauteils verringert. Die rotierenden Werkzeuge werden ebenfalls als Walzen (Abb. 2.18) bezeichnet. Nach der Anordnung der Walzen und des Walzguts und der Kinematik beim Walzen kann unterschieden werden in Längswalzen, Querwalzen und Schrägwalzen. Beim Längswalzen stehen Walzgut und Walzen im rechten Winkel zueinander. Das Walzgut bewegt sich senkrecht zu den Walzenachsen in der Regel ohne Drehung um seine Längsachse zwischen den Walzen hindurch. Besitzen die Walzen eine zylindrische Form, wird das Verfahren als Flach- (Längs-) Walzen bezeichnet. Weisen die Mantelflächen der Walzen eine profilierte (kalibrierte) Oberfläche auf, wird das Verfahren als

Abb. 2.19 Herstellung eines Doppel-T-Trägers durch Walzen

Profil- (Längs-) Walzen bezeichnet. Stehen Walzgut und Walzen parallel zueinander, heißt das Verfahren Querwalzen. Hierbei dreht sich das Walzgut beim Umformvorgang meist um seine Längsachse. Beim Schrägwalzen sind die Walzenachsen gegensinnig schräg zueinander geneigt. Das Walzgut bewegt sich unter Drehung um seine Längsachse durch die Umformzone (Walzspalt). Durch Walzen können Profilstähle, Stäbe, Drähte, Bleche, Rohre, nahtlose Rohre und auch Gewinde hergestellt werden. Typische Beispiele für Profilstähle, die durch Walzen hergestellt werden, sind Eisen- und Straßenbahnschienen, Doppel-T-Träger (Abb. 2.19) u. Ä.

> Unter dem Begriff **Stab** werden, runde und profilierte Vollquerschnitte verstanden, deren Querschnitt sehr viel kleiner als deren Länge ist. Stäbe können runde, rechteckige, sechseckige und viele andere Querschnittsformen aufweisen.
> Als **Draht** werden Halbzeuge mit meist rundem aber auch mit beliebigem Querschnitt bezeichnet, die regellos zu Ringen aufgewickelt werden können.

Von sehr großer industrieller Bedeutung ist die Herstellung von Rohren durch Walzen. Hierbei können die Rohre sowohl nahtlos als auch mit einer Naht hergestellt werden. Einige der möglichen Herstellverfahren von Rohren werden im Kapitel 10 beschrieben.

2.3.1.2 Freiformen

Das Freiformen, in der Praxis auch als Freiformschmieden bezeichnet, ist ein druckumformendes Fertigungsverfahren, bei dem der Werkstofffluss quer zur Werkzeugbewegung erfolgt [DIN 8583-3]. Die Werkzeuge enthalten keine oder nur einige Formelemente des Werkstücks. Die Umformkräfte und Werkzeugbewegung können sowohl von Maschinen, die hydraulisch, mechanisch oder pneumatisch angetrieben sein können, aufgebracht werden als auch manuell von einem Schmied. Als manuelles Fertigungsverfahren zählt das Schmieden (Freiformschmieden) zu den ältesten umformenden Fertigungsverfahren. Auch heutzutage sind noch zahlreiche Hufschmiede und Kunstschmiede tätig. Viele Sprichworte, Redewendungen und auch die Nachnamen zeugen von der Bedeutung, die die Schmiede und auch die Müller als frühe Ingenieure für die Technikentwicklung hatten. Schmiede spezialisierten sich auf zahlreiche Tätigkeiten bspw. Messerschmiede, Waffenschmiede, Gold- und Silberschmiede. Mit Hilfe von geometrisch sehr einfachen Werkzeugen können mittels Freiformen auch sehr komplexe geschmiedete Bauteile erzeugt werden. Typische Werkzeuge für die manuelle Bearbeitung durch Freiformschmieden sind Hammer und Amboss. Zu den Fertigungsverfahren des Freiformschmiedens gehören nach DIN 8583-3:

- Recken
- Rundkneten
- Breiten
- Stauchen
- Treiben
- Schweifen
- Dengeln.

In Abb. 2.20 sind Frei- und Gesenkstauchverfahren exemplarisch dargestellt. Einfache Bauteile wie Schraubenrohlinge werden häufig durch Gesenkstauchen (siehe Kapitel 10) hergestellt. Im Gegensatz zum Recken und Breiten wird beim Stauchen meist das gesamte Bauteilvolumen umgeformt. Beim Recken und Breiten erfolgt nur eine Teilumformung des Bauteilvolumens. Recken und Breiten (Abb. 2.21) unterscheiden sich in der Richtung des Materialflusses.

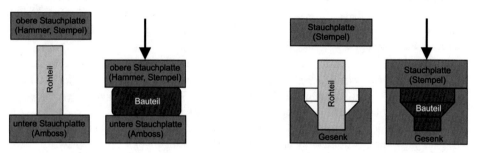

Abb. 2.20 Freistauchen und Gesenkstauchen in Anlehnung an [KLO06]

Durch Freiformen können fast alle industriell bedeutsamen Metalle und Legierungen wie Stahl, Titan, Aluminium und Kupfer bearbeitet werden. Die Prozesse des Freiformens werden meist als Warmumformungsprozesse durchgeführt, um eine ausreichende Umformbarkeit zu gewährleisten. Gleichzeitig wird die zu leistende Umformarbeit verringert. Poren, Hohlräume sowie Lunker, die während der Gieß- und Erstarrungsprozesse entstanden sein können, werden durch das Freiformen geschlossen. Es finden meist mehrere Überschmiedungen statt, wobei nach jeder Überschmiedung das Bauteil wieder auf Umformtemperatur erwärmt werden muss.

Als **Überschmiedung** wird die Abfolge von mehreren Umformgängen (im einfachsten Fall von Hammerschlägen) bezeichnet.

Typische Bauteile, die durch Freiformen hergestellt werden, sind Turbinenwellen, Kurbelwellen und Walzen. Es können Bauteile mit bis zu 300 Tonnen Gewicht bearbeitet werden. Sehr alte, historisch sehr bedeutsame Handwerkstechniken sind Treiben, Schweifen und Dengeln, die heute noch vor allem manuell in Handwerksbetrieben bzw. von Künstlern ausgeführt werden, aber nur noch eine geringe Bedeutung in der industriellen Praxis besitzen. Allerdings sind diese Verfahren für manuelle Reparaturen nach wie vor sehr nützlich. **Treiben** ist ein Verfahren, bei dem ein Blech meist im kalten Zustand durch gezielte Schläge mit Treibhämmern und verschieden geformten Punzen plastisch verformt wird. Häufig werden weiche Metalle, wie Kupfer, als Werkstoff genutzt. Werden Werkstoffe verwendet, die zur Kaltverfestigung neigen, müssen diese während oder nach der Bearbeitung durch Weichglühen unter Wärmezufuhr in den ursprünglichen weichen Zustand zurückversetzt werden.

Dengeln wird hauptsächlich zum Herstellen und Überarbeiten der Schneiden von Sensen und Sicheln verwendet. Die zum Dengeln verwendeten Werkzeuge werden als Dengelhammer und Dengelamboss bezeichnet. Durch Dengeln wird die Schneide des Sensenblattes wieder rekonditioniert, da Beschädigungen an der Schneide herausgearbeitet werden können, welche beim Mähen durch Kontakt mit z. B. Steinen entstanden sind. Durch

Kaltverformung beim Dengeln nimmt an der Schneide die Härte zu. Schneiden von gedengelten Sensenblättern haben daher eine wesentlich höhere Standzeit als durch Schleifen geschärfte Schneiden. Umgangssprachlich wird der Begriff dengeln häufig benutzt, um das Entfernen von Beulen aus Blechen, insbesondere Karosserieblechen, zu beschreiben. Der Prozess des Dengelns ist aber der oben beschriebene. Eine Kaltverfestigung des Werkstoffes soll bei den meisten Anwendungen vermieden werden.

Schweifen ist das Herstellen von runden Blechrändern durch gleichmäßige Hammerschläge (Schweifhammer) oder mit einer Sickenmaschine. Das Blech wird durch die Schläge des Hammers gestreckt. Als Gegenstück zum Schweifhammer wird eine Arbeits- oder Richtplatte, ein Schweif- oder Polierstock verwendet. Durch Schweifen werden in der handwerklichen Bearbeitung Bördel hergestellt, um Rohre zu verbinden.

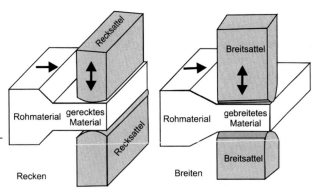

Abb. 2.21 Recken und Breiten nach [KLO06]

Als **Bördel** werden schmale, aufgestellte Ränder an Blechen bezeichnet, die der Verbindung von Bauteilen aus dünnen Blechen dienen. Die Herstellung von Bördeln an geraden Werkstücken erfolgt meist auf einer Abkantbank. Im Fahrzeugbau werden Bremsleitungen gebördelt, ebenso werden Konservendosen durch bördeln verschlossen.

2.3.1.3 Gesenkformen

Gesenkformen (in der industriellen Praxis auch als Gesenkschmieden bezeichnet) ist ein Druckumformverfahren, bei dem zwei gegeneinander bewegte Werkzeuge (Ober- und Untergesenk) das Werkstück ganz oder teilweise umschließen. In das Werkzeug (Gesenk) ist das Negativ der zu fertigenden Geometrie des Werkstücks eingearbeitet [DIN 8583-4]. Je nachdem wie das Gesenk das Werkstück umschließt, werden offene, halboffene oder geschlossene Gesenke unterschieden. Die in das Gesenk eingebrachte Struktur wird als Gravur bezeichnet. Mehrere Gravuren an einem Gesenk werden als Mehrfachgesenk bezeichnet. Zu den Gesenkformverfahren zählen ebenfalls das Stauchen und Pressen mit formgebundenen Werkzeugen. Eines der Hauptanwendungsgebiete dafür ist die Herstellung von Schrauben, Bolzen und Nieten. In dem in Abb. 2.22 dargestellten Prozess des Umformens in einem offenen Gesenk wird der Rohling in das Gesenk eingelegt, umgeformt und aus dem Gesenk entnommen. Dann wird das Bauteil abgeschrotet und entgratet. Bei dem Prozess mit geschlossenem Gesenk (Abb. 2.23) muss ein Rohling in das Gesenk eingelegt werden, der grob dem Endvolumen des Bauteils entspricht. Die entfernten Gra-

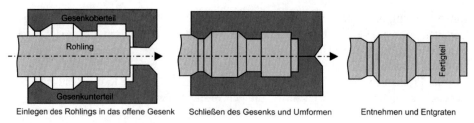

Einlegen des Rohlings in das offene Gesenk   Schließen des Gesenks und Umformen   Entnehmen und Entgraten

Abb. 2.22 Umformprozess in einem offenen Gesenk

te, die sich in den **Gratrinnen** (auch als **Gratbahn** bezeichnet) bilden, sind häufig in der Umgebung von Industriegebieten als Dekorelemente an Zäunen und Häusern zu finden (Abb. 2.23). Weitere Darstellungen von Gesenkschiedeteilen mit Grat sind in Abb. 10.25 im Kapitel 10 dargestellt.

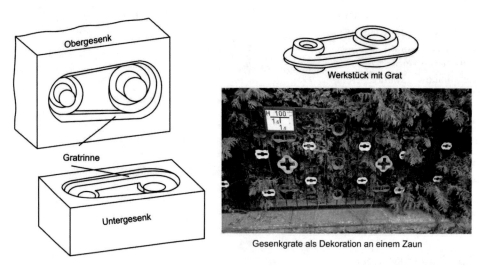

Abb. 2.23 Geschlossenes Gesenk mit Bauteil und entfernten Graten

Es gibt einen Gesenkschmiedeprozess ohne Grat, bei dem das Werkstück bei der Umformung vollständig vom Gesenk umschlossen ist. Dadurch tritt kein Werkstoff aus dem Gesenk aus und es kann sich kein Grat bilden. Allerdings erfordert dieses Verfahren den Bau eines sehr aufwendigen Werkzeugs. Volumenschwankungen des eingelegten Rohteils können entweder zur Zerstörung der Werkzeuge führen oder die Gravur wird nicht vollständig gefüllt.

2.3.1.4 Eindrücken

Die Eindrückverfahren gehören zu den Druckumformverfahren. Die Art der Relativbewegung zwischen Werkstück und Werkzeug wird zur Einteilung der Eindrückverfahren genutzt [DIN 8583-5].

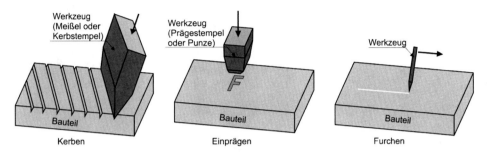

Abb. 2.24 Prinzip Kerben, Prägen und Furchen

Eindrücken mit geradliniger Werkzeugbewegung

Beim Eindrücken mit geradliniger Werkzeugbewegung wird nach der Werkzeugbewegung mit und ohne Gleiten unterschieden. Das Körnen, Kerben, Einprägen, Einsenken, Dornen, Hohldornen und Prägerichten gehören zu den Eindrückverfahren mit geradliniger Werkzeugbewegung ohne Gleiten [DIN 8583-5]. Das Werkzeug wird bei diesen Verfahren in etwa senkrecht in ein nicht bewegtes Werkstück eingedrückt, wie es in Abb. 2.24 dargestellt ist. Durch Prägen werden seit Jahrhunderten Münzen hergestellt. Aber auch Papier, Pappe und Leder werden durch Einprägen bearbeitet. Einfache Bearbeitungen erfolgen dabei durch Prägestempel (auch als **Punze** bezeichnet) und Hammer. Eine höhere Fertigungsgenauigkeit wird mit manuellen Kniehebelpressen oder hydraulischen Pressen erreicht. Die Bearbeitungsverfahren Körnen und Kerben werden sehr häufig mit Handwerkzeugen ausgeführt. Als gleitende Werkzeugbewegung wird ein Eindrückvorgang mit geradliniger Werkzeugbewegung bezeichnet, bei dem sich das Werkzeug relativ zum Werkstück bewegt. Verfahren dieser Gruppe sind Furchen und Glattdrücken. Das Furchen ist ein häufig benutztes Verfahren, um mit einer Anreißnadel Bauteile zu markieren.

Eindrücken mit umlaufender Werkzeugbewegung

Zur Gruppe der Eindrückverfahren mit umlaufender Werkzeugbewegung ohne Gleiten gehören Walzprägen, Rändeln und Kordeln, wie sie in Abb. 2.25 dargestellt sind. Eines der industriell bedeutsamsten Eindrückverfahren mit umlaufender Werkzeugbewegung ist das **Rändeln**, bei dem das Werkzeug (Rändelrad) umlaufend in das Werkstück eingedrückt wird. Das Kordeln arbeitet nach dem gleichen Prinzip, allerdings ist das verwendete Muster auf dem Kordelrad eine Kreuzschraffur. Im praktischen Sprachgebrauch wird zwischen Rändeln und Kordeln meist nicht unterschieden. Häufig wird von einem Rändelwerkzeug mit Kreuzmuster gesprochen.

Zur Gruppe der Eindrückverfahren mit umlaufender Werkzeugbewegung mit Gleiten gehören Gewindefurchen und Glattdrücken mit umlaufender Bewegung mit Gleiten. Gewindefurchen (Abb. 2.26) ist ein Umformverfahren, bei dem das zu fertigende Gewinde ohne

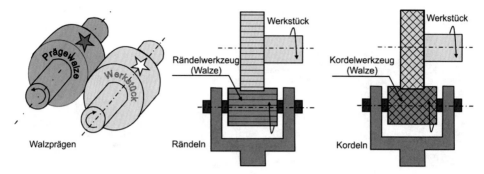

Abb. 2.25 Prinzip des Prägewalzens, Rändelns und Kordelns

ein Abtrennen von Material erfolgt. Der Werkstoff wird dabei nur umgeformt. Diese Vorgehen hat günstige Auswirkungen auf die Festigkeit des Gewindes. Eine Prozesskette aus Fließlochbohren und Gewindefurchern ist in Abschnitt 10.3.1.1 dargestellt.

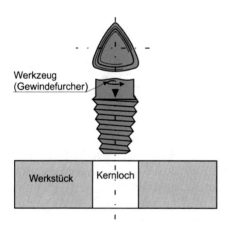

Abb. 2.26 Gewindefurchen

2.3.1.5 Durchdrücken

Als Durchdrücken werden in der DIN 8583-6 Druckumformverfahren definiert, bei denen die Werkstücke teilweise oder insgesamt durch eine Werkzeugöffnung (**Matrize**) hindurchgedrückt werden [DIN 8583-6]. Dabei erfolgt eine Reduzierung des Querschnitts des Bauteils. Zu diesen Verfahren gehören:

- Verjüngen
- Strangpressen
- Fließpressen.

Beim Verjüngen wird eine Querschnittsreduktion von Vollquerschnitten vollzogen. Hohlkörper werden verjüngt, indem das Ende von Hülsen oder Rohren eingehalst wird.

Als **Matrizen** werden in der Fertigungstechnik zum einen im Formenbau, beim Pressen und Schmieden, das Negativ der zu fertigenden Struktur, zum enderen beim Stanzen und Schneiden die Außenform des Werkzeugs bezeichnet. Die Matrize definiert bei allen Verfahren einen Teil der späteren Bauteilform.

Strang- und Fließpressen sind die industriell am häufigsten verwendeten Durchdrückverfahren.

Beide Verfahren können sowohl als Vorwärts-, Rückwärts-, Querpressen mit starren Werkzeugen ausgeführt werden, als auch mit Wirkmedien als hydrostatisches Vorwärts-, Strang-

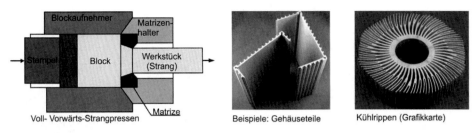

Abb. 2.27 Voll-Vorwärts-Strangpressen

bzw. Fließpressen. In den Abbildungen 2.27 und 2.28 werden exemplarisch die Verfahren Voll-Vorwärts-Strangpressen und Hohl-Quer-Strangpressen dargestellt. Abb. 2.28 zeigt die Herstellung von ummantelten Kabeln. Mit dem Strangpressverfahren werden langgestreckte Voll- und Hohlquerschnitte, meist aus Nichteisenmetallen, erzeugt. Es können hierbei Profile mit einer Länge von bis zu 40 m gefertigt werden.

Typische Strang- und Fließpressbauteile sind Tür- und Fensterrahmenprofile, aber auch Leichtbauprofile und Kühlerprofile für PC-Lüfter und Kühlrippenprofile für Grafikkarten (Abb. 2.27), Gehäuseteile und Teppich- und Fliesenschienen. Das Strangpressen ist ein Durchdrückverfahren, bei dem ein Werkstück (Block) von einem Rezipienten umschlossen wird und mit Hilfe eines Pressstempels durch eine Matrizenöffnung gepresst wird. Durch Fließpressen (Abb. 2.29) werden vor allem Einzelteile mit rotationssymmetrischen bzw. achssymmetrischen Geometrien gefertigt. Häufig besitzen diese Bauteile Hohl- und Napfquerschnitte. Die Herstellung dieser Teile erfolgt meist durch Kaltumformen mit sehr hohen Genauigkeiten.

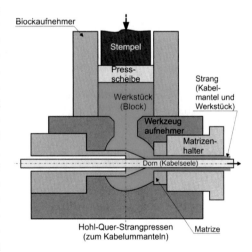

Abb. 2.28 Hohl-Quer-Strangpressen

2.3.1.6 Umformstrahlen

Beim Umformstrahlen wird ein Strahlmittel benutzt, um das Strahlgut gezielt zu verformen und die Dauerfestigkeit des Bauteils zu verbessern. Dabei findet kein Materialabtrag statt. Weitere Erklärungen zum Strahlen werden im Kapitel 2.4.3.6 gegeben.

2.3.1.7 Oberflächenveredlungsstrahlen

Wie beim Umformstahlen wird ein Strahlmittel benutzt, um eine gezielte Veränderung der Oberflächenstruktur des Werkstoffs zu ermöglichen. Mit diesem Verfahren kann der

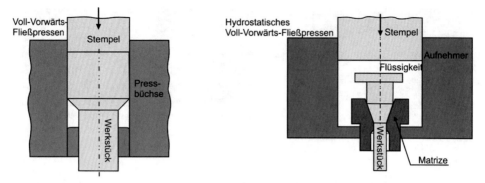

Abb. 2.29 Voll-Vorwärts-Fließpressen und hydrostatisches Voll-Vorwärts-Fließpressen

visuelle oder haptische Eindruck der Bauteiloberfläche verändert werden. Weiterhin kann mit diesem Verfahren eine Verbesserung der Haftung von nachfolgenden Beschichtungen erreicht werden.

2.3.2 Zugdruckumformen

Verfahren des Zugdruckumformens sind: Durchziehen, Tiefziehen, Drücken, Kragenziehen, Knickbauchen [DIN 8584-1].

2.3.2.1 Durchziehen

Durchziehen ist ein Zugdruckumformverfahren, bei dem das Werkstück durch eine Werkzeugöffnung hindurchgezogen wird, die sich in Ziehrichtung verengt [DIN 8584-2]. Die Durchziehverfahren werden in folgende Verfahren unterteilt:

- **Gleitziehen** von Vollkörpern (Drahtziehen, Stabziehen, Flachziehen von Bändern oder Blechen)
- Gleitziehen von Hohlkörpern mit und ohne Innenwerkzeug (Rohrziehen und Abstreckgleitziehen)
- **Walzziehen** von Vollkörpern
- **Walzziehen** von Hohlkörpern mit und ohne Innenwerkzeug.

Bei den Walzziehverfahren wird die Werkzeugöffnung von mindestens zwei Walzen gebildet. Die Unterscheidung zum Walzen erfolgt durch die Zugdruckbeanspruchung in der Umformzone.

Gleitziehen

Beim Gleitziehen ist das Werkzeug, auch als **Ziehstein** oder **Ziehring** bezeichnet, ein feststehendes, geschlossenes, meist sich konisch verengendes Bauteil.
 Typische gezogene Bauteile sind Drähte, Rohre und Profile (Abb. 2.32). Beim Gleitzie-

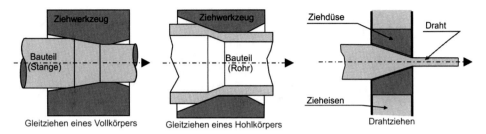

Abb. 2.30 Prinzip des Gleitziehens von Vollkörpern, Hohlkörpern und Drähten nach [SPU85]

hen werden fast immer mehrere Ziehschritte hintereinander als Kaltumformung durchgeführt. Beim Gleitziehen von Vollkörpern werden Drähte (Abb. 2.30 rechts), Stangen oder Flachquerschnitte hergestellt. Die durch Gleitziehen von Drähten erreichbaren Durchmesser betragen ca. 0,01 mm, in Sonderfällen z. B. Erodierdrähte, sind auch 0,012 µm möglich. In Abhängigkeit von den Werkstoffeigenschaften des Ausgangswerkstoffes erfolgen mehrere Zwischenglühungen, um ein Versprödeln der Bauteile zu vermeiden. Gezogene Querschnitte weisen eine sehr hohe Maßgenauigkeit bei guten Oberflächeneigenschaften auf.

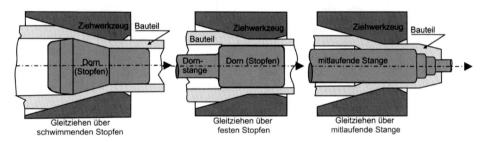

Abb. 2.31 Prinzip des Gleitziehens mit Stopfen und Stange nach [SPU85]

Beim Gleitziehen von Hohlkörpern können sowohl der Außendurchmesser als auch der Innendurchmesser sowie die Wandstärke des Hohlquerschnitts verändert werden. Das Gleitziehen von Hohlkörpern wird unterteilt in:

- Hohl-Gleitziehen ohne Innenwerkzeug, (Abb. 2.30 Mitte)
- Gleitziehen über einen festen Stopfen (Abb. 2.31 Mitte)
- Gleitziehen über einen losen (schwimmenden) Stopfen (Abb. 2.31 links)
- Gleitziehen mit mitlaufender Stange (Abb. 2.31 rechts).

Abstreckgleitziehen

Das Abstreckgleitziehen (Abb. 2.33) ist dadurch gekennzeichnet, dass das Werkstück, ein Hohlkörper mit Boden, mit Hilfe eines Stempels durch einen Abstreckring hindurchgezogen wird. Bei diesem Vorgang wird die Wanddicke des Hohlkörpers verringert. Ebenso

Abb. 2.32 Gleitgezogene Profile

wie beim Verfahren des Gleitziehens über eine mitlaufende Stange wird die Länge des fertigen Werkstücks durch die Länge des Stempels begrenzt.

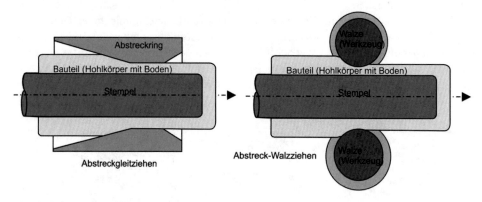

Abb. 2.33 Prinzip des Abstreckgleitziehens und des Abstreck-Walzziehens nach [DIN 8584-2]

Walzziehen

Durch Walzziehen ist ebenfalls die Umformung von Voll- und Hohlkörpern möglich. Es können die gleichen Verfahren und Innenwerkzeuge (fester Stopfen, loser Stopfen, Stange, Stempel) verwendet werden wie bei den Gleitziehverfahren. Das Walzziehen von Vollquerschnitten und das Hohl-Walzziehen ist in Abb. 2.34 dargestellt. Im ersten Walzensatz ist eine ovale Werkzeugform (Ovalkaliber) vorhanden, sodass das Werkstück nicht vollständig von den Walzen umschlossen wird. Im zweiten Walzensatz wird der ovale Querschnitt zu einem Rundquerschnitt umgeformt. Eine Vielzahl von anderen Querschnittsformen können ebenso gefertigt werden.

2.3.2.2 Tiefziehen

Als Tiefziehen wird nach DIN 8584-3 Zugdruckumformen eines Blechquerschnitts bezeichnet, bei dem der Blechquerschnitt in tangentialer Richtung durch Druckspannungen und in radialer Richtung durch Zugspannungen umgeformt wird. Die Verfahrensunterteilung erfolgt nach der Art der Einleitung der Umformkraft [DIN 8584-3]. Es werden durch

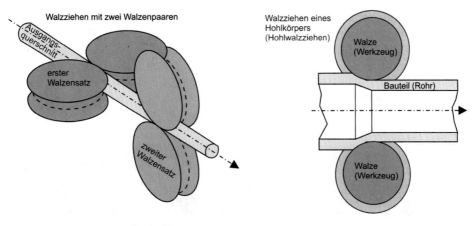

Abb. 2.34 Walzziehen und Hohl-Walzziehen nach [SPU85]

Tiefziehen rotationssymmetrische, prismatische und beliebig geformte Hohlkörper gefertigt. Die geometrischen Abmessungen der Tiefziehteile können hierbei sehr groß sein. Typische Bauteile sind Karosseriebleche, Trapezbleche und Töpfe. Das Tiefziehen wird unterteilt in:

• Tiefziehen mit Formwerkzeugen (starres und nachgiebiges Werkzeug)
• Tiefziehen mit Wirkmedien (Gase, Flüssigkeiten)
• Tiefziehen mit Wirkenergie.

Das Tiefziehen mit starrem Werkzeug besitzt in der praktischen Anwendung die größte Bedeutung und ist dort eines der wichtigsten Blechbearbeitungsverfahren. Der Blechzuschnitt, bei rotationssymmetrischen Teilen Ronde genannt, wird von einem Stempel durch eine Matrize hindurchgezogen. Aus dem flachen Blechquerschnitt soll durch Tiefziehen ein Hohlkörper mit möglichst gleicher Blechdicke hergestellt werden.

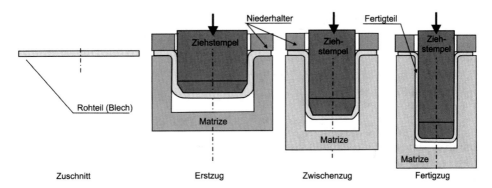

Abb. 2.35 Prinzip des Tiefziehens in mehreren Ziehstufen

Dabei soll das plastische Fließen nur in der Blechebene erfolgen. Die erforderliche Umformkraft wird über den Boden des Bauteils und die Wand in den Blechrand eingeleitet. Sind größere Formänderungen in tangentialer Richtung zu erwarten, muss mit Nieder-

haltern gearbeitet werden. Dadurch wird der Wellenbildung (Ausknicken) des Blechzu-
schnitts an den Rändern entgegengewirkt. Als Weiterzug (Abb. 2.35) wird das Tiefziehen
in mehreren Schritten (auch **Ziehstufen** genannt) bezeichnet. In Abb. 2.36 sind die verschiedenen Bereiche der Umformzonen beim Tiefziehen dargestellt. Die mit Quadraten
versehene Platte ist das Ausgangsmaterial. Deutlich sind die Bereiche der verschiedene
Umformzonen am fertigen Napf an den gestauchten und gestreckten Quadraten zu erkennen.

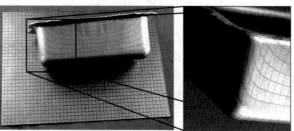

Abb. 2.36 verschiedene Umformzonen beim Tiefziehen

Als **Wirkenergie** wird die Energie bezeichnet, die in einem Energiefeld (z. B. Gra-
vitationsfeld, magnetisches Feld, elektrisches Feld) oder einer Strahlung bzw. einem
Strahl (z. B. Wärmestrahlung, Lichtstrahl, Elektronenstrahl) entsteht.
Als **Wirkmedium** wird ein formloser fester, flüssiger oder gasförmiger Stoff bezeichnet, der durch verschiedene Energieformen, wie mechanische Energie, Wärmeenergie
oder durch chemische Reaktionen Veränderungen am Werkstück hervor ruft.

2.3.2.3 Drücken

Drücken ist nach DIN 8584-4 das Zugdruckumformen eines Blechquerschnitts. In den
meisten Fällen entsteht so ein rotationssymmetrischen Hohlkörper, wie er in Abb. 2.37
dargestellt ist [DIN 8584-4]. Das Drücken wird eingeteilt in:

- Drücken von Hohlkörpern (Abb. 2.37 links),
- Weiten (Abb. 2.37 rechts)
- Engen (Abb. 2.37 Mitte)
- Projizierstrecken.

Das die Form bestimmende Werkzeug (Drückform, Drückfutter, Formklotz) rotiert meist
mit dem Werkstück. Die Wandstärke des Werkstücks wird hierbei in der Regel nicht verändert. Das Gegenwerkzeug, das die Umformung bewirkt (Drückrolle, Drückstab, Walz-
rolle), hat dabei nur örtlichen Kontakt mit dem Werkstück. Die Drückform besteht häufig
aus Hartholz oder Grauguss und die Drückrolle aus Stahl. Die Drückrolle kann sowohl
von Hand oder maschinell geführt werden. Typische Bauteile, die durch Drücken hergestellt werden, sind Felgen, Kesselböden, Pfannen und Druckgasflaschen. Gegenüber dem
Tiefziehen ist der Aufwand für die Herstellung der Drückform und der Drückrolle deutlich
geringer. Es können daher auch Kleinserien und teilweise auch Einzelteile wirtschaftlich

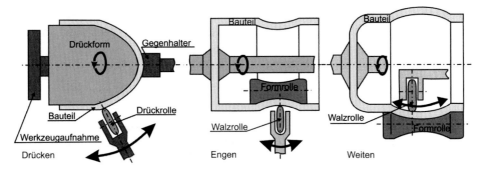

Abb. 2.37 Prinzip des Drückens des Engens und Weitens beim Drücken nach [DIN 8584-4]

gefertigt werden. Weiterhin können Formen hergestellt werden, die durch Tiefziehen nicht zu fertigen sind.

2.3.2.4 Kragenziehen

Als Kragenziehen wird ein Zugdruckumformverfahren bezeichnet, bei dem an Blechen oder Rohren durch Zugdruckbelastung ein Kragen (Abb. 2.38 rechts) erzeugt wird [DIN 8584-5]. An Blechen wird meistens vor dem Kragenziehen ein Vorlochprozess durchgeführt. Das Kragenziehen kann mit oder ohne Niederhalter durchgeführt werden. Der Kragen dient zum Anlöten oder Anschweißen von Teilen, zum Gewindeschneiden oder Einpressen von Bolzen, Gewindehülsen und auch zum Anlöten von Rohren und Flanschen.

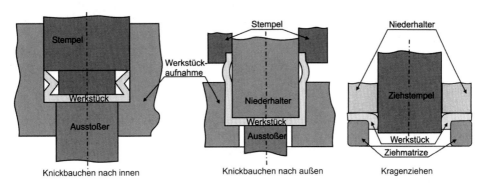

Abb. 2.38 Prinzip des Knickbauchen und Kragenziehens nach [DIN 8584-6]

2.3.2.5 Knickbauchen

Beim Knickbauchen wird ein Blechhohlkörper mit axialen Druck- und tangentialen Zugspannungen zum Ausknicken gebracht [DIN 8584-6]. Das Ausknicken kann hierbei nach innen (Abb. 2.38 links) oder außen (Abb. 2.38 Mitte) erfolgen. Es werden mit diesem Verfahren Falze oder Sicken erzeugt, an denen weitere Teile befestigt oder geführt werden können.

2.3.2.6 Innenhochdruckweitstauchen

Mit dem Begriff Innenhochdruckweitstauchen wird ein Umformvorgang bezeichnet, bei dem das Werkstück, ein Hohlprofil, unter der Wirkung eines Innendruckes und zusätzlicher Axialdruckkräfte in ein Hohlformwerkzeug gepresst und dabei geformt wird [DIN 8584-7]. Das Verfahren kann sowohl mit einem offenen Gesenk als auch mit einem geschlossenen Gesenk durchgeführt werden. Ein sehr ähnliches Verfahren ist das in der

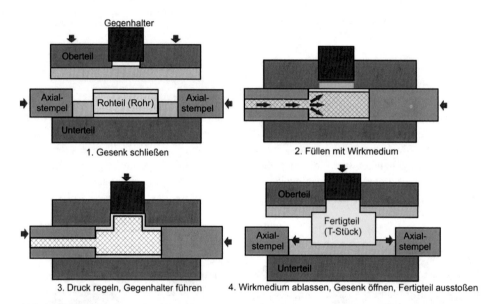

Abb. 2.39 Prinzip des Innenhochdruckformen

Richtlinie VDI 3146 beschriebene **Innenhochdruckumformen** (IHU). Bei diesen Verfahren wird das Bauteil aus einem Rohr, einem Blech (Bauteile analog zum Tiefziehprozess) oder einem beliebigen Profil durch Aufbringen von Innendruck umgeformt [VDI 3146-1, VDI 3146-2]. Die zur Umformung benötigten Drücke sind im Wesentlichen vom umzuformenden Werkstoff, der Materialdicke und den kleinsten Radien des Fertigteils abhängig. Hierbei können Innendrücke von mehreren Tausend Bar erforderlich sein. Das Verfahren (Abb. 2.39) kann sowohl kraftgebunden als auch energiegebunden durchgeführt werden, wobei als Wirkmedien Fluide, Gase und formlose feste Stoffe Anwendung finden [VAH04]. Werden flüssige Medien verwendet, wird in der Praxis häufig der Prozess Hydroforming verwendet. Vorteile dieses Umformverfahrens sind:

- sehr große geometrische Gestaltungsfreiheit
- Verringerung der Einzelteile einer Baugruppe
- Minimierung von Montage- und / oder Schweißverbindungen

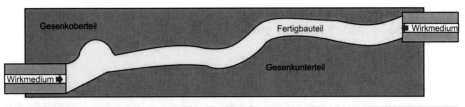

Abb. 2.40 Innenhochdruckumformen komplexer Bauteile

- Einsparen von Material und Gewicht der Bauteile
- Höhere mechanische Festigkeit
- längere Lebensdauer
- hohe Maß- und Formgenauigkeit
- reduzierte Rückfederung.

Anwendung findet dieses Verfahren (Abb. 2.40) hauptsächlich in der Automobilindustrie, der Heizungs- und Sanitärtechnik und im Maschinen- und Apparatebau.

2.3.3 Zugumformen

Die Zugumformverfahren werden in das Längen, das Weiten sowie das Tiefen unterteilt. Die Umformung der Werkstücke erfolgt hierbei mit ein- oder mehrachsiger Zugbeanspruchung [DIN 8585-1].

2.3.3.1 Längen

Längen wird nach DIN 8585-2 unterteilt in Strecken und Streckrichten. Dabei erfolgt hauptsächlich eine Dehnung des Bauteils. Als Strecken wird das Längen zum Vergrößern der Werkstückabmessungen in Kraftrichtung z. B. zum Angleichen an ein vorgegebenes Maß verstanden. Als Streckrichten wird das Längen von Bauteilen zum Beseitigen von Verbiegungen an Stäben, Rohren und an Blechen bezeichnet. Häufig werden diese Fertigungsverfahren manuell mit Handwerkzeugen, wie Hammer und Amboss durchgeführt [DIN 8585-2].

2.3.3.2 Weiten

Das Weiten ist ein Zugumformverfahren, bei dem der Umfang eines Hohlkörpers vergrößert wird [DIN 8585-3]. Als Aufweiten wird das Vergrößern eines Hohlkörpers an seinem

Anfang oder Ende bezeichnet (Abb. 2.41 links). Ausbauchen ist das Erweitern in der Mitte eines Hohlkörpers (Abb. 2.41 Mitte). Das Weiten kann erfolgen mit:

- Werkzeugen (Abb. 2.41 links und Mitte)
- Wirkmedien (Abb. 2.41 rechts)
- Wirkenergie.

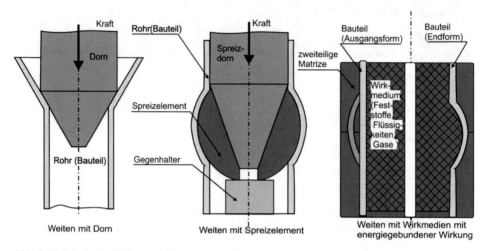

Abb. 2.41 Prinzip des Weitens mit Dorn und Spreizelement und energiegebundener Wirkung

Das Weiten mit Wirkmedium kann mit der kraftgebundenen Wirkung von Gasen, Flüssigkeiten und festen Stoffen oder mit der energiegebundenen Wirkung ebenfalls von Gasen, Flüssigkeiten und festen Stoffen erfolgen. Ein Beispiel für das Weiten mit Wirkenergie ist das Magnetumformen.

2.3.3.3 Tiefen

Das Tiefen ist nach DIN 8585-4 ein Zugumformverfahren, bei dem in ein ebenes oder gewölbtes Blech Vertiefungen eingebracht werden. Die notwendige Oberflächenvergrößerung des Bauteils erfolgt durch eine örtliche Verringerung der Werkstückdicke [DIN 8585-4]. Das Tiefen kann analog zum Tiefziehen erfolgen mit:

- Werkzeugen (Stempel)
- Wirkmedien
- Wirkenergie (Abb. 2.43 rechts).

Das Tiefen mit Werkzeugen wird unterteilt in Streckziehen (Abb. 2.43) und Hohlprägen (Tiefen mit starrem Werkzeug) und kann sowohl mit starren als auch mit elastischen Werkzeugen (Abb. 2.42 rechts) erfolgen. Im Vergleich zum Tiefziehen wird beim Hohlprägen kein Niederhalter verwendet. Die erreichbaren Umformtiefen sind ebenfalls geringer. Durch Tiefen (Streckziehen) werden großformatige Bleche für die Luftfahrt- und Automobilindustrie wie Kotflügel, Motorhauben und Flugzeugverkleidungen hergestellt.

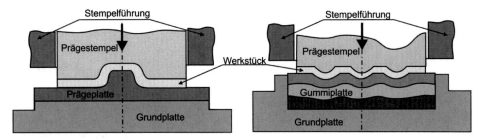

Abb. 2.42 Tiefen mit starrem (Hohlprägen) und elastischem Werkzeug

Die Formwerkzeuge können aus Hartholz, Leichtmetall oder Grauguss hergestellt werden [DIN 8585-4].
Häufig müssen die Matrizen evakuiert (Herstellen eines Vakuums durch Absaugen von

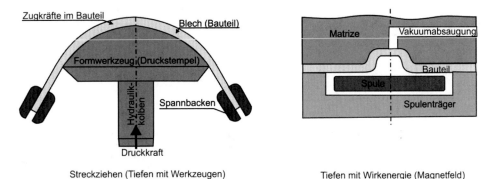

Abb. 2.43 Streckziehen (Tiefen mit Werkzeugen)

Gasen) werden, damit die Fertigungsprozesse in der geforderten Qualität ablaufen können.

2.3.4 Biegeumformen

Biegeumformen ist ein Umformverfahren, bei dem die plastischen Formänderungen durch Biegebeanspruchungen im Werkstück erfolgen [DIN 8586]. Das Biegeumformen gehört zu den wichtigsten Blechumformverfahren. Beim Biegen wird der innere Bereich der Biegung gestaucht und der Querschnitt verbreitert (siehe Abb. 2.44). Der äußere Bereich der Biegestelle wird gestreckt und der Querschnitt wird verengt. In erster Näherung liegt in der Mitte eines (dünnen) Bauteils ein Bereich, der als neutrale (spannungsfreie) Faser bezeichnet wird, der sich nicht verändert. Es können außer Blechen auch Drähte, Stäbe, Profile und Rohre durch Biegen umgeformt werden. Das Biegeumformen wird in Biegeumformen mit geradliniger oder drehender Werkzeugbewegung unterschieden. Zu den Biegeumformverfahren mit geradliniger Werkzeugbewegung (Abb. 2.45) gehören das:

- freies Biegen

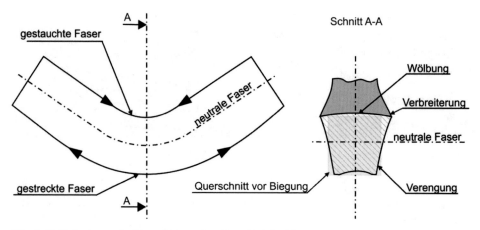

Abb. 2.44 Veränderung des Querschnittes eines Bauteils beim Biegen

- Gesenkbiegen (Abb. 2.46)
- Gleitziehbiegen
- Knickziehbiegen
- Rollbiegen.

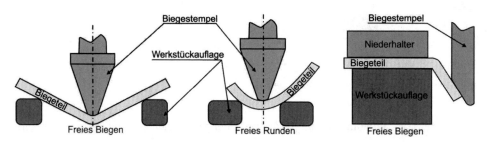

Abb. 2.45 Biegen mit geradliniger Werkzeugbewegung nach [DIN 8586]

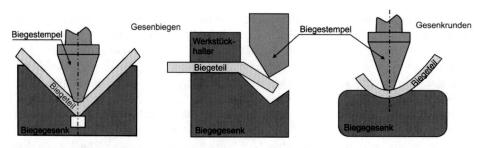

Abb. 2.46 Gesenkbiegeverfahren nach [DIN 8586]

Zu den Biegeumformverfahren mit drehender Werkzeugbewegung (Abb. 2.47) gehören das:

• Rundbiegen
• Schwenkbiegen
• Rundlaufbiegen
• Walzbiegen.

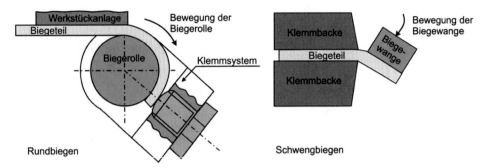

Abb. 2.47 Biegen mit drehender Werkzeugbewegung nach [DIN 8586]

Durch Rundbiegen (Abb. 2.47 links) von mehr als 360° werden unter anderem Federn gewickelt. Schwenkbiegen (Abb. 2.47 rechts) ist eines der sehr häufig verwendeten manuellen Fertigungsverfahren auf Biegemaschinen (Abb. 4.72).

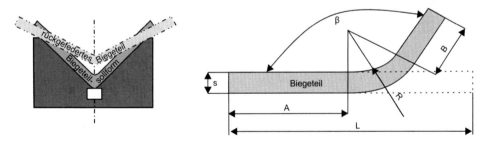

Abb. 2.48 Rückfedern eines Biegeteils und Skizze der gestreckten Länge

Im Gesenkbiegeverfahren (Abb. 2.46) können nur Profile begrenzter Länge gefertigt werden. Das Walzprofilierverfahren (Rollbiegen) und das Ziehbiegeverfahren (Abb. 2.50) ermöglichen hingegen die Fertigung sehr langer Biegeprofile. Diese Profile können im Nachgang längs verschweißt werden, um Profilrohre großer Länge herzustellen. Derartige walzprofilierte Querschnitte aus Blechstreifen verschiedener Dicke werden häufig im Leicht- und Fahrzeugbau sowie im Innenausbau bei Gebäuden verwendet. Sicken können durch ebenfalls im Gesenk durch Gesenksicken (Abb. 2.49) hergestellt werden.

Um den Zuschnitt zu ermitteln, die ein Werkstück aufweisen muss, damit nach dem Biegen die Bauteilgeometrie den Anforderungen entspricht, muss die gestreckte Länge *L* des

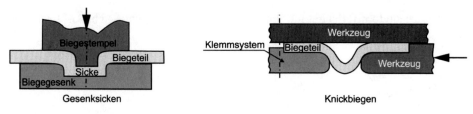

Gesenksicken   Knickbiegen

Abb. 2.49 Gesenksicken und Knickbauchen nach[DIN 8586]

Biegeteils (Abb. 2.48 rechts) errechnet werden. Dies erfolgt für dünne Bleche ($s < 2$ mm) und Biegeradien $r = s$ mit Hilfe der folgenden „Faust"-Formel für rechte Winkel:

$$L = A + B + \frac{s}{3}$$ (2.2)

Für alle anderen Fälle müssen mit Hilfe von Korrekturfaktoren, die die Veränderung der Lage der neutralen Faser berücksichtigen, gerechnet werden. Ein System zur Berechnung ist in [DIN 6935] beschrieben.

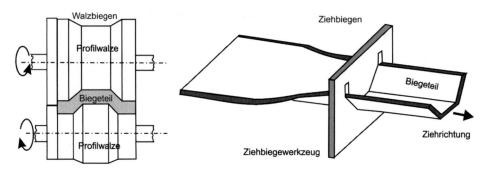

Abb. 2.50 Walzbiegen und Ziehbiegen nach[DIN 8586]

2.3.5 Schubumformen

Das Schubumformen ist nach DIN 8587 ein Fertigungsverfahren, bei dem die Formänderungen durch Scher- oder Schubbeanspruchung im Werkstück erzeugt werden. Es werden die Verfahrensprinzipien Verschieben mit geradliniger Werkzeugbewegung (verschieben) und drehender Werkzeugbewegung (verdrehen) unterschieden [DIN 8587].

2.3.5.1 Verschieben mit geradliniger Werkzeugbewegung

In der Umformzone werden die benachbarten Schnittflächen eines Werkstückes in Kraftrichtung durch geradlinige Bewegung (Abb. 2.51) parallel zueinander verlagert [DIN 8587].

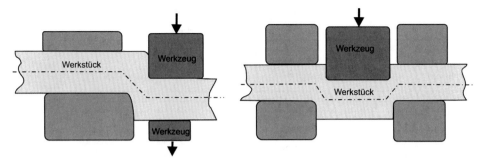

Abb. 2.51 Schubumformen mit geradliniger Bewegung nach [DIN 8587]

2.3.5.2 Verschieben mit drehender Werkzeugbewegung

Diese Verfahren werden hauptsächlich bei der industriellen Fertigung von Kurbelwellen verwendet [DIN 8587]. Beim manuellen Schmieden wird das Schubumformen mit drehender Werkzeugbewegung schon sehr lange zum Herstellen von Zierelementen verwendet. Häufig wird der in Abb. 2.52 dargestellte Vorgang des Schubumformens mit drehender Werkzeugbewegung auch als Torsion bezeichnet.

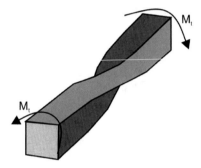

Abb. 2.52 Schubumformen mit drehender Bewegung nach [DIN 8586]

2.4 Hauptgruppe 3 Trennen

Unter der Hauptgruppe 3, Trennen, werden alle Fertigungsverfahren zusammengefasst, bei denen der Zusammenhalt der Werkstoffteilchen örtlich aufgehoben wird. Das Volumen des Werkstücks wird dabei verringert, ebenso die Anzahl der Werkstoffteilchen, die im fertigen Werkstück enthalten sind. Hierbei ist die Endform des Werkstücks im Ausgangswerkstück enthalten. Die Bearbeitung des Werkstücks kann auf mechanischem oder nichtmechanischem Weg z. B. durch Funkenerosion, Laserabtrag oder Brennschneiden erfolgen. Von sehr großer wirtschaftlicher Bedeutung für die Prozesse der Hauptgruppe 3 (Abb. 2.53) ist die Zeit, die für den Abtrag von Material am Bauteil benötigt wird und die Zeit, die ein Werkzeug ein Bauteil bearbeiten kann, bevor Verschleiß am Werkzeug auftritt.

> **Abtrag:** ist immer der erwünschte Verlust von Material am Werkstück, der zur Entstehung der Endform führt.
> **Verschleiß:** ist immer der unerwünschte Verlust von Material an Werkzeugen oder an Maschinenteilen, die gegeneinander bewegt werden. Der Verschleiß kann durch schleifende, rollende, schlagende, kratzende, chemische und thermische Beanspruchung an der Oberfläche entstehen.

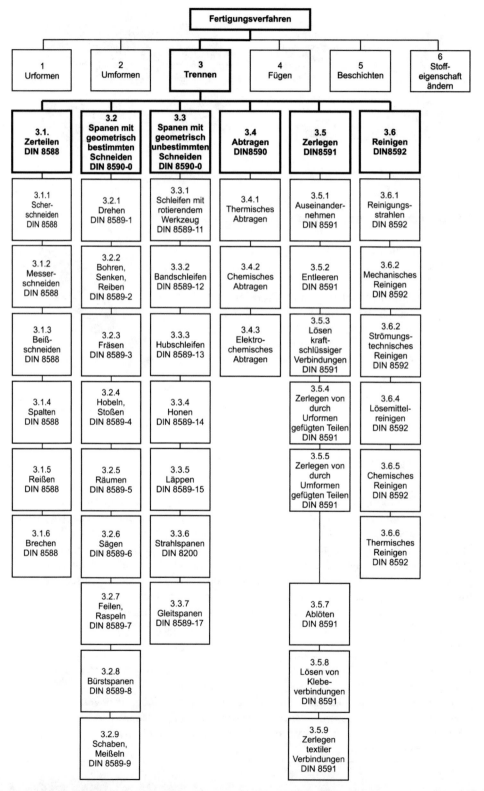

Abb. 2.53 Einteilung der trennenden Fertigungsverfahren nach [DIN 8580]

2.4.1 Zerteilen

Unter dem Begriff Zerteilen wird das mechanische Trennen von Werkstücken verstanden, ohne dass Späne oder andere formlose Stoffe entstehen [DIN 8588]. Von besonderer Bedeutung für die metallverarbeitende Industrie sind aus dieser Gruppe das Scherschneiden, das Knabberschneiden (Nibbeln) und das Messerschneiden (Rohre trennen). Das Nibbeln (Abb. 2.54) und die dafür benötigten Werkzeuge werden im Abschnitt 6.3 beschrieben.

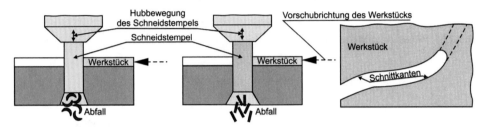

Abb. 2.54 Prinzip des Knabberschneidens (Nibbeln)

Das Zerteilen wird unterteilt in das Scherschneiden (gekennzeichnet durch zwei Schneiden, die sich aneinander vorbei bewegen), das Messerschneiden (gekennzeichnet durch eine Schneide) und das Beissschneiden (gekennzeichnet durch zwei Schneiden, die sich aufeinander zubewegen).

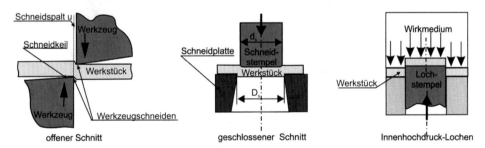

Abb. 2.55 Varianten des Scherschneidens

Scherschneiden kann sowohl im offenen (Abb. 2.55 links) als auch im geschlossenen Schnitt (Abb. 2.55 Mitte) erfolgen. Eine weitere Variante, die aus dem Innenhochdruckumformen abgeleitet wurde, ist das Innenhochdrucklochen. Hierbei wird eine Schneide durch das Wirkmedium ersetzt. Für die holzverarbeitende Industrie sind insbesondere das Spalten von Holz und das kontinuierliche Messerschneiden (Furnierherstellung) (Abb. 2.56 rechts) von Bedeutung. Bei der manuellen Bearbeitung wird im Sanitär- und Heizungsbau häufig das kontinuierliche Messerschneiden mit Rolle (Abb. 2.56 Mitte) zum Trennen von Rohren verwendet. Das dafür benötige Werkzeug und der Vorgang des Trennens sind im Abschnitt 4.3.3.9 beschrieben. Die Varianten des Beissschneidens sind in Abb. 2.57 dargestellt. Alle Schneidverfahren können sowohl mit einem Hub als auch mit mehreren Hüben fortlaufend erfolgen.

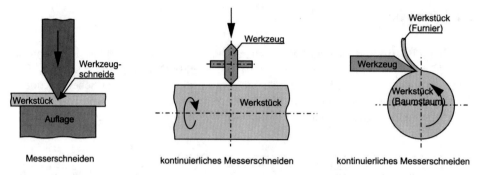

Abb. 2.56 Varianten des Messerschneidens

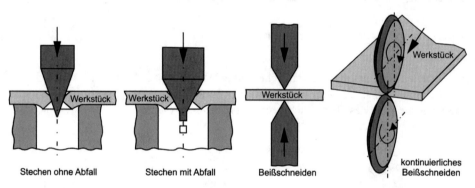

Abb. 2.57 Stechen und Beissschneiden

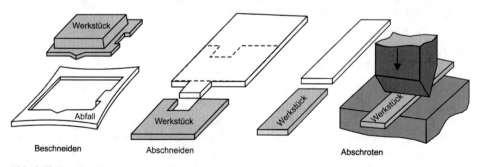

Abb. 2.58 Beschneiden, Abschneiden und Abschroten

 Weitere Unterteilungen werden u. a. in Abschneiden (Abb. 2.58) und Abschroten vorgenommen. Das Abschroten erfolgt meist mit einem Meißel beim handwerklichen Schmieden.

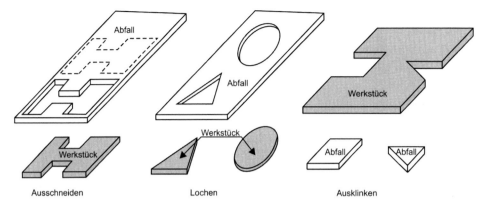

Abb. 2.59 Ausschneiden, Lochen und Ausklinken

2.4.2 Spanen mit geometrisch bestimmten Schneiden

Spanen ist Trennen, bei dem von einem Werkstück mit Hilfe der Schneiden (Drehen eine, Fräsen mehrere und Schleifen viele Schneiden) eines Werkzeugs, Werkstoffschichten in Form von Spänen zur Änderung der Werkstückform und/oder Werkstückoberfläche mechanisch abgetrennt werden. Dabei wird zwischen Spanen mit geometrisch bestimmten Schneiden (z. B. Drehen, Bohren, Fräsen, Hobeln, Sägen) und Spanen mit geometrisch unbestimmten Schneiden (z. B. Schleifen, Honen, Läppen, Gleitspanen) unterschieden. Beim Spanen mit geometrisch bestimmten Schneiden sind die Anzahl der Schneiden, die Form der Schneidkeile und deren Lage zum Werkstück bekannt. Beim Spanen mit geometrisch unbestimmtem Schneiden ist dies nicht der Fall, hierbei können nur statistische Aussagen über die Geometrie der Schneiden getroffen werden.

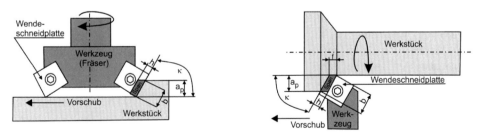

Abb. 2.60 Spanungsquerschnitt beim Fräsen und Drehen

Die Bewegung zwischen Werkzeug und Werkstück wird durch die Schnittbewegung mit der Schnittgeschwindigkeit v_c und die Vorschubgeschwindigkeit v_f beschrieben.

> Die **Schnittbewegung** führt zum einmaligen Abtrennen des Spanes während einer Umdrehung oder eines Hubes.
> Die **Vorschubbewegung** sorgt für eine stetige oder mehrmalige Spanabnahme während mehrerer Umdrehungen oder Hübe.

Aus den Parametern Spanungsdicke b und Spanungsbreite h kann der Spanungsquerschnitt A mit Formel 2.3 berechnet werden. Der Zusammenhang zwischen diesen Parametern beim Drehen und Fräsen ist in Abb. 2.60 dargestellt.

$$A = b \cdot h \tag{2.3}$$

Bei Verwendung eines Stirnfräsers mit dem Einstellwinkel κ wird die Spanungsdicke h aus dem Vorschub pro Zahn f_z mit der Formel 2.4 berechnet. Als Einstellwinkel κ (Abb. 2.60) wird der Winkel zwischen der Vorschubrichtung und der Hauptschneide des Fräsers bezeichnet.

$$h = f_z \cdot sin\kappa \tag{2.4}$$

Wird ein Fräser mit einem Einstellwinkel von $90°$ verwendet, ist nach dieser Formel die Spandicke h gleich dem Vorschub pro Zahn f_z. Die Spanungsbreite b wird mit Schnitttiefe a_p und den Einstellwinkel κ nach Formel 2.5 berechnet.

$$b = \frac{a_p}{sin\kappa} \tag{2.5}$$

Wird wiederum ein Fräser mit einem Einstellwinkel von $90°$ verwendet, kann der Spanungsquerschnitt A direkt aus der Schnitttiefe a_p und dem Vorschub pro Zahn f_z beim Fräsen mit der Formel 2.6 berechnet werden.

$$A = a_p \cdot f_z \tag{2.6}$$

Beim Drehen wird der der Spanungsquerschnitt analog zum oben beschriebenen Vorgehen bestimmt. Allerdings wird nicht der Vorschub pro Zahn, sondern der Vorschub f in der Formel 2.7 verwendet.

$$A = a_p \cdot f \tag{2.7}$$

Um die bei der spanenden Bearbeitung entstehende Wärme vom Bauteil und der Maschine abzuführen, wird häufig ein Kühlschmiermittel (KSS) verwendet. Die Wärme wird zum Teil ebenfalls durch das Werkzeug und die Späne abgeführt. Dieser Vorgang ist an der Erwärmung der Bauteile, der Späne und an den teilweise entstehenden Anlassfarben zu erkennen.

2.4.2.1 Drehen

Drehen ist eines in der industriellen Praxis am häufigsten verwendeten Fertigungsverfahren. Bei diesem Verfahren rotiert das Werkstück um seine eigene Achse (Drehachse) und erzeugt die Schnittbewegung, während das Werkzeug die Vorschubbewegung und die zu erzeugende Kontur beschreibt. Die Vorschubbewegung erfolgt quer zur Schnittrichtung. Die DIN 8589 definiert Folgendes:

> "Drehen ist Spanen mit geschlossener (meist kreisförmiger) Schnittbewegung und beliebiger Vorschubbewegung in einer zur Schnittrichtung senkrechten Ebene. Die Drehachse der Schnittbewegung behält ihre Lage zum Werkstück unabhängig von der Vorschubbewegung bei."

Das Werkstück wird als Drehteil und das Werkzeug als Drehmeißel bezeichnet. Der Vorgang des Drehens von metallischen Werkstücken findet auf einer Drehmaschine (in der Praxis auch Drehbank genannt) statt. Hiervon zu unterscheiden ist die in der Holzbearbeitung verwendete Drechselbank. Die am häufigsten benutzten Varianten des Drehens sind Quer-Plandrehen, Längs-Runddrehen, Quer-Abstechdrehen, Gewindedrehen, Gewindestrehlen und Gewindeschneiden [DIN 8589-1].
Die Schnittgeschwindigkeit v_c (Abb. 2.63) entspricht der Umfangsgeschwindigkeit

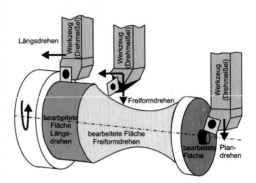

Abb. 2.61 Verfahrensvarianten des Drehens

des Werkstücks an der Bearbeitungsstelle. Sie wird meist in m/min angegeben. Die Umfangsgeschwindigkeit lässt sich aus dem Durchmesser des Werkstücks d_{Wst}, der Drehzahl des Werkstückes n und der Zahl π errechnen.

$$v_c = d_{Wst} \cdot \pi \cdot n \qquad (2.8)$$

Wie aus Formel 2.8 leicht zu erkennen ist, nimmt bei kleiner werdendem Durchmesser des Werkstücks bei gleicher Drehzahl die Schnittgeschwindigkeit ab. Damit die Schnittgeschwindigkeit konstant bleibt, muss daher die Drehzahl erhöht werden. Dies ist häufig bei CNC-gesteuerten Maschinen während des Bearbeitungsprozesses zu hören. Mit steigender Schnittgeschwindigkeit sinkt die Bearbeitungsdauer, allerdings wird dabei der Werkzeugverschleiß erhöht. Die Vorschubgeschwindigkeit v_f (Abb. 2.63) wird aus der Drehzahl n und dem Vorschub f nach Formel 2.9 berechnet. Der Vorschub f ist die Strecke, die das Werkzeug pro Umdrehung in Vorschubrichtung zurücklegt. Der Vorschub wird meist in mm/Umdrehung angegeben.

$$v_f = f \cdot n \qquad (2.9)$$

Quer-Plandrehen

Beim Quer-Plandrehen (in der Praxis meist als Plandrehen bezeichnet) bewegt sich der Drehmeißel senkrecht zur Werkstückachse. Mit diesem Verfahren wird die Stirnfläche eines Werkstücks bearbeitet (Abb. 2.61). Häufig wird das Quer-Plandrehen als erster Arbeitsschritt ausgeführt, um eine Referenzfläche herzustellen. Bei allen Quer-Drehverfahren muss beachtet werden, dass sich bei konstanter Drehzahl die Schnittgeschwindigkeit (siehe Formel 2.8) verändert, da sich der bearbeitete Durchmesser ständig ändert.

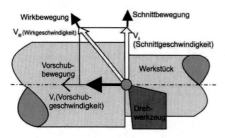

Abb. 2.62 Schnitt-, Vorschub- und Wirkbewegung beim Längsdrehen

Längs-Runddrehen

Beim Längs-Runddrehen (häufig einfach als Längsdrehen bezeichnet) bewegt sich der Drehmeißel parallel zur Werkstückachse, meist von rechts nach links. Beim Längs-Runddrehen wird an einem zylindrischen Werkstück ein definierter Durchmesser erzeugt.

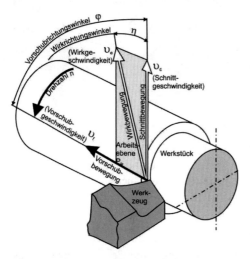

Abb. 2.63 Vorschub- und Schnittbewegung beim Längs-Runddrehen

Quer-Abstechdrehen

Um ein fertig bearbeitetes Werkstück vom Rohmaterial zu trennen, wird das Quer-Abstechdrehen verwendet, in der Praxis auch als Abstechen bezeichnet. Die Hauptschneide des Abstechwerkzeugs ist zur Werkstückachse geneigt. Der Eckenwinkel des Abstechdrehmeißels ist kleiner als 90°. Dadurch entstehen am Werkstück zwei verschiedene Zapfendurchmesser. In der Endphase des Abstechvorgangs bricht das am kleinen Zapfendurchmesser hängende Teil ab. Damit ist das Werkstück vom Restmaterial getrennt.

Gewindedrehen

Als Gewindedrehen wird ein Schraubdrehen bezeichnet, bei dem der Vorschub parallel zur Drehachse mit einem einfach profilierten Werkzeug erfolgt. Während eines Drehdurchgangs wird nur ein Teil der Endtiefe des Gewindes erzeugt. Daher sind mehrere Durchgänge mit einer erneuten Zustellung des Werkzeugs erforderlich. Beim Gewindedrehen entspricht der Vorschub des Werkzeugs der Steigung des zu erzeugenden Gewindes. An der Drehmaschine erfolgt die zum Gewindeschneiden erforderliche Synchronisation durch die Leitspindel und das Vorschubgetriebe. Bei konventionellen Drehmaschinen wird die Steigung des Gewindes über Wechselzahnräder eingestellt. Das Werkzeug zum Gewindedrehen wird als Gewindedrehmeißel bezeichnet.

Gewindestrehlen

Gewindestrehlen ist ein Drehverfahren, bei dem in das Werkzeug die Zustellungen (für die Endtiefe des Gewindes) bereits integriert sind. Es ist daher nur noch ein einziger Drehdurchgang erforderlich. Die Vorschubbewegung läuft dabei ebenfalls parallel zur Drehachse. Das Werkzeug weist mehrere Profile auf und wird als Gewindestrehler bezeichnet.

Gewindeschneiden

Als Werkzeug bei der konventionellen Fertigung von Gewinden durch Gewindeschneiden wird ein Gewindeschneideisen verwendet. Bei der Verwendung von CNC-Maschinen kommt auch ein Gewindeschneidkopf zum Einsatz, der sich parallel zur Drehachse bewegt.

Innendrehen

Die Drehverfahren können sowohl außen am Werkstück, als auch innerhalb eines Werkstücks ausgeführt werden. Insbesondere die Innenbearbeitungen mit Drehmeißeln erfordern teilweise sehr speziell geformte Werkzeuge. Hinterschneidungen können mit Innendrehverfahren ebenfalls gefertigt werden. Typische Beispiele dafür sind Nuten für Sicherungsringe.

Formdrehen

Bauteile, deren Formen von zylindrischen Geometrien abweichen, können durch Formdrehen erzeugt werden. Die Formdrehprozesse können in Freiformdrehen (mit manueller Steuerung), Nachformdrehen (Abtasten eines Modells oder einer Schablone), kinematisch-Formdrehen (Vorschubbewegung wird über ein mechanisches Getriebe gesteuert) und NC-Formdrehen (Steuerung durch NC-System) unterteilt werden. Nachformdrehen wird in der industriellen Praxis auch häufig als Kopierdrehen bezeichnet. Bei den NC-gesteuerten Drehprozessen wird die Form des Werkstücks durch die Steuerung der Vorschub- bzw. der Schnittbewegung gefertigt. Der Kreuzsupport der Drehmaschine kann sich hierbei gleichzeitig in beide Achsrichtungen bewegen (Abb. 2.61).

2.4.2.2 Fräsen

Die DIN 8589-3 definiert Fräsen als:

> "Spanen mit kreisförmiger, einem meist mehrzahnigen Werkzeug zugeordneter Schnittbewegung und mit senkrecht oder auch schräg zur Drehachse des Werkzeugs verlaufender Vorschubbewegung zur Erzeugung beliebiger Werkstückoberflächen."

Beim Fräsen ist die Schneide des Werkzeugs im Unterschied zum Drehen und Bohren nicht ständig im Eingriff. Dies führt zu einer stoßartigen Belastung am Werkzeug und zu einem unterbrochenen Schnitt. Das Werkzeug (der Fräser) führt eine kreisförmige Schnittbewegung aus. Die Vorschubbewegung verläuft senkrecht oder schräg zur Drehachse des Werkzeugs und kann vom Werkzeug oder Werkstück oder kombiniert von beiden ausgeführt werden. Es werden nach DIN 8589-3 verschiedene Fräsverfahren unterschieden. Zunächst wird unterschieden, welche Schneiden am Werkzeug im Eingriff stehen (Umfangsfräsen, Stirnfräsen, Stirn-Umfangsfräsen), weiterhin welche Geometrien am Werkstück erzeugt werden (Plan-, Rund-, Schraub-, Profil-, Formfräsen) und wo die bearbeiteten Flächen am Werkstück liegen (Außen- und Innenfräsen). Es wird ebenfalls betrachtet, ob die Drehrichtung des Werkzeugs und die Bewegungsrichtung des Werkstücks übereinstimmen (Gegen- und Gleichlauffräsen). Bei der Benennung der verschiedenen Fräsverfahren werden die oben genannten Bezeichnungen entsprechend der verwendeten Verfahren kombiniert [DIN 8589-3]. Die Schnittgeschwindigkeit v_c des Fräsprozesses errechnet sich aus dem Durchmesser des Fräsers d_{Fr}, der Drehzahl n und der Zahl π mit folgender Formel:

$$v_c = d_{Fr} \cdot \pi \cdot n \qquad (2.10)$$

Die Vorschubgeschwindigkeit v_f wird aus dem Vorschub pro Umdrehung f und der Drehzahl n errechnet:

$$v_f = f \cdot n \qquad (2.11)$$

Der Vorschub pro Umdrehung f wird aus dem Vorschub pro Zahn f_z und der Anzahl der Schneiden z des Fräsers errechnet:

$$f = f_z \cdot z \qquad (2.12)$$

Durch Umstellen der Formel 2.10 wird aus der Vorschubgeschwindigkeit v_f und dem Durchmesser des verwendeten Fräswerkzeugs d_{Fr}, die an der Maschine einzustellende Drehzahl n errechnet. Die Vorschubgeschwindigkeit wird aus Tabellen des Werkzeugherstellers abgelesen, ebenso die Anzahl der Zähne und der Vorschub pro Zahn.

Umfangsfräsen

Bei dieser Verfahrensvariante (Abb. 2.64) bearbeiten die am Umfang des Werkzeugs liegenden Hauptschneiden die Werkstückoberfläche [DIN 8589-3].

Stirnfräsen

Bei dieser Verfahrensvariante (Abb. 2.64) bearbeiten die an der Stirnseite des Werkzeugs liegenden Nebenschneiden die Werkstückoberfläche [DIN 8589-3].

Planfräsen

Beim Planfräsen werden am Werkstück ebene (plane) Flächen erzeugt. Dies kann mit den Hauptschneiden (Umfangs-Planfräsen), den Nebenschneiden (Stirn-Planfräsen) oder beiden (Stirn-Umfangs-Planfräsen) erfolgen [DIN 8589-3].

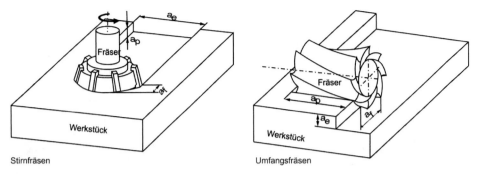

Abb. 2.64 Stirn- und Umfangsfräsen

Rundfräsen

Beim Rundfräsen werden kreiszylindrische Flächen am Werkstück mit Hilfe einer kreisförmigen Vorschubbewegung erzeugt [DIN 8589-3].

Schraubfräsen

Schraubfräsen ist ein Fräsprozess, bei dem durch eine wendelförmige Vorschubbewegung
schraubenförmige Flächen erzeugt werden. Dies können Gewinde, Zahnräder u. Ä. sein.
Gewinde können durch Lang- bzw. Kurzgewindefräsen hergestellt werden. Beim Langgewindefräsen wird ein Gewindefräser mit nur einer Profilform verwendet. Die Achse
des Werkzeugs ist in die Richtung der Gewindesteigung geneigt, der Vorschub entspricht
der Gewindesteigung. Häufig wird in der industriellen Praxis das Langgewindefräsen von
einem Außengewinde mit einem innenverzahnten Werkzeug als Gewindewirbeln bezeichnet. Beim Kurzgewindefräsen erfolgt die Bearbeitung mit einem mehrprofiligen Werkzeug. Die Werkzeugachse liegt parallel zur Werkstückachse. Der Vorschub entspricht der
Gewindesteigung. Aufgrund der Geometrie kann nur ein Gewinde mit der Länge des
Werkzeugs hergestellt werden [DIN 8589-3].

Wälzfräsen

Bei diesem Fräsverfahren führt das profilierte Werkzeug eine mit der Vorschubbewegung
simultane Wälzbewegung aus [DIN 8589-3]. Mit diesem Verfahren (Abb. 2.65 links) werden häufig Zahnräder hergestellt.

Profilfräsen

Bei diesem Fräsverfahren wird die Form des profilierten Werkzeugs im Werkstück abgebildet (Abb. 2.65 rechts). Es können sowohl gerade Profilflächen (Längs-Profilfräsen),
rotationssymmetrische (Rund-Profilfräsen) als auch gekrümmte (Form-Profilfräsen) Flächen hergestellt werden [DIN 8589-3].

Fertigung eines Zahnrades durch Wälzfräsen   Fertigung eines Zahnrades durch
                                                    Fräsen mit einem Teilkopf

Abb. 2.65 Fräsen von Zahnrädern

Formfräsen

Die Formfräsverfahren können analog wie die Formdrehverfahren in Freiformfräsen (mit manueller Steuerung), Nachformfräsen (Abtasten eines Modells oder Schablone), kinematisch-Formfräsen (Vorschubbewegung wird über mechanisches Getriebe gesteuert) und NC-Formfräsen (Steuerung durch NC-System) unterteilt werden [DIN 8589-3]. Nachformfräsen wird in der industriellen Praxis ebenfalls auch häufig als Kopierfräsen bezeichnet.

Gegen- und Gleichlauffräsen

Als Gegenlauffräsen (Abb. 2.66) wird ein Fräsprozess bezeichnet, bei dem im Berührpunkt von Werkzeug und Werkstück die Drehrichtung des Fräswerkzeugs und die Werkstückbewegung einander entgegengerichtet sind. Als Gleichlauffräsen (Abb. 2.66) wird ein Fräsprozess bezeichnet, bei dem im Berührpunkt von Werkzeug und Werkstück die Drehrichtung des Fräswerkzeugs und die Werkstückbewegung in gleicher Richtung verlaufen [DIN 8589-3].

2.4.2.3 Bohren, Senken, Reiben

Die Verfahren Bohren, Senken und Reiben werden zusammengefasst, da das kinematische Verfahrensprinzip bei diesen Verfahren sehr ähnlich ist. Die Achse der Werkzeuge und die Achse der zu fertigenden Innenfläche sind bei diesen Prozessen identisch. In Richtung der Drehachse verläuft die Vorschubbewegung [DIN 8589-2].

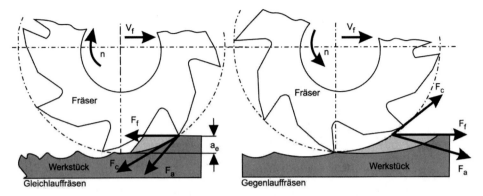

Abb. 2.66 Prinzip des Gleichlauf- und Gegenlaufräsens

Bohren

Bohren (siehe Abb. 2.68) ist ein spanendes Verfahren mit drehender Schnittbewegung, bei dem die Achse des Werkzeugs (Bohrer) mit der Achse der zu fertigenden Innenform (Bohrung) identisch ist [DIN 8589-2]. Die Schnittgeschwindigkeit beim Bohren hängt vom Schneidstoff des Bohrers und den Eigenschaften des zu bearbeitenden Werkstoffs ab. Sie wird mit Formel 2.14 berechnet. Die Vorschubgeschwindigkeit ist vor allem vom Bohrerdurchmesser und dem gewählten Bohrverfahren abhängig. Als Werkzeuge können Bohrer mit symmetrisch oder unsymmetrisch angeordneten Hauptschneiden, Einlippenbohrer, verschiedene Bohrköpfe, Profilbohrer oder auch Kernlochbohrer verwendet werden.

Es werden sowohl **Durchgangsbohrungen** als auch **Grundlochbohrungen** gefertigt. Grundlochbohrungen (Abb. 2.67) werden in der industriellen Praxis auch als **Sacklochbohrungen** bezeichnet. Beim Bohren treten verschiedene Effekte auf, die das Arbeitsergebnis stark beeinflussen: Die Schnittgeschwindigkeit ist über dem Radius des Bohrers unterschiedlich. Im Mittelpunkt des Durchmessers des Bohrwerkzeuges (auf der Drehachse) ist die Schnittgeschwindig-

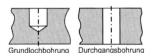

Abb. 2.67 Durchgangs- und Grundlochbohrung

keit null. Daher erfolgt an diesem Punkt keine Spanbildung sondern nur die Umwandlung der mechanischen Energie in Wärmeenergie. Weiterhin müssen aus der Bohrung die entstehenden Späne abtransportiert und gleichzeitig KSS zugeführt werden. Sollen in raue oder geneigte Oberflächen Bohrungen gefertigt werden, ist es meist erforderlich Zentrierbohrungen zu fertigen, um ein Verlaufen des Bohrers zu verhindern. Müssen sehr große Durchmesser von Durchgangsbohrungen gefertigt werden, wird nur ein vergleichsweise schmaler Ring im **Kernlochbohrverfahren** (siehe Abb. 1.4) zerspant.

Die Schnittgeschwindigkeit v_c des Bohrprozesses errechnet sich aus dem Bohrungsdurchmesser d_B, der Drehzahl n und der Zahl π mit folgender Formel:

$$v_c = d_B \cdot \pi \cdot n \qquad (2.13)$$

Die Vorschubgeschwindigkeit v_f wird aus dem Vorschub pro Umdrehung f und der Drehzahl n errechnet:

$$v_f = f \cdot n \tag{2.14}$$

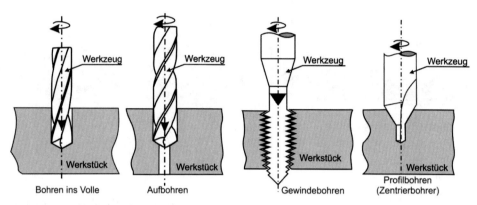

Abb. 2.68 verschiedene Bohrverfahren

Aufbohren

Unter dem Begriff Aufbohren wird die Erweiterung eines bereits vorhandenen Loches verstanden. Dieses Loch kann durch verschiedene Fertigungsverfahren wie Gießen, Schmieden, Bohren o. Ä. hergestellt worden sein. Aufbohren kann weiterhin notwendig sein, wenn die Leistung der Werkzeugmaschine nicht ausreicht, um den geforderten Bohrungsdurchmesser zu fertigen. Es wird dann in mehreren Schritten mit steigendem Bohrerdurchmesser aufgebohrt.

Ablauf manuelles Bohren (mit Aufbohren) zur Herstellung einer Passung:

1. Anreißen (nicht beim Aufbohren)
2. Körnen (nicht beim Aufbohren)
3. mit kleinem Bohrer vorbohren (Bohrerdurchmesser entspricht Länge der Querschneide des folgenden Bohrers)
4. Punkt 3 wiederholen, bis Sollmaß erreicht ist
5. Senken / Entgraten der Bohrung
6. Reiben mit Reibahle.

Gewindebohren

Durch Gewindebohren werden Innengewinde hergestellt. Gewindebohrer besitzen ein Profil, das am Ende dem Profil des zu fertigenden Gewindes entspricht. Am Anschnitt des Gewindebohrers ist die Eingriffstiefe der Schneiden gestaffelt. Wird ein Gewinde mit konventionellen Bohrmaschinen gefertigt, muss ein mit dem der Steigung des Gewindes entsprechender Vorschub verwendet werden. Da nur die wenigsten konventionellen Bohrmaschinen diese Möglichkeit besitzen, muss ein Ausgleichsfutter benutzt werden. Bei der

Fertigung mit CNC-gesteuerten Maschinen wird die exakte Verknüpfung von Vorschub und Umdrehung von der Maschinensteuerung übernommen. Bei der manuellen Fertigung muss der Facharbeiter die entsprechenden Bewegungen ausführen. Beim Herausfahren des Gewindebohrers muss die Drehrichtung umgekehrt werden.

Senken

Durch Senken, dargestellt in Abb. 2.69, können sowohl vorhandene Bohrungen erweitert, deren Form verändert oder auch senkrecht zur Drehachse liegende Flächen eingeebnet werden [DIN 8589-2].

Da keine eindeutige koaxiale Führung für das Werkzeug mehr vorhanden ist, werden Senkwerkzeuge meist mehrschneidig ausgeführt und können zusätzlich noch Führungszapfen aufweisen. Durch Profilsenker können auch verschiedene (rotationssymmetrische) Formen hergestellt werden. Eine in der Praxis häufige Anwendung ist die Herstellung von Einsenkungen für Schraubenköpfe, die nicht aus dem Bauteil ragen sollen.

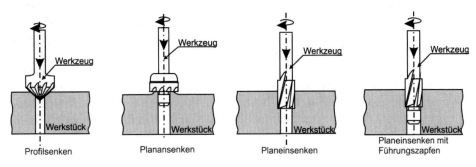

Abb. 2.69 Senken

2.4.2.4 Reiben

Die durch Bohren hergestellten Oberflächen sind häufig noch durch große Unebenheiten gekennzeichnet sind. Die Maßhaltigkeit genügt bei den meisten Bohrverfahren ebenfalls nicht den Anforderungen, deshalb werden die Oberflächeneigenschaften und Maße von Bohrungen durch verschiedene Reibverfahren, dargestellt in Abb. 2.70, verbessert. Reiben wird in der DIN 8589-2 als ein Aufbohren mit mehrschneidigen Werkzeugen (Reibahle) bei geringer Spanungsdicke beschrieben.

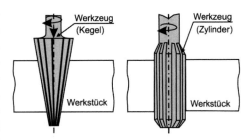

Abb. 2.70 Reiben

Mit diesem Feinbearbeitungsverfahren werden maß- und formgenaue Bohrungen hergestellt [DIN 8589-2]. Die Lagegenauigkeit kann mit diesem Schritt allerdings nicht verbessert werden. Die Lagegenauigkeit der Bohrungen (Abstand der Bohrungen zueinander oder von einem Bezugsmaß) muss schon bei der Fertigung der Bohrungen durch ein Lehrenbohrwerk oder ähnliche Maschinen erzeugt worden sein.

2.4.2.5 Hobeln, Stoßen

Hobeln und Stoßen wird als Spanen mit gerader Schnittbewegung und schrittweiser Vorschubbewegung quer zu Schnittbewegung definiert [DIN 8589-4]. Beim Hobeln wird die Schnittbewegung vom Werkstück ausgeführt. Diese Definition widerspricht dem häufig im praktischen Erleben bekannten Hobeln von Holzwerkstoffen. Dort wird das Werkzeug bewegt. Das zu bearbeitende Werkstück ist beim Hobeln (Abb. 2.71) in der Metallbearbeitung auf einem großen (langhubigen) Tisch aufgespannt, der sich unter dem Werkzeug hindurch bewegt. Beim Stoßen in der Metallbearbeitung führt das Werkzeug die Schnittbewegung aus. Weitere kinematische Unterscheidungen gibt es zwischen den beiden Verfahren nicht, sodass die weiteren Beschreibungen auf Hobeln und Stoßen zutreffen. Das Werkzeug kann bei beiden Verfahren sowohl waagerecht als auch senkrecht geführt werden. Planhobeln/Planstoßen wird zur Fertigung paralleler, ebener Flächen verwendet. Durch Rundhoben/Rundstoßen werden in Schnittrichtung näherungsweise kreiszylindrische Flächen gefertigt. Schraubhobeln/Schraubstoßen dient zur Herstellung von Schraubflächen. Durch Wälzhobeln/Wälzstoßen werden Wälzflächen gefertigt. Dieses Verfahren wird hauptsächlich zur Herstellung von Zahnrädern benutzt. Das Werkzeug beim Hobeln/Stoßen kann sehr vielfältige Formen (Profilstoßen und -hobeln) aufweisen, dadurch können auch Innenbearbeitungen durchgeführt und auch Verzahnungen beispielsweise an Zahnstangen hergestellt werden. Die Formhobelverfahren bzw. Formstoßverfahren können analog wie die Formdrehverfahren und Formfräsverfahren in Freiformhobeln/-stoßen (mit manueller Steuerung), Nachformhobeln/-stoßen (Abtasten eines Modells oder einer Schablone), kinematisch-Formhobeln/stoßen (Vorschubbewegung wird über mechanische Getriebe gesteuert) und NC-Formhobeln/-stoßen (Steuerung durch NC-System) unterteilt werden [DIN 8589-4]. Das Werkzeug, der Hobelmeißel, entspricht in seiner einfachsten Form einem Drehmeißel. Die verwendeten Werkstoffe dieser Werkzeuge sind Schnellarbeitsstahl und zähe Hartmetallsorten, seltener Schneidkeramiken, da diese meist sehr schlagempfindlich sind.

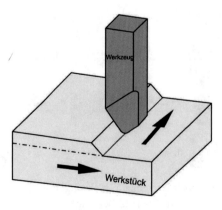

Abb. 2.71 Hobeln

2.4.2.6 Räumen

Räumen ist ein Verfahren, das unter Verwendung mehrschneidiger Werkzeuge mit gestaffelt angeordneten Schneiden durchgeführt wird [DIN 8589-5]. Der Abstand direkt hintereinander liegender Schneiden beträgt eine Spanungsdicke. Jede Schneide des Werkzeugs, das als Räumnadel oder Räumwerkzeug bezeichnet wird, kommt bei der Bearbeitung eines Werkstücks daher nur einmal zum Eingriff. Es wird zwischen dem Innen- und Außenräumen unterschieden. Beim Innenräumen wird die Räumnadel durch eine vorher gefertigte Bohrung durch das Werkstück gezogen. Die Schnittbewegung kann sowohl geradlinig, als auch durch eine Drehbewegung (Schraubräumen) überlagert werden. Räumen mit geradliniger Schnittbewegung und einem Räumwerkzeug mit einem kreisförmigen Profil wird als Rundräumen bezeichnet. Schneidstoffe sind meist Schnellarbeitsstähle, in Sonderfällen werden auch Hartmetallschneiden verwendet. Da die Herstellung der Räumwerkzeuge sehr aufwendig ist, sind die Kosten für diese Werkzeuge sehr hoch. Allerdings ermöglicht dieses Fertigungsverfahren auch die Herstellung einer sehr großen geometrischen Formenvielfalt. Abb. 2.72 zeigt das Räumen einer Passfedernut in einem Zahnrad mit einer Räumnadel. **Passfedern** werden genutzt, um Maschinenelemente wie Zahnräder oder Kupplungen mit Wellen zu verbinden und Drehmomente zu übertragen. In Wellen werden die Passfedernuten meist gefräst, in Zahnräder können sie gestoßen oder geräumt werden.

Abb. 2.72 Räumen einer Passfedernut an einem Zahnrad

2.4.2.7 Sägen

Sägen ist nach DIN 8589-6 ein Zerspanverfahren, das mit vielzahnigen Werkzeugen ausgeführt wird. Das Werkzeug führt hierbei die Schnittbewegung aus. Sägen wird hauptsächlich zum Ablängen von Halbzeugen, Profilen, Rohren, Strangmaterialien, Blechen und Gussteilen am Anfang eines Fertigungsprozesses genutzt. Sägen wird eingeteilt in Hubsägen, Bandsägen, Kreissägen und Kettensägen. Beim Kreissägen erfolgt die Bearbeitung mit Hilfe einer Vielzahl von radial umlaufender Schneiden, die auf dem Umfang einer rotierenden Scheibe von geringer Dicke (Kreissägeblatt) angeordnet sind. Die Vorschubbewegung erfolgt senkrecht zur Drehachse des Werkzeugs [DIN 8589-6]. Beim Bandsägen erfolgt die Bearbeitung durch ein vielzahniges, umlaufendes endloses Band, das durch Umlenkrollen an der Bearbeitungsstelle geführt wird. Hubsägen erfolgt durch wiederholte Schnitte mit einem vielzahnigen und geraden Sägeblatt, das vor und zurück bewegt wird. Gleichzeitig erfolgt eine schrittweise senkrecht zur Schnittrichtung verlaufende Vorschubbewegung. Ein typisches Beispiel hierfür ist das manuelle Sägen mit einer Handbügelsäge. Weitere Hubsägearten sind Stichsägen und Gattersägen. Kennzeichnend für das Stichsägen ist die einseitige Einspannung des Sägeblattes. Gattersägen werden häufig in der holzverarbeitenden Industrie verwendet und weisen mehrere nebeneinander in einem Rahmen eingespannte Sägeblätter auf. Kettensägen weisen mehrere mit Schneidzähnen versehene Kettenglieder auf, die endlos aneinander gefügt sind. Als Lochsägen wird ein Sägeprozess mit kreisförmiger Schnittbewegung und in Achsrichtung verlaufender Vorschubbewegung bezeichnet, ähnlich dem Kernbohren. Wie bei den Formfräsverfahren können analog die Formsägeverfahren in Freiformsägen (mit manueller Steuerung), Nachformsägen (Abtasten eines Modells oder einer Schablone), kinematisch-Formsägen (Vorschubbewegung wird über ein mechanisches Getriebe gesteuert) und NC-Formsägen (Steuerung durch NC-System) unterteilt werden [DIN 8589-6]. Ein bekanntes Beispiel für das Freiformsägen ist das Laubsägen. Werkzeugwerkstoffe für Sägewerkzeuge sind typischerweise Werkzeugstahl und Schnellarbeitsstahl. Für Kreissägeblätter werden auch Hartmetallplatten verwendet, die auf dem Kreissägeblattgrundkörper aufgelötet sind.

2.4.2.8 Feilen, Raspeln

Als Feilen wird die spanende Bearbeitung mit wiederholter geradliniger Schnittbewegung bezeichnet. Die Vorschubbewegung wird durch den Druck des Werkzeugs auf das Werkstück erzeugt. Das Werkzeug, beschrieben in Abschnitt 4.3.3.7, besitzt sehr viele dicht hintereinander liegende Schneidzähne, die nur eine geringe Höhe aufweisen. Als Hubfeilen wird ein Fertigungsverfahren bezeichnet, das eine gerade Schnittbewegung mit einem geraden Werkzeug ausführt. Kettenfeilen dagegen arbeitet mit einer kontinuierlichen geraden Schnittbewegung und einer umlaufenden endlosen Feilkette. Durch Planfeilen werden ebene Flächen erzeugt, die parallel zur Schnittrichtung liegen. Durch Rundfeilen werden zylindrische Flächen erzeugt. Beim Profilfeilen bildet sich das Profil des Werkzeugs im Werkstück ab. Durch Formfeilen werden beliebig geformte Flächen hergestellt. Alle Verfahren können auch mit Raspeln durchgeführt werden. Feilen findet überwiegend bei der Bearbeitung von Metallen Anwendung. Raspeln wird überwiegend bei Bearbeitung von Werkstoffen wie Holz und Kunststoff benutzt [DIN 8589-7]

2.4.2.9 Bürstspanen

Als Bürstspanen wird ein Bearbeitungsverfahren bezeichnet, bei dem die Enden einer Bürste als Schneiden wirken und eine Veränderung der Form und Oberfläche von Bauteilen erzeugen [DIN 8589-8]. Die Bürsten können aus Metallen oder auch Kunststoffen bestehen. Sie können sowohl manuell als auch durch eine Maschine geführt werden. Dieses Verfahren findet häufig, auch für die Massenproduktion, zum Aufrauen von Oberflächen (Klebestellen vorbereiten), Entfernen von Graten und zur Schweißnahtvorbereitung Anwendung.

2.4.2.10 Schaben, Meißeln

Schaben ist ein Prozess zur Bearbeitung von Bauteiloberflächen, um eine hohe Ebenheit und Tragfähigkeit z. B. von Führungsbahnen und Gleitlagern an Werkzeugmaschinen zu erzeugen [DIN 8589-9]. Meißeln ist Spanen mit geometrisch bestimmter Schneide zur Erzeugung beliebiger Werkstoffoberflächen. Der Abtrag der Späne erfolgt durch Schlagen auf den Meißel (das Werkzeug). Häufig werden starke Grate abgemeißelt, bzw. Verbindungen, wie Niete oder festgerostete Schrauben usw. durch Meißeln zerstört, um einzelne Bauteile von einander zur trennen.

2.4.3 Spanen mit geometrisch unbestimmten Schneiden

Beim Spanen mit geometrisch unbestimmten Schneiden ist es, im Gegensatz zum Spanen mit geometrisch bestimmter Schneide, nicht möglich, Aussagen zur Form, Lage und Anzahl der Schneiden des Werkzeugs zu treffen. Es können nur statistische Aussagen über die Geometrie der Schneiden getroffen werden. Alle Werkzeuge weisen viele Schneiden auf, die meist im nichtständigen Kontakt mit dem Bauteil sind.

2.4.3.1 Schleifen mit rotierendem Werkzeug

Schleifen mit rotierendem Werkzeug (Schleifscheibe) erfolgt mit hoher Geschwindigkeit. Die Schnittgeschwindigkeit beim Schleifen bei der Verwendung von Schleifscheiben wird mit der folgenden Formel berechnet:

$$v_c = d_{WkzSchleif} \cdot \pi \cdot n \tag{2.15}$$

Die Schleifscheibe besteht aus einer Vielzahl von Schneiden, die aneinander gebunden sind. Typische Materialien für Schleifscheiben sind Korund (Aluminiumoxid), kubisches Bornitrid (CBN), Siliziumcarbid und auch Diamant. Die Einteilung der Schleifverfahren erfolgt ähnlich den Fräsverfahren, da die Kinematik hier sehr ähnlich ist. Weiterhin gibt es noch eine Reihe von weiteren kinematischen Verfahren beim Schleifen. Es werden verschiedene Schleifverfahren unterschieden. Zunächst wird unterschieden, welche Geometrien am Werkstück erzeugt werden (Plan-, Rund-, Schraub-, Wälz-, Profil-, Formschleifen) und wo die bearbeiteten Flächen am Werkstück liegen (Außen- und Innenschleifen). Weiterhin wird unterteilt, welche Seiten der Schleifscheibe im Eingriff stehen (Umfangsschleifen, Seitenschleifen). Es wird ebenfalls betrachtet, ob die Drehrichtung des Werkzeugs und die Bewegungsrichtung des Werkstücks übereinstimmen (Gegen- und Gleichlaufschleifen). Weiterhin wird die Richtung der Vorschubbewegung zur erzeugenden Oberfläche berücksichtigt (Längs-, Quer- und Seitenschleifen). Ähnlich den Formfräsverfahren wird das Freiformschleifen (mit manueller Steuerung), Nachformschleifen (Abtasten eines Modells oder einer Schablone), kinematisch-Formschleifen (Vorschubbewegung über mechanisches Getriebe) und NC-Formschleifen (Steuerung durch NC-System) unterteilt [DIN 8589-11]. Weitere Schleifverfahren sind Pendelschleifen, Tiefschleifen, Durchlaufschleifen, Spitzenlosschleifen, Spitzenlos-Durchschleifen und Spitzenlosquerschleifen. Bei der Benennung der verschiedenen Fräsverfahren können die oben genannten

Bezeichnungen entsprechend den verwendeten Verfahren kombiniert werden [DIN 8589-11].

2.4.3.2 Bandschleifen

Beim Bandschleifen wird als Werkzeug ein vielschneidiges Band verwendet, welches aus einer Unterlage besteht, die mit vielen Schleifkörnen belegt ist. Das Schleifband läuft über mindestens zwei Rollen und wird durch eine der Rollen oder ein anderes Anpresselement an das Bauteil angedrückt. Die Schleifkörner stehen dabei nicht ständig im Kontakt mit der Bauteiloberfläche [DIN 8589-12]. Es werden verschiedene Bandschleifverfahren unterschieden. Zunächst wird unterschieden, welche Geometrien am Werkstück erzeugt werden (Plan-, Rund-, Profil-, Formbandschleifen) und wo die bearbeiteten Flächen am Werkstück liegen (Außen- und Innenbandschleifen). Weiterhin wird unterteilt, welche Seiten des Schleifbandes im Eingriff stehen (Umfangsbandschleifen, Seitenbandschleifen). Es wird ebenfalls betrachtet, ob die Drehrichtung des Werkzeugs und die Bewegungsrichtung des Werkstücks übereinstimmen (Gegen- und Gleichlaufbandschleifen). Weiterhin wird die Richtung der Vorschubbewegung zur erzeugenden Oberfläche berücksichtigt (Längs-, Quer- und, Schrägbandschleifen). Ähnlich den Formschleifverfahren werden das Freiform-Bandschleifen (mit manueller Steuerung), das Nachform-Bandschleifen (Abtasten eines Modells oder einer Schablone), das kinematische Form-Bandschleifen (Vorschubbewegung wird über mechanische Getriebe gesteuert) und NC-Form-Bandschleifen (Steuerung durch NC-System) unterteilt [DIN 8589-12]. Weitere Bandschleifverfahren sind Durchlauf-Bandschleifen und Quer-Bandschleifen.

2.4.3.3 Hubschleifen

Hubschleifen wird in der DIN 8589-13 als ein spanendes Fertigungsverfahren mit einem Werkzeug beschrieben, das eine meist geradlinige Schnittbewegung ausführt. Das Werkzeug besteht ähnlich wie eine Schleifscheibe aus einer großen Anzahl von kleinen Schleifkörpern mit geometrisch nicht bestimmten Schneiden. Häufig wird dieses Verfahren zum Abziehen von Messerklingen und Schneiden an Werkzeugen manuell ausgeführt. Es wird weiter unterteilt in Plan-Hubschleifen, Profil-Hubschleifen und Form-Hubschleifen [DIN 8589-13]. Das Hubschleifen ist mit dem Feilen aufgrund der Kinematik vergleichbar, die Werkzeuge sind aber völlig andere.

2.4.3.4 Honen

Honen ist ein spanendes Fertigungsverfahren, das mit einem Werkzeug bestehend aus vielen kleinen, geometrisch, unbestimmten Schneiden ausgeführt wird. Die Schnittbewegung setzt sich aus zwei Bewegungen zusammen. Eine dieser Bewegungen ist immer pendelnd, sodass sich an der gehonten Oberfläche das typische Kreuzlinienmuster ergibt [DIN 8589-14]. Analog zu den oben beschriebenen Fertigungsverfahren wird unterschieden, welche Geometrien am Werkstück erzeugt werden (Plan-, Rund-, Schraub-, Wälz-, Profil-, Formhonen) und wo die bearbeiteten Flächen am Werkstück liegen (Außen- und Innenhonen). Weiterhin wird zwischen dem Langhubhonen, hier besteht die Schnittbewegung aus einer Drehbewegung und einer langhubigen Pendelbewegung, und dem Kurzhubhonen, bei dem sich die Schnittbewegung aus einer Dreh- oder Hubbewegung und einer kurzhubigen Schwingbewegung zusammensetzt, unterschieden [DIN 8589-14].

2.4.3.5 Läppen

Im Gegensatz zu den bisher beschriebenen Fertigungsverfahren mit geometrisch unbestimmter Schneide findet Läppen mit ungebundenen Körnern statt. Die Schneidstoffpartikel sind in einer Paste oder Flüssigkeit gelöst und führen eine völlig ungeordnete Schneidbahn aus. Die Form des fertigen Bauteils wird durch das Gegenstück (Läppwerkzeug) auf das Bauteil übertragen [DIN 8589-15]. Läppen ist ein Verfahren zur Feinbearbeitung. Mit ihm können, z. B. in der optischen Industrie, Genauigkeiten im Bereich von Nanometern erreicht werden. Es wird unterschieden, welche Geometrien am Werkstück erzeugt werden (Plan-, Rund-, Schraub-, Wälz-, Profilläppen) und wo die bearbeiteten Flächen am Werkstück liegen (Außen- und Innenläppen). Rundläppen kann mit einer, das Bauteil umschließenden Hülse (Umfangs-Außen-Rundläppen), zwischen zwei Läppscheiben (Seiten-Außen-Rundläppen) oder als Innenbearbeitung mit einem Zylinder als Werkzeug in einer Bohrung (Umfangs-Innen-Rundläppen) durchgeführt werden. Weitere Verfahrensvarianten des Honens sind [DIN 8589-15]:

- Schwingläppen (in der Praxis auch als Ultraschallschwingläppen bezeichnet)
- Einläppen
- Tauchläppen
- Gleitläppen.

2.4.3.6 Strahlspanen

Als Strahlen wird ein Fertigungsverfahren bezeichnet, bei dem das Werkzeug, das **Strahlmittel**, eine Veränderung am Werkstück, dem **Strahlgut** bewirkt. Diese Veränderungen können in einer Verfestigung der Oberfläche, in einem Abtrag von Material, in einer optischen und visuellen Veränderung der Oberfläche bestehen. Die Wirkung des Strahlmittels am Werkstück wird durch die hohe Beschleunigung des Strahlmittels und der damit verbundenen großen kinetischen Energie beim Auftreffen auf das Werkstück erzielt. Derzeit gibt es keine aktuelle Norm zu diesem Verfahren, da die alte DIN Norm 8200 ersatzlos zurückgezogen wurde. Folgende Anwendungen des Strahlens können in Anlehnung an die alte DIN 8200 unterschieden werden:

- Umformstrahlen zur Verbesserung der Dauerfestigkeit oder zur Formgebung von Bauteilen ohne gewollten Materialabtrag
- Oberflächenveredelungsstrahlen mit gezielter Veränderung der Oberflächenstruktur des Grundwerkstoffs (visueller oder haptischer Eindruck) oder zur Verbesserung der Haftung von nachfolgenden Beschichtungen
- Strahlspanen zum gezielten Abtragen von Schichten oder Teilen des Werkstücks
- Reinigungsstrahlen zum Entfernen von werkstofffremden Schichten, Partikeln oder Anhaftungen.

Die Strahlverfahren, die in den verschiedenen Hauptgruppen der DIN 8580 verwendet werden, sind in Tab. 2.5 dargestellt. Bei allen Strahlverfahren setzt sich das Werkzeug aus einem Trägermittel, das sowohl flüssig (z. B. Wasserstrahlschneiden) oder gasförmig (Druckluft) sein kann, und einem Strahlmittel zusammen, das aus sehr vielen Körnern besteht. Wasserstrahlschneiden kann auch ohne zusätzliches Strahlmittel eingesetzt werden. Als Strahlmittel stehen sehr viele verschiedene Werkstoffe mit unterschiedlicher Korngröße, Kornform, Festigkeit und Härte zur Verfügung. Folgende Strahlmittel werden häufig verwendet:

- Normalkorund und Edelkorund,
- Elektrokorund
- Glasperlen
- Stahlguss
- Schlacke
- Stahlkies
- Stahlkugeln
- Siliziumkarbid
- Quarzsand
- Hartguss.

Weiterhin werden für spezielle Aufgaben auch Walnussschalen, Apfelsinen- und Kirschkerne, Natriumbicarbonat (Backpulver) oder auch Trockeneispellets und Trockeneisschnee verwendet. Das Strahlsystem beschleunigt das Trägermittel zusammen mit dem Strahlmittel, dadurch erhält es eine sehr hohe kinetische Energie, die beim Auftreffen auf die Bauteiloberfläche in potentielle Energie umgewandelt wird. Durch diesen hohen Energieeintrag kommt es zu hohen Belastungen, die zu einem örtlichen Materielabtrag führen. Zum Beschleunigen der Strahlmittel werden neben Schleuderradstrahlsystemen, Kompressoren (Druckstrahlverfahren) und beim Wasserstrahlschneiden Hochdruckkolbenpumpen verwendet.

Schleuderradstrahlen

Das Strahlmittel wird bei diesem Verfahren durch Schleuderräder in Richtung der Oberfläche des Werkstücks beschleunigt.

Druckstrahlverfahren

Bei den Druckstrahlverfahren kann der notwendige Arbeitsdruck für die Beschleunigung des Strahlmittels durch das Injektorverfahren oder das Druckluftverfahren erzeugt werden.

Injektorkopfsystem

Beim Injektorstrahlen wird in einer Kammer, durch die ein Druckluftstrom fließt, durch plötzliche Veränderung des Querschnittes ein Vakuum erzeugt (Venturi-Düse). Dadurch wird das von der Seite zugeführte Strahlmittel mitgerissen und aus dem Strahlmittelvorratsbehälter angesaugt. Das Gemisch aus Druckluft und Strahlgut dehnt sich aus und verlässt die Strahlpistole durch die Strahldüse mit hoher Geschwindigkeit.

Druckluftstrahlen

Bei diesem Verfahren wird ein mit Strahlmittel gefüllter abgeschlossener Druckbehälter mit Druckluft beaufschlagt. Über ein sich an der Unterseite befindendes Mischventil am Druckkessel wird ein Strahlmittelluftgemisch erzeugt und über einen von dort angeschlossenen Schlauch zur Strahldüse gedrückt. Die verschiedenen Strahlmittel (insbe-

Hauptgruppe	Umformen	Trennen	Stoffeigenschaft ändern
Gruppen	2.1 Druckumformen	3.3 Spanen mit geometrisch unbestimmten Schneiden 3.6 Reinigen	6.1 Verfestigen
Untergruppen	2.1.6 Umformstrahlen 2.1.7 Oberflächenveredelungsstrahlen	3.3.6 Strahlspanen 3.6.1 Reinigungsstrahlen	6.1.1 Verfestigung durch Umformen 6.1.1 Verfestigungsstrahlen

Tabelle 2.5 Tabelle der Strahlverfahren in DIN 8580

sondere beim Wasserstrahlschneiden auch als Abrasives bezeichnet) werden nach der Art (Werkstoff), nach der Korngruppe, der Korngröße (Siebgröße nach [DIN 66165-1, DIN 66165-2]), der Kornform (kuglig, kantig, zylindrisch) und Härte eingeteilt. Das Ergebnis des Stahlens kann durch den Strahldruck, den Abstand und den Winkel zum Strahlgut und durch das verwendete Strahlmittel beeinflusst werden. Allerdings können die Wirkungen auf das Werkstück nicht immer eindeutig getrennt werden, z. B. kann beim Reinigungsstrahlen unter Umständen auch die Oberfläche des Bauteils verdichtet werden. Beim Strahlspanen werden gezielt Schichten von Bauteilen abgetragen. Anwendungen dafür sind die Entfernung von Rost, Zunder, Farbresten oder auch Unterbodenschutz an Fahrzeugen.

Wasserstrahlschneiden

Mit diesem Strahlverfahren werden Bauteile aus sehr verschiedenen Werkstoffen ausgeschnitten. Der unter hohem Druck (zwischen 1000 und 6000 bar) stehende Wasserstrahl kann direkt zum Trennen genutzt werden, es kann aber auch ein Schneidstoff (Abrasiv) zugesetzt werden. Die Abrasivs führen zu einer breiteren Fuge, erhöhen jedoch auch das Schnittvermögen des Prozesses. Wasserstrahlschneiden ohne Abrasivs wird meist zum Trennen von weichen Werkstoffen wie Kunststoffen, Folien, Schaumstoffen, Papier, aber auch zum Trennen von Lebensmitteln wie Broten verwendet. Zum Trennen von harten Werkstoffen wie Stählen, Metallen, Steinen, Keramiken oder Gläsern wird mit einem Abrasiv gearbeitet. Beim Trennen von Verbundwerkstoffen ist das Wasserstrahlschneiden fast konkurrenzlos, da hier konventionelle Trennverfahren meist nicht angewendet werden können. Beim Wasserstrahlschneiden findet keine thermische Beeinflussung der bearbeiteten Werkstoffe statt. Allerdings weitet sich der Wasserstrahl mit zunehmender Schnitttiefe auf, sodass die Schnittränder leicht konisch werden können. In bestimmten Grenzen kann dies durch eine Schrägstellung der Düsen verringert werden. Der Trennprozess wird durch den Pumpendruck, den Düsenabstand, den Düsendurchmesser und die Vorschubgeschwindigkeit beeinflusst. Werden Abrasivmittel verwendet, wird der Prozess noch durch die verwendete Feststoffart (Granitsand oder Korund) und deren Härte, die Korngröße und den Massenstrom beeinflusst.

2.4.3.7 Gleitspanen

Als Gleitspanen wird ein Fertigungsverfahren bezeichnet, bei dem lose (ungebundene) Schleifkörper sich relativ zu den Werkstücken bewegen und eine Spanabnahme ermöglichen. Die Schleifköper können sehr verschiedene geometrische Formen aufweisen. Die Schleifkörper und die Werkstücke können sich dabei in einem sich drehenden Gefäß (Trommel- Gleitschleifen), in einem vibrierenden Gefäß (Vibrationsgleitschleifen) oder in einem drehenden Gefäß befinden, das aufrecht steht (Fliehkraft-Gleitschleifen). Werden die Werkstücke an einem Gestell befestigt, sodass deren geometrische Lage innerhalb des Gefäßes bekannt ist, wird dieser Prozess als Tauch-Gleitschleifen bezeichnet. Wird anstelle der Schleifkörper ein Läppgemisch verwendet, werden die Verfahren analog als Gleitläppen bezeichnet [DIN 8589-17].

2.4.4 Abtragen

Die abtragenden Fertigungsverfahren umfassen alle Verfahren, bei denen der Materialabtrag auf nicht mechanischem Weg erfolgt. Dieser Abtrag kann durch Wärmevorgänge (thermisches Abtragen), durch chemische Vorgänge (chemisches Abtragen) oder elektrochemische Vorgänge (elektrochemisches Abtragen) erfolgen.

2.4.4.1 Thermisches Abtragen

Die Zufuhr der erforderlichen Wärmeenergie beim thermischen Abtragen kann durch Stoffe im festen, flüssigen oder gasförmigen Aggregatzustand erfolgen. Die dabei entstehenden Abtragpartikel können dabei allerdings auch durch mechanische oder elektromagnetische Kräfte vom Bauteil entfernt werden [DIN 8590]. Die Gruppe 3.4 der abtragenden Verfahren unterteilt sich nach DIN 8590 in die Untergruppen 3.4.1 Thermisches Abtragen, 3.4.2 Chemisches Abtragen und 3.4.3 Elektrochemisches Abtragen (Abb. 2.73). Als Beispiel für das thermische Abtragen durch die Übertragung der Wärme durch feste Körper ist das Schmelzschneiden von Styropordämmplatten mit einem erwärmten Metalldraht zu nennen. Hier sollen nur die wichtigsten Verfahren beschrieben werden, die in der Praxis häufig verwendet werden. Zum einen das Brennschneiden, die funkenerosiven Abtragverfahren und das Abtragen mit Laserstrahl und das elektrochemische Abtragen. Wie in Abb. 2.73 zu erkennen ist, gibt es noch zahlreiche weitere thermische Abtragverfahren.

Thermisches Abtragen durch Gas (Brennschneiden)

Eine große Bedeutung besitzen die thermischen Abtragprozesse mit Wärmezufuhr durch Gas, wie sie bei vielen Trennverfahren benutzt werden. Bei allen thermischen Schneidverfahren führt eine lokale Erwärmung zum Verbrennen, Schmelzen und ggf. zum Ver-

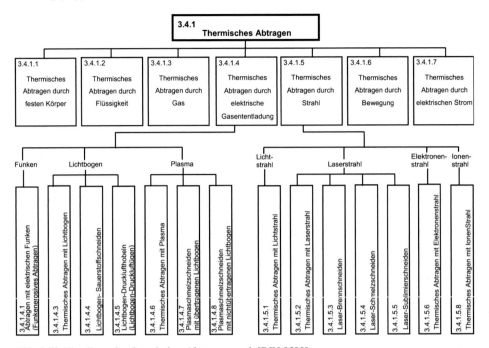

Abb. 2.73 Einteilung des thermischen Abtragens nach [DIN 8590]

dampfen des Werkstoffes. Auch Metalle können verbrennen, wenn genügend Sauerstoff und eine ausreichende Zündenergie vorhanden ist. Die Zündtemperatur T_z der Metalle, die brenngeschnitten werden können, muss unterhalb der Schmelztemperatur liegen, sonst schmilzt der Werkstoff, bevor er verbrennt (T_z von Stahl bis ca. 2% Kohlenstoffanteil ca. 1150 °C). Diese Prozesse können unter anderem mit einem Sauerstoff-Brenngas-Gemisch (z. B. Acetylen oder Propan) durchgeführt werden, wie sie typischerweise beim autogenen Brennschneiden benutzt werden. Zusätzlich zum Sauerstoff, der zum Zünden und zur Verbrennung des Brenngases genutzt wird, wird bei diesem Prozess noch Schneidsauerstoff eingesetzt, der das zu schneidende Material verbrennt.

Acetylen ist der in der industriellen Praxis gebräuchliche Name für das farblose, leicht entzündliche Gas Ethin (teilweise auch Äthin). Die Summenformel dieses Gases lautet C_2H_2. Das Gas wird meist in Gasflaschen transportiert und ist aus Sicherheitsgründen in einem Lösungsmittel (meist Aceton oder Dimethylformamid) gebunden. Die Gasflaschen für Acetylen sind weiterhin mit einem porösen Stoff (z. B. Braunstein oder Calciumsilikathydrat) gefüllt, der einen Flammenrückschlag verhindert.
Propan ist ein farb- und geruchloses, leicht entzündliches Gas. Die Summenformel von Propan lautet C_3H_8. Da es leicht zu verflüssigen ist, wird es neben dem Einsatz als Brenngas auch zum Antrieb von Fahrzeugen, zum Heizen und Kochen verwendet.

Funkenerosives Abtragen

Als funkenerosive Bearbeitung (engl. **Electro Discharge Machining (EDM)**) werden alle Verfahren bezeichnet, bei denen der Werkstoffabtrag an elektrisch leitfähigen Bauteilen durch elektrische Entladungen (Funken) in einem Dielektrikum stattfindet.

> Ein **Dielektrikum** ist ein elektrisch nicht leitfähiges Medium. Dieses Medium kann flüssig, gasförmig oder fest sein. Die Durchschlagfestigkeit des Dielektrikums gibt an, ab welcher Spannung keine elektrische Isolation durch das Dielektrikum mehr erfolgen kann.

Die Form der Werkzeugelektrode bildet sich dabei in der Werkstückelektrode unter Zugabe des Arbeitsspaltes (engl. GAP) ab. Das Material an beiden Elektroden wird an den Fußpunkten des Plasmakanals so stark erwärmt, dass es teilweise verdampft, schmilzt und durch das Dielektrikum weggespült werden kann. Gleichzeitig wird die bearbeitete Stelle durch das Dielektrikum gekühlt. Die Abbildegenauigkeit des Verfahrens wird neben den verwendeten Elektrodenwerkstoffen und dem Dielektrikum vor allem durch die Wahl der Einstellparameter beeinflusst. Dies sind vor allem die Entladedauer t_e, die Pausendauer t_0, der Entladestrom i_e und die Entladespannung u_e. Die Entladeenergie W_e bestimmt im Wesentlichen das durch eine Entladung abgetragene Materialvolumen V_{We}. Die Entladeenernie bezeichnet die je Entladung umgesetzte Energie. Funkenerosive Bearbeitungsprozesse werden nach deren **Abtragrate** V_w (pro Zeiteinheit abgetragenes Werkstückvolumen), der **Verschleißrate** V_E (je Zeiteinheit abgetragenes Werkzeugelektrodenvolumen) und des relativen Verschleißes ϑ (Verhältnis zwischen Verschleißrate V_E und Abtragrate V_w) bewertet. Die funkenerosiven Fertigungsverfahren ermöglichen die Bearbeitung aller elektrisch leitfähigen Werkstoffe mit einer elektrischen Mindestleitfähigkeit $>0,01\ \frac{S}{cm}$. Die elektrische Mindestleitfähigkeit ist der Kehrwert des spezifischen elektrischen Widerstandes. Dabei erfolgt die Bearbeitung unabhängig von den mechanischen Eigenschaften wie bspw. Härte, E-Modul, Zähigkeit. An der Oberfläche der Werkstücke können sich thermisch beeinflusste Randzonen bilden, die wesentlich andere Werkstoffeigenschaften aufweisen als das Grundmaterial (siehe 2.7.2.4). Durch eine geeignete Wahl der Einstellparameter und mehrere hintereinander ausgeführte Bearbeitungsvorgänge bei reduzierter Energiedichte kann diese Wärmeeinflusszone auf eine Dicke kleiner 1 μm verringert werden. Die Verfahren der Funkenerosion können eingeteilt werden in die in Abb. 2.74 dargestellten Prozesse:

- funkenerosives Senken
- funkenerosives Schneiden mit Draht
- funkenerosives Bahnerodieren.

Diese Verfahren können mit verschiedenen Bewegungen (orbital, planetär) überlagert und mit weiteren Bearbeitungsverfahren kombiniert werden.

Funkenerosives Senken (Senkerodieren)

Alle Erodierverfahren sind abbildende Verfahren. Daher benötigt jede zu fertigende Struktur eine Werkzeugelektrode, die das Negativ der zu fertigenden Form enthält. Breite Anwendung findet das Senkerodieren (engl. Die-sinking) im Werkzeug- und Formenbau. Es werden z. B. Spritzgussformen, Stanz- und Tiefziehwerkzeuge, Düsen, Blasformen und

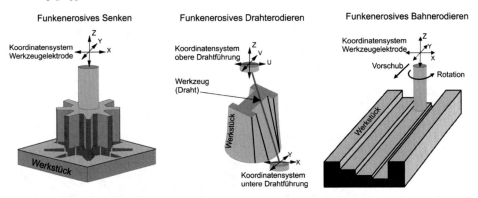

Abb. 2.74 Varianten der funkenerosiven Bearbeitungsverfahren [FRI18]

auch Turbinenschaufeln erodiert. Als Werkzeugelektrodenwerkstoffe für die Senkerosion werden meist Kupfer und Grafit verwendet, in der Mikrobearbeitung auch Wolframkupfer, da bei geringen Entladeenergien der Verschleiß von Wolframkupfer geringer ist. Die verwendeten Werkzeugelektrodenwerkstoffe unterscheiden sich hauptsächlich durch ihr Abtrag- und Verschleißverhalten, ihren Wärmeausdehnungskoeffizienten und ihre Wärmeleitfähigkeit. Während der relative Verschleiß von Kupfer mit steigendem Entladestrom (Impulsdauer = konst.) wächst, nimmt er bei Grafit ab. Daher werden Grafitelektroden sehr häufig für Schrupparbeiten bei hohem Entladeströmen und langen Impulsdauern verwendet. Da der Wärmeausdehnungskoeffizient von Grafit etwa 4 mal kleiner als der von Kupfer ist, ist auch die Bearbeitungsgenauigkeit bei der Schruppbearbeitung höher. Positiv wirkt sich ebenfalls die geringere Dichte von Grafit aus, da dadurch große Werkzeugelektroden deutlich leichter werden. Als Dielektrika werden beim Senk-erodieren fast ausschließlich Kohlenwasserstoffe verwendet, da sie aufgrund ihrer hohen elektrischen Durchschlagfestigkeit deutlich bessere Abbildegenauigkeiten ermöglichen.

Funkenerosives Schneiden mit Draht (Drahterodieren)

Funkenerosive Schneiden mit Draht (engl. Wire-EDM auch WEDM) wird zur Fertigung zylindrischer, runder bzw. konischer Formen verwendet. Neben Schneidwerkzeugen wie Stempel und Matrize werden Ziehwerkzeuge, Tannenbaumprofile im Turbinenbau durch Drahterosion aus sehr harten und auch zähen Werkstoffen gefertigt. Weiterhin werden auch komplexe Einzelteile wie Zahnräder und Leichtgewichtsstrukturen gefertigt. Durch geschickte Nutzung der Möglichkeiten des Verfahrens können können so Kosten verringert werden. Die Werkstückgeometrie wird hierbei durch das Abbilden des Drahtes im Werkstück und der überlagerten Vorschubbewegung erzeugt. Als Werkzeuge werden dünne, kontinuierlich ablaufende Drähte verwendet, die meist nur einmal benutzt werden, da sie schnell verschleißen. Abb. 2.75 zeigt den Zustand eines Erodierdrahtes vor und nach dessen Verwendung. Für sehr grobe Schnitte werden auf dem asiatischen Markt auch Maschinen mit angeboten, deren Draht mehrmals genutzt wird. Dies ist aber mit erheblichem Genauigkeitsverlust verbunden. Als Drahtwerkstoffe (Werkzeugelektrode) werden vor allem Messingdrähte (auch mit Kupfer- und Zinkbeschichtung) verwendet, wie sie in Tab. 2.6 aufgeführt sind. Es werden Drahtdurchmesser zwischen 10 μm und 250 μm verwendet, wobei die hauptsächlich benutzten Durchmesser im Bereich zwischen 70 μm und

Abb. 2.75 Oberflächenvergleich neuer und benutzter Erodierdraht und typische Drahtdurchmesser [FOE04]

250 μm liegen. Abb. 2.75 zeigt die häufig benutzten Drahtdurchmesser. Als Dielektrikum

Drahtwerkstoff	Handelsname	Zug-festigkeit in N/mm²	Dehnung in %	Durch-messer-toleranz in mm	Leit-fähig-keit in S/cm
Messing	Messing weich Novocut-MS	400	>28	-0,002	15,1
Messing	Superbrass 500	500	18	-0,002	14,7
Messing	Superbrass 900	900	1	-0,002	13,5
Messing	Superbrass 900 Plus	1000	1	-0,002	13,5
Kupfer (Kern) Zink (Mantel)	SV 25 SW 25 Bronco SW Bronco - X	450	k.A.	±0,002	k.A.
Messing (Kern) Zink (Mantel)	Alphacut 500 Cobra - Cut A	500	>18	-0,002	14,7
Messing (Kern) Zink (Mantel)	Alphacut 800	800	<2	-0,002	13,5
Kupfer	Kupfer weich Novocut- Cu	250	>20	-0,002	57,5
Kupfer	Kupfer hart	>380	ca. 1	-0,002	57,5
Wolfram	EDM- Wolframdraht Woframfeindraht	>2300	max. 2	1%	18,2
Molybdän	EDM- Molybdändraht Molybdänfeindraht	>1200	max. 5	1%	18,5
Molybdän (Kern) Graphit (Mantel)	EDM- Molycarbdraht	1900	5	k.A.	18,5
Kupfer-Zink Aluminium-Legierung	Somsal	600-1000	k.A.	±0,001	k.A.
Stahl	rostfreier Stahlfeindraht	2700	k.A.	±0,001	k.A.

Tabelle 2.6 Physikalische Eigenschaften verschiedener Erodierdrahtsorten [FOE04]

wird meist entionisiertes Wasser verwendet, da es aufgrund seiner niedrigeren Viskosität bessere Spüleigenschaften als ein Kohlenwasserstoffdielektrikum aufweist. Allerdings ist die elektrische Durchschlagfestigkeit von Wasser auch geringer, sodass der Arbeitsspalt größer wird und damit die minimal erreichbaren Innenradien auch größer werden. Für hochgenaue Anforderungen in der Mikrosystemtechnik werden auch Drahterodiersysteme verwendet, die mit einem Kohlenwasserstoff als Dielektrikum arbeiten.

Funkenerosives Bahnerodieren

Da die Herstellung der Werkzeugelektroden zum Senkerodieren (es muss das Negativ der zu fertigenden Form abzüglich des Funkenspaltes hergestellt werden) sehr zeit- und kostenaufwendig ist, wurden Verfahren gesucht, um mit einfachen Werkzeugen auch komplexe Formen erzeugen zu können. Beim funkenerosiven Bahnerodieren werden daher einfache Stäbe, ähnliche einem Fräser, als Werkzeugelektroden verwendet. Die rotierende Werkzeugelektrode wird entlang einer programmierten Bahn bewegt, vergleichbar mit einem CNC-gesteuerten Fräsprozess. Diese Variante der funkenerosiven Bearbeitung kann nur auf Erodiermaschinen durchgeführt werden, deren Steuerung den Verschleiß des Werkzeugs kompensiert. Werkzeugelektrodenwerkstoffe sind hierbei Kupfer und Wolframkupfer. Als Dielektrikum wird meistens ein Kohlenwasserstoff verwendet.

Thermisches Abtragen durch Strahl

Das grundlegende Prinzip aller thermischen Schneidverfahren ist die örtlichen Erwärmung der Werkstückoberfläche. Die dafür notwendigen hohen Temperaturen führen zum

- Verbrennen,
- Schmelzen oder (und)
- Verdampfen des Werkstoffs.

Zu den thermischen Abtragverfahren mit Strahl gehören das Plasmastrahlschneiden und das Laserstrahlschneiden.

Plasmastrahlschneiden

Beim Plasmastrahlschneiden wird ein elektrischer Lichtbogen zwischen einer Elektrode und dem Werkstück gezündet, dabei entsteht ein Plasma (Abb. 2.76). Durch die hohen Temperaturen des Plasmas wird der Werkstückwerkstoff aufgeschmolzen.

Ein auf das Werkstück gerichteter Gasstrahl (Druckluft, Schutzgas wie CO_2, Argon, Stickstoff oder Schutzgasgemische) treibt den flüssigen Werkstoff aus der Schnittfuge. Plasmastrahlschneiden wird sowohl als hand- als auch maschinengeführter Prozess durchgeführt. Es können alle elektrisch leitfähigen Materialien mit Schichtdicken von bis zu 200 mm (abhängig von der angelegten Spannung) geschnitten werden, da im Gegensatz zum Brennschneiden keine zusätzliche Verbrennungswärme entsteht. Plasmastrahlschneiden wird vor allem zum Trennen von nicht brennschneidbaren

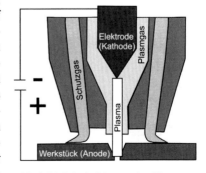

Abb. 2.76 Prinzip Plasmaschneiden

Werkstoffen eingesetzt. Dies sind NE-Metalle und hochlegierte Stähle und auch unlegierte Stähle.

> Ein **Plasma** ist ein iononisiertes, daher elektrisch leitfähiges, energiereiches Gas. Die Temperaturen im Plasma liegen zwischen 2000 und 30000 Kelvin.

Laserstrahlschneiden

Laserstrahlschneiden kann je nach Zustandsänderung des Werkstoffs in der Schnittfuge in Laser-Brennschneiden, Laser-Schmelzschneiden und das Laser-Sublimier-schneiden unterteilt werden. Die Art des Schneidgases und die Leistung der Schneidanlage bestimmen die Art der Zustandsänderung. Es werden Hochleistungslaser, meist CO_2-Laser, aber auch zunehmend Festkörperlaser sowie sehr effiziente, gut fokussierbare Faserlaser in der industriellen Praxis eingesetzt.

> Der Begriff **Laser** ist ein Akronym aus den Anfangsbuchstaben von »**L**ight **A**mplification by **s**timulated **E**mission of **R**adiation«. Die Übersetzung lautet etwa: Lichtverstärkung durch erzwungene Emission von Strahlung.

Ein Laser besteht aus einem laseraktiven Material (z. B. Rubin-Kristall oder Neodym-Yttrium-Aluminium-Granatlaser YAG). Dies kann neben den oben erwähnten Festkörpern auch ein Gas (z. B. CO_2) sein. Bei diesen als Gaslaser bezeichneten Systemen, ist das laseraktive Medium ein strömendes Gasgemisch aus $CO_2 - He - N_2$ in einer Glas- oder Metallröhre. Die eine Deckfläche der Röhre bzw. des Festkörper-Kristalls ist vollständig verspiegelt, die andere Deckfläche ist mit einem halbdurchlässigen Spiegel versehen (Abb. 2.77). Der grundlegende Vorgang des Lasereffektes ist die Anregung des laseraktiven Mediums durch äußere Energie, z. B. durch Gleichspannung beim CO_2-Laser oder durch das Licht einer Stroboskoplampe (Blitzlampe) bei Festkörpern. Durch diese Energiezufuhr werden die Elektronen der äußeren Bahnen auf höhere Energieniveaus gehoben und kehren nach sehr kurzer Zeit wieder auf ihre Grundbahnen zurück, wobei die absorbierte Energie in Form von Licht wieder abgestrahlt wird. Dieses Licht kollidiert mit anderen Atomen, die sich ebenfalls in einem angeregten Zustand befinden. Diese, nochmals verstärkte Lichtemission, wird als stimulierte Emission bezeichnet. Von der in jede Richtung emittierten Strahlung wird der in Achsrichtung des Resonators verlaufende Teil an dessen Endspiegeln reflektiert. Dieser Anteil trifft auf weitere angeregte CO_2-Moleküle und erzwingt so eine weitere lawinenartig anwachsende Emission von Licht (Laserstrahlung).

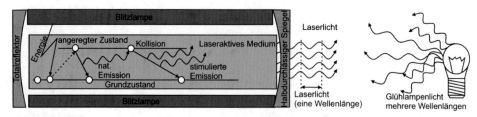

Abb. 2.77 Prinzip eines Lasers

Die gesamte emittierte Strahlung ist phasen- und amplitudengleich, also monochromatisch und kohärent. Sie wird solange verstärkt, bis ihre Intensität den »Durchbruchswert« des halbdurchlässigen Spiegels erreicht hat. Der Laserstrahl verlässt den Resonator und kann über spezielle Optiken auf das Werkstück fokussiert werden. Die erzeugten Laserdurchmesser betragen zwischen 0,03 mm bis 0,5 mm mit Leistungsdichten von bis zu 5 $\frac{MW}{cm^2}$. Der fokussierte Laserstrahl wird meist von einem Schutzgas umgeben. Dessen Aufgabe besteht hauptsächlich darin, die Schmelze aus der Schnittfuge zu blasen. Laser arbeiten in Abhängigkeit vom laseraktiven Material in verschiedenen Wellenlängen. Die Einteilung der verschiedenen Laser nach ihren Wellenlängen ist in Tab. 2.7 dargestellt. Der für eine Bearbeitungsaufgabe optimale Laser hängt u. a. vom Reflektionsvermögen und der Wärmeleitfähigkeit des Werkstückmaterials ab. Daher können nicht mit jedem Laser alle Werkstoffe bearbeitet werden.

	Laseraktives Material	Wellenlänge in nm	Anwendung
Festkörper-Laser	Nd:YAG (Neodym: Yttrium-Aluminium-Granat)	Grundwellenlänge 1064 Erste Oberwelle 532	Markierungen Silizium, Kunststoff, Metalle
		Zweite Oberwelle 355	Kunststoffe, Metalle
	Nd:YVO4 (Neodym Yttriumvanadat)	1064	Kunststoffe, Metalle
	Yb (Ytterbium)	1090	Kunststoffe, Metalle
Gaslaser	CO_2	106000	Kunststoffe, Holz
	He-Ne (Helium Neon)	630	Messlaser
	Eximer	193	chirurgische Anwendungen
	Argon	488-514	Biomedizin

Tabelle 2.7 Einteilung der Laser nach Wellenlängen

2.4.4.2 Chemisches Abtragen

Der Abtrag der Werkstückteilchen findet durch direkte chemische Reaktion statt. Die Werkstoffteilchen werden dadurch abgetrennt, dass sich die entstehende Verbindung leicht aus dem Arbeitsmedium entfernen lässt bzw. flüchtig ist. Mindestens eine der Komponenten (Werkstück oder Wirkmedium) ist elektrisch nichtleitend.

2.4.4.3 Elektrochemisches Abtragen

Der elektrochemische Bearbeitungsprozess beruht auf der anodischen Auflösung eines Metalls in einem elektrisch leitfähigen Medium. In einer elektrochemischen Zelle wird eine Gleichspannung U von 5 bis 20 Volt angelegt. Der positive Pol der Spannungsquelle wird an den abzutragenden Werkstoff (Anode) angelegt. Der negative Pol (Kathode) wird an die abzubildende Werzeugelektrode angelegt. Zwischen beiden Elektroden befindet sich ein elektrisch leitfähiges Medium, ein Elektrolyt. Die angelegte Spannung fällt über der Werkzeug-, Werkstückelektrode und der Elektrolytlösung im Arbeitsspalt ab. Wie in Abb. 2.78 schematisch dargestellt, sind in einer elektrochemischen Zelle zwei Elektroden mit einer Spannungsquelle verbunden und in eine neutrale wässrige Elektrolytlösung getaucht. Die Elekrolytlösung besteht meist aus einem Salz-Wasser-Gemisch. Im Elektro-

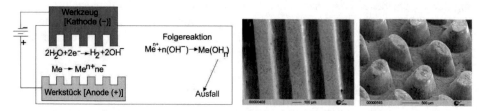

Abb. 2.78 Prinzip der anodischen Metallauflösung und gefertigte Strukturen [FOE04]

lyten dissoziiert das Salz vollständig und liegt in Form getrennter Kationen Ki^{n+} und Säurerestionen Sr^{n-} vor. Weiterhin ist in geringem Umfang das Wasser in H^+- und OH^-- Ionen dissoziert. Bei der Elektrolyse wandern die Kationen (Ki^{n+}, H^+) zur Kathode und die Anionen (Sr^{n-}, OH^-) zur Anode. Es können folgende Phänomene beobachtet werden:

- an der Werkzeugelektrode (Anode) findet ein Metallabtrag statt, welcher durch Wiegen der Elektrode vor und nach der Bearbeitung bestimmt werden kann;
- an der Werkstückelektrode (Kathode) ist in Abhängigkeit vom verwendeten Elektrolyten Wasserstoffentwicklung nachweisbar;
- auf dem Boden der Zelle lagert sich ein brauner Belag ab, der chemisch als Metallhydroxid analysiert werden kann.

Diese Beobachtungen können durch folgende chemische Reaktionsgleichungen verallgemeinernd beschrieben werden:
An der Anode gehen Metallionen unter Abgabe von Elektronen in Lösung:

$$Me \rightarrow Me^{n+} + n \cdot e^-. \tag{2.16}$$

An der Kathode wird durch Aufnahme von Elektroden Wasserstoff und Wasserstoffhydroxid gebildet:

$$2 \cdot H_2O + 2 \cdot e^- \rightarrow H_2 + 2 \cdot OH^-. \tag{2.17}$$

Durch eine Folgereaktion wird Metallhydroxid gebildet, welches in Abhängigkeit vom verwendeten Elektrolyten ausfallen kann:

$$Me^{n+} + n \cdot OH^- \rightarrow Me(OH)_n. \tag{2.18}$$

Die letzten drei Gleichungen sind selbstverständlich immer abhängig vom verwendeten Elektrolyten und vom zu bearbeitenden Werkstoff. Wird beispielsweise Natriumchlorid (NaCl) als Elektrolyt verwendet und es wird nur reines Eisen bearbeitet, ergibt sich aus Gleichung 2.16:

$$Fe \rightarrow Fe^{2+} + 2 \cdot e^-. \tag{2.19}$$

Aus der Gleichung 2.17 ergibt sich für diesen Fall:

$$2 \cdot H_2O + 2 \cdot e^- \rightarrow H_2 + 2 \cdot OH^-. \tag{2.20}$$

Die Bruttoreaktionsgleichung lautet dann:

$$2H_2O + Fe \rightarrow Fe(OH)_2 + H_2. \tag{2.21}$$

Für diesen Fall wird kein Elektrolyt, sondern nur Wasser verbraucht. Für andere Elektrolyte gelten diese Aussagen nicht. Beispielsweise wird für das so genannte STEM-Bohren (Shape Tube Electrolytic Machining) von Kühlbohrungen in Turbinenschaufeln Schwefelsäure eingesetzt.
Nach DIN 8590 wird unterschieden zwischen:

• dem elektrochemischem Profilabtragen,
• dem Oberflächenabtragen und
• dem elektrochemischen Ätzen.

EC-Profilabtragen

Bei hohen Stromdichten (im Bereich um $10\ \frac{A}{cm^2}$) erfolgt das EC-Profilabtragen. Der Elektrolyt strömt mit hoher Geschwindigkeit und meist auch mit hohem Druck durch den sehr kleinen Arbeitsspalt (ca. 0,1 mm) zwischen Werkstück- und Werkzeugelektrode. Hierbei bildet sich das Negativ der Werkzeugelektrode im Werkstück ab. Neben den elektrochemischen Entgrat- und Bohrtechnologien wird das EC-Senken insbesondere im Turbinen- und dem Werkzeug- und Formenbau angewendet. Thermische Gefügebeeinflussungen finden aufgrund des nichtthermischen Abtragprozesses nicht statt. Ebenfalls verschleißen bei kontrollierten Prozessbedingungen die Werkzeugelektroden nicht, allerdings können bei filigranen Strukturen und hohen Elektrolytdrücken die Werkzeugelektroden mechanisch beschädigt werden. EC-gesenkte Werkstücke sind gratfrei und besitzen meist sehr glatte Oberflächen, je nach Werkstoff und Einstellparametern bis hin zu Polierqualitäten. Es können hochkomplexe Geometrien und Freiformflächen in schwer zerspanbare Werkstoffe eingearbeitet werden, wie sie häufig im Flugturbinenbau und im Werkzeug- und Formenbau angewendet werden. Die Abtragprodukte in Form von Metallhydroxiden müssen während der Bearbeitung ständig aus dem Elektrolytkreislauf entfernt werden. Aufgrund umwelttechnischer Belastungen, die bei der Bearbeitung bestimmter Werkstoffe auftreten (u. a. Chrom-VI), sind hierzu hochkomplexe Anlagen erforderlich. Gebräuchliche Elektrolyte sind sowohl *NaCl*- als auch *NaNO₃*-Lösungen, deren Leitfähigkeit zwischen 50 und 300 $\frac{mS}{cm}$ liegt.

Gepulste EC-Bearbeitung

In den letzten Jahren wurde die klassische EC-Senkbearbeitung weiter entwickelt, um höhere Genauigkeiten durch Verkleinerung des Arbeitspaltes zu erreichen. Die Werkzeugelektrode wird dabei in mechanische Schwingung versetzt. Gleichzeitig wird dieser Schwingung eine gepulste Arbeitsspannung überlagert. Diese Verfahren werden meist als PECM (precise electro chemical machinig) bezeichnet.

Elektrochemisches Bohren

Kühlluftbohrungen in Turbinenschaufeln, Diesel-Einspritzdüsen und Spinndüsen werden häufig durch elektrochemisches Bohren gefertigt. Dabei werden die folgenden elektrochemischen Bohrverfahren sehr häufig verwendet:

- Shaped Tube Electrolytic Machining (STEM)
- Elekrochemisches Feinbohren (ECF)
- Electro Stream Drilling (ESD)

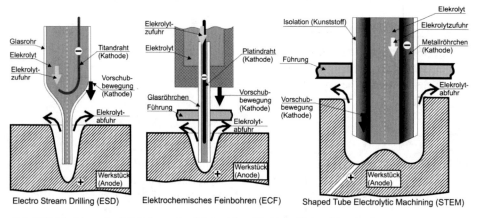

Abb. 2.79 Verfahren des EC-Bohrens [nach Maschinen Turbinen Union, München]

Elektrochemisches Entgraten

Ohne Vorschubbewegung der Werkzeugelektrode erfolgt das EC-Entgraten. Die Werkzeugelektrode, die partiell isoliert sein kann, wird hierbei an das Bauteil angefahren, der Elektrolytfluss und der Arbeitsstrom werden eingeschaltet. Dabei werden zuerst die überstehenden Grate abgetragen und danach ggfs. die Kanten des Werkstücks verrundet.

EC-Oberflächenabtragen

Im Gegensatz zum EC- Profilabtragen werden beim EC-Oberflächenabtragen nur Oberflächenschichten mit niedriger Wirkstromdichte von etwa 0,4 bis 3 $\frac{A}{cm^2}$ elektrolytisch abgetragen. Anwendungen sind vor allem das EC-Polieren zur Erzeugung sehr glatter Oberflächen und das EC-Entmetallisieren, um Metallschichten zu entfernen.

Elektrochemisches Ätzen

Ätzen wird in der Metallographie zur Vorbereitung von Metallschliffen für die mikroskopische Beurteilung von Gefügezuständen verwendet. Eine weitere sehr große Bedeutung besitzt das elektrochemische Ätzen in der Luftfahrtindustrie bei der Fertigung von gewichtsreduzierten Aluminium-Außenhäuten. Dabei werden mehrere Quadratmeter große Bleche mit Kunststoffen an den Stellen maskiert, an denen kein Abtrag erfolgen soll. Die EC-Ätzung und damit das Abtragen des Materials findet in Natriumhydroxid-Bädern statt, in welche die Bleche gestellt werden. Durch elektrochemisches Feinätzen werden eine Reihe von sehr dünnen Folien aus Metallen wie Gold, Silber, Tantal, Beryllium, Hasteloy und auch Titan strukturiert, die bspw. in der Halbleiterindustrie und der Mikrosystemtechnik verwendet werden.

2.4.5 Zerlegen

Zerlegen ist nach DIN 8591 die Umkehrung der in DIN 8593-0 beschriebenen Verfahren des Fügens mit dem Ziel, die gefügten Werkstücke oder den eingefüllten, formlosen Stoff zu trennen, ohne dass eine Beschädigung der Bauteile auftritt. Meist erfolgt der Zerlegprozess in umgekehrter Reihenfolge des Fügeprozesses. Daher sollen hier nur die wichtigsten Verfahren kurz genannt werden. Zum Lösen kraftschlüssiger Verbindungen gehört das Abschrauben und das Abklemmen. Zu den Verfahren des Zerlegens durch Umformen gefügter Teile gehört das Lösen von Nietverbindungen und das Aufbiegen, hierbei werden die Niete beschädigt und können nicht mehr verwendet werden. Die Bauteile sind meist wiederverwendbar.

2.4.6 Reinigen

Die DIN 8591 beschreibt Reinigen als Prozess, bei dem die sich auf der Oberfläche eines Werkstücks befindlichen unerwünschten Stoffe entfernt werden. Diese Reinigung kann mit verschiedenen Verfahren erfolgen. Grobe Verunreinigen werden meist durch Reinigungsstrahlen beseitigt, danach werden weitere Reinigungsprozesse durchgeführt, sodass das Reinigungsergebnis ständig verbessert wird. Es findet der Grundsatz von grob zu fein Anwendung. Allen Reinigungsmedien können Reinigungszusätze zugegeben werden, allerdings sind diese nach Abschluss des Reinigungsverfahrens auch zu entsorgen bzw. von der Oberfläche der Bauteile zu entfernen. Insbesondere bei Bauteilen, die in der optischen, Halbleiter- und medizinischen Industrie benutzt werden, sind diese Reinigungsprozesse sehr aufwendig. Häufig wird am Ende der Reinigungsprozesse das Bauteil verpackt, um nochmalige Verschmutzungen zu vermeiden. Da Reinigungsmittel auch negative gesundheitliche Folgen haben können, ist der Einsatz sparsam zu planen und die aktuellen Arbeitsschutzbestimmungen sind einzuhalten.

2.4.6.1 Reinigungsstrahlen

Typische Reinigungsstrahlverfahren sind Druckluft-, Nassdruckluft-, Druckflüssig-keits-, Schlämm- und Dampf- und Schleuderreinigungsstrahlen, analog zu den Strahlverfahren (siehe Abschnitt 2.4.3.6). Es können den Strahlmitteln Reiniger- und Inhibitorenzusätze beigegeben werden [DIN 8591].

2.4.6.2 Mechanisches Reinigen

Hierbei finden neben Schabern (Abkratzen) und Schleifmitteln (Reinigungsschleifen) auch Bürsten (Bürsten) und Tücher (Abwischen) Verwendung [DIN 8591]. Durch manuelles Reinigen mit Bürsten (Drahtbürste, Topfbürste usw. siehe Abschnitte 4.3.5.1 und 8.3.7) und Winkelschleifern werden in der Praxis Verzunderungen an geschweißten Bauteilen und Flugrost entfernt, im industriellen Sprachgebrauch als „Entrosten" und „Schweißnaht putzen" bezeichnet. Als Ausklopfen wird das Reinigen durch Klopfen bezeichnet. Dies wird häufig zum Entfernen von Formsand an Gussstücken verwendet und kann auch mechanisch durch druckluftbetriebene Hämmer unterstützt werden. Neben dem Entfernen von Formsand an Gussstücken wird auch das Entfernen von Grat an Guss-, Senk- und Schmiedeteilen als „Putzen" bezeichnet.

2.4.6.3 Strömungstechnisches Reinigen

Unter dem Begriff strömungstechnisches Reinigen werden das Waschen (Flüssigkeit strömt am Bauteil vorbei), Abblasen (komprimiertes Gas strömt am Bauteil vorbei), Absaugen und Ultraschallreinigen verstanden [DIN 8592]. Ultraschallreinigen ist ein weitverbreitetes Verfahren, das mit Hilfe der hochfrequenten Ultraschallschwingungen (Frequenzen > 16khz) eine Kavitation an der Oberfläche der zu reinigenden Werkstücke erzeugt.

Kavitation ist der plötzliche Zusammenbruch von dampfgefüllten Dampfblasen in Flüssigkeiten. Diese Dampfblasen bilden sich, wenn der statische Druck in einem System kleiner ist als der Verdampfungsdruck der Flüssigkeit. Die Dampfblasen werden durch Reinigungsflüssigkeit in Gebiete mit höherem Druck weitertransportiert. Dort bricht die Dampfblase schlagartig zusammen. Bei diesem Prozess treten extreme Druck- und Temperaturspitzen auf, die die Reinigungswirkung unterstützen. Negative Folgen hat die Kavitation bei Pumpen und Schiffspropellern.

2.4.6.4 Lösemittelreinigen

Hierzu zählen alle Verfahren, die ein Reinigen der Bauteile durch organische Lösemittel ermöglichen, wie Ablösen und Abbeizen (Entfernen von Anstrichen).

2.4.6.5 Chemisches Reinigen

Hier werden in der DIN 8591 alle Verfahren zusammengefasst, bei denen die Verschmutzungen durch einen chemischen Prozess eine Verbindung eingehen, die leicht von der Bauteiloberfläche entfernt werden kann oder selbst flüchtig ist. Dieser Vorgang findet beispielsweise beim Beizen (Entfernung von Zunder, Rost und anderen Verbindungen) breite industrielle Anwendung. Das Beizen von Metallen ist ein anderer Vorgang als Abbeizen. Das Beizen von Metallen ist ein Anätzen durch Chemikalien (Säuren oder Laugen), um saubere oxidfreie Oberflächen zu erhalten. Der Prozess kann durch elektrischen Strom unterstützt werden, wie es zum Beispiel beim elektrochemischen Beizen oder der anodischen Metallauflösung üblich ist.

2.4.6.6 Thermisches Reinigen

Bei diesen Verfahren erfolgt die Reinigung überwiegend durch die Einwirkung von Wärme, dabei können die Verunreinigungen durch Zersetzen (thermische Zersetzung), Verbrennen oder Abplatzen (Abflammen), oder Verdampfen/Verdunsten (Abdampfen) entfernt werden. Diese Verfahren werden sowohl manuell mit Autogenschweißgeräten als auch maschinell im Durchlaufverfahren angewendet.

2.5 Hauptgruppe 4 Fügen

Die DIN 8580 versteht unter dem Begriff Fügen, das Verbinden oder sonstige Zusammenbringen von mindestens zwei Werkstücken mit geometrisch bestimmter fester Form oder von Werkstücken mit formlosem Stoff. Der Zusammenhalt der Werkstoffteilchen wird dabei örtlich geschaffen und im Ganzen vermehrt. Die Einteilung der fügenden Fertigungsverfahren nach DIN 8580 ist in Abb. 2.80 dargestellt. Es gibt zahlreiche Verbindungsarten die unterschiedliche Eigenschaften aufweisen können, beispielsweise:

- lösbare Verbindungen: sind Verbindungen, die ohne Zerstörung der einzelnen Bestandteile der Verbindung wieder gelöst werden können. Beispiele: Verschraubungen, Verstiftungen, gesteckte oder verhakte Bauteile (LEGO-System)
- unlösbare Verbindung: sind Verbindungen, die nur durch Zerstörung oder Beschädigung von mindestens einem Bestandteil der Verbindung gelöst werden können. Beispiele: Schweiß- und Lötverbindungen, Niete, Bördel, Falze
- kraftschlüssige Verbindungen: sind Verbindungen, die durch eine Kraft (z. B. Reib-, Haft- oder Klemmkraft) zusammengehalten werden, die durch das Verbindungsmittel erzeugt wird. Beispiele: Verschraubungen, geschrumpfte Verbindungen, Morsekegel,
- formschlüssige Verbindungen: sind Verbindungen, die durch ihre Form zusammengehalten werden. Beispiele: Bördel, Falze
- stoffschlüssige Verbindungen: sind Verbindungen, die durch die spezifischen Eigenschaften eines Stoffes zusammengehalten werden. Bei stoffschlüssigen Verbindungen wird der Zusammenhalt durch Kohäsion oder Adhäsion oder beide erreicht. Beispiele: Schweiß-, Löt- und Klebeverbindungen.

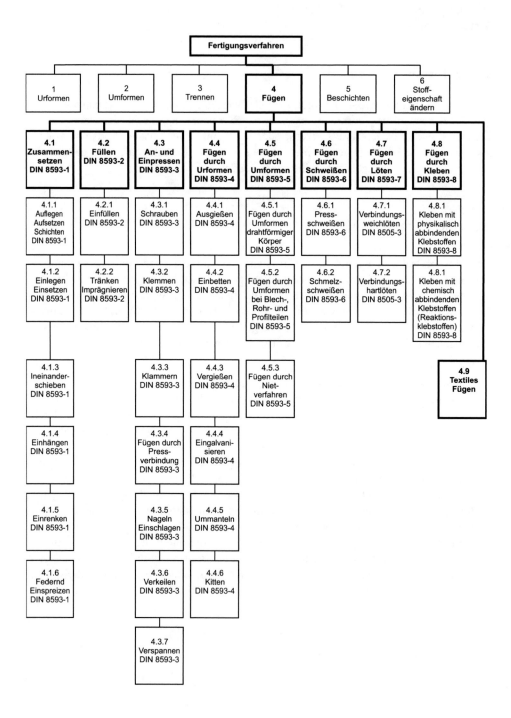

Abb. 2.80 Einteilung der fügenden Fertigungsverfahren nach DIN 8580

Kohäsion bezeichnet die Kräfte, die den Zusammenhalt von Masseteilchen im gleichen Werkstoff ermöglichen. Durch Anziehungskräfte zwischen gleichartigen Atomen bzw. Molekülen wird die innere Festigkeit eines Werkstoffes erhöht. Die Kohäsionskräfte werden von der Temperatur beeinflusst und sind werkstoffabhängig. Starke Kohäsionskräfte führen zu einer höheren inneren Festigkeit eines Werkstoffes, schwache Kohäsionskräfte vermindern die Festigkeit eines Werkstoffs.

Adhäsion bezeichnet die Kräfte, die den Zusammenhalt der Masseteilchen zwischen verschiedenartigen Werkstoffen ermöglichen. Adhäsionskräfte sind die Haftkräfte an den Kontaktflächen zwischen verschiedenen Stoffen, sie werden auch als Oberflächenbindungskräfte bezeichnet. Die Stoffe können im festen, gasförmigen oder flüssigen Zustand vorhanden sein. Die Adhäsionskräfte sind bei Löt- und Klebverbindungen festigkeitsbestimmend.

2.5.1 Fügen durch Zusammensetzen

Die DIN 8593-1 beschreibt Fügen durch Zusammensetzen als Verfahren, bei dem die Fügeteile durch Schwerkraft (Reibung), Formschluss, Federkraft oder einer Kombination dieser Kräfte verbunden werden. Dies kann durch Auflegen, Aufsetzen, Schichten, Einlegen, Ineinanderschieben (beispielsweise Steckkontake aufschieben), Einhängen (Zugfedern einhängen), Einrenken oder federnd Einspreizen erfolgen. Insbesondere federnd Einspreizen hat zahlreiche industrielle Anwendungen für Schnappverbindungen und das Fügen von Federringen.

2.5.2 Fügen durch Füllen

In der DIN 8593-2 ist Fügen durch Füllen die Bezeichnung für alle Prozesse, die dem „Einbringen von gas- oder dampfförmigen, flüssigen, breiigen, pastenförmigen Stoffen oder von pulverigen oder körnigen Stoffen oder kleinen Körpern in hohle oder poröse Körper" dienen. Beispielsweise zählen dazu Füllen eines Hydrauliksystems mit Öl und das Füllen von Gasflaschen.

2.5.3 Fügen durch An- und Einpressen

Nach DIN 8593-3 ist Fügen durch An- und Einpressen die Bezeichnung für alle Verfahren, bei denen die Fügeteile und Hilfsfügeteile nur elastisch verformt werden und das unbeabsichtigte Lösen der Verbindung durch Kraftschluss verhindert wird. Hierzu zählen das Schrauben, Klemmen, Klammern, Verstiften, Schrumpfen, Dehnen, Nageln, Verkeilen und Verspannen.

2.5.3.1 Schrauben

Abb. 2.81 Schrauben mit metrischen Gewinde

Als Schraube wird ein Verbindungselement meist zylindrischer oder kegliger Form bezeichnet, das an seiner Außenseite eine profilierte Nut besitzt, die sich in einer Schraubenlinie um die Außenseite windet. Diese Nut wird als Gewindegang bezeichnet. Die Gewinde können verschiedene Profile, wie sie in Abschnitt 10.3.1 dargestellt sind, aufweisen. Sehr viele Schrauben sind beschichtet (verchromt, verzinkt, phosphatiert, brüniert usw.) um sie vor Korrosion zu schützen. Verschiedene Schrauben mit metrischem Gewinde sind in Abb. 2.81 dargestellt. Die verschiedenen Gewindearten und deren Herstellung werden in Kapitel 10 erläutert. Schraubverbindungen sind kraft- und formschlüssige, lösbare Verbindungen. Es können grundsätzlich Holz- und Metallschrauben unterschieden werden. Beide Schraubenarten bestehen meist aus einem metallischen Werkstoff. Standardschrauben werden immer im Uhrzeigersinn (rechtsdrehend) festgedreht und im Gegenuhrzeigersinn (linksdrehend) gelöst. Ausnahmen bilden lediglich Linksgewinde für spezielle Anwendungen, wie Gewinde an drehenden Teilen, Fahrradpedale u. Ä. und Gewinde an Schläuchen, Gasflaschen und Armaturen, die entzündliche Gase führen.

> **Merksatz:** Seitdem die Menschheit aufrecht geht, wird jede Schraube rechtsgedreht.

Der Kopf einer Schraube kann verschiedene Formen besitzen, wie sie in Abb. 2.82 dargestellt sind. Am Schraubenkopf befinden sich verschiedene Strukturen, die dem Antrieb der Schraube dienen. Diese Strukturen stellen den formschlüssigen Kontakt zu den verschiedenen Werkzeugen zum Drehen der Schraube her. Es gibt sehr viele verschiedene Schraubenantriebe, beispielsweise Schlitz, (Außen- oder Innen-) Sechskant- und Torx-Antriebe. Ein Überblick über die verschiedenen Schraubenantriebe wird in Abschnitt 4.3.4.1 gegeben.

Holzschrauben

Holzschrauben dienen der Verbindung von Holzteilen und werden dabei direkt in den Holzwerkstoff eingeschraubt. Daher benötigen diese Schrauben kein vorgefertigtes und genormtes Gegenstück wie Muttern oder ähnliches. Holzschrauben, dargestellt in Abb. 2.83, schneiden das Gegengenwinde in den Holzwerkstoff beim Eindrehen selbst. Eine

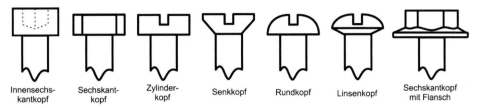

Abb. 2.82 Schraubenkopfformen

vergleichbare Form (leicht konisch) besitzen auch selbstschneidende Blechschrauben, die das Gegengewinde in Bleche ebenfalls selbst schneiden. Holzschrauben besitzen kein metrisches Gewinde und können auch nicht sicher in Bleche eingeschraubt werden.

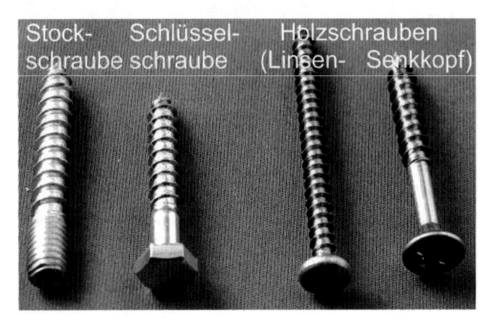

Abb. 2.83 Holzschrauben

Blechschrauben

Mit Blechschrauben, dargestellt in Abb. 2.84, werden Bauteile mit einem Blech, bzw. Bleche an Rahmen verschraubt. Es gibt Blechschrauben, die eine Bohrung an der zu verbindenden Stelle im Blech benötigen und es gibt selbstschneidende Blechschrauben, die die benötigte Bohrung selbst schneiden. Blechschrauben besitzen ebenso wie Holzschrauben kein metrisches Gewinde, ihre Form ist ebenfalls konisch. Das Außengewinde jeder Blechschraube formt bzw. schneidet das Gegengewinde beim Einschrauben in das Blech. Die erforderlichen Kernlochdurchmesser sind abhängig von den Werkstoffeigenschaften, der Blechdicke und der Anwendung. Die Gewindesteigung der Schraube muss kleiner als die

Blechdicke sein, sofern die Bohrung und das Gewinde nicht durch Umformen (z. B. Fließ-bohren, siehe Abschnitt 10.3.1.1) hergestellt werden. Blechschrauben sind in den Normen DIN ISO 1478 bis DIN ISO 1483 beschrieben [DIN EN ISO 1478, DIN EN ISO 1479].

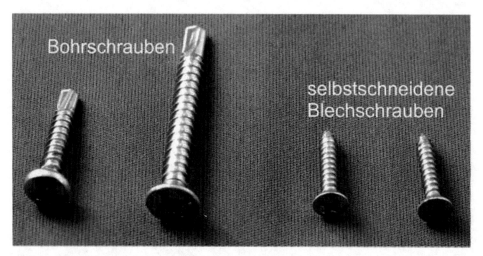

Abb. 2.84 Blechschrauben

Stockschrauben

Stockschrauben sind Befestigungsschrauben, die an einer Seite ein Holz- oder Dübelge-winde besitzen und an der anderen Seite ein metrisches Gewinde. Mit ihnen werden typi-scherweise Sanitärinstallationen an Wänden befestigt, indem die Dübelgewindeseite mit einem Dübel an der Wand befestigt wird und an der metrischen Seite werden mit Hilfe von Rohrschellen Leitungen und Rohre befestigt. Mit Stockschrauben werden ebenfalls Waschbecken und WC-Schüsseln befestigt. An der metrischen Gewindeendseite befindet sich meist eine Inbus- oder Torx-Aufnahme zum Drehen der Stockschraube und zwischen den Gewinden eine Außensechskantaufnahme, um sie auch mit einem Maulschlüssel dre-hen zu können.

Schrauben mit metrischem Gewinde

Bezeichnung von Schrauben mit metrischem Gewinden

Auf Sechskant- und Innensechskantschrauben wird bei Schrauben ab der Größe M 5 auf dem Schrauben-kopf das Herstellerkurzzeichen und die Festigkeitsklasse angegeben, bei Schrauben aus nichtrostendem Stahl zusätzlich das Zeichen A 2 oder A 4. Bei Schrauben aus Stahl kann aus der Festigkeitsklasse die Zugfestigkeit R_m und die Streckgrenze R_e errechnet werden: R_m wird errechnet, indem die erste Zahl mit 100 multipliziert wird. R_e wird errechnet, indem beide Zahlen miteinander multipliziert werden und das Ergebnis noch einmal mit zehn multipliziert wird.

In Tab. 2.8 sind die Zugfestigkeit und die Streckgrenze der gängigsten Schrauben aufgeführt. In der Norm EN ISO 898-1 sind die mechanischen und physikalischen Eigenschaften von Schrauben genormt. Diese Norm definiert die folgenden Festigkeitsklassen 4.6, 5.6, 5.8, 6.8, 8.8, 10.9 und 12.9. Die vollständige Bezeichnung einer Schraube lautet beispielsweise: ISO 4014 – M6 × 40 – 8.8 – A2E. Daraus ist zu erkennen,

Festigkeits-klasse	Zugfestigkeit R_m in N/mm^2	Streckgrenze R_e in N/mm^2
4.6	400	240
5.6	500	300
5.8	500	400
6.8	600	480
8.8	800	640
10.9	1000	900
12.9	1200	1080

Tabelle 2.8 Schrauben Festigkeitsklassen

dass es sich bei dieser Schraube um eine Sechskantschraube mit Schaft nach der ISO-Norm 4014 (metrisches ISO-Gewinde bzw. Regelgewinde) handelt, die einen Nenndurchmesser von 6 mm, eine Länge von 40 mm und die Festigkeitsklasse 8.8 besitzt. Weiterhin verfügt die Schraube über einen galvanischen Überzug aus Zink (A), mit einer Schichtdicke 5 µm (2) mit Glanzgrad blank, keine Farbe (E); bezeichnet nach EN ISO 4042. Weitere Daten von Schrauben, wie Flanken- und Kerndurchmesser, Spannungs- und Kernquerschnitt, sowie der Steigungswinkel, können aus der DIN 13 ff. entnommen werden [DIN 13-10, DIN 13-19, DIN 13-11, DIN 13-1, DIN 13-2, DIN 13-3, DIN 13-4, DIN 13-5, DIN 13-6, DIN 13-7, DIN 13-8, DIN 13-9].

2.5.3.2 Muttern

Gegenstück zu den Schrauben sind Muttern. Einige Arten von Muttern sind in Abb. 2.85 dargestellt. Eine sehr häufig verwendete Mutter ist die Sechskantmutter. Um schnell ohne Werkzeug Verbindungen zu lösen oder zu schließen, werden Flügelmuttern verwendet. Hutmuttern dienen zum Schutz des Schraubengewindes, teilweise auch ästhetischen Erfordernissen. Der Sicherung von Schraubverbindungen dienen Kronen- und Sicherungsmuttern. Augenmuttern werden häufig beim Transport von Maschinen, Containern u. ä. Dingen benutzt. Sie werden an Gewinde angeschraubt und dann werden an ihnen Seile und Gurte befestigt. Mit Nutmuttern sind häufig Wellen u. ä. Bauteile befestigt. Die Herstellung Muttern ist in Abschnitt 10.5.1 dargestellt.

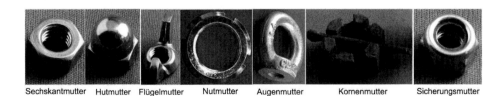

Sechskantmutter Hutmutter Flügelmutter Nutmutter Augenmutter Kornenmutter Sicherungsmutter

Abb. 2.85 Mutterarten

2.5.3.3 Schrumpfen

Beim Schrumpfen (Aufschrumpfen) wird meist ein Bauteil, das mit der Bohrung, erwärmt. Dabei dehnt es sich aus. Dann wird das erwärmte Bauteil auf das kleinere Bauteil aufgesetzt. Beim Abkühlen wird das Bauteil kleiner und schrumpft auf das zweite Bauteil auf (siehe Abb. 2.86). Dieses Verfahren wird sehr häufig beim Schrumpffutter zum Spannen von Werkzeugen, wie es in Abschnitt 9.2.4.3 dargestellt ist, eingesetzt.

2.5.3.4 Dehnen

Beim Dehnen wird ein unterkühltes Innenteil, das daher geschrumpft, also kleiner ist, in ein Außenteil eingeführt (siehe Abb. 2.86). Beim Erwärmen dehnt sich das Innenteil aus, wird größer und sitzt dann fest im Außenteil. Der Kraftschluss erfolgt durch die Größenänderung des Innenteils beim Erwärmen auf Raumtemperatur.

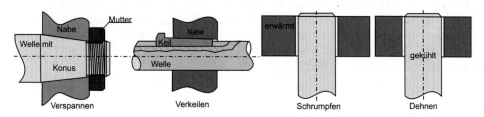

Abb. 2.86 Fügen durch Verspannen, Verkeilen, Dehnen und Schrumpfen

2.5.3.5 Verkeilen

Als Verkeilen wird das Anpressen zweier Fügeteile mit Hilfe selbsthemmender keilförmiger Hilfsteile bezeichnet, wie es beispielsweise an Welle-Nabe-Verbindungen angewendet wird (siehe Abb. 2.86).

2.5.3.6 Verspannen

Als Verspannen wird das kraftschlüssiges Fügen einer Nabe mit einer Welle mit Hilfe eines Konus oder mit Hilfe ringförmiger, geschlitzter Keile bezeichnet. Die Spannkraft wird dabei über Gewinde aufgebracht (siehe Abb. 2.86).

2.5.4 Fügen durch Urformen

In der DIN 8593-4 werden als Fügen durch Urformen Ausgießen, Einbetten, Vergießen, Eingalvanisieren und Ummanteln als entsprechende Fügeverfahren genannt [DIN 8593-4].

2.5.5 Fügen durch Umformen

Fügen durch Umformen umfasst sehr viele Verfahrenstechniken, bei denen entweder die zu verbindenden Bauteile direkt umgeformt und dadurch verbunden werden oder durch Hilfsfügeteile (z. B. Niete), die umgeformt werden, gefügt werden [DIN 8593-5]. Durch Umformen hergestellte Fügeverbindungen sind an den Fügestellen immer mehrlagig, das heißt zwei oder mehr Bauteile liegen teilweise übereinander. Dies wird als **Überlappung** (siehe Abb. 2.87) bezeichnet. Stoßverbindungen, auch als **Stumpfstoß** bezeichnet, wie sie durch Schweißen hergestellt werden können, sind bei durch Umformen hergestellten Verbindungen nicht möglich. Da die umgeformten Fügeverbindungen überlappen, ist der Korrosionsschutz zwischen den zu verbindenden Bauteilen sehr wichtig. Durch fügende Umformung ist es im Gegensatz zum Schweißen möglich, sehr unterschiedliche Metalle zu verbinden, allerdings ist auch hierbei der Korrosionsschutz zu beachten. Insbesondere die elektrochemische Spannungsreihe der Metalle ist dabei von Bedeutung, um eine ungewollte Zerstörung des elektrochemisch unedleren Werkstoffs zu verhindern.

2.5.5.1 Fügen durch Nieten

Fügen durch Nieten ist ein schon sehr lange industriell erfolgreich angewendetes Verfahren. Es werden sowohl Stahlbaukonstruktionen wie Brücken oder Dächer, als auch Eisenbahnwaggons, Bremsbelege oder Henkel an Kochtöpfe genietet. Einige Beispiele für Nietverbindungen sind in Abb. 2.88 dargestellt. In der linken Darstellung ist ein genieteter Träger einer

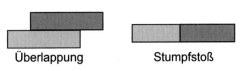

Überlappung   **Stumpfstoß**

Abb. 2.87 Überlappung und Stumpfstoß

Dachkonstruktion eines Bahnhofes zu sehen, in der Mitte ist ein genietetes Bauteil eines Flugzeugs dargestellt und die rechte Abbildung zeigt eine alte Obstpresse, bei der die Traverse genietet ist. In den letzten Jahrzehnten wurden immer mehr Nietverbindungen durch

Abb. 2.88 Beispiele für Nietverbindungen

Schweiß- oder auch Klebeverbindungen substituiert. Im Flugzeugbau besitzen Nietverbindungen immer noch ein breites industrielles Einsatzgebiet. Bei der manuellen Fertigung

unter Werkstattbedingungen werden Nieten sehr häufig benutzt, um Reparaturen an ge-
nieteten Bauteilen durchzuführen, aber auch um Bauteile ohne Wärmeverzug fügen zu
können.

> Der **Niet** (Pl. die Niete) ist die korrekte technische Bezeichnung für das Element zum
> Herstellen einer Fügeverbindung. Die **Niete** (Pl. die Nieten) ist die Bezeichnung für
> ein Los eine Lotterie oder Tombola ohne Gewinn.

Häufig geschieht dies mit einer Blindnietzange (siehe Abschnitt 4.4.3.3). Häufig verwendete Nieten mit der Benennung der Teile sind in Abb. 2.89 dargestellt. Als **Setzkopf** einer Niete wird immer der schon vorhandene Kopf bezeichnet. Der durch das Vernieten
gebildete Kopf wird **Schließkopf** genannt. Einige Möglichkeiten, wie Nietverbindungen

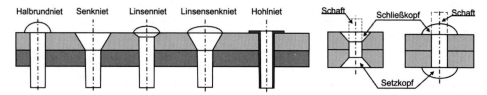

Abb. 2.89 Nietformen und Bezeichnungen an Nieten

hergestellt werden können, sind im Abschnitt 10.2 dargestellt. Die Blindnietzange ist im
Abschnitt 4.4.3.3 beschrieben.

2.5.5.2 Fügen durch Durchsetzen (clinchen oder Durchsetzfügen)

Mit dem Verfahren des **Durchsetzens** (siehe Abb. 2.90), auch **clinchen** genannt, werden
Bauteile, meist Bleche, durch Umformen gefügt, ohne das zusätzliche Verbindungselemente oder Zusatzwerkstoffe benötigt werden. In die überlappend angeordneten Fügeteile
wird ein Stempel gegen eine Matrize oder einen Amboss als Gegenhalter gedrückt, durch
die dabei auftretenden Hinterschneidungen werden die Bauteile kraft- und formschlüssig verbunden. Ein Vorbohren der Fügeteile sowie eine Vor- oder Nachbehandlung der
Blechoberfläche sind bei diesem Verfahren nicht notwendig. Von Vorteil ist ebenfalls die
fehlende thermische Belastung der Fügeteile, wie sie zum Beispiel beim Punktschweißen
auftritt. Es können mit diesem Verfahren auch sehr unterschiedliche Werkstoffe verbunden
werden, sofern diese leicht umformbar sind. Weiterhin können verschiedene Werkstoffdi-
cken verbunden werden. In Abb. 2.90 ist der Schnitt durch eine geclinchte Verbindung zu
sehen. Ähnlich wie beim Nieten können nur Überlappungen ausgeführt werden. Stumpfe
Fügestellen können nicht gefertigt werden.

2.5.5.3 Fügen von Drähten

Einfache, bekannte Beispiele für umgeformte Verbindungen, die aus drahtförmigen Körpern hergestellt werden, sind geflochtene Maschendrahtzäune (Drahtflechten). Weiterhin
können durch gemeinsames Verdrehen von Drähten Seile oder Litzen hergestellt werden

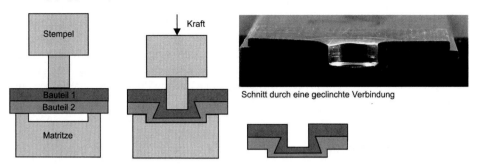

Abb. 2.90 Prinzip des Durchsetzens

(Verseilen). Für die Herstellung von Motoren, Spulen, Transformatoren und ähnlichen Produkten der elektrotechnischen Industrie werden Drahtwickeltechniken benutzt. Drahtgewebe entsteht durch das Verkreuzen von Drähten.

2.5.5.4 Fügen von Blechen, Rohren und Profilen

Durch einfache Körnerschläge oder das Herstellen von Kerben mit einem Meißel können zwei Bauteile gefügt werden. Rohre können durch gemeinsames Fließpressen, Ziehen, Weiten (Rohreinwalzen, Fügen durch Weiten mit Innendruck) oder Engen (Rundkneten, Einhalsen, Sicken) ebenfalls verbunden werden. Häufig verwendet wird das Fügen mit Hilfe von Bördeln und Falzen in der handwerklichen Ausführung bei Dachklempnerarbeiten. Bördeln ist eine seit vielen Jahren genutzte Technik, um Konservendosen zu verschließen. Seit einigen Jahren werden auch zahlreiche mit dem Verfahren des Durchsetzfügens gefertigte Bauteile verwendet (Abb. 2.90).

Als **Falze** werden in der metallverarbeitenden Industrie nichtlösbare, formschlüssige Verbindungen von dünnen Blechen bezeichnet. Falzen ist eine sehr alte handwerkliche Fügetechnik, die häufig im Bereich des Lüftungsbaus und in der Blechbearbeitung (z. B. Hausdach) angewendet wird.
Als **Sicken** (Abb. 10.1) werden rillenartige Vertiefungen oder Ausbuchtungen im Blech bezeichnet. Häufig dienen sie als konstruktive Maßnahme der Versteifung von dünnen Blechen. Aber auch als Designelement, beispielsweise im Automobilbau werden sie verwendet. Im Lüftungs- und Rohleitungsbau werden sie auch als Anschlag oder Begrenzung benutzt.

2.5.6 Fügen durch Schweißen

Schweißen ist das stoffschlüssige Verbinden von artgleichen Werkstoffen mit oder ohne artgleichen Zusatzwerkstoff. Die Verbindungsfestigkeit beruht fast vollständig auf Kohäsionskräften [DIN ISO 857]. Zur Herstellung der Fügeverbindung werden die Fügeteile meist in den schmelzflüssigen Zustand überführt. Die Verbindung der Bauteile erfolgt durch die Erstarrung der Schmelze. Weiterhin können beim Kaltpressschweißen und beim

Ultraschallschweißen (häufig in der Mikrosystemtechnik verwendet) die sehr gut vorbereiteten zu fügenden Bauteile soweit an einander angenähert werden, dass über kohäsive Bindungskräfte ohne Zuführung von thermischer Energie eine feste Verbindung entsteht. Schweißverbindungen sind unlösbare Verbindungen. Die verschiedenen Schweißverfahren werden zunächst in die Schmelzschweißverfahren und die Pressschweißverfahren eingeteilt.

2.5.6.1 Schmelzschweißen

Beim Schmelzschweißen kann die Erwärmung der zu fügenden Bauteile und ggfs. der Zusatzwerkstoffe durch Zuführung von Energie durch unterschiedliche Methoden erfolgen. Die Einteilung der Schmelzschweißverfahren ist in Abb. 2.91 dargestellt.

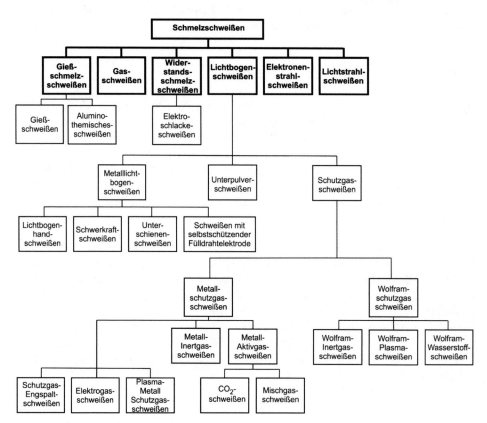

Abb. 2.91 Überblick Schmelzschweißverfahren

Schmelzschweißen mit Gas

Beim **Schmelzschweißen** mit Gas, auch als **Autogenschweißen** bezeichnet, wird die notwendige Energie, um die Fügeteile zu schmelzen, durch das Verbrennen von Acetylen und Sauerstoff erzeugt. Die Schweißflamme besitzt unterschiedliche Farben, die auf die verschiedenen Temperaturen der Verbrennung hinweisen. Im hellblau bis weiß leuchtenden Flammenkegel verbrennt das Acetylen mit dem Sauerstoff zu Kohlenstoffmonoxid und Wasserstoff nach folgender Formel:

$$C_2H_2 + O_2 \rightarrow 2CO + H_2 \tag{2.22}$$

Bei diesem Verbrennungsprozess wird eine Temperatur von etwa 3200 °C erreicht. Da in diesem Bereich elementarer Wasserstoff vorhanden ist, wird die Oberfläche der Bauteile wirksam vor einer Oxidation geschützt. In der den Hochtemperaturbereich umgebenden Streuflamme verbrennt das Kohlenstoffmonoxid mit Wasserstoff und Sauerstoff bei Temperaturen von etwa 1800 °C bis 2600 °C zu Kohlenstoffdioxid und Wasserdampf nach folgender Formel:

$$4CO + 2H_2 + 3O_2 \rightarrow 4CO_2 + 2H_2O \tag{2.23}$$

Der Zusatzwerkstoff wird meist in Form von Drähten von Hand zugeführt. Bei besonderer Bauteilvorbereitung ist in Ausnahmefällen auch ein Schweißen ohne Zusatzwerkstoff möglich.

Schmelzschweißen mit Lichtbogen

Die notwendige Energie, die zum Aufschmelzen der Fügeteile erforderlich ist, wird beim **Lichtbogenschweißen** durch die hohen Temperaturen, die in einem Lichtbogen herrschen, mit Hilfe des elektrischen Stroms bereitgestellt. Das Werkstück wird mit dem Pluspol der Schweißgerätes verbunden, der Minuspol liegt an einer Werkzeugelektrode an. Beim Anlegen einer hohen Stromstärke von bis zu 300 A zündet durch das kurze Berühren der Elektrode am Werkstück oder durch eine berührungslose Zündung ein bis zu 18000 °C warmer Lichtbogen. Mit Hilfe des Lichtbogens wird der Werkstoff örtlich aufgeschmolzen und in den schmelzflüssigen Zustand überführt. Die Angaben für die Lichtbogentemperaturen schwanken zwischen 4000 °C und 18000 °C. Die Verbindung der Bauteile entsteht beim Abkühlen durch Kristallisation.

> Als **Lichtbogen** wird eine Form der Gasentladung bezeichnet, bei der es durch die Annäherung von zwei durch ein Dielektrikum getrennte, elektrisch geladene Pole zu einer Stoßionisation kommt. Es bildet sich ein Plasmakanal, der sehr energiereich, sehr warm und elektrisch leitfähig ist.

Geraten elektrisch geladene Teilchen (Elektronen oder Ionen) in ein elektrisches Feld, werden diese zum Gegenpol beschleunigt. Während dieses Vorgangs stoßen sie mit weiteren Atomen zusammen, die dadurch ebenfalls ionisiert werden und mit sehr hoher kinetischer Energie auf ihren Gegenpol stoßen. Ist eine genügend hohe Anzahl von Ladungsträgern für den Energie- und Massetransport in der Lichtbogenstrecke vorhanden, brennt der Lichtbogen kontinuierlich weiter. Der Bereich zwischen den Elektroden (Kathode und Anode) wird auch als Plasma (siehe Abschnitt 2.4.4.1) bezeichnet.

Lichtbogenhandschweißen

Lichtbogenhandschweißen, auch als E-Hand- Schweißen bezeichnet, wird mit einer abschmelzenden, artgleichen Elektrode ausgeführt. Diese Elektrode ist mit einem Schlackebildner beschichtet, der unter der thermischen Energie des Lichtbogens aufschmilzt und die Schweißstelle vor Oxidation und Verunreinigungen schützt. Die Schlackeschicht wird nach dem Erkalten abgeschlagen bzw. durch Bürsten entfernt. Typische Schweißstromquellen sind Schweißtransformatoren, -gleichrichter und -inverter.

Metall-Aktivgas-Schweißen

Das Metall-Aktivgas-Schweißen – MAG-Schweißen – ist ein Lichtbogenschweißverfahren, bei dem der Lichtbogen zwischen der von einer Spule kontinuierlich ablaufenden Zusatzwerkstoffelektrode und dem Bauteil brennt. Der Schweißdraht schmilzt ständig ab. Um die Fügeteile vor Oxidation zu schützen, wird zusätzlich ein aktives Schutzgas über eine Düse am Handstück zur Bearbeitungsstelle geleitet. Der Draht verläuft im gleichen Schlauch, in dem das Schutzgas dem Handstück und der Fügestelle zugeführt wird. Als aktive Gase werden Gase bezeichnet, die reaktionsfähig sind und so die Fügestelle vor Oxidation und Verunreinigung schützen. Beim MAG-Schweißen werden als Schutzgase Kohlendioxid (CO_2) oder Mischgase aus CO_2 mit Argon (Ar) und Sauerstoff (O_2) verwendet. MAG-Schweißen kann nur für unlegierte und niedriglegierte Stähle verwendet werden.

Metall-Inertgas-Schweißen

Das Metall-Inertgas-Schweißen – MIG-Schweißen – ist dem MAG-Schweißen ähnlich, mit der Ausnahme, dass kein aktives, sondern ein inertes Schutzgas benutzt wird. Inerte Schutzgase besitzen eine vollständig besetzte äußere Elektronenschale und sind daher sehr reaktionsträge. Als Schutzgase beim MIG-Schweißen werden Argon oder Helium verwendet. Die Verfahrensprinzipien sind die gleichen wie beim MAG-Schweißen. Durch die Verwendung inerter Gase werden metallurgischen Reaktionen wie Desoxidation oder Oxidation im Schmelzbad vermieden. Daher können auch legierte, hochlegierte Stähle, Aluminium, Kupfer, Nickel und zahlreiche weitere Legierungen mit diesem Verfahren geschweißt werden. Weitere Vorteile des MIG-Schweißens sind:

- Hohe Schweißgeschwindigkeit
- Hohe Abschmelzleistung,
- Geringe Wärmebelastung (geringer Verzug am Bauteil)
- Vermeidung des Abbrandes von Legierungselementen
- Hohe Güte des Schweißgutes.

Wolfram-Inertgas-Schweißen

Beim Wolfram-Inertgas-Schweißen – WIG-Schweißen – brennt der Lichtbogen zwischen der nicht abschmelzenden Wolframelektrode und dem Werkstück ebenfalls unter einem

inerten Schutzgas, meist Argon. Es kann sowohl mit Zusatzwerkstoff als auch ohne gearbeitet werden. Die Zuführung des Zusatzwerkstoffes erfolgt dabei meist mit Hand
(Schweißstäbe) ähnlich wie beim Gasschweißen. Die Zündung des Lichtbogens muss
beim WIG-Schweißen immer berührungslos erfolgen. Es darf zu keinem mechanischen
Kontakt der Wolframelektrode mit dem Fügeteilwerkstoff kommen, da Wolfram ein sehr
spröder Werkstoff ist, der sehr leicht bricht.

Weitere Schmelzschweißverfahren können mit dem Laserstrahl oder einem
Elektronenstrahl ausgeführt werden. Beim Elektronenstrahlschweißen muss aber im
Vakuum gearbeitet werden. Beim Laserstrahlschweißen sind ebenfalls eine Reihe von
Sicherheitsvorkehrungen zu beachten, die in der weiterführenden Literatur behandelt
werden.

2.5.6.2 Pressschweißen

Das Pressschweißen erfolgt unter Druck. Die Schweißtemperatur kann zum einen durch
mechanische Reibung der Bauteile gegeneinander (Reibschweißen) erreicht werden, oder
durch Widerstanderwärmung bei einen Stromfluss (Widerstandspressschweißen). Ein
Verschweißen im plastischen Zustand ist dabei möglich, z. B. beim Reibschweißen. Die
Einteilung der Pressschweißverfahren ist in Abb. 2.92 dargestellt.

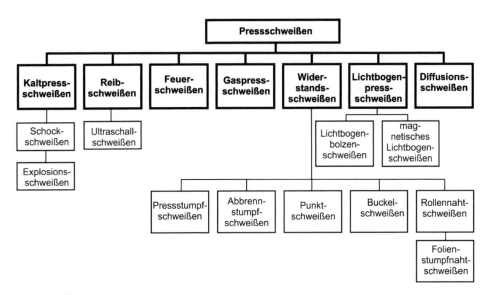

Abb. 2.92 Überblick Pressschweißverfahren

2.5.6.3 Widerstandsschweißen

Widerstandsschweißen ist das unlösbare Verbinden von Metallen durch die Wärmewir-
kung des elektrischen Stromes unter Ausnutzung der im Schweißkreis vorhandenen elek-

trischen Widerstände. Gleichzeitig können Press- oder Stauchkräfte auf die Verbindung wirken. Sehr häufig wird Widerstandsschweißen im Automobilbau als Punktschweißverfahren zum Fügen der Autokarosserien verwendet.

2.5.7 Fügen durch Löten

Löten ist nach DIN ISO 857-2 ein Verfahren zum stoffschlüssigen, nicht lösbaren Verbinden von meist metallischen Werkstoffen mit Hilfe eines nicht artgleichen Zusatzmetalls (häufig als Lot bezeichnet). Die Schmelztemperatur der Fügeteile wird beim Löten nicht erreicht. Es wird nur das Lot aufgeschmolzen. Es sind mit Hilfe von Ultraschalllötverfahren auch keramische Werkstoffe, Gläser und Verbindungen dieser mit Metallen herstellbar. Die zahlreichen Lötverfahren sind in der DIN 8593-7 aufgeführt. Wichtig ist bei der Lötnahtvorbereitung die Herstellung einer sauberen Oberfläche, da die Lötstelle vollständig vom Lot bedeckt werden muss. Sämtliche Beschichtungen wie Farben, Fette, Schlacken, Oxide und alle anderen Schichten müssen vor dem Löten durch eine mechanische (z. B. Reinigungsstrahlen, Bürsten) oder chemische Reinigung (z. B. Beizen) entfernt werden. Neben diesen Reinigungsverfahren werden während des Lötvorgangs häufig Flussmittel verwendet, die für eine Verbesserung der Benetzung der zu fügenden Bauteiloberflächen sorgen. Die Lötverfahren werden nach der Schmelztemperatur T_S der Lotwerkstoffe unterschieden:

- Weichlöten ($T_S < 450\ °C$)
- Hartlöten ($T_S > 450\ °C$)
- Hochtemperaturlöten ($T_S > 900\ °C$) unter Luftabschluss (Schutzgas oder Vakuum).

Die wichtigsten Lote sind Zinnlote zum Weichlöten, Messing- und Silberlote zum Hartlöten und Nickel-Basis-Lote für Hochtemperaturlötverfahren. Die Lote sind in DIN 1707-100 (Weichlote), DIN EN ISO 9453 (Weichlote), DIN EN ISO 17672 (Hartlote) und DIN EN ISO 3677 (Zusätze für Hartlote) geordnet [DIN 1707, DIN EN ISO 9453][DIN EN ISO 3677, DIN EN ISO 17672].

2.5.8 Fügen durch Kleben

Kleben ist definiert als Fügen von Bauteilen unter Verwendung eines Klebstoffes, d. h. eines nichtmetallischen Werkstoffes, der die Fügeteile durch Flächenhaftung und innere Festigkeit (Adhäsion und Kohäsion) verbindet [DIN 8593-8]. Um eine ausreichende Klebung zu erreichen, ist eine gründliche Reinigung der Oberflächen der zu klebenden Fügeteile erforderlich. Dies kann auf sehr vielfältige Arten erfolgen. Neben Reinigungsstrahlen, Bürsten und Schleifen kann auch z. B. eine Plasmastrahlreinigung angewendet werden. Häufig müssen bei Kunststoffen die Oberflächen auch aktiviert werden. Klebstoffe können in zwei Arten eingeteilt werden:

- Physikalisch abbindende Klebstoffe
- Chemisch abbindende Klebstoffe.

Physikalisch abbindende Klebstoffe sind solche, die durch Abkühlen oder Verdunsten von Lösungsmitteln abbinden und dadurch ihre Festigkeit und Klebewirkung erreichen. Häufig verwendet werden thermisch aktivierte Klebstoffe (Heißkleben). Chemisch abbindende Klebstoffe binden durch eine chemische Reaktion ab und erreichen ihre Festigkeit und Klebewirkung dadurch. Dies können zum Beispiel Epoxid-Klebstoffe oder Zyanoacrylat-Klebstoffe (Sekundenkleber) sein. Bis zum Erreichen der Endfestigkeit müssen alle zu klebenden Bauteile sicher fixiert werden, da vorher noch keine sichere Verklebung möglich ist.

2.5.9 Textiles Fügen

Grob unterteilen lässt sich das textile Fügen in Weben mit zwei Fäden und Stricken mit nur einem Faden. In der DIN 8580 wird aber keine Einteilung des textilen Fügens vorgenommen.

2.6 Hauptgruppe 5 Beschichten

Als Beschichten wird das Aufbringen einer fest haftenden Schicht aus formlosem Stoff auf festen Stoff bezeichnet. Dabei werden Schichten mit definierten Eigenschaften, z. B. bessere Verschleiß- oder Korrosionsbeständigkeit, hergestellt. Die Einteilung der Beschichtungsverfahren ist in Abb. 2.94 dargestellt. Der Korrosionsschutz ist im industriellen Einsatz eine der wichtigsten Aufgaben von Beschichtungen. Abb. 2.93 zeigt extreme Beispiele starker Korrosion. Die Funktionsfähigkeit der Bauteile kann durch diese starke Korrosion nicht mehr gewährleisten werden. Der Ring (links) hat partiell mehr als die Hälfte seiner Dicke verloren, am Hafenkran (Mitte) sind komplette Nietköpfe weg korrodiert und am Poller fehlen mehrere Zentimeter Material. Die Bedeutung des Korrosionsschutzes wird

Abb. 2.93 Stark korrodierte Bauteile

auch am Beispiel der Lackierung eines AIRBUS A380 deutlich. Obwohl die Dicke der Lackschicht auf dem Flugzeug nur etwa 140 μm beträgt, das ist in etwa der Durchmesser von zwei menschlichen Haaren, wiegt der gesamte Lack eine Tonne [AIR06]. Dabei wurde eine Fläche von etwa 5000 m² (Rumpf 3100 m² und Tragflächen 1900 m²) beschichtet. Weiterhin können dekorative Eigenschaften, wie Reflexionsvermögen oder definierte physikalische oder chemische Eigenschaften, z. B. elektrisch leitende oder isolierende Schichten oder tribologische Eigenschaften, gezielt durch Beschichtungen beeinflusst werden.

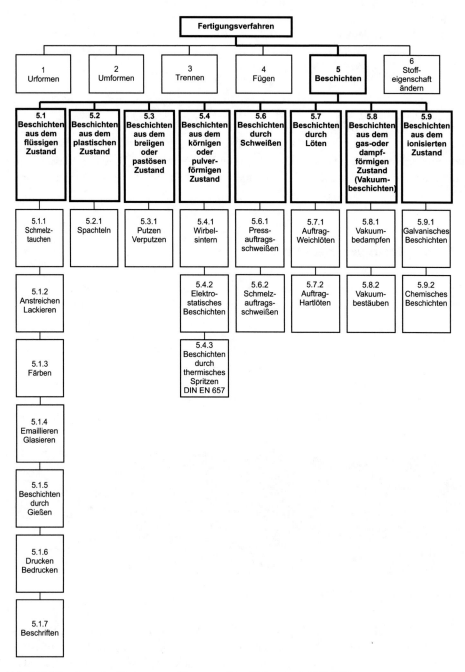

Abb. 2.94 Einteilung der Fertigungsverfahren zum Beschichten nach DIN 8580

2.6.1 Beschichten aus dem flüssigen Zustand

Bei diesen Verfahren werden zum Schutz der Oberflächen und auch aus optischen oder dekorativen Gründen diverse Schichten mit unterschiedlichen Verfahren aufgetragen.

2.6.1.1 Lackieren

Lackieren ist eines der wichtigsten Beschichtungsverfahren im industriellen Bereich. Es gibt sehr zahlreiche, teilweise auch automatisierte Lackierverfahren wie das Sprühen, Gießen, Walzen oder Tauchen. Vor dem Lackieren müssen die Oberflächen gründlich von Rost, Zunder, Schmutz, Ruß sowie korrosiven Oberflächenveränderungen gereinigt werden, um eine gute Haftung der Lackschicht auf dem Bauteil zu ermöglichen. Die Reinigung kann mechanisch von Hand, durch handgeführte Maschinen (z. B. Schwingschleifer), festmontierte Schleifmaschinen, Bürstmaschinen oder durch Sandstrahlen geschehen. Weiterhin kann eine chemische Reinigung erfolgen. Es gibt zahlreiche Lackierverfahren:

- Niederdruckspritzen, Druck 0,2 - 0,5 bar
- Druckluftspritzen, Druck 1 bis 5 bar, Zerstäubung des Beschichtungsstoffes durch Druckluft
- Höchstdruckspritzen (Airless-Spritzen), Druck von 100 bis 400 bar, dabei wird keine komprimierte Luft verwendet
- Heißspritzen: bei Temperaturen des Beschichtungsstoffes von ca. 55 bis 70 °C
- Elektrostatisches Spritzen: zwischen Werkstück und Spritzpistole Gleichspannung von 30 kV bis 50 kV, Beschichtungstoff wird im elektrischen Feld gleichmäßig beschleunigt und auf der Bauteiloberfläche verteilt
- Tauchlackieren: Werkstücke werden in den Lack eingetaucht und wieder herausgezogen
- Walzen: Lack wird von rotierenden Gummiwalzen auf die Werkstückoberfläche übertragen.

2.6.1.2 Schmelztauchen

Neben dem Lackieren können auch metallische Überzüge direkt aus dem flüssigen Zustand auf Bauteiloberflächen aufgetragen werden. Das Werkstück wird in eine entsprechende Metallschmelze getaucht. An der Grenzfläche zwischen beiden Metallen bilden sich Legierungsschichten durch Diffusionsvorgänge. Beim Herausziehen der Teile wird diese Legierungsschicht von einer metallischen Schicht aus dem Bad überzogen. Es sind folgende Verfahren üblich:

- Feueraluminieren: Ofenrohre, Auspuffanlagen
- Feuerverzinken: Stahlbau (Geländer, Treppen), Zäune, Pfosten von Straßenschildern
- Feuerverzinnen: Konservendosen
- Feuerverbleien: Öl- und Kraftstofftanks.

2.6.1.3 Thermisches Metallspritzen

Thermisches Metallspritzen bezeichnet das Aufsprühen von erschmolzenem Metall auf einen metallischen oder nichtmetallischen Werkstoff. Beim Abkühlen des gespritzten Metalls entsteht eine mechanische Verankerung ohne starke Erwärmung der Werkstückoberfläche. Metallspritzen ist universell anwendbar, mit diesem Verfahren können auch große Bauteile ortsungebunden beschichtet werden. Metallspritzverfahren sind Flamm-, Pulver-, Lichtbogen- und Plasmaspritzen.

2.6.1.4 Weitere Verfahren des Beschichtens aus dem flüssigen Zustand

Chromatieren

Das Chromatieren erfolgt durch Eintauchen der Werkstoffe in eine Lösung aus Chromsäure. Durch die Einwirkung von Chromsäure auf die Oberfläche der Bauteile werden komplexe Chromsäuresalze (Chromate) gebildet. Bei diesem Vorgang wird der Grundwerkstoff angelöst. Die gelösten Metallionen des Grundwerkstoffs werden in die Chromatschicht eingebaut. Die so erhaltenen Chromatschichten (Dicke 0,01-1,25 µm) sind Passivierungsschichten (anorganische, nichtmetallische Schutzschichten) und werden hauptsächlich als Korrosionsschutzschicht verwendet. Chromatschichten können transparent, blau, gelb oliv oder schwarz sein.

Phosphatieren

Phospahtieren dient dem Korrosionsschutz, der Haftvermittlung, der Reib- und Verschleißminderung und der elektrische Isolation von Oberflächen. Durch eine chemische Reaktionen von Metallen mit wässrigen Phosphat-Lösungen wird an der Oberfläche der Bauteile eine Konversionsschicht aus fest haftenden Metallphosphaten gebildet.

Brünieren

Durch Brünieren werden dünne Schutzschichten (ca. 2 µm) meist auf Eisenwerkstoffen hergestellt. Wie beim Phosphatieren entstehen auch beim Brünieren nichtmetallische Überzüge. Es wird eine Oxidschicht (Eisenoxyduloxid) gebildet. Brünieren erfolgt beim Standardprozess bei niedrigen Temperaturen unterhalb von 150 °C im Tauchprozess [DIN 50938]. Es gibt aber auch sogenannte Kaltbrünierverfahren, die bei Raumtemperatur arbeiten. Dabei wird nach der Grundreinigung und Entfettung der Bauteile, die Schicht mit einem Pinsel aufgetragen. In den folgenden Reinigungsbädern wird das Bauteil gewaschen. Häufig werden Messwerkzeuge, wie z. B. Haarlineale brüniert. Weiterhin werden Waffen und Schrauben brüniert. Brünierte Bauteile sind meist tiefschwarz.

2.6.2 Beschichten aus dem plastischen Zustand

Ein bedeutendes Verfahren des Beschichtens aus dem plastischen Zustand ist das Emaillieren. **Emaillieren** ist das Aufbringen eines fest haftenden anorganischen-oxidischen Überzugs (die sogenannte Emaillierung) in einer oder mehreren Schichten auf metallischen Werkstoffen. Nach DIN 50902 ist Emaillieren das Aufbringen von glasig-silicatischem Material (Emaille) auf ein vorbehandeltes Metall. Emaillieren ist ein sehr aufwendiges Fertigungsverfahren, das aber schon seit Jahrzehnten erfolgreich (Töpfe, Badewannen, Schüsseln) angewendet wird. Das Emaillieren wird im folgenden kurz beschrieben:
Die Emaillefritte wird aus Quarz, Feldspat und Soda hergestellt. Diese werden zusammen mit weiteren Bestandteilen gemahlen, vermischt und bei etwa 1200 °C erschmolzen. Danach wird die Schmelze abgeschreckt. Die Oberfläche des Werkstückes muss gesäubert werden, dazu wird das Bauteil entfettet, gebeizt (z. B. mit 10 %iger Schwefelsäure), passiviert mit etwa 3 bis 5 %iger Natriumnitrid-Lösung und dann getrocknet. Diese Emaillefritte wird zusammen mit Ton, Farbkörpern und einem Trübungsmittel in Kugelmühlen, ggfs. unter Zugabe eines Flußmittels gemahlen. Anschließend kann dieser Emailleschlicker durch Tauchen, Fluten, Begießen oder mit Hilfe eines Vakuums direkt auf die zu emaillierende Oberfläche aufgetragen werden. Dieser Prozess wird Nassemaillierung genannt. Bei der sogenannten Trockenemaillierung wird das Emaillpulver, auch als Frittenpuder bezeichnet, je nach Verfahren heiß oder kalt aufgestäubt, aufgeblasen, oder das Bauteil selbst wird in den Puder getaucht. Nach dem Auftragen der Emaillierung wird das Bauteil bei ca. 780 °C bis 900 °C gebrannt und es entsteht die sehr harte, spröde und feste Emailleschicht.

2.6.3 Beschichten aus dem breiigen oder pastösen Zustand

Beim Beschichten aus dem breiigen oder pastösen Zustand wird eine breiige oder pastöse Masse auf die Oberfläche eines Bauteils oder Körpers aufgetragen. Das Verputzen von Gebäuden oder Mauern ist ein bekanntes Beispiel für dieses Verfahren. Einige Spachtelmassen zur Ausbesserung von Fehlern von Bauteiloberflächen haben ebenfalls eine pastöse Konsistenz.

2.6.4 Beschichten aus dem körnigen oder pulverförmigen Zustand

Die Beschichtung aus dem pulverförmigen Zustand kann durch Sprühen (Pulverlackieren), Tauchen (Wirbelsintern) oder Flammspritzen erfolgen.

- Pulverlackieren (elektrostatisches Kunststoffpulverspritz-Verfahren (EPS)): Kunststoffpulver wird mit einer Gleichspannung von 40 kV bis 60 kV elektrisch aufgeladen und auf die geerdeten Werkstücke aufgesprüht. Dann werden die gleichmäßig mit Pulver überzogenen Teile im Ofen erwärmt und die Kunststoffpartikel schmelzen und bilden eine dichte Schicht.

- Wirbelsintern: erwärmte Werkstücke werden in schwebendes Kunststoffpulver getaucht, die Kunststoffpartikel schmelzen an der Oberfläche der Werkstücke und es bildet sich eine Kunststoffschicht aus.
- Flammspritzen: Kunststoff-Spritzgut wird der Spritzpistole zugeführt, durch die Pistolenflamme zum Schmelzen gebracht, mittels Druckluft zerstäubt und zum vorgewärmten Werkstück beschleunigt. Die Kunststoffteilchen schmelzen auf dem vorgewärmten Untergrund und bilden dabei eine festhaftende Schicht.

2.6.5 Beschichten durch Schweißen

Auftragsschweißen ermöglicht die Herstellung von Oberflächen, die rost- und korrosionsbeständig sind, obwohl die Grundkörper der Bauteile dies nicht sind. Weiterhin können Verschleissschutzschichten aufgetragen werden, die deutliche längere Laufzeiten von Führungsbahnen, Turbinenschaufeln und ähnlichen Bauteilen ermöglichen. Es werden eine Reihe von Schweißverfahren, wie E-Hand, Gasschmelz- aber auch Pulverschweißen und Laserschweißen, angewendet.

2.6.6 Beschichten durch Löten

Durch Löten können ähnlich wie beim Schweißen eine Reihe von Schichten auf den Bauteiloberflächen aufgebracht werden. Als Zwischenschicht dient hierbei ebenfalls ein Lot. Durch die geschickte Wahl des Lotes können auch artfremde Schichten aufgetragen werden. So ist möglich, Glas und Keramik mit Metallen durch Ultraschalllöten zu verbinden.

2.6.7 Beschichten aus dem gas- oder dampfförmigen Zustand (Vakuumbeschichten)

2.6.7.1 PVD-Verfahren

Beim PVD-Verfahren (**P**hysical **V**apour **D**eposition) wird der Schichtwerkstoff durch das Verdampfen mit Lichtbogen durch Elektronenstrahl- oder Kathodenzerstäubung im Hochvakuum in die Dampfphase übergeführt. Die Teilchen der Dampfphase bewegen sich gerichtet im elektrischen Feld oder ballistisch zum kalten Bauteil (dem Substrat). Dort kondensiert der Schichtwerkstoff und schlägt sich nieder. Durch die Zufuhr von reaktiven Gasen wie Sauerstoff, Stickstoff oder Kohlenwasserstoff ist es möglich, auch Oxide, Nitride oder Carbide zu erzeugen. Es reichen sehr niedrige Arbeitstemperaturen, daher können neben Metallen auch Kunststoffe beschichtet werden. Mit dem PVD-Verfahren können typische Hartstoffschichten wie Titannitrid, Titancarbonitrid oder Titanaluminiumnitrid mit Dicken im Bereich von einigen Nanometern bis zu wenigen Mikrometern erzeugt werden.

2.6.7.2 CVD-Verfahren

Beim CVD-Verfahren (**C**hemical **V**apour **D**eposition) wird der Schichtwerkstoff durch chemische Reaktionen aus der Gasphase erzeugt. Dabei wird ausgenutzt, dass flüchtige Verbindungen unter Zuführung von Wärme chemisch reagieren und als Schicht auf einer Bauteiloberfläche kondensieren. Im Gegensatz zum PVD-Verfahren ist es möglich, auch komplex geformte Oberflächen und auch Innenseiten von Hohlkörpern zu beschichten. Typische CVD-Schichten sind beispielsweise: Titancarbid aus Titantetrachlorid und Methan, Siliciumnitrid aus Ammoniak und Dichlorsilan und außerdem Siliciumdioxid aus Silan und Sauerstoff.

2.6.8 Beschichten aus dem ionisierten Zustand

Diese Verfahrensgruppe dient der Beschichtung mit metallischen Werkstoffen aus wässrigen Lösungen, lösemittelhaltigen Bädern oder Salzschmelzen. Diese Verfahren werden auch als elektrochemische Metallabscheidungen bezeichnet. Weiter unterteilt werden kann die Gruppe in elektrolytische Abscheidungen und chemische Abscheidungen. Die Schichtdicken liegen im Allgemeinen zwischen 1 und 30 µm. Häufig verwendete galvanische Schichten sind:

- Zink
- Kupfer
- Chrom.

2.6.8.1 Galvanisches Beschichten

Unter dem Begriff galvanisches Beschichten werden alle Verfahren zum elektrochemischen Abscheiden von Metallen auf metallische oder metallisierte Werkstücke unter Verwendung eines Elektrolyten zusammengefasst. Elektrolyte sind elektrisch leitende Flüssigkeiten oder Schmelzen von Salzen. Zum galvanischen Beschichten werden die wässrigen Lösungen von Salzen des Metalls verwendet, mit dem das Werkstück beschichtet werden soll. Das Werkstück wird als Kathode (negativer Pol) geschaltet, das Beschichtungsmaterial (z. B. Kupfer) als Anode (positiver Pol) (siehe Abb. 2.95). Beide Pole sind an eine Gleichspannungsquelle angeschlossen und befinden sich im Elektrolytbad. Unter dem Einfluss des elektrischen Feldes trennen sich die Salzmoleküle in Ionen nach folgender Gleichung auf:

$$CuSO_4 => Cu^{2+} + SO_4^{2-} \tag{2.24}$$

Die positiv geladenen Metallionen wandern zur negativen Kathode (Werkstück). Nach dem sie sich dort niedergeschlagen haben, werden die Ionen durch Aufnahme von Elektronen (die aus der Stromquelle stammen) neutralisiert. Auf dem Werkstück baut sich nun eine Schicht aus Metallatomen (Cu-Schicht) auf. Die negativ geladenen Säurerestionen (SO_4^{2-}) wandern zur positiven Anode, geben dort Elektronen ab und bilden mit dem Metall der Anode (Cu) neue Salze ($CuSO_4$).

2.6.8.2 Eloxieren

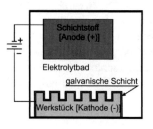

Abb. 2.95 Prinzip galvanisches Beschichten

Als Eloxieren wird das Bilden einer Schutzschicht auf Aluminium durch anodische Oxidation bezeichnet. Dabei wird, im Gegensatz zum galvanischen Beschichten, die Schutzschicht nicht auf dem Werkstück niedergeschlagen, sondern durch Umwandlung der obersten Metallschicht in eine etwa 5 bis 25 μm dünne Schutzschicht erzeugt. Eloxalschichten weisen Härten von bis zu 350 HV auf und können in zahlreichen Farben erzeugt werden. Anwendungsgebiete sind Korrosionsschutz von Türen- und Fensterprofilen, Haushaltsgegenständen (Türbeschläge, Handy- und Laptopgehäuse), aber auch Flugzeugteile und Teile in der Automobilindustrie.

2.7 Hauptgruppe 6 Stoffeigenschaft ändern

Unter dem Begriff Stoffeigenschaften ändern wird das Ändern von Eigenschaften eines Werkstoffs verstanden, in dem z.B. durch Diffusion von Atomen, Erzeugen von Versetzungen oder chemische Reaktionen eine Veränderung im atomaren oder submikroskopischen Bereich erfolgt. Die Einteilung der Stoffeigenschaften ändernden Fertigungsverfahren ist in Abb. 2.96 dargestellt.

2.7.1 Verfestigen durch Umformen

Zum Verfestigen durch Umformen zählen zum Beispiel Verfahren wie das Kugelhämmern oder Biegen, aber auch das Kugelstrahlen. Allen Verfahren gemeinsam ist, dass der Werkstoff an der Oberfläche verdichtet wird. Diese Verdichtung führt zu:

- einem andern Spannungszustand im Bauteil
- einer geänderten Oberflächentopographie
- einer gesteigerten Härte in der Bauteilrandzone.

Das Ergebnis ist einer Steigerung der Zeit- und Dauerschwingfestigkeit, die Reduktion von Schwingungsverschleiß durch Reibkorrosion und Passungsrost, die Erhöhung der Spannungsriss- und Schwingungsrisskorrosionsbeständigkeit und eine Steigerung der Verschleißfestigkeit. Allerdings findet eine Verfestigung an Bauteilen auch ungewollt statt, daher müssen ggfs. nach vielen Umformvorgängen auch wieder entsprechende Wärmebehandlungen vorgenommen werden, um einen normalen Spannungszustand der Werkstücke zu erhalten. Ungewollte Verfestigungen treten auch an Meißeln und Keilen auf und bilden dann eine Gefahrenquelle durch abplatzendes Material (siehe Abb. 4.10).

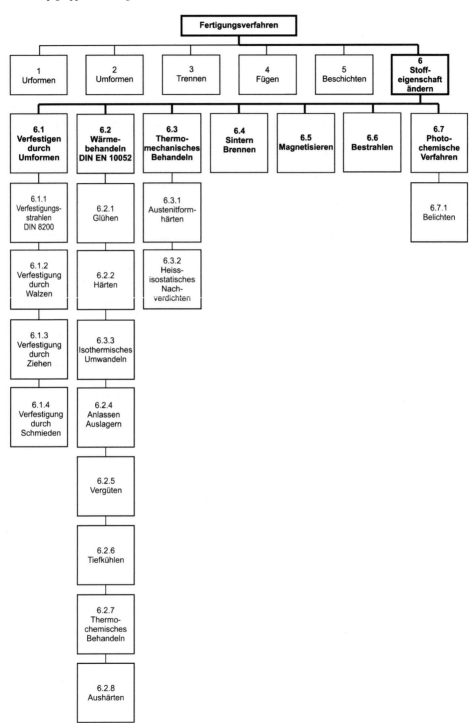

Abb. 2.96 Einteilung der Fertigungsverfahren zum Stoffeigenschaft ändern nach DIN 8580

2.7.2 Wärmebehandeln

Eine Reihe von Werkstoffen (insbesondere Stähle) können durch verschiedene Verfahren der kontrollierten Erwärmung und Abkühlung hinsichtlich ihrer physikalischen Eigenschaften gezielt verändert werden. Die genauen Vorgänge, die in den Werkstoffen ablaufen, sind Gegenstand von Vorlesungen und Büchern der Werkstofftechnik. Hier sollen nur einige Begriffe und Vorgänge kurz erklärt werden, um das Verständnis für die praktisch ablaufenden Tätigkeiten zu erhöhen. Stahl ist eine Legierung, die sich aus Kohlenstoff und Eisen zusammensetzt. Im festen Zustand sind Metalle meist kristallin aufgebaut, dass heißt die Position der Atome ist exakt festgelegt. Bei den hier betrachteten Eisenwerkstoffen sind sie würfelförmig. Bei Temperaturen unter 911 °C befindet sich an jeder Ecke des Würfels ein Eisenatom, außerdem ist noch ein Eisenatom in der Mitte des Würfels vorhanden. Dieser Gittertyp wird **kubischraumzentriert** (krz) genannt. Wird die Temperatur von 911 °C überschritten, wandelt sich das Gitter in ein **kubischflächenzentriertes** (kfz) Gitter um. In diesem Gitter befinden sich außer an allen Ecken des Würfels auch noch in jeder Würfelfläche ein Eisenatom. Die beiden Gitter besitzen unterschiedliche Eigenschaften, unter anderem verschiedene Löslichkeiten für Kohlenstoff. In Abhängigkeit vom Verhältnis des Eisen- und Kohlenstoffanteils und der Temperatur des Bauteils können eine Vielzahl von kontrollierten Prozessen aus Erwärmung und Abkühlung durchlaufen werden und dadurch die Eigenschaften des Werkstoffes ändern. Die Änderung der Eigenschaften erfolgt aufgrund temperaturabhängiger, unterschiedlicher Lösungsmöglichkeiten vom Kohlenstoff im Eisengitter. Die Zusammensetzung der Stähle in Abhängigkeit der Zusammensetzung und der Temperatur wird im Eisen-Kohlenstoff-Diagramm (EKD) dargestellt. Der Zusammenhang zwischen der Temperatur und der Dauer der Wärmebehandlung wird in Zeit-Temperatur-Umwandlungs-Diagrammen (ZTU) dargestellt.

2.7.2.1 Unbehandelte Werkstoffe

Als unbehandelt werden Werkstoffe bezeichnet, die nach dem Umformen (z. B. Walzen und Schmieden) keiner gezielten Wärmebehandlung unterzogen worden sind. In Abhängigkeit von der Zusammensetzung der Werkstoffe wird sowohl mit Wasser (austenitische Stähle) abgeschreckt, als auch mit Luft abgekühlt. Wird ein Stahl sehr schnell abgekühlt (abgeschreckt), wird das Gefüge (der kristalline Aufbau des Werkstoffes) meist sehr hart und spröde. Schnelles Abkühlen wird durch ein Öl- oder Wasserbad erreicht. Langsame Abkühlung erfolgt meist an der Luft.

2.7.2.2 Normalisieren

Durch Normalisieren wird im Werkstoff eine einheitliche Gefügestruktur mit feinem Korn ausgebildet, es werden ungleichmäßige und grobe Gefüge vollständig umgewandelt. Der Werkstoff wird schnell erwärmt (mindestens 4 °C/Minute). Die erforderlichen Temperaturen zum Normalisieren sind abhängig vom Ausgangsgefüge des Werkstoffs und können aus dem EKD ermittelt werden. Die Temperatur muss solange gehalten werden, bis das Bauteil vollständig durchwärmt ist und sich alle Gefügebestandteile vollständig gelöst haben. Die Zeit für diesen Vorgang ist abhängig von der Dicke des Bauteils, bei nicht zu dickwandigen Bauteilen etwa 100-150 K/Stunde. Die anschließende Abkühlung muss langsam erfolgen, dies kann an ruhender Luft oder auch in einem geregelten Ofen erfolgen. Diese Prozesse können mehrere Stunden, bei sehr großen Bauteilen und hochlegierten Werkstoffen auch mehrere Tage dauern. Wird zu schnell abgekühlt, kann der Werkstoff unter Umständen sehr hart und spröde werden. Der Prozess muss dann wiederholt werden.

2.7.2.3 Weichglühen

Durch Weichglühen soll eine bessere spanende Bearbeitbarkeit erreicht werden. Die Werkstoffe weisen nach dem Weichglühen eine geringere Festigkeit auf. Die Temperaturen beim Weichglühen bewegen sich meist unter 720 °C, teilweise erfolgt auch ein Temperaturpendeln. Die Glühdauer hängt vom Ofentyp, dem Werkstoff, und der Masse des Bauteils ab. Ein vollständiger Zyklus (Aufheizen und Abkühlen) dauert zwischen 4 und 24 Stunden. Genaue Angaben zu den Temperaturen und Zeitdauern sind aus den werkstoffspezifischen ZTU-Schaubildern zu entnehmen.

2.7.2.4 Härten

Härten ist ein Verfahren, bei dem durch sehr schnelle Abkühlung der Kohlenstoff nicht mehr aus dem Eisengitter diffundieren kann. Das Eisengitter verspannt sich und der Werkstoff wird daher sehr hart und spröde. Der Werkstoff wird schnell erwärmt (mindestens 4 °C pro Minute). Die Temperatur muss solange gehalten werden, bis das Bauteil vollständig durchgewärmt ist und sich alle Gefügebestandteile vollständig gelöst haben. Die Zeit für diesen Vorgang ist abhängig von der Dicke des Bauteils. Dann wird das Material je nach Werkstoff in Wasser, Öl oder Luft schnell abgeschreckt. Stähle mit niedrigem Kohlenstoff- und niedrigem Legierungsanteil werden schneller abgekühlt als Stähle mit hohem Kohlenstoff und höherem Anteil an Legierungselementen. Die entstehenden Gefüge besitzen eine extrem hohe Härte und sind ebenfalls sehr spröde. Diese Vorgänge laufen auch beim Kühlen von Werkzeugen und Bauteilen bei der spanenden Bearbeitung ab. Aber auch beim Erodieren können an den Oberflächen der Werkstücke harte Schichten (auch als thermisch beeinflusste Randschicht, **weiße Schicht** oder engl. **white Layer** bezeichnet) entstehen. Der Begriff „weiße Schicht" entstand aus der Beobachtung, dass diese Schichten nach dem Präparieren in rastermikroskopischen Bildern eine weiße Farbe aufweisen. Um ein Aufhärten während der Bearbeitung zu verhindern, muss darauf geachtet werden, dass sich die Werkstücke und Werkzeuge nicht zu stark erwärmen, d. h. sie müssen von Anfang an gut gekühlt werden.

2.7.2.5 Anlassen

Der sehr harte und spröde Werkstoff ist nach dem Härten meist nicht einsetzbar. Daher muss er nochmals erwärmt werden, um die Verspannungen im Gefüge zu reduzieren. Durch diesen Vorgang verringert sich zwar die zuvor gewonnene Härte, aber der Werkstoff erhält eine größere Zähigkeit. Dieser Vorgang wird als Anlassen bezeichnet. Anlassen findet bei verschiedenen Temperaturen in Abhängigkeit vom Werkstoff statt. Die Anlassdauer ist abhängig von den geforderten mechanischen Eigenschaften des Bauteils. Meist wird an der Luft abgekühlt, allerdings sind je nach Werkstoff auch geregelte Abkühlkurven im Ofen erforderlich. Um das Entstehen von Spannungsrissen zu vermeiden, ist möglichst schnell nach dem Härten mit dem Anlassprozess zu beginnen.

2.7.2.6 Vergüten

Die Kombination von Härten und Anlassen wird als Vergüten bezeichnet. Durch diesen Prozess soll der Werkstoff eine hohe Zähigkeit bei gleichzeitig hoher Zugfestigkeit bzw. Härte erreichen. Die besten Ergebnisse werden erreicht, wenn das Anlassen schnell nach dem Härten erfolgt, da dadurch innere Spannungen vermieden werden. Die technologischen Parameter für diese Vorgänge werden für jede Stahlsorte aus den entsprechenden Schaubildern ermittelt. Die erreichbaren Festigkeits- und Zähigkeitskennwerte können in Abhängigkeit von der Anlasstemperatur aus ihnen ermittelt werden.

2.7.2.7 Spannungsarmglühen

Das Spannungsarmglühen, das für alle metallischen Werkstoffe angewendet werden kann, dient dem Abbau von Spannungen im Material. Diese Spannungen können bei Stahlwerkstoffen bei Temperaturen im Bereich von 650 - 680 °C abgebaut werden. Spannungen können durch Kaltverformung (z. B. Umformprozesse, Richten), nach dem Schweißen, nach spanabhebender Bearbeitung (z. B. Fräsen, Drehen), nach ungleichmäßiger Abkühlung (z. B. Gießen, additive Fertigung) oder auch nach Gefügeumwandlungen entstehen. Gefügeumwandlungen finden beim Spannungsarmglühen nicht mehr statt. Die Abkühlung nach dem Glühen muss langsam und geregelt, d. h. in einem Ofen mit regelbarer Abkühlkurve erfolgen, um eine erneute Spannungsbildung zu vermeiden. NE-Werkstoffe, wie naturharte Al-Knetlegierungen können ebenfalls bei ca. 200 - 250 °C thermisch entspannt werden.

2.7.2.8 Rekristallisationsglühen

Die durch Kaltverformungen aufgetretenen Eigenschaftsänderungen, wie Verfestigung und Kornstreckung, können durch Rekristallisationglühen beseitigt werden. Durch zunehmende Kaltumformungen steigt die Festigkeit eine Bauteils, bei gleichzeitiger Abnahme seiner Dehnung und Zähigkeit, an. Durch Rekristallisation wird eine Kornneubildung erreicht. Die Gefügezusammensetzung wird dabei nicht geändert, es werden nur die Körner des Werkstoffes neu gebildet. Die Kornneubildung wird mit zunehmendem Umformgrad gefördert. Bei hohen Umformgraden sind auch nur niedrigere Glühtemperaturen erforderlich.

2.7.2.9 Einsatzhärten

Einsatzhärten dient der lokalen Steigerung der Härte von Bauteilen im besonders belasteten Bereich, der Kern des Bauteils bleibt dabei zäh. Ein typisches Beispiel dafür sind Zahnräder. Vor dem thermischen Härteprozess muss der Werkstoff aufgekohlt werden, d. h.

der Kohlenstoffanteil muss partiell erhöht werden. Zum **Aufkohlen** können gasförmige (**Gasaufkohlen**), feste (**Pulveraufkohlen**) und flüssige Stoffe (**Badaufkohlen**) verwendet werden. Feste Aufkohlmittel sind zum Beispiel Mischungen aus Holzkohle und Bariumkarbonat. Der Aufkohlungsprozess findet bei Temperaturen wischen 870 und 930 °C statt. Die Tiefe der aufgekohlten Zone wird hauptsächlich durch die Prozessdauer beeinflusst. Das aufgekohlte Werkstück kann direkt nach der Aufkohlung (Direkthärtung) abgeschreckt werden. Nach einer langsamen Abkühlung muss es erneut auf die Härtetemperatur abgeschreckt und damit gehärtet werden. Zum Abschrecken werden Wasser (unlegierte Stähle) und Öl (Einsatzstähle) verwendet. Die einsatzgehärteten Bauteile können bei Bedarf noch angelassen werden, um Spannungen abzubauen. Als **Einsatzhärtetiefe** wird der Bereich bezeichnet, in dem die geforderte Härte erreicht wird. Übliche Einsatzhärtetiefen betragen zwischen 1 und 2 mm. Stähle sind einsatzhärtbar, wenn deren Kohlenstoffgehalt kleiner 0,25 % ist.

2.7.2.10 Nitrieren

Nitrieren ist ein Glühen in einem stickstoffabgebenden Stoff mit dem Ziel, die Verschleißfestigkeit und Härte der Oberfläche des Bauteils zu erhöhen. Durch die Aufnahme von Stickstoff (Volumenzunahme) entstehen in der nitrierten Zone hohe Druckeigenspannungen, die zu einer Zunahme der Härte führen. Es kommen sowohl gasförmige (**Gasnitrieren**) als auch flüssige (**Badnitrieren**) Stoffe zum Einsatz. Bei beiden Verfahren diffundiert atomarer Stickstoff in die Werkstückoberfläche ein. Gasnitrieren findet bei ca. 500 - 530 °C und das Salzbadnitrieren bei ca. 550 - 580 °C statt. Nach dem Nitrieren wird der Werkstoff meist an der Luft abgekühlt, seltener in Öl oder Wasser abgeschreckt. Die Nitrierzone ist meist zwischen 0,2 bis 0,4 mm tief und wird durch die Dauer der Nitrierzeit beeinflusst. Zu lange Nitrierzeiten und zu hohe Temperaturen können ein Anlassen, mit Abnahme der Kernfestigkeit, begünstigen. Ein weiteres Nitrierverfahren ist das **Plasmanitrieren**. Die Diffusion des Stickstoffs in die Werkstückoberfläche findet dabei im Vakuum, durch Plasmaaktivierung, statt. Plasmanitrieren findet bei Temperaturen von etwa 480 - 580 °C, statt. Bei Spezialanwendungen kann die Temperatur auf 350 °C gesenkt werden. Eine Spezialform des Nitrierens ist das **Nitrocarburieren**. Hierbei diffundiert neben Stickstoff auch Kohlenstoff in die Bauteiloberfläche ein. Der Prozess findet ebenfalls im Gasstrom, im Salzbad oder im Plasma bei gleichen Temperaturen statt.

2.7.2.11 Karbonitrieren

Als Karbonitrieren wird eine Kombination aus Aufkohlen und Nitrieren bezeichnet. Der Prozess kann im Salzbad oder im Gasstrom erfolgen. Die Zeit des Aufkohlens wird durch das gleichzeitig erfolgende Eindiffundieren von Kohlenstoff und Stickstoff in die Bauteiloberfläche verkürzt. Der Aufkohlungsvorgang kann daher bei geringeren Temperaturen (700 - 800 °C) als bei dem oben beschriebenen Aufkohlungsprozess durchgeführt werden. Durch Anreicherung mit Stickstoff wird die Härtetemperatur und die kritische Abkühlgeschwindigkeit verringert, daher sinkt das Risiko des Verzugs. Nach der Wärmebehandlung wird das Werkstück in Wasser, Öl oder an der Luft abgeschreckt und kann bei Bedarf angelassen werden. Karbonitrierte Bauteile verfügen über einen höheren Verschleißwiderstand als einsatzgehärtete Werkstücke.

2.7.2.12 Oberflächenhärtung

Oberflächenhärtung ist ein Härten der Oberfläche eines Bauteils ohne Einbringen anderer Elemente, wie Kohlenstoff oder Stickstoff. Ziel des Oberflächenhärtens ist eine harte und verschleißfeste Oberfläche bei gleichzeitig zähem Kern. Das Bauteil wird lokal auf Härtetemperatur erwärmt und dann abgeschreckt. Der Kern des Bauteils wird dabei nicht beeinflusst. Die Erwärmung kann durch Gasflammen (**Flammhärten**) oder durch Strominduktion (**Induktionshärten**) erfolgen. Das Abschrecken kann durch Öl- oder Wasserbad oder eine nachgeschaltete Ringbrause erfolgen Die erreichbarem Oberflächenhärten sind abhängig vom Kohlenstoffgehalt. Oberflächenhärtung ist ein häufig im manuellen Werkstattbereich angewendetes Verfahren, um Meißel, Messer, Klingen und Schneiden und auch Drehmeißel zu härten.

2.7.3 Sintern

Durch Sintern von Schichten können ebenfalls sehr hochwertige Deckschichten auf vergleichsweise preiswerten Grundwerkstoffen aufgebracht und dabei die Stoffeigenschaften verändert werden. Sintern wird in der Mikro- und Nanotechnologie verwendet, um die Eigenschaften von Schichtwiderständen aus Polysilizium zu verändern. Hierbei werden Schichten von Tantal, Titan oder Wolfram in das Silizium eingesintert.

Literaturverzeichnis 2

[AIR06]	N.N.: Höchste Anforderungen bei der Lackierung des Airbus A380 erfüllen, Zeitschrift Besser Lackieren, Nr. 15, S.1-4, 15.09.2006, Verlag Vincentz Network GmbH & Co. KG, 2006
[BEI13]	Beiss, P.: Pulvermetallurgische Fertigungstechnik, Springer Vieweg Verlag, 2013
[CON06]	Conrad, Klaus-Jörg (Hrsg.): Taschenbuch der Werkzeugmaschinen. 2. Auflage, München/Wien, Carl Hanser Verlag, 2006
[FEL31]	Feldhaus, F. M.: Die Technik der Antike und des Mittelalters. Akademische Verlagsgesellschaft Athenion, Potsdam, 1931
[FOE04]	Förster, R.: Untersuchung des Potentials elektrochemischer Senkbearbeitung mit oszillierender Werkzeugelektrode für Strukturierungsaufgaben der Mikrosystemtechnik, Dissertation Albert-Ludwigs-Universität, Freiburg, 2004 zugleich, Cuvillier Verlag 1., Auflage 2004
[FRI18]	Fritz, A.H. (Hrsg.): Fertigungstechnik. 12. Auflage, Berlin/Heidelberg, Springer Verlag, 2018
[FRI22]	Fritz, A.H.;Schmütz, J. (Hrsg.): Fertigungstechnik. 13. Auflage, Berlin/Heidelberg, Springer Verlag, 2022
[GEB07]	Gebhardt, A.: Generative Fertigungsverfahren rapid prototyping – rapid tooling – rapid manufacturing. 3. Auflage., Carl Hanser Verlag GmbH & Co. KG 2007
[GEB13]	Gebhardt, A.: Generative Fertigungsverfahren Additive Manufacturing und 3D Drucken für Prototyping - Tooling -Produktion, 4. Auflage., Carl Hanser Verlag GmbH & Co. KG; 2013
[GRO14]	Grote, K-H., Feldhusen, J. (Hrsg.): Dubbel Taschenbuch für den Maschinenbau, 24. Auflage Berlin/Heidelberg, Springer Verlag, 2014
[KIE13]	Kief, H.B. u. Roschiwal, H.A.: CNC Handbuch 2013/2014, Carl Hanser Verlag GmbH & Co. KG; 2013
[KLO05]	Klocke, F. u. König W.: Fertigungsverfahren 2 – Schleifen, Honen, Läppen. 4. Auflage, Berlin/Heidelberg, Springer Verlag, 2005
[KLO06]	Klocke, F. u. König W.: Fertigungsverfahren 4 – Umformen. 5. Auflage, Berlin/Heidelberg, Springer Verlag, 2006
[KLO07]	Klocke, F. u. König W.: Fertigungsverfahren 3 – Abtragen, Generieren und Lasermaterialbearbeitung. 4. Auflage, Berlin/Heidelberg, Springer Verlag, 2007
[KLO08]	Klocke, F. u. König, W.: Fertigungsverfahren 1 – Drehen, Fräsen, Bohren. 8. Auflage, Berlin/Heidelberg/New York, Springer Verlag, 2008
[PAU08]	Pauksch, E.; Holsten, S., Linß. M.; Tikal, F. : Zerspantechnik, 12. Auflage, Viehweg & Teubner-Verlag, Wiesbaden, 2008
[SPU85]	Spur, G. u. Schmoeckel, D.: Handbuch der Fertigungstechnik, Band 2/1: Umformen. Band 2/2: Umformen. Band 2/3: Umformen und Zerteilen. München: Carl Hanser Verlag, 1985
[VAH04]	Vahl, M.: Beitrag zur gezielten Beeinflussung des Werkstoffflusses-beim Innenhochdruck-Umformen von Blechen. Dissertation, Friedrich-Alexander-Universität Erlangen-Nürnberg, 2004
[WEC05]	Weck, M. u. Brecher, C.: Werkzeugmaschinen 1 – Maschinenarten und Anwendungsbereiche. 6. Auflage, Berlin/Heidelberg, Springer Verlag, 2005
[DIN 13-1]	DIN 13-1: Metrisches ISO-Gewinde allgemeiner Anwendung- Teil 1: Nennmaße für Regelgewinde; Gewinde-Nenndurchmesser von 1 mm bis 68 mm, Beuth Verlag, Berlin, 1999
[DIN 13-2]	DIN 13-2: Metrisches ISO-Gewinde allgemeiner Anwendung- Teil 2: Nennmaße für Feingewindemit Steigungen 0,2 mm, 0,25 mm und 0,35 mm; Gewinde-Nenndurchmesser von 1 mm bis 50 mm, Beuth Verlag, Berlin, 1999
[DIN 13-3]	DIN 13-3: Metrisches ISO-Gewinde allgemeiner Anwendung- Teil 3: Nennmaße für Feingewinde mit Steigung 0,5 mm; Gewinde-Nenndurchmesser von 3,5 mm bis 90 mm, Beuth Verlag, Berlin, 1999
[DIN 13-4]	DIN 13-4: Metrisches ISO-Gewinde allgemeiner Anwendung- Teil 4: Nennmaße für Feingewinde mit Steigung 0,75 mm; Gewinde-Nenndurchmesser von 5 mm bis 110 mm, Beuth Verlag, Berlin, 1999

[DIN 13-5]   DIN 13-5: Metrisches ISO-Gewinde allgemeiner Anwendung- Teil 5: Nennmaße für
                  Feingewinde mit Steigungen 1 mm und 1,25 mm; Gewinde-Nenndurchmesser von 7,5
                  mm bis 200 mm, Beuth Verlag, Berlin, 1999
[DIN 13-6]   DIN 13-6: Metrisches ISO-Gewinde allgemeiner Anwendung- Teil 6: Nennmaße für
                  Feingewinde mit Steigung 1,5 mm; Gewinde-Nenndurchmesser von 12 mm bis 300
                  mm, Beuth Verlag, Berlin, 1999
[DIN 13-7]   DIN 13-7: Metrisches ISO-Gewinde allgemeiner Anwendung- Teil 7: Nennmaße für
                  Feingewinde mit Steigung 2 mm; Gewinde-Nenndurchmesser von 17 mm bis 300
                  mm, Beuth Verlag, Berlin, 1999
[DIN 13-8]   DIN 13-8: Metrisches ISO-Gewinde allgemeiner Anwendung- Teil 8: Nennmaße für
                  Feingewinde mit Steigung 3 mm; Gewinde-Nenndurchmesser von 28 mm bis 300
                  mm, Beuth Verlag, Berlin, 1999
[DIN 13-9]   DIN 13-9: Metrisches ISO-Gewinde allgemeiner Anwendung- Teil 9: Nennmaße für
                  Feingewinde mit Steigung 4 mm; Gewinde-Nenndurchmesser von 40 mm bis 300
                  mm, Beuth Verlag, Berlin, 1999
[DIN 13-10]   DIN 13-10: Metrisches ISO-Gewinde allgemeiner Anwendung- Teil 10: Nennmaße
                  für Feingewinde mit Steigung 6 mm; Gewinde-Nenndurchmesser von 70 mm bis 500
                  mm, Beuth Verlag, Berlin, 1999
[DIN 13-11]   DIN 13-11: Metrisches ISO-Gewinde allgemeiner Anwendung- Teil 11: Nennmaße
                  für Feingewinde mit Steigung 8 mm; Gewinde-Nenndurchmesser von 130 mm bis
                  1000 mm, Beuth Verlag, Berlin, 1999
[DIN 13-19]   DIN 13-19: Metrisches ISO-Gewinde allgemeiner Anwendung- Teil 19: Nennprofile,
                  Beuth Verlag, Berlin, 1999
[DIN ISO 857]   DIN ISO 857-2:2007-03: Schweißen und verwandte Prozesse - Begriffe - Teil 2:
                  Weichlöten, Hartlöten und verwandte Begriffe (ISO 857-2:2005), Beuth Verlag, Ber-
                  lin, 2007
[DIN 1707]   DIN 1707-100:2017-10: Weichlote - Chemische Zusammensetzung und Lieferformen
                  als Ergänzung zur DIN EN ISO 9453:2014-12, Beuth Verlag, Berlin, 2017
[DIN EN ISO 1478] DIN EN ISO 1478:1999-12: Blechschraubengewinde (ISO 1478:1999); Deutsche
                  Fassung EN ISO 1478:1999, Beuth Verlag, Berlin, 1999
[DIN EN ISO 1479] DIN EN ISO 1479:2011-10: Sechskant-Blechschrauben (ISO 1479:2011); Deutsche
                  Fassung EN ISO 1479:2011, Beuth Verlag, Berlin, 2011
[DIN EN ISO 3677] DIN EN ISO 3677:2016-12: Zusätze zum Weich- und Hartlöten - Bezeichnung,
                  Beuth Verlag, Berlin, 2016
[DIN EN ISO/ASTM 52900] DIN EN ISO/ASTM 52900:2022-03 Additive Fertigung - Grundla-
                  gen - Terminologie (ISO/ASTM 52900:2021); Deutsche Fassung EN ISO/ASTM
                  52900:2021, Beuth Verlag, Berlin, 2022
[DIN 6935]   DIN 6935: Kaltbiegen von Flacherzeugnissen aus Stahl, Beuth Verlag, Berlin, 2011
[DIN 8583-1]   DIN 8583-1:2003-09: Fertigungsverfahren Druckumformen - Teil 1: Allgemeines;
                  Einordnung, Unterteilung, Begriffe, Beuth Verlag, 2003
[DIN 8200]   DIN 8200: Strahlverfahren, Hrsg. Deutscher Normenausschuss, Ausg. Aug. 1966
[DIN 8505-1]   DIN 8505 Teil 1: Löten – Allgemeines, Begriffe. Institut für Normung (Hrsg.), Berlin,
                  Köln: Beuth-Verlag, 1979
[DIN 8505-2]   DIN 8505 Teil 2: Löten – Einteilung der Verfahren, Begriffe. Institut für Normung
                  (Hrsg.), Berlin, Köln: Beuth-Verlag, 1979 = DIN ISO 857-2
[DIN 8580]   DIN 8580:2003-09: Fertigungsverfahren - Begriffe, Einteilung, Beuth Verlag, Berlin
                  2022
[DIN 8582]   DIN 8582:2003-09: Fertigungsverfahren Umformen - Einordnung; Unterteilung, Be-
                  griffe, Alphabetische Übersicht, Beuth Verlag, Berlin, 2003
[DIN 8583-1]   DIN 8583-1:2003-09: Fertigungsverfahren Druckumformen - Teil 1: Allgemeines;
                  Einordnung, Unterteilung, Begriffe, Beuth Verlag, Berlin, 2003
[DIN 8583-2]   DIN 8583-2:2003-09: Fertigungsverfahren Druckumformen - Teil 2: Walzen; Einord-
                  nung, Unterteilung, Begriffe, Beuth Verlag, Berlin, 2003
[DIN 8583-3]   DIN 8583-3:2003-09: Fertigungsverfahren Druckumformen - Teil 3: Freiformen; Ein-
                  ordnung, Unterteilung, Begriffe, Beuth Verlag, Berlin, 2003
[DIN 8583-4]   DIN 8583-4:2003-09: Fertigungsverfahren Druckumformen - Teil 4: Gesenkformen;
                  Einordnung, Unterteilung, Begriffe, Beuth Verlag, Berlin, 2003

[DIN 8583-5]   DIN 8583-5:2003-09: Fertigungsverfahren Druckumformen - Teil 5: Eindrücken; Einordnung, Unterteilung, Begriffe, Beuth Verlag, Berlin, 2003

[DIN 8583-6]   DIN 8583-6:2003-09: Fertigungsverfahren Druckumformen - Teil 6: Durchdrücken; Einordnung, Unterteilung, Begriffe, Beuth Verlag, Berlin, 2003

[DIN 8584-1]   DIN 8584-1:2003-09: Fertigungsverfahren Zugdruckumformen - Teil 1: Allgemeines; Einordnung, Unterteilung, Begriffe, Beuth Verlag, Berlin, 2003

[DIN 8584-2]   DIN 8584-2:2003-09: Fertigungsverfahren Zugdruckumformen - Teil 2: Durchziehen; Einordnung, Unterteilung, Begriffe, Beuth Verlag, Berlin, 2003

[DIN 8584-3]   DIN 8584-3:2003-09: Fertigungsverfahren Zugdruckumformen - Teil 3: Tiefziehen; Einordnung, Unterteilung, Begriffe, Beuth Verlag, Berlin, 2003

[DIN 8584-4]   DIN 8584-4:2003-09: Fertigungsverfahren Zugdruckumformen - Teil 4: Drücken; Einordnung, Unterteilung, Begriffe, Beuth Verlag, Berlin, 2003

[DIN 8584-5]   DIN 8584-5:2003-09: Fertigungsverfahren Zugdruckumformen - Teil 5: Kragenziehen; Einordnung, Unterteilung, Begriffe, Beuth Verlag, Berlin, 2003

[DIN 8584-6]   DIN 8584-6:2003-09: Fertigungsverfahren Zugdruckumformen - Teil 6: Knickbauchen; Einordnung, Unterteilung, Begriffe, Beuth Verlag, Berlin, 2003

[DIN 8584-7]   DIN 8584-7:2003-09: Fertigungsverfahren Zugdruckumformen - Teil 7: Innenhochdruck-Weitstauchen; Einordnung, Unterteilung, Begriffe, Beuth Verlag, Berlin, 2003

[DIN 8585-1]   DIN 8585-1:2003-09: Fertigungsverfahren Zugumformen - Teil 1: Allgemeines; Einordnung, Unterteilung, Begriffe, Beuth Verlag, Berlin, 2003

[DIN 8585-2]   DIN 8585-2:2003-09: Fertigungsverfahren Zugumformen - Teil 2: Längen; Einordnung, Unterteilung, Begriffe, Beuth Verlag, Berlin, 2003

[DIN 8585-3]   DIN 8585-3:2003-09: Fertigungsverfahren Zugumformen - Teil 3: Weiten; Einordnung, Unterteilung, Begriffe, Beuth Verlag, Berlin, 2003

[DIN 8585-4]   DIN 8585-4:2003-09: Fertigungsverfahren Zugumformen - Teil 4: Tiefen; Einordnung, Unterteilung, Begriffe, Beuth Verlag, Berlin, 2003

[DIN 8586]   DIN 8586:2003-09: Fertigungsverfahren Biegeumformen - Einordnung, Unterteilung, Begriffe, Beuth Verlag, Berlin, 2003

[DIN 8587]   DIN 8587:2003-09: Fertigungsverfahren Schubumformen - Einordnung, Unterteilung, Begriffe, Beuth Verlag, Berlin, 2003

[DIN 8588]   DIN 8588:2013-08: Fertigungsverfahren Zerteilen - Einordnung, Unterteilung, Begriffe, Beuth Verlag, Berlin, 2013

[DIN 8589-0]   DIN 8589-0:2003-09: Fertigungsverfahren Spanen - Teil 0: Allgemeines; Einordnung, Unterteilung, Begriffe, Beuth Verlag, Berlin, 2003

[DIN 8589-1]   DIN 8589-1:2003-09: Fertigungsverfahren Spanen - Teil 1: Drehen; Einordnung, Unterteilung, Begriffe, Beuth Verlag, Berlin, 2003

[DIN 8589-2]   DIN 8589-2:2003-09: Fertigungsverfahren Spanen - Teil 2: Bohren, Senken, Reiben; Einordnung, Unterteilung, Begriffe, Beuth Verlag, Berlin, 2003

[DIN 8589-3]   DIN 8589-3:2003-09: Fertigungsverfahren Spanen - Teil 3: Fräsen; Einordnung, Unterteilung, Begriffe, Beuth Verlag, Berlin, 2003

[DIN 8589-4]   DIN 8589-4:2003-09: Fertigungsverfahren Spanen - Teil 4: Hobeln, Stoßen; Einordnung, Unterteilung, Begriffe, Beuth Verlag, Berlin, 2003

[DIN 8589-5]   DIN 8589-5:2003-09: Fertigungsverfahren Spanen - Teil 5: Räumen; Einordnung, Unterteilung, Begriffe, Beuth Verlag, Berlin, 2003

[DIN 8589-6]   DIN 8589-6:2003-09: Fertigungsverfahren Spanen - Teil 6: Sägen; Einordnung, Unterteilung, Begriffe, Beuth Verlag, Berlin, 2003

[DIN 8589-7]   DIN 8589-7:2003-09: Fertigungsverfahren Spanen - Teil 7: Feilen, Raspeln; Einordnung, Unterteilung, Begriffe, Beuth Verlag, Berlin, 2003

[DIN 8589-8]   DIN 8589-8:2003-09: Fertigungsverfahren Spanen - Teil 8: Bürstspanen; Einordnung, Unterteilung, Begriffe, Beuth Verlag, Berlin, 2003

[DIN 8589-9]   DIN 8589-9:2003-09: Fertigungsverfahren Spanen - Teil 9: Schaben, Meißeln; Einordnung, Unterteilung, Begriffe, Beuth Verlag, Berlin, 2003

[DIN 8589-11] DIN 8589-11:2003-09: Fertigungsverfahren Spanen - Teil 11: Schleifen mit rotierendem Werkzeug; Einordnung, Unterteilung, Begriffe, Beuth Verlag, Berlin, 2003

[DIN 8589-12] DIN 8589-12:2003-09: Fertigungsverfahren Spanen - Teil 12: Bandschleifen; Einordnung, Unterteilung, Begriffe, Beuth Verlag, Berlin, 2003

[DIN 8589-13]   DIN 8589-13:2003-09: Fertigungsverfahren Spanen - Teil 13: Hubschleifen; Einordnung, Unterteilung, Begriffe, Beuth Verlag, Berlin, 2003
[DIN 8589-14]   DIN 8589-14:2003-09: Fertigungsverfahren Spanen - Teil 14: Honen; Einordnung, Unterteilung, Begriffe, Beuth Verlag, Berlin, 2003
[DIN 8589-15]   DIN 8589-15:2003-09: Fertigungsverfahren Spanen - Teil 15: Läppen; Einordnung, Unterteilung, Begriffe, Beuth Verlag, Berlin, 2003
[DIN 8589-17]   DIN 8589-17:2003-09: Fertigungsverfahren Spanen - Teil 17: Gleitspanen; Einordnung, Unterteilung, Begriffe, Beuth Verlag, Berlin, 2003
[DIN 8590]   DIN 8590:2003-09: Fertigungsverfahren Abtragen - Einordnung, Unterteilung, Begriffe, Beuth Verlag, Berlin, 2003
[DIN 8591]   DIN 8591:2003-09: Fertigungsverfahren Zerlegen - Einordnung, Unterteilung, Begriffe, Beuth Verlag, Berlin, 2003
[DIN 8592]   DIN 8592:2003-09: Fertigungsverfahren Reinigen - Einordnung, Unterteilung, Begriffe, Beuth Verlag, Berlin, 2003
[DIN 8593-0]   DIN 8593-0:2003-09: Fertigungsverfahren Fügen - Teil 0: Allgemeines; Einordnung, Unterteilung, Begriffe, Beuth Verlag, Berlin, 2003
[DIN 8593-1]   DIN 8593-1:2003-09: Fertigungsverfahren Fügen - Teil 1: Zusammensetzen; Einordnung, Unterteilung, Begriffe, Beuth Verlag, Berlin, 2003
[DIN 8593-2]   DIN 8593-2:2003-09: Fertigungsverfahren Fügen - Teil 2: Füllen; Einordnung, Unterteilung, Begriffe, Beuth Verlag, Berlin, 2003
[DIN 8593-3]   DIN 8593-3:2003-09: Fertigungsverfahren Fügen - Teil 3: Anpressen, Einpressen; Einordnung, Unterteilung, Begriffe, Beuth Verlag, Berlin, 2003
[DIN 8593-4]   DIN 8593-4:2003-09: Fertigungsverfahren Fügen - Teil 4: Fügen durch Urformen; Einordnung, Unterteilung, Begriffe, Beuth Verlag, Berlin, 2003
[DIN 8593-5]   DIN 8593-5:2003-09: Fertigungsverfahren Fügen - Teil 5: Fügen durch Umformen; Einordnung, Unterteilung, Begriffe, Beuth Verlag, Berlin, 2003
[DIN 8593-6]   DIN 8593-6:2003-09: Fertigungsverfahren Fügen - Teil 6: Fügen durch Schweißen; Einordnung, Unterteilung, Begriffe, Beuth Verlag, Berlin, 2003
[DIN 8593-7]   DIN 8593-7:2003-09: Fertigungsverfahren Fügen - Teil 7: Fügen durch Löten; Einordnung, Unterteilung, Begriffe, Beuth Verlag, Berlin, 2003
[DIN 8593-8]   DIN 8593-8:2003-09: Fertigungsverfahren Fügen - Teil 8: Kleben; Einordnung, Unterteilung, Begriffe, Beuth Verlag, Berlin, 2003
[DIN EN ISO 9453] DIN EN ISO 9453:2014-12: Weichlote - Chemische Zusammensetzung und Lieferformen (ISO 9453:2014); Deutsche Fassung EN ISO 9453:2014, Beuth Verlag, Berlin, 2014
[DIN EN 12508] DIN EN 12508: Korrosionsschutz von Metallen –Oberflächenbehandlung, metallische und andere anorganische Überzüge, Deutsches Institut für Normung (Hrsg.), Berlin: Beuth-Verlag, 2000
[DIN EN 14610] DIN EN 14610:2005-02: Schweißen und verwandte Prozesse - Begriffe für Metallschweißprozesse; Dreisprachige Fassung EN 14610:2004, Beuth Verlag, Berlin, 2005
[DIN EN ISO 17672] DIN EN ISO 17672:2017-01: Hartlöten - Lote (ISO 17672:2016); Deutsche Fassung EN ISO 17672:2016, Beuth Verlag, Berlin, 2017
[DIN 50938]   DIN 50938:2018-01:Brünieren von Bauteilen aus Eisenwerkstoffen - Anforderungen und Prüfverfahren, Beuth Verlag, Berlin, 2018
[DIN 66165-1]   DIN 66165-1 2016-08: Partikelgrößenanalyse - Siebanalyse - Teil 1: Grundlagen, Beuth Verlag, Berlin, 2016
[DIN 66165-2]   DIN 66165-2 2016-08: Partikelgrößenanalyse - Siebanalyse - Teil 2: Durchführung, Beuth Verlag, Berlin, 2016
[VDI 2906]   VDI 2906: Blatt 5 Schnittflächenqualität beim Schneiden, Beschneiden und Lochen von Werkstücken aus Metall; Feinschneiden, VDI-Gesellschaft Produktion und Logistik (Hrsg.), Beuth Verlag, Berlin, 1994
[VDI 3138-2]   VDI 3138-2: Kaltmassivumformen von Stählen – Anwendung, Arbeitsbeispiele, Wirtschaftlichkeitsbetrachtung für das Kaltfließpressen, VDI-Gesellschaft Produktion und Logistik (Hrsg.), Beuth Verlag, Berlin, 1999
[VDI 3146-1]   VDI 3146 Blatt 1:1999-03 – Entwurf: Innenhochdruck-Umformen – Grundlagen, VDI-Gesellschaft Produktion und Logistik (Hrsg.), Beuth Verlag, Berlin, 1999
[VDI 3146-2]   VDI 3146 Blatt 2:2000-04 – Entwurf: Innenhochdruck-Umformen – Maschinen und Anlagen, VDI-Gesellschaft Produktion und Logistik (Hrsg.), Beuth Verlag, Berlin, 2000

[VDI 3166]   VDI 3166: Halbwarmfließpressen von Stahl, VDI-Gesellschaft Produktion und Logis-
                tik (Hrsg.), Beuth Verlag, Berlin, 1977
[VDI 3400]   VDI 3400: Elektroerosive Bearbeitung - Begriffe, Verfahren, Anwendung, VDI-
                Gesellschaft Produktion und Logistik (Hrsg.), Beuth Verlag, Berlin, 1975
[VDI 3402]   VDI 3402: Elektroerosive Bearbeitung; Definition und Terminologie, VDI-
                Gesellschaft Produktion und Logistik (Hrsg.), Beuth Verlag, Berlin, 1976
[VDI 3405]   VDI 3405:2014-12: Additive Fertigungsverfahren - Grundlagen, Begriffe, Verfahrens-
                beschreibungen, VDI-Gesellschaft Produktionstechnik und Logistik (Hrsg.), Beuth
                Verlag, Berlin, 2014
[VDI 3824-Bl1] VDI 3824 Blatt 1:2002-03 Qualitätssicherung bei der PVD- und CVD Hartstoffbe-
                schichtung - Eigenschaftsprofile und Anwendungsgebiete von Hartstoffbeschichtun-
                gen, VDI-Gesellschaft Produktion und Logistik (Hrsg.), Beuth Verlag, Berlin, 2002
[VDI 3824-Bl2] VDI 3824 Blatt 4:2001-08 Qualitätssicherung bei der PVD- und CVD Hartstoffbe-
                schichtung - Prüfplanung für Hartstoffbeschichtungen, VDI-Gesellschaft Produktion
                und Logistik (Hrsg.), Beuth Verlag, Berlin, 2001

Kapitel 3
Werkstoffe

Zusammenfassung Für die Bearbeitung der sehr unterschiedlichen Werkstoffe werden auch eine Vielzahl verschiedener Materialien verwendet. Die am häufigsten in der industriellen Praxis verwendeten Werkzeugwerkstoffe sollen hier kurz beschrieben werden, insbesondere Werkstoffe, die für den Schneidteil von spanenden Werkzeugen eingesetzt werden. Weiterhin soll ein kurzer Überblick über häufig verwendete zu bearbeitende Werkstoffe gegeben werden, damit die wichtigsten Werkstoffe unterschieden werden können.

3.1 Werkstückwerkstoffe

Werkstoffe können grob in metallische und nichtmetallische Werkstoffe eingeteilt werden, wie sie in Abb. 3.1 dargestellt sind. Die metallischen Werkstoffe werden weiter in Eisen- und Nichteisenmetalle unterteilt. Die Nichtmetalle können weiter in organische und anorganische Werkstoffe eingeteilt werden. In der technischen Anwendung von Nichtmetallen besitzen die Kunststoffe und die keramischen Werkstoffe eine sehr große Bedeutung. Kunststoffe sind langkettige Kohlenstoffverbindungen, die sowohl aus Erdöl als auch aus natürlichen Stoffen (z. B. Milch und Holz) hergestellt werden können. Keramische Werkstoffe sind Verbindungen von Metallen und Nichtmetallen, meistens Oxide, Nitride und Karbide. Sie werden häufig als Schneidstoffe, aber auch als elektrische Isolatoren (Zündkerzen), als Filter und als Wälzkörper in Wälzlagern verwendet. Aber auch natürlich vorkommende Werkstoffe wie Steine (Granit) werden z. B. als Gestell für Werkzeug- und Messmaschinen verwendet und müssen daher auch bearbeitet werden. Eine weitere sehr interessante Werkstoffgruppe sind die Verbundwerkstoffe, die aus einer Kombination verschiedener Werkstoffe hergestellt werden. Beispielsweise können aus der Kombination von verschiedenen Kunststoffen und Glas- oder Kohlenstofffasern faserverstärkte Kunststoffe produziert werden. Die größte Werkstoffgruppe, die im Bereich des Maschinenbaus bearbeitet werden, ist die Gruppe der metallischen Werkstoffe. Als Leichtmetalle werden alle Metalle mit einer Dichte kleiner als $4{,}5\ \frac{g}{cm^3}$ bezeichnet, Schwermetalle sind Metalle mit einer Dichte größer als $4{,}5\ \frac{g}{cm^3}$. Edelmetalle sind Metalle, die chemisch in der natürlichen Umwelt sehr stabil sind und nicht korrodieren, z. B. Gold, Silber, Platin. Buntmetalle und deren Legierungen werden so bezeichnet, weil sie selbst (z. B. Kupfer, Cobalt, Blei) farbig sind oder farbige Verbindungen wie Messing, Bronze und Rotguss bilden.

© Springer Fachmedien Wiesbaden GmbH, ein Teil von Springer Nature 2023
R. Förster und A. Förster, *Einführung in die Fertigungstechnik*,
https://doi.org/10.1007/978-3-662-68130-5_3

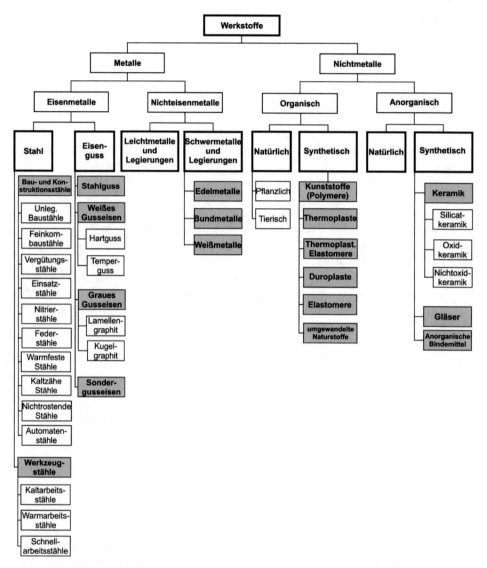

Abb. 3.1 Einteilung der Werkstoffe

Für die Beschreibung des Werkstoffverhaltens werden eine Reihe von Begriffen verwendet:

- Biegefestigkeit: ist die bei Beginn des Bruches herrschende Spannung im Bauteil bei Biegebruchversuchen, auch Biegebruchfestigkeit
- Chemische Stabilität: gibt an, wie schnell ein Stoff Verbindungen mit anderen Stoffen eingeht.
- Duktilität: Fähigkeit eines Stoffes, sich vor einem Bruch zu verformen
- Elastizität: bezeichnet die Fähigkeit eines Werkstoffes nach einer Verformung in die ursprüngliche Form zurückzukehren

- Festigkeit: bezeichnet die größtmögliche mechanische Spannung, die ein Werkstoff ohne Bruch ertragen kann
- Härte: bezeichnet den mechanischen Widerstand eines Werkstoffes gegen das Eindringen eines anderen Werkstoffes
- Sprödbruch: bezeichnet einen schnellen Bruch ohne makroskopische Verformung
- spröde: sind Werkstoffe, die brechen, ohne sich vorher stark zu verformen
- Temperaturwechselbeständigkeit: beschreibt das Vermögen eines Stoffes, häufige Temperaturwechsel ohne dauerhafte Veränderung seiner Eigenschaften zu überstehen
- Thermoschockbeständigkeit: beschreibt das Vermögen eines Stoffes, schlagartige Temperaturwechsel (Thermoschock) ohne dauerhafte Veränderung seiner Eigenschaften zu überstehen
- Verschleißfestigkeit: bezeichnet den Widerstand gegen Verschleiß an der Kontaktzone mit einem anderen Stoff
- Wärmeausdehnungskoeffizient: beschreibt die relative Längenänderung eines Stoffes bei einer Temperaturänderung
- Warmfestigkeit: beschreibt das Verhalten eines Werkstoffes, auch bei hohen Temperaturen seine Festigkeit zu behalten und damit mechanischen Beanspruchungen zu widerstehen
- Warmhärte: ist die Eigenschaft von Stoffen, auch bei hohen Temperaturen keine Verringerung der ursprünglichen Härte zu erleiden
- Wärmeleitfähigkeit: ist das Vermögen eines Werkstoffes, thermische Energie mittels Wärmeleitung in Form von Wärme abzutransportieren
- Zähigkeit: beschreibt die Widerstandsfähigkeit eines Werkstoffes gegen Bruch oder Rissausbreitung und auch die Fähigkeit vor einem Bruch, sich plastisch zu verformen, auch Duktil
- Zugfestigkeit: ist die maximale Spannung, die ein Werkstoff ertragen kann, bevor es zum Bruch kommt.

Fast alle Werkstoffe, die in der industriellen Praxis bearbeitet werden, sind keine Reinstoffe, sondern **Legierungen**. Als Legierungen werden Stoffgemische bezeichnet, die aus mindestens zwei Elementen bestehen, von denen mindestens ein Partner ein Metall ist. Legierungen weisen metallische Eigenschaften auf. Bekannte Legierungen sind beispielsweise:

- Messing, Legierung aus Kupfer und Zink
- Bronze, Legierung aus Kupfer und Zinn
- Rotgold, Legierung aus Gold, Kupfer und Zinn
- Nitinol, Legierung aus Nickel und Titan, bekannt als Formgedächtnismetall (Memory-Metall)
- Woodsche Legierung, Legierung aus Bismut, Blei, Cadmium und Zinn, bekannt als sehr niedrig schmelzende Legierung (T_s=70 °C).

Aber auch Eisen wird nicht als reines Metall verwendet, sondern fast ausschließlich als Legierung. Das wichtigste Legierungselement von Eisen ist Kohlenstoff. Enthält Eisen einen Kohlenstoffanteil zwischen 0,06 % und 2,06 % wird es als **Stahl** bezeichnet. **Unlegierte Stähle** (d. h. Stähle ohne weitere Legierungselemente) mit einem Kohlenstoffgehalt bis 0,6 % werden Baustähle bzw. Konstruktionsstähle genannt. Unlegierte Stähle mit über 0,6 % Kohlenstoffgehalt heißen **Werkzeugstahl**. Eisen mit einem Anteil von 2,06 bis 6,67 % Kohlenstoff wird als **Gusseisen** bezeichnet. Durch viele weitere Legierungselemente können die Eigenschaften und das Verhalten der metallischen Werkstoffe in einem weiten Bereich beeinflusst werden. Insbesondere spielt der Kohlenstoffgehalt des Eisens für den Einsatz und die Bearbeitungsmöglichkeiten eine sehr große Rolle.

3.1.1 Einteilung der Stähle

Stähle können nach verschiedenen Gesichtspunkten eingeteilt werden, zum Beispiel nach:

- Chemischer Zusammensetzung (unlegierter und legierter Stahl)
- Gebrauchseigenschaft (nicht rostender Stahl, Qualitätsstahl, Edelstahl)
- Gefügeausbildung (ferritischer, perlitischer, austenitischer, martensitischer, bainitischer, ledeburitischer Stahl, Feinkorn-Baustahl, eutektoider, untereutektoider, übereutektoider Stahl)
- Erzeugnisform (Rohstahl, Halbzeug, Walzstahl, Enderzeugnis (Bleche, Bänder))
- Herstellverfahren (Bessemerstahl, Thomasstahl, Siemens-Martin-Stahl, Elektrostahl)
- Besonderen technischen Eigenschaften (Werkzeugstahl: Kalt-, Warm-, Schnellarbeits-stahl; Baustahl, Automatenstahl, Federstahl, Stahldraht, Schiffbaustahl, Einsatzstahl, Vergütungsstahl, Nitrierstahl).

Häufig werden in der technischen Praxis folgende Stahlbezeichnungen für Konstruktions-stähle verwendet:

- **Allgemeiner Baustahl:** Kohlenstoff-Gehalt: 0,15 - 0,5 %. Für Bauteile mit normaler Temperaturbeanspruchung.

  – Anwendung: Werkstoff für zahlreiche Anwendungen wie Zäune, Gitterkonstruktio-nen
  – Beispiele:
  S235JRG1 (1.0035); S275JR (1.0044); S355J0 (1.0223); E295 (1.0050)

- **Schweißgeeigneter Feinkorn-Baustahl**: allg. Baustahl, mit Zusätzen zur Kornverfei-nerung, gute Festigkeit und Zähigkeit

  – Anwendung: Werkstoff für zahlreiche Anwendungen wie Kranausleger
  – Beispiele:
  S420N (118902); S1100QL

- **Automatenstahl**: legiert mit Blei oder Schwefel. Dadurch entstehen kurze Bruchspäne, die leicht aus dem Maschinenraum abtransportiert werden können

  – Anwendung: Zerspanung von Serienbauteilen

- **Einsatzstahl**: Kohlenstoff-Gehalt: 0,05 - 0,2 %, teilweise legiert mit Cr, Mn, Mg, Ni, nur einsatzhärtbar, Oberfläche härtbar, Kernwerkstoff bleibt zäh

  – Anwendung: Wellen, Zahnräder, Nocken, Kettenglieder

- **Nitrierstahl**: Kohlenstoff-Gehalt: 0,31 - 0,41 %, legiert mit den Nitridbildnern Al, Cr, Ti; durch Nitrieren verschleißfeste Oberfläche

  – Anwendung: Zahnräder, Nocken, Ventile

- **Rostfreie Stähle** (korrosionsbeständig): hochlegiert mit Chrom, daher besonders korrosionsbeständig,

  - Anwendung: Lebensmittelindustrie, Treppen, Geländer im Außeneinsatz, Rohrleitungen
  - Beispiele:
    - Ferritische Stähle: X2CrNi12 (1.4003); X6Cr17 (1.4046);
    - Austenitische Stähle: X5CrNi18-10 (1.4301); X6CrNimoTi17-12-2 (1.4571)
    - Duplex Stähle: X2CrNiMoN22-5-3 (1.4462)
    - Martensitische Stähle: X20Cr13 (1.4021); X50CrMoV15 (1.4116)

- **Vergütungsstahl**: (Kohlenstoff-Gehalt: 0,22 - 0,6 %); teilweise legiert mit Cr, Ni, Mo, V; Werkstoffe zum Vergüten, Stahl wird gehärtet und angelassen; sehr hohe Festigkeit bei guter Zähigkeit;

  - Anwendung: Schrauben, Antriebs- und Getriebewellen, Bolzen, Radreifen (Bahn)
  - Beispiele:
    C45E (1.1191); 28Mn6 (1.1179); 41Cr4 (1.7035); 42CrMo4 (1.7225); 35CrNiMo4 (1.6511)

Für Werkzeugstähle werden folgende Stahlbezeichnungen verwendet:

- **Kaltarbeitsstahl**: legiert mit Cr, V, W und Si; erhöhte Zähigkeit, Druckfestigkeit und Verschleißwiderstand, geringer Härteverzug; Arbeitstemperatur max. 200 °C;

  - Anwendung: Handwerkzeuge wie Zangen, Maulschlüssel, Stempel
  - Beispiele:
    C105U (1.1545); 60WCrV8 (1.2550); X153CrMoV12 (1.2379)

- **Warmarbeitsstahl**: legiert mit Cr, V, W und Si, Co, Mo und Ni; Arbeitstemperatur: max. 400 °C;

  - Anwendung: Schmiede-Gesenkformen und Spritzgussformen, Druckgussformen
  - Beispiele:
    55NiCrMoV7 (1.2714); X38CrMoV5-3 (1.2367)

- **Schnellarbeitsstahl**: hochlegiert mit W, Cr, Mo, V, und Co

  - Anwendung: Bohrer, Drehmeißel, Schneidwerkzeuge aller Art
  - Beispiele:
    HS2-9-2 (1.3348); HS10-4-3-10 (1.3207).

3.1.1.1 Bezeichnung der Stähle DIN EN 10020/00

Die Stähle werden in unterschiedliche Gruppen nach ihrem Gehalt an Legierungselementen in 3 Klassen eingeteilt [DIN EN 10020]:

- **Unlegierte Stähle**: Die Legierungselemente erreichen keinen der Grenzwerte, die in Tab. 3.1 aufgeführt sind.
- **Nichtrostende Stähle**: Diese Stähle besitzen einen Kohlenstoffgehalt von maximal 1,2 % und einen Chromgehalt von mindestens 10,5 %.
- Andere legierte Stähle: Alle Sorten, die nicht zu den beiden oben genannten gehören.

> **ACHTUNG!!!**
> Umgangssprachlich wird mit dem Begriff *Edelstahl* ein nichtrostender Stahl bezeichnet, ebenso wie mit den Bezeichnungen V2A und V4A, Niro, Nirosta, Inox. Der Begriff *edel* wird dabei von den Edelmetallen (z. B. Gold und Silber) abgeleitet. Im Sinn der Stahlnorm steht edel aber nur für besonders geringe Mengen an definierten Verunreinigungen im Stahl. Ein unlegierter Edelstahl kann daher sehr schnell rosten.

Weiterhin werden in der DIN EN 10020 die unlegierten und die anderen legierten Stähle in Qualitätsstähle und Edelstähle eingeteilt:

- **Qualitätsstähle**: Stahlsorten, für die im Allgemeinen festgelegte Anforderungen wie, z. B. Zähigkeit, Korngröße, Umformbarkeit, Schweißeignung bestehen. Legierte Qualitätsstähle sind meist nicht zum Vergüten oder Oberflächenhärten geeignet
- **Edelstähle**: festgelegte Anforderungen sind höher als die bei Qualitätsstählen. Die Edelstähle besitzen höhere Festigkeitswerte und sind meistens für Wärmebehandlungen geeignet. Schlackeeinschlüsse wurden weitgehend entfernt, der Gehalt an Schwefel und Phosphor darf höchstens 0,025 % betragen.

Legierte Stähle werden weiter in niedrig- und hochlegierte Stähle eingeteilt. Liegt der Gehalt eines Legierungselements über 5 %, wird der Stahl als hochlegiert bezeichnet.

Al	B	Bi	Co	Cr	Cu	La	Mn	Mo	Nb	Ni	Pb	Se	Si	Te	Ti	V	W	Zr	
0,3	0,0008	0,1	0,3	0,3	0,4	0,1	1,65	0,08	0,06	0,3	0,4	0,1	0,6	0,1	0,05	0,1	0,3	0,05	%

Tabelle 3.1 Grenzwerte zwischen legierten und unlegierten Stählen

Kurznamen nach Verwendungszweck

Symbol	Bedeutung
C	kaltumformbar
L	für tiefe Temperaturen
H	für höhere Temperaturen
W	wetterfest

Tabelle 3.2 weitere Zusatzsymbole der Gruppe 1 nach [DIN EN 10027-1]

Die Stähle nach ihrem Verwendungszweck und den mechanischen bzw. physikalischen Eigenschaften mit Kurznamen bezeichnet [DIN EN 10027-1, DIN EN 10027-2]. Dabei bezeichnet der erste Kennbuchstabe die Stahlgruppe (Tab. 3.3), die folgende Zahl gibt die Streckgrenze in $\frac{N}{mm^2}$, danach folgt die temperaturabhängige Kerbschlagzähigkeit (Tab. 3.4) und nach einem Pluszeichen noch ein Zusatzsymbol (Tab. 3.2).

Beispiel: S235KR+C (**S** = Stähle für Stahlbau; **235** = Mindeststreckgrenze 235 N/mm² ; **KR** = 27J Kerbschlagzähigkeit +0 °C ; **+C** = kaltumformbar)

Kurznamen nach chemischer Zusammensetzung

Unlegierte Stähle werden wie folgt bezeichnet. Zuerst steht ein C, das chemische Zeichen für Kohlenstoff, dann folgt eine Zahl, die den Kohlenstoffgehalt angibt. Sie muss

Kennbuchstabe	Stahlgruppe
B	Betonstähle
D	Flacherzeugnisse aus weichen Stählen zum Kaltumformen
E	Maschinenbaustähle
H	Kaltgewalzte Flacherzeugnisse
L	Stähle für den Rohrleitungsbau
M	Elektroblech
R	Stähle für oder in Form von Schienen
P	Stähle für den Druckbehälterbau
S	Stähle für den allgemeinen Stahlbau
T	Feinst- und Weißblech und -band
Y	Spannstähle

Tabelle 3.3 Kennbuchstaben für Stahlgruppen (Gruppe 1) nach [DIN EN 10027-1]

Kerbschlagzähigkeit bei Temperatur	+20 °C	0 °C	-20 °C	-30 °C	-40 °C	-50 °C	-60 °C
27 J	JR	J0	J2	J3	J4	J5	J6
40 J	KR	K0	K2	K3	K4	K5	K6
60 J	LR	L0	L2	L3	L4	L5	L6
M = thermomechanisch behandelt, (gewalzt)							
N = normalgeglüht oder normalisierend gewalzt							
Q = vergütet							
G = andere Merkmale mit 1 oder mehreren Ziffern							

Tabelle 3.4 Zusatzsymbole der Gruppe 1 nach [DIN EN 10027-1]

durch 100 dividiert werden, um den prozentualen Anteil zu erhalten. Danach folgen die Sonderzeichen, die die Eigenschaften des Werkstoffes beschreiben. Dabei bedeuten:

- C besondere Kaltumformbarkeit
- D zum Drahtziehen geeignet
- E maximaler Schwefelgehalt
- G besondere Merkmale
- R Bereich des Schwefelgehalts
- S für Federn
- U für Werkzeuge
- W für Schweißdraht.

Beispiel: C70D (**C**=unlegierter Stahl; **70** = 0,70 % Kohlenstoffgehalt; **D** = zum Drahtziehen)

Niedriglegierte Stähle sind Stähle, bei denen der Gehalt der einzelnen Legierungselemente kleiner als 5 % ist. Sie sind daran zu erkennen, dass zuerst der Kohlenstoffgehalt ohne ein C davor angegeben wird, dann folgen die chemischen Zeichen der enthaltenen Legierungselemente. Der Anteil der Legierungselemente muss durch einen Faktor dividiert werden, der aus der Tab. 3.5 zu entnehmen ist, um den prozentualen Anteil der Legierungselemente zu erhalten. Ohne Angabe einer Zahl ist der Anteil der Legierungselemente geringfügig, aber dennoch wichtig für die Eigenschaften der Legierung.
Beispiele:

- 32CrMoV5-3 (niedriglegierter Stahl; 0,32 % Kohlenstoff; 1,25 % Chrom; 0,3 % Molybdän)

Legierungselement	Divisionsfaktor
Cr, Co, Mn, Ni, Si, W	4
Al, Cu, Mo, V, Pb, Nb, Ti, Ta, Zr, Be	10
C, Ce, N, P, S	100
B	1000

Tabelle 3.5 Divisionsfaktor der Legierungselemente von niedriglegierten Stählen

- 50CrMo4 (niedriglegierter Stahl 0,5 % Kohlenstoff; 1 % Chrom; Molybdän)

Hochlegierte Stähle werden an erster Stelle durch ein X gekennzeichnet. Bis auf den Kohlenstoffgehalt wird der prozentuale der Anteil der Legierungselemente direkt angegeben. Beispiele:

- X38CrMoV5-3 (X = hochlegierter Stahl; 0,38 % Kohlenstoff; 5 % Chrom; 3 % Molybdän; geringer Anteil Vanadium (<1 %)
- X5CrNi18-10 (X = hochlegierter Stahl; 0,05 % C; 18 % Cr; 10 % Ni).

Werkstoffnummern

Die Werkstoffbezeichnung nach dem Nummernsystem der DIN EN 10027-1&2 gilt für alle Werkstoffe, auch für nichtmetallische Werkstoffe [DIN EN 10027-1, DIN EN 10027-2]. Das Nummernsystem besteht aus einer siebenstelligen Ziffernfolge, wie es in Abb. 3.2 dargestellt ist. Für Stähle werden die letzten beiden Zählnummern häufig weggelassen.

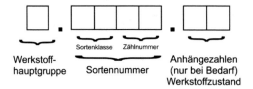

Abb. 3.2 Bezeichnungen der Werkstoffe nach [DIN EN 10027-1]

Die erste Stelle der Werkstoffbezeichnung gibt die Werkstoffhauptgruppe an:

- 0: Roheisen, Ferrolegierungen, Gusseisen
- 1: Stahl, Stahlguss
- 2: Schwermetalle außer Fe (Eisen)
- 3: Leichtmetalle
- 4 bis 8: Nichtmetallische Werkstoffe
- 9: Nicht vergeben, frei für interne Nutzung.

Die zweite und dritte Stelle der Werkstoffbezeichnung geben die Sortenklasse an:

- Massen- und unlegierte Qualitätsstähle

  - 00: Handels- und Grundgüten
  - 01...02: Allg. Baustähle, $R_m < 500 \frac{N}{mm^2}$, unlegiert
  - 03: Stähle mit C < 0,12%, $R_m < 400 \frac{N}{mm^2}$, unlegiert

- 04: Stähle mit $0{,}12\% \leq C < 0{,}25\%$ oder $400\ \frac{N}{mm^2} \leq R_m < 500\ \frac{N}{mm^2}$
- 05: Stähle mit $0{,}25\% \leq C < 0{,}55\%$ oder $500\ \frac{N}{mm^2} \leq R_m < 700\ \frac{N}{mm^2}$
- 06: Stähle mit $C \geq 0{,}55\%$, $R_m \geq 700\ \frac{N}{mm^2}$
- 07: Stähle mit höherem P- oder S-Gehalt
- 08...09: Qualitätsstähle,
- 90: Sondersorten, Handels- und Grundgüten
- 91...99: andere Sondersorten

- Unlegierte Edelstähle

  - 10: Stähle mit besonderen physikalischen Eigenschaften
  - 11: Bau-, Maschinen-, Behälterstähle mit $C < 0{,}5\%$
  - 12: Maschinenbaustähle mit $C \geq 0{,}5\%$
  - 13: Bau-, Maschinen-, Behälterstähle mit bes. Anforderungen
  - 15...18: Werkzeugstähle

- Legierte Edelstähle

  - 20...28: Werkzeugstähle
  - 32...33: Schnellarbeitsstähle
  - 34: verschleißfeste Stähle
  - 35: Wälzlagerstähle
  - 36...39: Eisenwerkstoffe mit besonderen physikalischen Eigenschaften
  - 40...45: Nichtrostende Stähle
  - 47...48: Hitzebeständige Stähle
  - 49: Hochtemperaturwerkstoffe
  - 50...84: Baustähle
  - 85: Nitrierstähle
  - 88: Hartlegierungen.

Die vierte und fünfte Stelle sind Zählnummern, um verschiedene Sorten unterscheiden zu können. Die sechste Stelle (Anhängezahl 1) gibt, wenn es von Interesse ist, das Stahlgewinnungsverfahren an:

- 0: unbestimmt oder ohne Bedeutung
- 1: unberuhigter Thomasstahl
- 2: beruhigter Thomasstahl
- 3: sonstige Erschmelzungsart, unberuhigt
- 4: sonstige Erschmelzungsart, beruhigt
- 5: unberuhigter Siemens-Martin-Stahl
- 6: beruhigter Siemens-Martin-Stahl
- 7: unberuhigter Sauerstoffaufblas-Stahl
- 8: beruhigter Sauerstoffaufblas-Stahl
- 9: Elektrostahl.

Die siebte Stelle (Anhängezahl 2) gibt, wenn es von Interesse ist, den Behandlungszustand an:

- 0: keine oder beliebige Behandlung
- 1: normalgeglüht
- 2: weichgeglüht

- 3: wärmebehandelt auf gute Zerspanbarkeit
- 4: zähvergütet
- 5: vergütet
- 6: hartvergütet
- 7: kaltverformt
- 8: federhart kaltverformt
- 9: behandelt nach besonderen Angaben.

3.1.1.2 Analyse der Werkstoffzusammensetzung

Im festen Zustand sind Metalle meist kristallin aufgebaut, das heißt, die Position der Atome innerhalb des Kristallgitters ist exakt festgelegt. Bei den hier betrachteten Eisenwerkstoffen ist diese Anordnung würfelförmig. Bei Temperaturen unter 911 °C befindet sich an jeder Ecke des Würfels ein Eisenatom, ein weiteres in der Mitte des Würfels. Dieser Gittertyp wird als kubischraumzentriert (krz) bezeichnet. Wird die Temperatur von 911 °C überschritten, wandelt sich das Gitter in ein kubischflächenzentriertes (kfz) Gitter um. In diesem Gitter befinden sich außen an allen Ecken des Würfels und auch noch in jeder Würfelfläche ein Eisenatom. Die beiden Gitter besitzen unterschiedliche Eigenschaften, unter anderem verschiedene Löslichkeiten für Kohlenstoff-Atome. In Abhängigkeit vom Verhältnis des Eisen- und Kohlenstoffanteils und der Temperatur des Bauteils können eine Vielzahl von kontrollierten oder auch ungewollten Prozessen aus Erwärmung und Abkühlung durchlaufen werden, durch die, die Eigenschaften des Werkstoffes verändert werden. Die Änderung der Eigenschaften erfolgt aufgrund temperaturabhängiger, unterschiedlicher Lösungsmöglichkeiten vom Kohlenstoff-Atomen im Kristallgitter des Eisens. Daher ist es sehr wichtig, die ungefähre Zusammensetzung der Werkstoffe zu kennen und auch die Temperaturen, die die Werkstoffe schon ertragen mussten.

Funkenprobe

Eine einfache Möglichkeit unter Werkstattbedingungen Informationen über die grobe chemische Zusammensetzung von Stählen zu erhalten, ist die **Funkenprobe**, auch als **Schleifffunken-Analyse** bezeichnet. Aufgrund der unterschiedlichen Farbe und Form des Funkenbildes kann die ungefähre Zusammensetzung der Legierung bestimmt werden. Hierzu wird das zu testende Werkstück in einem dunklen Raum gegen eine rotierende, weiche Schleifscheibe gehalten. Durch Vergleichen der Form und der Farbe des Funkenbildes mit in Tabellen aufgeführten Vergleichsbildern kann so die ungefähre Zusammensetzung des Werkstoffs, insbesondere der Kohlenstoffgehalt, ermittelt werden. Eine Variante dieser Vergleichsbilder ist in Abb. 3.3 dargestellt. Auf der linken Seite sind die Funkenbilder dargestellt, daneben eine Beschreibung des Aussehens der Funken, die Art des Werkstoffes und typische Anwendungen dieses Werkstoffs.
Der Umgang mit derartigen Bildern erfordert etwas Übung und Erfahrung, aber auch ein Anfänger kann relativ leicht überprüfen, ob zwei Werkstücke, die z. B. verschweißt werden sollen, ein gleiches Funkenbild erzeugen oder nicht. Ist das Funkenbild unterschiedlich, ist von einer Verbindung abzusehen. Allerdings ist eine genaue Aussage über die Zusammensetzung von Werkstoffen mit der Funkenprobe aufgrund der zahlreichen Stahlvarianten nur schwer möglich. Diese Art der Überprüfung ist eine sehr grobe Methode, die aber unter

Funkenbild	Funkenform	Werkstoff/ Werkstoff. Nr:	Anwendung
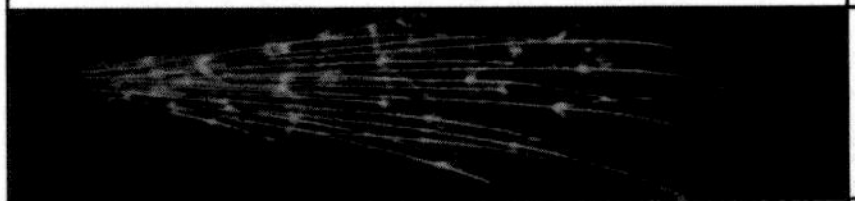	Eingeschnürte rote Lanzenspitzen, feine büschelförmige Stacheln	42CrMo4 1.7225 Vergütungsstahl	Kurbelwellen, Pleuelstangen
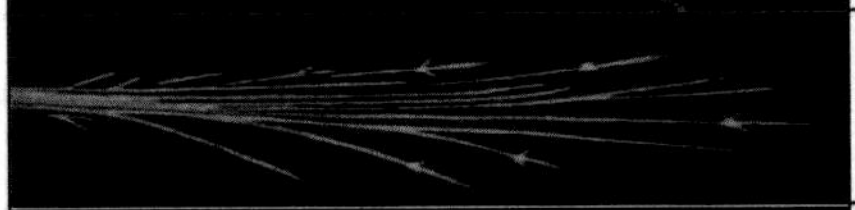	Glatter Strahl, wenige stachelförmige C-Explosionen	21MnCr5 1.2162 Einsatzstahl	komplexe Kunststoff-pressformen
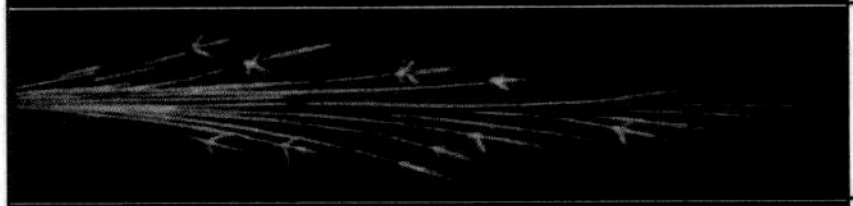	Glatter Strahl, zahlreiche stachelförmige C-Explosionen	C45W 1.1730 unlegierter Werkzeugstahl	Blas- und schaumformen, Handwerkzeuge Landwirtschaft
	Viele C-Explosionen am Fuße der Garbe beginnend stark verästelt	C105W1 1.1545 unlegierter Werkzeugstahl	Lochstempel, Stanzen, Hobelmesser Dorne, Walzen
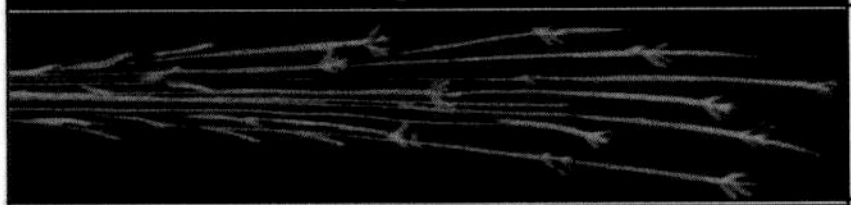	vor C-Explosionen, helle Anschwellungen im Grundstrahl, viele kleine Verästelungen	60MnSiCr4 1.2826 zäher Kaltarbeitsstahl	Spannzangen, Spannbacken, Ausstoßer, Pressplatten
	Hellgelber Strahl, Verästelungen im Kern weiß aufhellend, stachelförmig gebündelte Strahlung	90MnCrV8 1.2842 Mn-legierter Werkzeugstahl	Stanzwerkzeuge Gewinde-scheidbacken
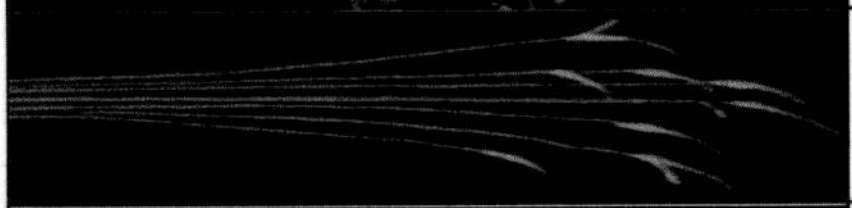	wenige feine C-Explosionen mit heller, glatter Keule	60WCrV7 1.2550 W-legierter Werkzeugstahl	Handmeißel, Schnitt-werkzeuge
	Dünne Strahlen, lebhaftes Funkenbild, unterbrochenes Strahlenende	100MnCrW4 1.2510 Kaltarbeitsstahl	Fräser, Reibahlen, Gewinde-schneider
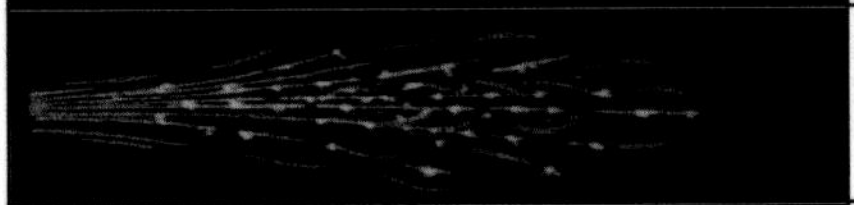	Kurze Garbe, geglüht: wenige Verästelungen gehärtet: viele Verästelungen	X153CrMoV12 1.2379 ledeburitischer Cr-Stahl	Fräser, Gewindewalzba cken
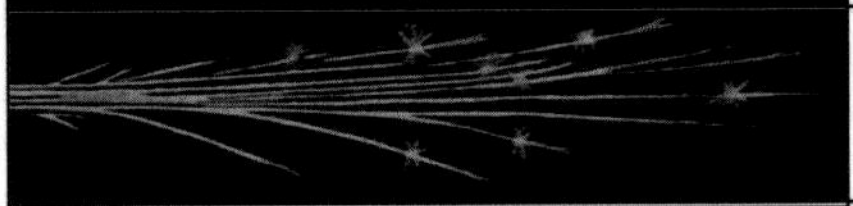	Glatter Strahl vereinzelt C-Explosionen, Strahlenende Orangefarbig	X40CrMoV5-1 1.2344 hochlegierter Warmarbeitsst.	Druckguss-formen, Metallstrang-presswerkzeuge
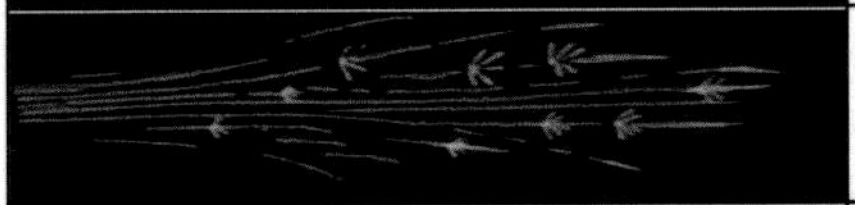	Dunkelroter Strahl mit Aufhellungen an der Lanzenspitze, vereinzelt Stacheln	HS6-5-2 1.3343 Schnellarbeits-stahl	Gewindebohrer, Spiralbohrer, Fräser, Reibahlen, Hobelmesser
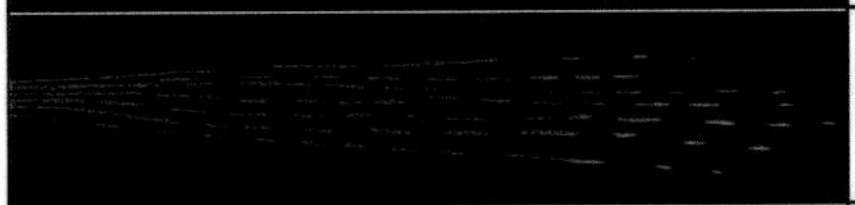	Dunkelroter, strichförmiger Strahl mit Aufhellungen am Strahlende	HS10-4-3-10 1.3207 Schnellarbeits-stahl	Drehstähle, Formdrehstähle, Werkzeuge
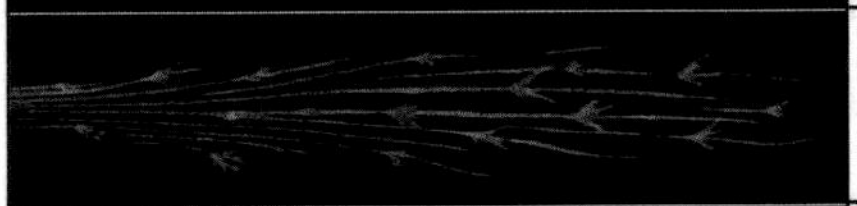	kurze Garbe mit stachligen C-Explosionen	X46Cr13 1.4034 Rost-und säure-beständiger St.	Rasiermesser, Besteckmesser, Kugellager, Messwerkzeuge
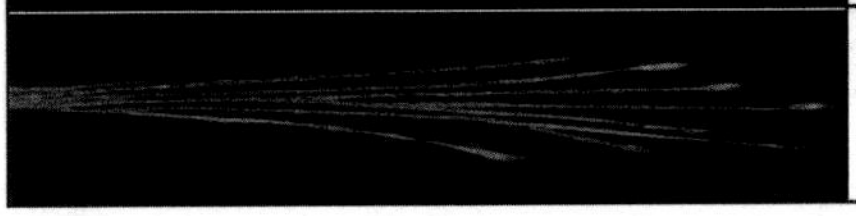	glatte Strahlen, ohne C-Explosionen	X5CrNi18-10 / X4CrNi18-10 1.4301 Rost-und säure-beständiger St.	Bauteile für die Nahrungsmittel-industrie

Abb. 3.3 Vergleichsbilder für Funkenprobe [Nach: Poster Funkenprobe Thyssen Edelstahl]

Werkstattbedingungen ein schnelles Ergebnis erbringt. Erfahrene Facharbeiter und Gesellen, die die in ihrem Bereich verwendeten und bekannten Werkstoffe kennen, erreichen mit Funkenproben sichere Ergebnisse und können die Werkstoffe eindeutig unterscheiden. Häufig wird dieses Verfahren benutzt, um die Schweißbarkeit und die Härtbarkeit von Werkstoffen zu überprüfen und um Verwechslungen von Stählen auszuschließen.

3.1.1.3 Temperaturanalyse

Neben der oben beschriebenen groben Analyse der Werkstoffzusammensetzung ist es auch möglich, eine Abschätzung der vorhandenen Temperaturen vorzunehmen bzw. die Temperaturen abzuschätzen, denen der Werkstoff schon ausgesetzt war.

Anlassfarben		
Beschreibung	Temperatur	Farbe
Weißgelb	200 °C	
Strohgelb	220 °C	
Goldgelb	230 °C	
Gelbbraun	240 °C	
Braunrot	250 °C	
Rot	260 °C	
Purpurrot	270 °C	
Violett	280 °C	
Dunkelblau	290 °C	
Kornblumenblau	300 °C	
Hellblau	320 °C	
Blaugrau	340 °C	
Grau	360 °C	

Abb. 3.4 Anlassfarben von Stählen

Anlassfarben

Die Temperaturbelastung von Werkstoffen kann durch die in Abb. 3.4 dargestellten **Anlassfarben** abgeschätzt werden. Anlassfarben entstehen bei metallischen Werkstoffen meist durch Oxidation an der Oberfläche.

Durch die Höhe der Temperatur wird die Tiefe bestimmt, in welche die Sauerstoffatome diffundieren können, dadurch ändert sich die Dicke der Diffusionsschicht und auch deren Farbe. Aufgrund der Farbe des Stahls ist es so möglich, die Temperatur zu bestimmen, der ein Bauteil bei einer Bearbeitung, zum Beispiel beim Drehen, Schweißen oder Anlassen, ausgesetzt war.

Glühfarben		
Beschreibung	Temperatur	Farbe
Dunkelbraun	550 °C	
Braunrot	630 °C	
Dunkelrot	680 °C	
Dunkelkirschrot	740 °C	
Kirschrot	780 °C	
Hellkirschrot	810 °C	
Hellrot	850 °C	
Gut Hellrot	900 °C	
Gelbrot	950 °C	
Hellgelbrot	1000 °C	
Gelb	1100 °C	
Hellgelb	1200 °C	
Gelbweiß	>1300 °C	

Abb. 3.5 Glühfarben von Stählen

Glühfarben

Während des Erwärmens von Stählen ist es häufig erforderlich, die erreichte Temperatur ohne weitere Hilfsmittel, wie z.Bsp. Thermometer, abzuschätzen. Dies kann mit Hilfe von **Glühfarben** (Abb. 3.5) erfolgen, da jedes Material in Abhängigkeit von seiner aktuellen Temperatur ein anderes Lichtspektrum aussendet. Insbesondere beim manuellen Härten und Anlassen von Meißeln, Drehmeißeln und Bohrern, die ausgeglüht waren, wird dieses sehr alte Verfahren immer noch mit Erfolg angewendet.

3.1.2 Bezeichnung von Gusswerkstoffen

Die Bezeichnung der Gusseisenwerkstoffe (Abb. 3.6) setzt sich aus bis zu 6 Teilen zusammen, wobei einige (Mikro- oder Makrostruktur und zusätzliche Anforderungen) nur bei Bedarf angegeben werden [DIN EN 1560]. Die Kurzzeichen zur Bezeichnung von Gusswerkstoffen sind in Tab. 3.6 dargestellt.

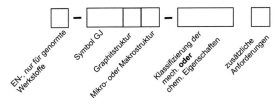

Abb. 3.6 Bezeichnung von Gusswerkstoffen (Kurzzeichensystem) nach [DIN EN 1560]

Beispiel: EN-GJS-350-22U (Europäische Norm (Vorsilbe); Gusseisen; Graphitstruktur: kugelig; Mindestzugfestigkeit: 350 $\frac{N}{mm^2}$; Dehnung: 22 %; angegossenes Probestück)
In der beruflichen Praxis werden häufig noch die Bezeichnungen nach zurückgezogenen Normen verwendet, wie sie in Tab. 3.7 dargestellt sind. Bei dieser Form der Bezeichnung wird das Zeichen für den Gusswerkstoff dem Wert für die Zugfestigkeit vorangestellt.
Beispiel: GG-15 (Gusseisen mit Lamellengraphit; Mindestzugfestigkeit: 150 $\frac{N}{mm^2}$.
Ein weitere Möglichkeit Gusseisen zu klassifizieren, ist die Einteilung nach dem Nummernsystem der DIN 17007 [DIN 17007-4]. Der Aufbau dieses Systems ist in Abb. 3.7 aufgeführt.

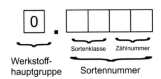

Sortenklassen der Werkstoffhauptgruppe 0			
00...09	Roheisen für Stahlerzeugung	60...61	Gusseisen mit Lamellengraphit, unlegiert
10...19	Roheisen für Gusserzeugung	62...69	Gusseisen mit Lamellengraphit, legiert
20...29	Sonderroheisen	70...71	Gusseisen mit Kugelgraphit, unlegiert
30...49	Vorlegierungen	72...79	Gusseisen mit Kugelgraphit, legiert
50...59	Reserve	80...81	Temperguss, unlegiert
		82	Temperguss, legiert
		83...89	Temperguss, Reserve
		90...91	Sondergusseisen, unlegiert
		92...99	Sondergusseisen, legiert

Abb. 3.7 Bezeichnungssystem von Gusseisen - Nummernsystem nach [DIN 17007-4]

Metallart	Gusseisen	GJ
Graphitstruktur	kugelig	S
	lamellar	L
	Temperkohle	M
	vermikular (wurmförmig)	V
	graphitfrei (Hartguss) ledeburitisch	H
	Sonderstruktur	X
mechanische Eigenschaften	Zugfestigkeit Mindestwert in $\frac{N}{mm^2}$	z. B. 350
	Dehnung Mindestwert in %	z. B. -19
	Probenstückherstellung:	
	getrennt gegossen	S
	angegossen	U
	einem Gussstück entnommen	C
	Brinellhärte	z. B. HB155
	Kerbschlagwert	
	Prüftemperatur:	
	Raumtemperatur	RT
	Tieftemperatur	LT
chemische Zusammensetzung	Symbol	X
	Kohlenstoffgehalt in % x 100 (wenn signifikant)	z. B. 300
	Legierungselement	z. B. Cr
	Gehalt der Legierungselemente in %	z. B. 9-5-2
Mikro- oder Makrostruktur	Austenit	A
	Ferrit	F
	Perlit	P
	Martensit	M
	Ledeburit	L
	Abgeschreckt	Q
	Vergütet	T
	Nicht entkohlend geglüht	B
	Entkohlend geglüht	W
Zusätzliche Anforderungen	Rohgussstück	D
	Wärmebehandeltes Gussstück	H
	Schweißgeeignet	W
	Zusätzlich festgelegte Anforderungen	Z

Tabelle 3.6 Bezeichnungen von Gusseisenwerkstoffen durch Kurzzeichen nach [DIN EN 1560]

Gusswerkstoff	Zeichen
Gusseisen mit Lamellengraphit	GG
Gusseisen mit Kugelgraphit	GGG
Austenitisches Gusseisen mit Lamellengraphit	GGL
Stahlguss	GS
nicht entkohlend geglühter (schwarzer) Temperguss	GTS
entkohlend geglühter (weißer) Temperguss	GTW

Tabelle 3.7 Kennbuchstaben für Gusseisen nach zurückgezogener Norm

3.1.3 Bezeichnung von Nichteisenmetallen

Auch die Bezeichnungen für Nichteisenmetalle können nach zwei verschiedenen Systemen angegeben werden, einmal nach der DIN 17007 (dargestellt in Abb. 3.8) und den Systemen nach dem Nummernsystem der DIN EN 1412 und DIN EN 1754 (dargestellt in Abb. 3.9) [DIN EN 1754, DIN EN 1412].

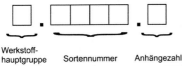

Werkstoffhaupt-gruppe		Sortennummer		Anhängezahl	
2	Leicht-metalle	2.0000 ... 2.1799	Cu und Cu-Legierungen	0	Unbehandelt
		2.1800 ... 2.1999	Reserve	1	Weich
		2.2000 ... 2.2499	Zn, Cd und Zn- und Cd-Legierungen	2	Kaltverfestigt (zwischenhärten)
		2.2500 ... 2.2999	Reserve	3	Kaltverfestigt („hart" und darüber)
		2.3000 ... 2.3499	Pb und Pb-Legierungen	4	Lösungsgeglüht, ohne mechan. Nacharbeit
		2.3500 ... 2.3999	Sn und Sn-Legierungen	5	Lösungsgeglüht, kaltnachgearbeitet
		2.4000 ... 2.4999	Ni, Co und Ni- und Co-Legierungen	6	Warmausgehärtet, kaltnachgearbeitet
		2.5000 ... 2.5999	Edelmetalle	7	Warmausgehärtet, ohne mechan. Nacharbeit
		2.6000 ... 2.6999	Hochschmelzende Metalle	8	Entspannt, ohne vorherige Kaltverfestigung
		2.7000 ... 2.9999	Reserve	9	Sonderbehandlungen
3	Schwer-metalle	3.0000 ... 3.4999	Al und Al-Legierungen		
		3.5000 ... 3.5999	Mg und Mg-Legierungen		
		3.6000 ... 3.6999	Reserve		
		3.7000 ... 3.7999	Ti und Ti-Legierungen		
		3.8000 ... 3.9999	Reserve		

Abb. 3.8 Bezeichnungssystem von Nichteisenmetallen nach [DIN 17007-4]

3.2 Schneidstoffe

Werkstoffe für den Schneidteil von spanenden Werkzeugen werden als Schneidstoffe bezeichnet. Um die vielfältigen Beanspruchungen an Schneidstoffe ertragen zu können, müssen sie eine Reihe von Eigenschaften, aufweisen:

- gute Schneidfähigkeit, um lange Standzeiten zu erreichen
- hohe Härte: Schneidstoffe müssen wesentlich härter als der zu zerspanende Werkstoff sein
- hohe Verschleißfestigkeit, um lange Standzeiten zu ermöglichen
- hohe Warmhärte, um auch bei hohen Temperaturen eine optimale Abtragleistung zu ermöglichen
- hohe Zähigkeit, um Schneidkantenbrüche und Rissausbreitungen zu vermeiden
- hohe Warmfestigkeit, um Risse und Verschleiß an der Schneide zu verhindern

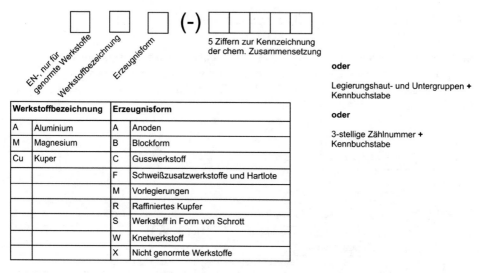

Werkstoffbezeichnung		Erzeugnisform	
A	Aluminium	A	Anoden
M	Magnesium	B	Blockform
Cu	Kuper	C	Gusswerkstoff
		F	Schweißzusatzwerkstoffe und Hartlote
		M	Vorlegierungen
		R	Raffiniertes Kupfer
		S	Werkstoff in Form von Schrott
		W	Knetwerkstoff
		X	Nicht genormte Werkstoffe

Abb. 3.9 Bezeichnungssystem von Nichteisenmetallen - Nummernsystem nach [DIN EN 1754, DIN EN 1412]

- hohe Temperaturwechselbeständigkeit, um Rissbildung durch Materialermüdung infolge starker Temperaturschwankungen zu vermeiden
- gute Thermoschockbeständigkeit, um Risse zu verhindern
- geringen Wärmeausdehnungskoeffizient, um Fertigungsungenauigkeiten zu vermeiden.
- sehr gute Wärmeleitfähigkeit, um zu hohe Temperaturen an der Schneide zu vermeiden.
- sehr hohe chemische Stabilität, um Verbindungen mit anderen Stoffen zu verhindern.

3.2.1 Entwicklung der Schneidstoffe

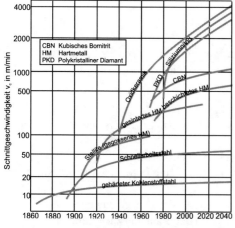

Abb. 3.10 Entwicklung der Schnittgeschwindigkeit in Abhängigkeit vom Schneidstoff, nach [FRI22]

Ab etwa Mitte des 19. Jahrhunderts wurden härtbare Kohlenstoffstähle als Schneidstoff verwendet, mit denen Schnittgeschwindigkeiten von ca. 5 m/min möglich waren. Von FREDRICK WINSLOW TAYLOR und MAUNSEL WHITE wurden 1900 Schnellarbeitsstähle entwickelt, die eine Verdopplung der Schnittgeschwindigkeit ermöglichten. Ab diesem Zeitpunkt wird auch schon monokristalliner Diamant für die Bearbeitung von Nichteisenmetallen verwendet [EVE06]. Um 1910 wurden Schnittgeschwindigkeiten von bis zu 30 m/min erreicht. Mit gegossenen Hartlegierungen (Stellite) wurden bereits 5 Jahre später Schnittgeschwindigkeiten von etwa

40 m/min möglich. Ab Mitte der 1920er wurden die ersten pulvermetallurgisch hergestellten Hartmetalle verwendet, mit denen sehr viel höhere Schnittgeschwindigkeiten von
zunächst 100 m/min erreicht wurden. In den 1930er Jahren wurden erstmals keramische
Schneidstoffe von WERNER OSENBERG verwendet [DEG02]. In den 1950er Jahren wurden hochtitankarbidhaltige Hartmetalle und polykristalliner Diamant entwickelt, mit denen Schnittgeschwindigkeiten von etwa 400 m/min ermöglicht wurden [BUN55]. Etwa
ein Jahrzehnt später wurden dann superharte Schneidstoffe auf Borkarbidbasis eingesetzt.
Verschiedene Beschichtungssysteme für Hartmetalle wurden ab etwa 1970 entwickelt und
industriell eingesetzt. Durch diese Beschichtungen ist es möglich, sehr harte verschleißfeste Schichten mit zähen Grundkörpern zu kombinieren. Ende der 70er Jahre wurde Siliciumnitrid in der industriellen Praxis als Schneidstoff verwendet. Feinstkornhartmetalle, die
eine höhere Zähigkeit besitzen, werden ebenfalls eingesetzt [DEG02],[SPU91],[EVE06].
Erste mit Titannitrid beschichtete HSS-Werkzeuge (Bohrer) wurden ab 1980 verwendet
[EVE06]. Durch ständige Weiterentwicklung der Schneidstoffe, dargestellt in Abb. 3.10,
war es notwendig, auch die Werkzeugmaschinen an die neuen möglichen Schnittgeschwindigkeiten anzupassen. Dies führte zu einem permanenten technologischen Wettbewerb
und sicherte zahlreiche Arbeitsplätze. Die Entwicklung der Schneidstoffe ist noch lange nicht abgeschlossen, da sehr harte und verschleißfeste Schneidstoffe benötigt werden,
die gleichzeitig aber auch zäh und biegefest sein sollen. Wie in Abb. 3.11 zu erkennen ist,
vereinen die zur Zeit verfügbaren Schneidstoffe diese Eigenschaften noch nicht ganz.

3.2.2 Metallische Schneidstoffe

3.2.2.1 Werkzeugstähle

Werkzeugstähle werden je nach ihrer Zusammensetzung in unlegierte und legierte Werkzeugstähle eingeteilt. Unlegierte
Werkzeugstähle besitzen einen Kohlenstoff-Gehalt von 0,6 % bis 1,3 %. Diese Stähle werden gehärtet, um verschleiß-
fest zu sein. Legierte Werkzeugstähle enthalten zusätzlich bis zu 5 % Cr, W, Mo
und V. Carbidbildende Legierungselemente werden verwendet, um die Verschleißfestigkeit, die Anlassbeständigkeit und die
Warmfestigkeit der Werkstoffe zu erhöhen. Aufgrund ihrer geringen Warmhärte
zwischen 200 °C und 300 °C werden diese
einfachen Werkzeugstähle meist nur noch
bei konventionellen Werkzeugmaschinen
oder bei manuell geführten Handwerkzeu-

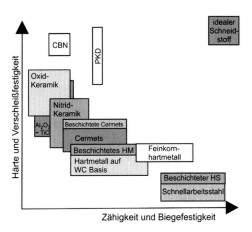

Abb. 3.11 Eigenschaften von Schneidstoffen

gen verwendet. Diese Werkzeuge sind sehr preiswert und können auch unter einfachen
Werkstattbedingungen mehrfach nachgeschliffen werden.

3.2.2.2 Schnellarbeitsstähle (HS-Stähle)

Schnellarbeitstähle (HSS aus dem engl. High-Speed-Steel) wurden entwickelt, um höhere Schnittgeschwindigkeiten für Fräser, Drehmeißel, Schneideisen und Wendel- und Gewindebohrer zu ermöglichen. Die HS-Werkstoffe sind hoch mit Wolfram, Chrom, Molybdän, Vanadium und Cobalt legiert. Große Bedeutung haben Beschichtungen auf den Hartmetallschneiden, um die Schneideigenschaften und das Standzeitverhalten des HS-Stahls zu verbessern. Der Einfluss der einzelnen Legierungselemente auf die Eigenschaften des Werkstoffs ist Gegenstand weiterführender Literatur und entsprechender Vorlesungen. In der Praxis werden Schnellarbeitsstähle sehr häufig als HSS bezeichnet, die normgerechte Bezeichnung ist aber HS. Die Bezeichnung der Schnellarbeitsstähle setzt sich aus dem Zeichen HS und der prozentualen Angabe der Legierungselemente in der Reihenfolge W, Mo, V, Co zusammen.

3.2.2.3 Gegossene Hartlegierungen

Diese Hartlegierungen wurden von E. HAYNES Anfang des 20. Jahrhunderts entwickelt, sie sind naturhart und müssen nicht gehärtet werden. Sie werden auch als **Stellite** bezeichnet und bestehen aus 42 bis 53 % Co, 24 bis 33 % Cr, 11 bis 22 % W und 1,8 bis 3 % C. Da sie nicht wie Hartmetalle durch Sintern hergestellt werden, sondern durch Gießen, ermöglichen Stellite eine große geometrische Gestaltungsfreiheit.

3.2.2.4 Hartmetall

Hartmetalle sind durch Sintern hergestellte Verbundwerkstoffe. Trotz ihres Namens sind Hartmetalle Verbundwerkstoffe, da sie aus einer Verbindung von Karbiden oder Nitriden und der Bindephase Kobalt-Matrix bestehen. Sie besitzen metallische Eigenschaften und eine gute elektrische und thermische Leitfähigkeit. Häufig wird auch im Werkstattbereich noch die Bezeichnung WIDIA-Stahl für Hartmetalle verwendet. Diese Benennung geht auf den von der Firma Krupp Ende der 1920er Jahre eingeführten Markennamen **WIDIA** (WIeDIAmant) zurück. Die Bezeichnung Stahl ist allerdings völlig falsch, da Hartmetall ein gesinterter Verbundwerkstoff ist. Die am häufigsten verwendeten Karbide sind:

- Wolframcarbid (WC)
- Titancarbid (TiC)
- Tantalcarbid (TaC)
- Molybdäncarbid (MoC)
- Vanadiumcarbid (VC).

Es werden aber auch Nitrite wie Titannitrit (TiN) verwendet. Als Bindemittel werden Kobalt (Co) und Nickel (Ni) eingesetzt. Die am häufigsten benutzte Hartmetall-Verbindung besteht aus Wolframkarbid und Kobalt mit einem Anteil von 5-30 %. Da Wolframkarbid eine Schmelztemperatur von 2870 °C besitzt und Kobalt bei dieser Temperatur schon fast siedet, ist es nicht möglich, Hartmetall schmelzmetallurgisch herzustellen, sondern nur mit pulvermetallurgischen Verfahren durch Sintern. Je höher der Kobalt-Anteil ist, umso geringer sind Festigkeit, Druckfestigkeit, E-Modul und Wärmeleitfähigkeit des Werkstoffes. Dadurch wird der Widerstand gegen Reibverschleiß und die Warmfestigkeit verringert.

Eine Erhöhung des Kobalt-Anteils erhöht die Zähigkeit und damit die Biegefestigkeit und Bruchzähigkeit. Wechselnde Schnittkräfte, wie sie beim Fräsen oder Drehen mit unterbrochenem Schnitt auftreten, können somit von Werkzeugen aus diesen Werkstoffen besser ertragen werden. Es werden Bearbeitungstemperaturen von bis zu 1000 °C an der Schneide möglich [BAR18]. Durch die Größe der Körner, die gesintert werden, können die Eigenschaften und das Verhalten der Hartmetalle ebenfalls beeinflusst werden. Hartmetalle werden in der DIN ISO 513 in 6 Zerspanungs-Anwendungsgruppen (P, M, K, N, S und H) eingeteilt.

- P (Kennfarbe blau) für Stähle und Stahlguss, ausgenommen nichtrostende austenitische Gefüge
- M (Kennfarbe gelb) für nichtrostende Stähle und Stahlguss
- K (Kennfarbe rot) für Gusseisen
- N (Kennfarbe grün) für Nichteisenmetalle und nichtmetallische Werkstoffe
- S (Kennfarbe braun) für hochwarmfeste Speziallegierungen und Titan und entsprechende Legierungen
- H (Kennfarbe grau) für harte Werkstoffe, wie gehärteter Stahl und Gusseisenwerkstoffe.

Die weiteren Anwendungsgruppen werden von den Herstellern der Schneidstoffe den Eigenschaften der Werkstoffe zugeordnet.

3.2.2.5 Cermets

Cermets sind Hartmetalle, in denen keine freien Wolframkarbide enthalten sind. Diese Werkstoffe bestehen aus einer Vielzahl von Komponenten auf der Grundlage von Tantal, Niob, Vanadium und Titankarbonitrid. Weiterhin können Molybdän, Titan und Aluminium enthalten sein. Als Binder werden, wie bei Hartmetallen, ebenfalls Nickel und Kobalt verwendet. Cermets besitzen eine sehr gute chemische Beständigkeit bei hohen Temperaturen im Vergleich zu Hartmetallen. Ein weiterer Vorteil ist ihre deutlich höhere Kantenfestigkeit. Allerdings ist die Bruchzähigkeit von Cermets geringer als die von zähen Hartmetallen auf Wolframcarbidbasis. Die thermischen Ausdehnungskoeffizienten und Wärmeleitfähigkeit von Cermets und WC-Hartmetallen sind ebenfalls unterschiedlich.

3.2.3 Keramische Schneidstoffe

Schneidkeramiken zeichnen sich durch ihre hohe Härte und Verschleißfestigkeit aus. Da sie im Gegensatz zu Hartmetallen keine metallische Bindungsphase besitzen, verfügen sie über eine höhere Warmfestigkeit. Allerdings sind sie auch sehr spröde und brechen bzw. splittern leicht, da ihnen die durch die metallische Bindungsphase vermittelte Zähigkeit fehlt. Sie sind auch bei hohen Temperaturen sehr reaktionsträge. Schneidkeramiken werden unterteilt in oxidische und **nichtoxidische Keramiken**. Wichtige Vertreter der **oxidischen Schneidkeramiken** sind:

- Aluminiumoxid
- Zirkonoxid.

Nichtoxidische Schneidkeramiken sind zum Beispiel:

- Siliizuimnitrid
- Titankarbid
- Titannitrid
- Siliziumkarbid.

Siliziumnitrid (Si_3N_4) reagiert mit Eisen ab ca. 1200 °C und ist daher zur Zerspanung von Stahl nicht einsetzbar.

FEPA Bezeichnung Schleifkörper	mittlere Korngröße	FEPA Bezeichnung Schleifkörper	mittlere Korngröße
	in µm		in µm
F5	4125	F120	109
F6	3460	F150	82
F7	2900	F180	69
F8	2460	F220	58
F10	2085	F230	53 ± 3
F12	1765	F240	44.5 ± 2
F14	1470	F280	36.5 ± 1.5
F16	1230	F320	29.2 ± 1.5
F20	1040	F360	22.8 ± 1.5
F22	885	F400	17.3 ± 1
F24	745	F500	12.8 ± 1
F30	625	F600	9.3 ± 1
F36	525	F800	6.5 ± 1
F40	438	F1000	4.5 ± 0.8
F46	370	F1200	3.0 ± 0.5
F54	310	F1500	2.0 ± 0.4
F60	260	F2000	1.2 ± 0.3
F70	218		
F80	185		
F90	154		
F100	129		

Tabelle 3.8 Korngrößen der Schleifmittel für Schleifkörper aus Korund, SiC usw.

Weiterhin werden noch Kombinationen verschiedener keramischer Werkstoffe in der Praxis verwendet. Mischkristalle bestehen aus mehreren Werkstoffen, um die Vorteile der verwendeten Grundwerkstoffe zu nutzen. Ein häufig benutzter Werkstoff dieser Gruppe ist **SiAlON**, eine Mischung aus Silizium (Si), Aluminium (Al), Sauerstoff (O) und Stickstoff (N). Als **„weiße" Keramik** werden Oxidkeramiken aus Aluminiumoxid (60-95 %) und etwa 5–15 % Zirkonoxid bezeichnet. Als **„schwarze" Keramik** werden Mischkeramiken mit etwa 40 % Titankarbid und -nitrid bezeichnet. Whiskerverstärkte Schneidkeramiken sind mit Silicium-Whiskern verstärkte keramische Verbundwerkstoffe auf Basis von Aluminiumoxid. Für die Bearbeitung mit geometrisch unbestimmten Schneiden (Schleifen, Läppen, Polierschleifen usw.) werden vor allem Korund und Siliziumkarbid verwendet. **Korund** ist ein kristallines Aluminiumoxid (Al_2O_3). Die mechanischen Eigenschaften von Korund werden vor allem durch seinen Reinheitsgrad und die Korngröße beeinflusst. Es stehen folgende Sorten zur Verfügung: Normal-, Halbedel- und Edelkorund. Die verschiedenen Korundsorten unterscheiden sich in ihrer Reinheit. Diese wird durch den Herstellungsprozess beeinflusst. Korund wird auch sehr häufig bei verschiedenen Strahlverfahren verwendet, dort werden auch regenerierte Korunde und Mischkorunde verwendet. Zur Ermittlung der Korngröße werden Schleifmittel gesiebt bzw. durch Sedimentation aus einer Flüssigkeit getrennt. Dazu werden standardisierte Drahtsiebe nach DIN ISO 8486-1 verwendet. Durch das Sieben mit immer feiner werdenden Sieben werden die einzelnen Korngrößen von einander separiert. Bei Aluminiumoxid und Siliziumkarbid wird die Korngröße durch die Maschenanzahl je Zoll des Siebes bei definiertem Drahtdurchmesser bestimmt. Eine Körnung von 40 mesh wird mit einem Sieb von 40 Maschen je Zoll aus dem Korngemisch gewonnen. Die Korngrößen nach der FEPA-Klassifikation für Schleifkörper aus Aluminiumoxid, Siliziumkarbid und weiteren keramischen Schneidstoffen sind in Tab. 3.8 dargestellt. Die Tabelle gilt nicht für die hochharten Schneidstoffe Diamant und CBN.

3.2.4 Weitere Schneidstoffe

3.2.4.1 Diamant

Diamant ist der härteste derzeit bekannte Stoff. Er besteht aus reinem Kohlenstoff, der in der Modifikation Graphit oder Diamant auftreten kann. Diamanten werden in der Praxis als Naturdiamanten verwendet und seit den 1950er Jahren auch synthetisch hergestellt und ebenfalls industriell eingesetzt [BUN55]. Alle Diamanten und auch Diamatschichten können nicht für die Bearbeitung von Stählen verwendet werden, da Kohlenstoff sehr gut löslich im Eisenatomgitter ist und daher der Diamat mit dem Eisen reagiert.

Naturdiamant

Naturdiamanten werden in der industriellen Praxis häufig verwendet, meist als Einkristall zur Bearbeitung von Nichteisenmetallen, wie Al, Cu und entsprechenden Legierungen. Einkristalline Diamanten werden auch als **monokristalliner Diamant** bezeichnet. Einsatzgebiete sind die Herstellung von optischen Oberflächen für Linsen und Spiegel, aber auch hochgenaue Prägeformen für Gläser und Kunststoffe für die Medizintechnik und die Life Science Industrie.

Künstliche Diamanten

Künstliche Diamanten werden seit den 1950er Jahren hergestellt und industriell genutzt. Obwohl die Herstellung künstlicher monokristalliner Diamanten technisch möglich ist, werden aufgrund der damit verbundenen Kosten künstliche Diamanten meist nur als **polykristalline Diamanten (PKD)** verwendet. Die künstlich hergestellten Diamantkörner werden durch Sintern zu einer polykristallinen Matrix verbunden und mit Cobalt infiltriert. Polykristalline Diamanten sind weniger hart als Monokristalle, allerdings sind sie deutlich zäher als Monokristalle. Der Anwendungsbereich von PKD liegt vor allem bei der Bearbeitung von Aluminium, Kupfer und den entsprechenden Legierungen. Außerdem werden gefüllte und ungefüllte Kunststoffe, faserverstärkte Kunststoffe, Holzwerkstoffe und Graphit bearbeitet. Diamant wird ebenfalls zur Bearbeitung beim Spanen mit geometrisch unbestimmter Schneide und bei zahlreichen Strahlverfahren verwendet.

3.2.4.2 Kubisches Bornitrid (CBN)

Kubisches Bornitrid (CBN) ist der zweit-härteste derzeit bekannte Stoff nach Diamant. Im Gegensatz zu diesem können mit CBN auch Eisenwerkstoffe und Stähle bearbeitet werden. Wie PKD werden auch die CBN-Körner zu dicken polykristallinen Schichten oder zu

Massivkörpern durch Hochdruck-Flüssigphasensintern verarbeitet. Ebenso wie Diamant wird auch CBN zur Bearbeitung beim Spanen mit geometrisch unbestimmter Schneide verwendet. Für das Abtragverhalten der hochharten Schneidstoffe ist neben der Größe der Körner auch deren Verteilung und Bindung ausschlaggebend. Im Gegensatz zu allen anderen Schneidstoffen wird die Korngröße über die lichte Maschenweite der verwendeten Siebe ermittelt, daher kann die Korngröße hochharter Schneidstoffe direkt aus der Kennzahl des Siebes bestimmt werden. Der Inhalt der europäischen und der amerikanischen Norm für die Korngrößen hochharter Schneidstoffe ist in Tab. 3.9 aufgeführt.

3.2.5 Bezeichnungen von Schneidstoffen

Europa in µm	USA (mesh)	Siebmaschenweite in µm
1181	16 / 18	1180 - 1000
1001	18 / 20	1000 - 850
851	20 / 25	850 - 710
711	25 / 30	710 - 600
601	30 / 35	600 - 500
501	35 / 40	500 - 425
426	40 / 45	425 - 355
356	45 / 50	355 - 300
301	50 / 60	300 - 250
251	60 / 70	250 - 212
213	70 / 80	212 - 180
181	80 / 100	180 - 150
151	100 / 120	150 - 125
126	120 / 140	125 - 106
107	140 / 170	106 - 90
91	170/ 200	90 - 75
76	200 / 230	75 - 63
64	230 / 270	63 - 53
54	270 / 325	53 - 45
46	325 / 400	45 - 38

Tabelle 3.9 Siebkorngrößen hochharter Schneidstoffe (Diamant und CBN) nach FEPA

Werkzeugstähle und deren Bezeichnungen sind in EN ISO 4957 genormt. Schnellarbeitsstähle werden mit einem vorgesetzten HS gekennzeichnet und dann folgen die prozentualen Anteile der Legierungsbestandteile in der Reihenfolge Wolfram-Molybdän-Vanadium-Kobalt [DIN 4957]. Beispielsweise bezeichnet ein HS12-1-4-5, einen Schnellarbeitsstahl mit 12 % W, 1 % Mo, 4 % V und 5 % Co.

Werkzeugstahl (HS)

- HS Hochleistungsschnellarbeitsstahl

Keramische Schneidstoffe, Hartmetalle, Diamanten und CBN und deren Bezeichnungen sind genormt [DIN ISO 513].
  Hartmetalle (H)

- HW unbeschichtetes Hartmetall auf Wolframcarbid-Basis, Korngröße > 1µm
- HF unbeschichtetes Hartmetall auf Wolframcarbid-Basis, Korngröße < 1µm (Feinstkornhartmetall)
- HT unbeschichtetes Hartmetall auf Wolframcarbid, auf TiC- / TaC-Basis (Cermet)
- HC beschichtetes Hartmetall.

Schneidkeramik (C)

- CA Oxidkeramik
- CM Mischkeramik
- CN (Silizium-) Nitridkeramik

- CC Beschichtete Keramik
- CR Whiskerverstärkte Keramik.

Diamant (D)

- DM Monokristalliner Diamant
- DP Polykristalliner Diamant.

Bornitrid (B)

- BN Polykristallines Bornitrid.

3.2.6 Werkstoffschichten

Um die Standzeit und den Verschleiß der Schneiden zu verbessern, werden Hartmetalle häufig noch mit Verschleissschutzschichten versehen. Die Schichten können durch CVD- oder PVD-Verfahren auf Wendeschneidplatten und Schaftwerkzeuge aufgebracht werden und z. B. aus folgenden Stoffen aufgebaut sein:

- Titan-Nitrid (TIN), Farbe: goldgelb

  − Härte: ca. 2400 HV, gute Gleiteigenschaften und Schichthaftung, beständig bis ca. 600 °C

- Titan-Nitrid (TIN-T1), Farbe: goldgelb

  − Härte ca. 3000 HV mit mehrlagigem Schichtaufbau (Gradientenschicht)

- Titan-Carbonitrid (TICN), Farbe: blau-grau

  − Härte ca. 3000 HV, beständig bis ca. 40 °C

- Diamond Like Carbon (DLC), Farbe: schwarz-grau

  − Härte ca. 2500 HV, beständig bis ca. 350 °C.

Weitere Schichten können aus Multilayersystemen von TiN/TiAlN oder Hart-Weich-Kombinationen wie TiAlN + WC/C bestehen. Weiterhin werden Schichten aus TiSiN, TiAlN, TiAlSiN oder TiAlBN verwendet. CrAlN, CrAlSiN oder Al_2O_3 sind Komponenten für Viellagenschichten, die als Multilayersysteme eingesetzt werden [BOB08]. Andere Multilayerschichten können aus der Kombinationen von TiC, TiN, TiCN und Al_2O_3 gebildet werden. TiN, TiCN, Al_2O_3 und ZrCN werden für die Drehbearbeitung von Stahl- und Gusswerkstoffen erfolgreich angewendet [DRE01].

Auf das thermische und mechanische Verhalten von Schichten hat neben den Schichtmaterialien auch die Schichtarchitektur Einfluss. FUENTES gibt einen Überblick über die Schichtsysteme, wie sie in Abb. 3.12 dargestellt sind. Hartstoffschichten können als Einzelschicht (Monolayer), z. B. TiAlN, oder als Viellagenschichtsystem (Multilayer), z. B. CVD-TiC-Al2O3-TiN, abgeschieden werden. Gradierte Schichten weisen einen kontinuierlichen Übergang stofflicher oder mechanischer Eigenschaften in Abhägigkeit von der Schichtdicke auf. Weiterhin können diese Schichten und Schichtsysteme kombiniert werden [FUE15]. Weitere Schichten sind Nano-Layer-Schichten oder nanostrukturierten Multilayer-Schichten. Diese Systeme bestehen aus einer Vielzahl sehr dünner

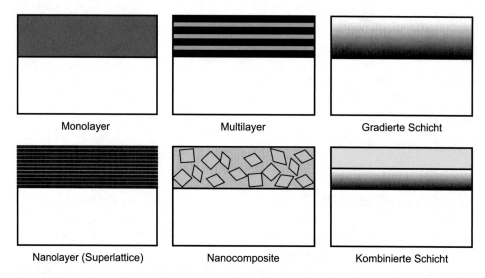

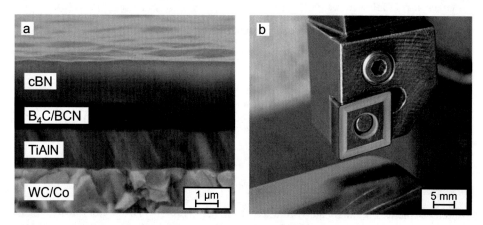

Abb. 3.12 Schichtsysteme [FUE15]

Abb. 3.13 cBN-Schichtsystem auf Hartmetall; a) REM-Bruchkantenaufnahme; b) cBN-Schicht auf Wendeschneidplatte mit Spanleitstufe [FUE15]

Einzellagen mit Dicken von 2 nm bis 40 nm. In diesen Schichten werden die Versetzungsbewegungen begrenzt. Dies führt zu Verbesserungen der mechanischen Eigenschaften (z. B. Schichthärte). Neben nanostrukturierten Multilayer-Schichten werden auch Nanocomposite-Strukturen zur Verbesserung der Schichteigenschaften eingesetzt. Es werden dabei zwei unterschiedliche Materialien, die eine kristalline und eine amorphe Phase bilden, gleichzeitig abgeschieden [FUE15]. Der Schnitt durch ein Schichtsystem auf Hartmetall ist in Abb. 3.13 dargestellt. Deutlich sind die einzelnen sehr dünnen Schichten des Multilayersystems zu erkennen.

Literaturverzeichnis 3

[BAR18] Bargel, H.-J.; Schulze, G.: Werkstoffkunde, 12. Auflage, Springer-Verlag, Berlin-Heidelberg, 2018

[BOB08] Bobzin, K.; Bagcivan, N.; Immich, P.; Pinero, C.; Goebbels, N.; Krämer, A.: PVD – Eine Erfolgsgeschichte mit Zukunft. Materialwissenschaft und Werkstofftechnik 39 (2008) 1, S. 5-11

[BUN55] Bundy, F.P.; Hall, H.T.; Strong, H.M.; Wentorf, R.F.: Man-made diamonds. Nature 176 (1955) p. 51-55

[DEG02] Degner, W.; Lutze, H.; Smejkal; E.: Spanende Formung, Carl Hanser Verlag, 2002

[DRE01] Dreyer, K.; Kassel, D.; Schaaf, G.: Feinst- und Ultrafeinkornhartmetalle: Tendenzen und Anwendungen. Materialwissenschaft und Werkstofftechnik 32, (2001) S. 238-248

[EVE06] Eversheim, W.; Pfeifer, T.; Weck, M.: 100 Jahre Produktionstechnik: Werkzeugmaschinenlabor WZL der RWTH Aachen von 1906 bis 2006 Springer Science & Business Media, 2006

[FRI22] Fritz, A.H.; Schmütz, J. (Hrsg.): Fertigungstechnik. 13. Auflage, Berlin/Heidelberg, Springer Verlag, 2022

[FUE15] Fuentes, J.A.O.: Einsatzverhalten nanocomposite-beschichteter PcBN-Werkzeuge für die Hartdrehbearbeitung, Dissertation, TU Berlin, 2015

[PAU08] Pauksch, E.; Holsten, S.; Linß. M.; Tikal, F. : Zerspantechnik, 12. Auflage, Viehweg & Teubner-Verlag, Wiesbaden, 2008

[SPU91] Spur, G.: Vom Wandel der industriellen Welt durch Werkzeugmaschinen, Hanser Verlag München 1991

[DIN ISO 513] DIN ISO 513: 2014-05 Klassifizierung und Anwendung von harten Schneidstoffen für die Metallzerspanung mit geometrisch bestimmten Schneiden - Bezeichnung der Hauptgruppen und Anwendungsgruppen (ISO 513: 2012), Beuth Verlag, Berlin, 2014

[DIN EN 1412] DIN EN 1412: 2017-01: Kupfer und Kupferlegierungen - Europäisches Werkstoffnummernsystem; Deutsche Fassung EN 1412: 2016, Beuth Verlag, Berlin, 2017

[DIN EN 1560] DIN EN 1560: 2011-05: Gießereiwesen - Bezeichnungssystem für Gusseisen - Werkstoffkurzzeichen und Werkstoffnummern; Deutsche Fassung EN 1560: 2011, Beuth Verlag, Berlin, 2011

[DIN EN 1754] DIN EN 1754: 2015-10: Magnesium und Magnesiumlegierungen - Bezeichnungssystem für Anoden, Blockmetalle und Gussstücke - Werkstoffkurzzeichen und Werkstoffnummern; Deutsche Fassung EN 1754: 2015, Beuth Verlag, Berlin, 2015

[DIN 4957] DIN EN ISO 4957: 2001-02: Werkzeugstähle (ISO 4957: 1999); Deutsche Fassung EN ISO 4957: 1999, Beuth Verlag, Berlin, 2001

[DIN EN 10020] DIN EN 10020: 2000-07: Begriffsbestimmungen für die Einteilung der Stähle; Deutsche Fassung EN 10020: 2000, Beuth Verlag, Berlin, 2000

[DIN EN 10027-1] DIN EN 10027-1: 2017-01: Bezeichnungssysteme für Stähle - Teil 1: Kurznamen; Deutsche Fassung EN 10027-1: 2016, Beuth Verlag, Berlin, 2017

[DIN EN 10027-2] DIN EN 10027-2: 2015-07: Bezeichnungssysteme für Stähle - Teil 2: Nummernsystem; Deutsche Fassung EN 10027-2: 2015, Beuth Verlag, Berlin, 2015

[DIN EN 10088] DIN 10088: Nichtrostende Stähle – Teil 1: Verzeichnis der nichtrostenden Stähle. Deutsches Institut für Normung (Hrsg.), Berlin: Beuth Verlag, 2005

[DIN 17007-4] DIN 17007-4: 2012-12: Werkstoffnummern - Teil 4: Systematik der Hauptgruppen 2 und 3: Nichteisenmetalle, Beuth Verlag, Berlin, 2012

Kapitel 4
Manuelle Werkzeuge (Handwerkzeuge)

Zusammenfassung Unter dem Begriff Werkzeug werden in diesem Buch analog zur DIN 8580 Fertigungsmittel verstanden, die durch eine Relativbewegung gegenüber dem Werkstück unter Energieübertragung die Bildung der Form des Werkstücks oder die Änderung der Form und Lage des Werkstücks, unter Umständen auch die Änderung der Stoffeigenschaften des Werkstücks, bewirken. Es werden die gängigsten Werkzeuge, ihr Aufbau, die Funktion und ihre Anwendung erläutert.

4.1 Handwerkzeuge zum Urformen

Werkzeuge, die beim Urfomen eingesetzt werden, sind vor allem Stampfer (zum Verdichten des Formsandes), Kellen (zum Füllen der Form mit Sand), Spatel (zum Formen), Schaber und Pinsel zum Reinigen.

4.2 Handwerkzeuge zum Umformen

4.2.1 Hämmer

Der Hammer ist eines der ältesten Handwerkzeuge und vielseitigsten Werkzeuge der Menschheit. Neben Schlossern, Tischlern, Zimmerleuten, Maurern und Bergleuten benutzen ihn auch Ärzte (Perkussionshammer) und Richter. Er entstand durch die Weiterentwicklung des Faustkeils. Unter Ausnutzung seiner durch den Anwender beschleunigten Masse führt er Schläge auf Bauteile aus. Der Hammer ist ein meist manuell angetriebenes Werkzeug, das aus Kopf und Stiel besteht (Abb. 4.1). Der Hammerkopf besteht meistens aus der Bahn und der Finne. Als Finne wird der keilförmige Teil eines Hammerkopfs bezeichnet, der meist quer zum Stiel verläuft. Die Finne ist meist abgerundet, kann aber auch als Schneide ausgebildet sein (Maurerhammer). Die flache Schlagfläche des Hammers wird als Bahn bezeichnet und kann verschiedene Querschnitte (rund, oval, rechteckig usw.) aufweisen. In der Mitte des Hammerkopfes befindet sich eine Öffnung (das Auge), in der der Hammerstiel mit einem Keil befestigt wird. Dieser Keil ist für die

© Springer Fachmedien Wiesbaden GmbH, ein Teil von Springer Nature 2023
R. Förster und A. Förster, *Einführung in die Fertigungstechnik*,
https://doi.org/10.1007/978-3-662-68130-5_4

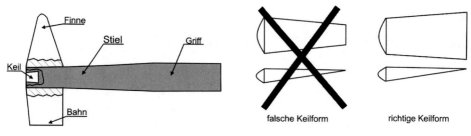

Abb. 4.1 Der Hammer

Arbeitssicherheit von großer Bedeutung, da er die sichere Befestigung von Hammerstiel und Hammerkopf gewährleistet (Abb. 4.3). Zu beachten ist, dass der Keil am unteren angespitzten Ende breiter wird. Weiterhin gibt es runde Stielsicherungen, die als Ringkeil bezeichnet werden (Abb. 4.2). Diese Ringkeile sind meist mit Widerhaken versehen.

Abb. 4.2 Hammerkopf und Ringkeil

Die Masse des Hammerkopfes variiert je nach Anwendung zwischen wenigen Gramm und mehreren Kilogramm. Hämmer deren Kopf aus Holz, Kunststoff oder teilweise auch aus Gummi besteht, werden als Schonhämmer bezeichnet. Mit ihnen werden empfindliche Oberflächen bearbeitet, da die Schläge keine bzw. nur geringe Eindrücke hinterlassen. Weiterhin werden Schonhämmer zum Ausrichten und Positionieren von Maschinen und Anlagenteilen verwendet. Neben manuell angetriebenen Hämmern werden auch maschinell betriebene (meist mit Wasserkraft, später auch mit Dampf) Hämmer seit Jahrhunderten in Hammerwerken benutzt (Abb. 1.8).

herausstehender Hammerstiel   schiefsitzender Hammerstiel   falsch eingepasster Hammerstiel

Abb. 4.3 Hammerstiel

4.2.2 Körner

Ein Körner (Abb. 4.4) besteht meist aus
einem runden oder sechseckigen Schaft
und einer Spitze. Er wird aus vergütetem
Werkzeugstahl hergestellt. Die gehärtete
Spitze weist einen Winkel von 60° oder
90° auf. Mit Körnern werden kleine Vertiefungen hergestellt, die das Verlaufen des
Bohrers auf Werkstoffoberflächen verhindern sollen. Dazu wird die Körnerspitze
auf die angerissene Position der zu fertigenden Bohrung gesetzt und mit einem gezielten Hammerschlag auf den Körner der
zu bearbeitende Werkstoff verformt.

Abb. 4.4 Körner

4.2.3 Zangen zum Umformen

Zangen sind sehr vielseitige Werkzeuge und können für sehr verschiedene Anwendungen
verwendet werden. Sie können neben dem Umformen auch zum Trennen (siehe Abschnitt
4.3.1.6) und zum Fügen (siehe Abschnitt 4.4.1) eingesetzt werden. Zangen, dargestellt
in Abb. 4.5, sind zweischenklige Werkzeuge, bei denen die Greifbacken bzw. Schneiden
gegenläufig bewegt werden. Sie bestehen aus zwei Griffen, dem Gelenk und dem Zangenkopf mit dem Zangenmaul. Im Unterschied zu Scheren bewegen sich die beiden Maulhälften aufeinander zu. Bei Scheren gleiten die Schneiden aneinander vorbei. Um die benötigten Kräfte leichter aufbringen zu können, wird bei Zangen das Hebelgesetz angewendet.
Durch das Gelenk sind zwei Hebel (die Griffe) mit einander beweglich verbunden. Der
längere Griff ist der Hebelarm (Kraftarm) und wirkt auf den kürzeren Hebelarm (Last-
arm) am Zangenkopf. Die Länge der Griffe (der Abstand zum Gelenk) bestimmt die Kraft
am Zangenkopf. Müssen große Halte- oder Schnittkräfte erzeugt werden, sind große Abstände der Griffe zum Gelenk der Zange erforderlich. Die Abstände vom Gelenk zu den
Schnitt- oder Greifflächen muss möglichst klein sein. Das bedeutet, dass um große Kräfte
zu erzeugen, die Griffe weit hinten angefasst werden müssen.

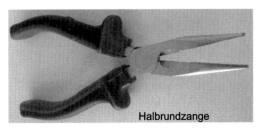
Halbrundzange

Storchenschnabelzange

Abb. 4.5 Zangen zum Umformen (Foto: Andreas Loth)

Zangen zum Umformen können in der Regel auch zum Greifen oder Halten von Bauteilen verwendet werden. Spezielle Zangen zum Greifen, dargestellt in Abb. 4.6, sind zum Beispiel die **Wasserpumpenzange** (umgangssprachlich auch als **Rohrzange** bezeichnet) und die **Gripzange** mit der häufig Bauteile beim Schweißen oder Blindnieten fixiert werden.

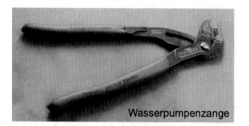

Abb. 4.6 Zangen zum Greifen

Typische Formen der Backen von Zangen zum Umformen, Greifen oder Halten sind die in Abb. 4.7 dargestellten Formen: Flach,- Halbrund- und Rundzange. Gekröpfte oder gebogene Zangen werden als **Storchenschnabelzange** bezeichnet. Die Greifflächen an den Backen der Zangen können glatt, gezahnt oder kreuzgezahnt sein. Die Struktur der Greifflächen ist abhängig vom Einsatzzweck der Zange und dem zu bearbeitendem Werkstoff.

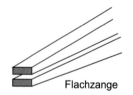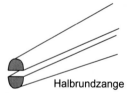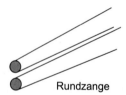

Abb. 4.7 Backenformen von Zangen

Zangen können unterteilt werden in:

- Zangen zum Umformen (z. B. Crimpzangen (siehe Abschnitt 4.4.1), Flachzangen, Rundzangen, Blindnietzangen (siehe Abschnitt 4.4.3.3))
- Zangen zum Trennen (siehe Abschnitt 4.3.1.6)(z. B. Seitenschneider, Lochzangen, Abisolierzangen, Kneifzangen, Bolzenschneider)
- Zangen zum Fügen (siehe Abschnitt 4.4.1)(z. B. Sicherungsringzangen, Crimpzangen und Blindnietzangen)
- Zangen zum Greifen oder Halten (z. B. Flachzangen, Rundzangen, Wasserpumpenzangen, Gripzangen)
- Kombinationen der oben genannten Zangen (z. B. Kombizangen, dargestellt in Abb. 4.8).

Bei Zangen werden verschiedene Gelenkarten verwendet:

- das durchgesteckte Gelenk: Ein Schenkel der Zange ist in einer Öffnung des anderen Zangenschenkels geführt. Das Zangenmaul wird präzise ausgerichtet und ein Überlappen der Maulhälften wird sicher vermieden. Allerdings ist die Herstellung dieser Bauform anspruchsvoller.

- das aufgelegte Gelenk: Die beiden Zangenschenkel sind übereinandergelegt und mit einem Gelenkbolzen, meist einem Niet, verbunden. Die Herstellung dieser Bauform ist deutlich einfacher, allerdings sind derartig aufgebaute Zangen auch weniger präzise.
- das Gleitgelenk: Durch Verschieben der beiden Zangenschenkel zueinander kann die Maulöffnung vergrößert oder verkleinert werden. Dadurch wird die Anpassung der Greifbacken der Zange an verschiedene Werkstückgrößen ermöglicht. Ein typisches Beispiel dafür sind Wasserpumpenzangen.
- das eingelegte Gelenk: beide Zangenhälften sind zur Hälfte ausgearbeitet, beide Zangenschenkel können daher ineinander gelegt werden.

Typische Griffformen von Zangen sind die in Abb. 4.9 dargestellten geraden, gebogenen und geschweiften Griffe. Die Griffe können mit verschiedenen Oberflächen und Beschichtungen, je nach Anwendung versehen sein. Zum Beispiel besitzen Zangen für Arbeiten an elektrischen Anlagen isolierte Griffe, damit diese keinen elektrischen Strom leiten können.

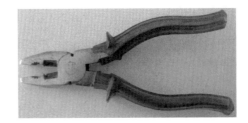

Abb. 4.8 Kombizange

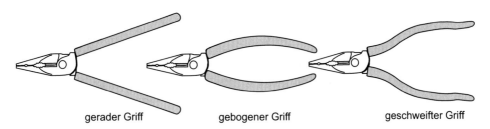

gerader Griff   gebogener Griff   geschweifter Griff

Abb. 4.9 Griffformen von Zangen

4.3 Handwerkzeuge zum Trennen

4.3.1 Handwerkzeuge zum Zerteilen

Zum Zerteilen von Werkstoffen werden eine Vielzahl von Werkzeugen benutzt, die teilweise schon seit Jahrhunderten erfolgreich in der manuellen Produktion angewendet werden.

4.3.1.1 Meißel

Meißel finden bei einer Reihe von Bearbeitungsaufgaben noch als vergleichsweise grobe Werkzeuge Verwendung. Neben typischen Anwendungen im Bauhandwerk, wo sie zum Trennen von Beton und zum Abbruch von Mauerwerk eingesetzt werden, finden sie auch bei der Bearbeitung von Metallen Anwendung. Sie werden beispielsweise eingesetzt, um groben Grat, der beim Brennschneiden entstanden ist, zu entfernen. Weiterhin werden sie zum Trennen von fest sitzenden Muttern, Schrauben und Nieten benutzt. Ein Meißel, dargestellt in Abb. 4.10, besteht aus einem Schaft, dem Kopf und dem Keil mit der Schneide. Der Keilwinkel an der Schneide soll zwischen 55° und 60° betragen. Der Keil ist gehärtet. Der Schaft und der Kopf sind weicher, allerdings entstehen durch die zahlreichen Schlä-

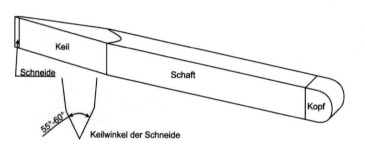

völlig zerstörter Meißelkopf

Abb. 4.10 Flachmeißel

ge des Hammers auf den Kopf des Meißels Verformungen, die zu Kaltverfestigungen des Materials (Abb. 4.10 rechts) führen. Dadurch wird auch der Kopf des Meißels sehr hart. Bei weiteren Schlägen auf den Meißel splittern diese Bereiche ab und können zu ernsthaften Verletzungen der Augen, aber auch anderer Köperteile führen. Daher ist beim Meißeln grundsätzlich eine Schutzbrille zu verwenden und der Grat am Meißelkopf ist immer abzuschleifen. Stark verformte Meißelköpfe, wie sie in Abb. 4.10 rechts dargestellt sind, dürfen nicht benutzt werden. Derartig verformte Köpfe werden in der Praxis umgangssprachlich häufig als „Blumenkohl" bezeichnet.

4.3.1.2 Schaber

Mit Schabern werden Metalloberflächen eingeebnet, um Gleitlagerflächen, Gleitbahnen, Passflächen und Öltaschen an Werkzeugmaschinen und Messmaschinen zu fertigen. In den durch Schaben gefertigten Taschen, die nur wenige Mikrometer tief sind, findet Schmiermittel Platz, um auch bei hoher Belastung der Gleitbahnnen und -führungen eine ausreichende Schmierung zu ermöglichen. Schaber weisen meist negative Spanwinkel auf. Allerdings ist diese Angabe immer vom zu bearbeitenden Werkstoff und der Anwendung abhängig. Schaben wird sehr häufig beim Aufarbeiten verschlissener Führungen von Werkzeugmaschinen eingesetzt. Ein Flachschaber und ein Dreikantschaber sind in Abb. 4.11 dargestellt. Neben manuell betriebenen Schabern werden Schaber an handgeführten Werkzeugen auch durch Druckluft oder elektrisch angetrieben und führen eine oszillierende Bewegung aus.

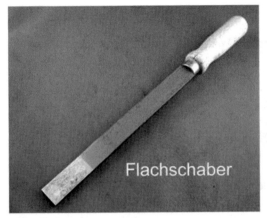

Abb. 4.11 Schaber

4.3.1.3 Locheisen

Locheisen, dargestellt in Abb. 4.12, die- nen zum Erzeugen von Löchern in zahlrei- chen Materialien wie Gummi, Leder, Pa- pier und Kunststoffe und auch schwere textile Stoffe wie Planen und Matten, so- wie zum Ausstanzen von speziellen For- men. Häufig werden in manuell gefertig- ten Dichtungen Löcher mit Locheisen ge- fertigt. In der Metallindustrie, insbesonde- re in der Blechschlosserei, werden auch (meist runde) Abdeckkappen mit Lochei- sen gefertigt. In der holzverarbeitenden In- dustrie werden ebenso dünne Furnierplätt- chen gelocht. Mit **Blechlochern**, auch als **Blechaushauer** bezeichnet, werden auch Bohrungen in dünnen Blechen aus Nicht- eisenmetallen und teilweise auch weichem Stahl erzeugt. Für diese Anwendungen werden auch speziell angepasste Form- locheisen verwendet. Das Locheisen be- steht aus einem mit einer Schneide verse- henden Hohlzylinder aus gehärtetem Stahl und einem Schaft. Aus dem Hohlzylinder kann das ausgelochte Stück Material ent-

Abb. 4.12 Locheisen

nommen werden. Zum Herstellen der Lochung wird das Locheisen senkrecht auf das Werkstück gestellt und mit einem Hammer auf den Schaft geschlagen, dabei muss das Material auf einer weichen Unterlage wie Holz, Kupfer oder ähnlichem liegen, da sonst das Locheisen beschädigt werden kann.

4.3.1.4 Lochschneider

Ein weiteres Werkzeug, um Löcher in dünnen Blechen zu fertigen, ist der in Abb. 4.13 dargestellte Lochschneider. Er wird häufig verwendet, wenn relativ große Löcher hergestellt werden müssen. Ein Lochschneider besteht aus einem Oberteil, der die Form eines einseitig verschlossenen Zylinders aufweist. Das Unterteil bildet der Schneidstempel, der eine wellenförmige Schneide besitzt. Ober- und Unterteil sind mit einer Schraube verbunden. Das Oberteil besitzt eine Durchgangsbohrung, während das Unterteil ein Innengewinde besitzt, in dem sich das Außengewinde der Schraube befindet. Zunächst muss eine Bohrung gefertigt werden, die groß genug ist, um die Schraube des Lochschneiders durchzustecken. Der Mittelpunkt dieser Bohrung muss sich an der Endposition der gewünschten Bohrung befinden. Dann werden mit Hilfe der Schraube die beiden Teile des Lochschneiders aufeinander zu bewegt. Dabei wird mit der Schneide des Locheisens der Bauteilwerkstoff getrennt und die Bohrung gefertigt. Dieses Werkzeug wird sehr

Abb. 4.13 Lochschneider

häufig während der Installation von Spültischarmaturen in Edelstahlspültischen verwendet.

4.3.1.5 Scheren

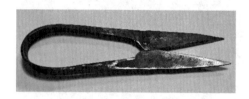

Scheren dienen dem spanlosen Trennen oder Einschneiden für eine Reihe von Werkstoffen. Scheren bestehen aus zwei aneinander vorbeigleitenden beweglichen Scherenhebeln, die auch als **Branchen** bezeichnet werden. An diesen Scherenhebeln befinden sich die Klingen. Für die manuelle Bearbeitung gibt es eine Vielzahl von unterschiedlichen Typen von Scheren,

Abb. 4.14 Bügelschere

je nach Anwendungszweck. Scheren können unterschieden werden in Scheren mit einer und Scheren mit zwei beweglichen Klingen. Typischerweise sind Scheren mit zwei beweglichen Klingen über ein Gelenk verbunden, weiterhin werden sogenannte **Bügelscheren** verwendet. In Abb. 4.14 ist eine handgeschmiedete Bügelschere dargestellt. Diese Art der Scheren wurde vor der Entwicklung von Gelenkscheren verwendet. Typischerweise werden Bügelscheren gegenwärtig noch zum Schneiden von Gras an unzugänglichen Stellen benutzt. Bei der Herstellung dieser Scheren muss beachtet werden, dass der Bügel federnde Eigenschaften aufweisen muss, die Schneiden dagegen müssen gehärtet werden.

Handblechschere

Blechscheren (Abb. 4.15 links) sind für die manuelle Bearbeitung von metallischen, dünnen Blechen aus Werkstoffen wie Kupferblech, verzinktem Stahlblech oder auch Edelstahlblech geeignet. Beim Schneiden mit Handblechscheren ist das Bauteil möglichst weit bis an den Drehpunkt der Schere zu schieben, damit der Kraftaufwand geringer wird und der Schnitt lang gehalten werden kann. Der Schnitt ist nie bis zu den Scherenspitzen auszuführen, sondern nach ca. 75 % der Klingenlänge zu unterbrechen. Es können sonst Querrisse im Bauteil entstehen.

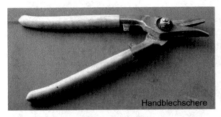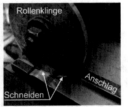

Abb. 4.15 Handblechschere und Rollenschere

Kabelschere

Kabelscheren (Abb. 4.16) werden teilweise auch als **Kabelschneider** bezeichnet. Diese Werkzeuge werden häufig bei Elektroinstallationsarbeiten verwendet, um mehradrige isolierte Kabel zu trennen. Einzeldrähte werden häufig mit Zangen (Seitenschneider) durchtrennt, dabei bewegen sich die Schneiden aufeinander zu. Um mehradrige Kabel zu trennen, müssen Werkzeuge verwendet werden, die scheren. Dadurch wird das Zusammenquetschen der einzelnen Kabel verhindert. Kabelscheren besitzen im Vergleich zu Zangen kleine Schneidenwinkel und scharfe Schneiden. Dadurch wird ein leichteres Eindringen in die verhältnismäßig weichen Werkstoffe der Kabel wie Kupfer und Aluminium möglich. Allerdings sind die Schneiden der Kabelscheren für das Schneiden harter Werkstoffe wie Stahl und auch gehärteter Kupferwerkstoffe nicht geeignet.

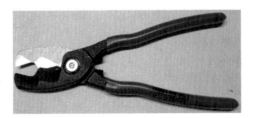

Abb. 4.16 Kabelschere

Schlagscheren

Schlagscheren (Abb. 4.17 links) werden auch als **Handhebelscheren** bezeichnet und besitzen ebenso wie **Tafelscheren** (Abb. 4.17 rechts), die durch Elektromotore oder hydraulisch angetrieben werden, eine bewegliche Klinge (das **Schermesser**), die an einer feststehenden Klinge (das **Gegenmesser**) vorbeigleitet.

Abb. 4.17 Schlagschere und Tafelschere

Mit Schlagscheren können keine Rohre und Profile geschnitten werden. Mit den Standardmessern kann auch kein Stangenmateriel geschnitten werden, da sonst die Schneiden beschädigt werden. Zum Schneiden von Stangen sind spezielle Schneiden zu verwenden.

Rollenscheren

Bei **Rollenscheren** gleitet eine runde Klinge gegen eine gerade, feststehende Schneidkante oder gegen eine sich ebenfalls drehende zweite runde Klinge (Abb. 4.15 rechts). Diese Systeme werden hauptsächlich beim Papier-, Blech- und Folienzuschnitt eingesetzt. Weiterhin werden kleine, motorbetriebene Rollenscheren auch beim Zuschnitt von Fussbodenbelägen verwendet.

4.3.1.6 Zangen zum Trennen

Zum Trennen können sehr verschiedene Arten von Zangen (siehe Abb. 4.18) verwendet werden. Es gibt eine Reihe von Zangen, die speziell für bestimmte Anwendungen entwickelt worden sind. So können zwar mit einem Seitenschneider (Abb. 4.18 rechts) Drähte, Stifte und auch Drahtseile (Bowdenzüge) getrennt werden. Allerdings ist die Schnittqualität an Drahtseilen bei der Verwendung von Seitenschneidern sehr schlecht. Die Drähte spleißen auf und das Seil kann nicht mehr sicher verwendet werden. Um Drahtseile (Bowdenzüge), wie sie bspw. bei Fahrrädern bei Bremsen und Schaltungen verwendet werden, sollten daher spezielle Drahtseilschneider (Abb. 4.18 links) verwendet werden. In der

Abb. 4.18 ist deutlich der Qualitätsunterschied im Vergleich der Schnittstellen der beiden Zangen zu erkennen.

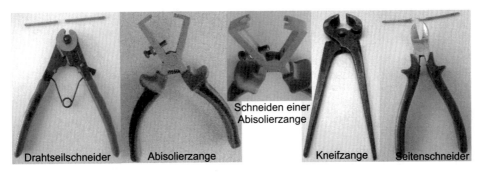

Abb. 4.18 Zangen zum Trennen

Es empfiehlt sich daher immer das am besten an die Bearbeitungsaufgabe angepasste Werkzeug zu verwenden. Qualitativ hochwertige Werkzeuge sind zwar meist etwas teuer, mit ihnen kann aber auch häufig besser, schneller und auch sehr viel sicherer gearbeitet werden. Entsprechend der in Abschnitt 2.4.1 dargestellten Einteilung der verschiedenen Arten des Zerteilens, können auch die Schneiden der Zangen entsprechend zugeordnet werden (Abb. 4.19). Der **Messerschnitt** wird häufig auch als **Ambossschnitt** bezeichnet. Durch die Wahl der verschieden Schneidenformen wird das Trennen von verschiedenen Werkstoffen optimiert.

- **Beißschnitt mit Außenfase**: durch die angeschrägte Form der beiden Schneiden wird die Belastung der Klinge relativ gering.
- **Beißschnitt ohne Außenfase**: lassen bündige Schnitte zu, sind aber nur für weiche Werkstoffe wie Kupfer geeignet.
- **Messer- oder Ambossschnitt**: geeignet für Faserbündel wie Seile oder Bowdenzüge, aber weniger für Drähte und Stifte, da die erfoderliche Kraft erhöht wird.
- **Scherschnitt (für Scheren!)**: geeignet für Kabel-, Drahtseil-, Universal- und für Blechscheren, hier wirken die geringsten Schneidkräfte.

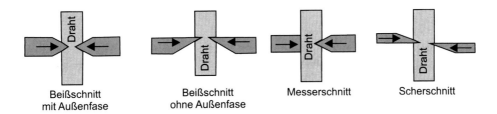

Abb. 4.19 Formen von Schneiden an Zangen im Vergleich zum Scherschnitt

Die Zangen zum Trennen können ebenfalls nach der Lage der Schneide, wie sie in Abb. 4.20 dargestellt sind, eingeteilt werden.

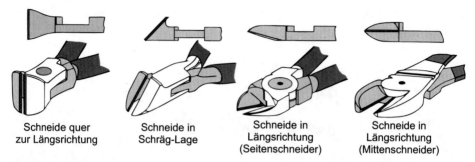

| Schneide quer zur Längsrichtung | Schneide in Schräg-Lage | Schneide in Längsrichtung (Seitenschneider) | Schneide in Längsrichtung (Mittenschneider) |

Abb. 4.20 Einteilung der Zangen nach Lage der Schneide, [Quelle: nach KNIPEX-Werk, C. Gustav Putsch KG, Wuppertal]

Seitenschneider

Mit Seitenschneidern (siehe Abb. 4.18) werden Drähte und Stifte getrennt.

Kneifzange

Die Kneifzange (siehe Abb. 4.18) (regional auch als **Kneife**, **Beißzange** oder **Kantenzange** bezeichnet) besitzt zwei keilförmige Schneiden. Mit ihr können Drähte und Stifte getrennt, aber auch Nägel, Drahtstifte und Klammern aus Holz gezogen werden. Eine vergleichbare Form wie die Kneifzange besitzt die Monierzange, mit der Moniereisenstangen mit Draht verbunden (gerödelt) werden.

Abisolierzange

Die in Abb. 4.18 dargestellte Abisolierzange dient zum Entfernen der elektrisch isolierenden Kunststoffbeschichtung von Kabeln. Mit dieser Zange können keine Metalldrähte getrennt, sondern nur die relativ weiche Kunststoffschicht entfernt werden.

Bolzenschneider

Als Bolzenschneider, dargestellt in Abb. 4.21, wird eine Zange zum Trennen von Stäben, dicken Drähten, Ketten und Stahlmatten bezeichnet. Er wird im Gegensatz zu den meisten Zangen mit beiden Armen betrieben. Durch die langen Griffe und einen doppelten Hebelmechanismus können sehr große Kräfte am Werkstück wirksam werden. Die Schneidbacken der Bolzenschneider können meist ausgewechselt werden.

Lochzangen

Mit Lochzangen werden Löcher in Materialien wie Kunststoff, Leder, Stoffen und Planen eingebracht. Diese Durchbrüche können sehr vielfältige Formen aufweisen. Die meisten

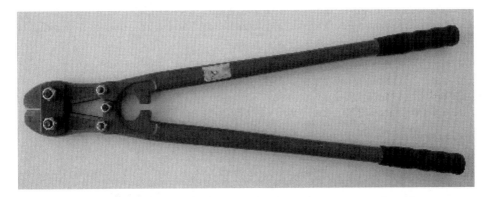

Abb. 4.21 Bolzenschneider

Lochzangen sind nicht zur Bearbeitung von Metallen geeignet, eine Ausnahme bilden die Lochzangen, mit denen bei Karosserieausbesserungsarbeiten Löcher für Schweißverbindungen hergestellt werden.

4.3.2 Handwerkzeuge zum Spanen mit geometrisch unbestimmter Schneide

4.3.2.1 Schleifpapier

Die Herstellung von Schleifpapier wird in der DIN 4000-131 genormt. Neben metallischen Werkstoffen können mit Schleifpapier auch Hölzer, mineralische Werkstoffe (Kunst- und Naturstein) und Lacke bearbeitet werden. Weitere umgangssprachlich benutzte Begriffe für Schleifpapier sind **Sandpapier**, **Schmirgelpapier** oder -leinen. Neben Schleifpapieren für den Trockenschliff gibt es auch Schleifpapiere für die Nassbearbeitung, die sogenannten **Nassschleifpapiere**. Der Aufbau von Schleifpapieren ist in Abb. 4.22 dargestellt. **Trägerschicht:** Die unterste Schicht des Schleifpapiers wird Trägerschicht genannt und

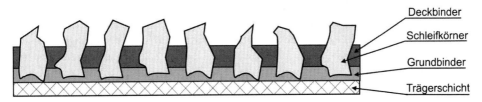

Deckbinder
Schleifkörner
Grundbinder
Trägerschicht

Abb. 4.22 Aufbau von Schleifpapieren

besteht in Abhängigkeit vom Einsatzzweck aus Papier, Gewebe oder Vulkanfiber. Für die Verwendung als manuelles Schleifmittel wird meist Papier benutzt, da es biegsam, leicht zu schneiden und zu falten ist und daher sehr flexibel ist. Für den Einsatz auf Maschinen beim Bandschleifen u. Ä. werden meist Stoffgewebe, wie Leinen, verwendet, da diese widerstandsfähiger und wesentlich höher belastbar sind. Es werden Papiere für den Nass- und Trockenschliff nach ihrem Gewicht unterschieden. Für den Trockenschliff sind dies :

- A-Papier: <= 85g/qm
- B-Papier: > 85 bis 110 g/qm
- C-Papier: > 110 bis 135 g/qm
- D-Papier: > 135 bis 160 g/qm
- E-Papier: > 220 bis 270 g/qm

Für den Nassschliff sind dies:

- A-Papier: <= 115 g/qm
- C-Papier: => 115 g/qm.

Bei dem Einsatz von Geweben als Trägerschicht sind folgende Bezeichnungen üblich:

- N = Nesselgewebe
- O = Leichter Körper für Blattware
- PF = Kräftiger, flexibler Körper für Blattware und Sparrollen
- J = Leichtes Gewebe für Bänder
- X = Schweres Gewebe für Bänder
- XP = Schweres Polyestergewebe für Bänder
- Z = Überschweres Gewebe für Bänder.

Durch die Zusatzbuchstaben F werden flexible und durch FF werden hochflexible Unterlagen gekennzeichnet.

Grundbinder: Der einseitig auf die Trägerschicht aufgetragene Klebstoff wird als Grundbinder bezeichnet. Er besteht meist aus Leim oder Kunstharz und bindet die Schleifkörner an die Trägerschicht.

Schleifkörner: Die Schleifkörner bestimmen im Wesentlichen die Eigenschaften des Schleifpapiers. Sie können aus verschiedenen Materialien bestehen und unterscheiden sich in ihrer Härte, ihrer Größe und der Verteilung auf dem Schleifpapier:

- Aluminiumoxid: ist sehr hart, widerstandsfähig und wirtschaftlich einsetzbar. Umgangssprachlich wird es auch als Korund bezeichnet.
- Siliziumkarbid: ist etwas härter als Aluminiumoxid, besitzt einen hohen Schmelzpunkt und wird daher oft beim maschinellen Schleifen angewendet.
- Bornitrid: ist nach Diamanten der zweithärteste derzeit bekannte Werkstoff. Da es eine höhere Temperaturfestigkeit besitzt, ist es Schleifpapier mit Diamant-Körnung bei hohen Temperaturen überlegen.
- Diamant: Es ist das härteste, derzeit bekannte Material. Aufgrund der geringeren Wärmebeständigkeit ist es als Schleifmittel nicht überall einsetzbar, insbesondere nicht bei der Stahlbearbeitung.

Deckbinder: Die letzte Schicht ist der Deckbinder, der die Körner untereinander verbindet und somit für Stabilität sorgt. Beim ersten Anschliff wird der Binder von der Oberfläche der Schleifkörner abgetragen, wodurch diese dann frei liegen. Die Verteilung der Schleifkörner ist bei den verschiedenen Schleifpapieren unterschiedlich. Sie ist abhängig von der Körnung. Je weiter die Körner voneinander entfernt sind, desto tiefer dringen sie in die Werkstückoberfläche ein. Die Korngrößen für Schleifpapiere nach FEPA (Federation of European Producers of Abrasives) sind in Tab. 4.1 dargestellt.

Bezeichnung von Schleifpapieren

Die Härte der Körnung wird durch den Buchstaben vor der Korngröße angegeben. Dabei stehen die Bezeichnungen von A bis K für weiche, L bis O für mittlere und P bis Z für besonders harte Körnungen. Die Zahl hinter dem Buchstaben gibt die Korngröße des Schleifpapiers an. Je höher diese Zahl ist, desto feiner ist die Körnung. Mit einer groben Körnung wird viel Material abgetragen und die Oberfläche des Werkstücks wird rau und zerkratzt. Mit einer feinen Körnung wird auch eine deutlich feinere Oberfläche und ein homogenes Schliffbild erzeugt. Die Zahlen zur Bezeichnung der Körnung eines Schleifpapieres werden in mesh angegeben. Diese Einheit bezeichnet die Anzahl von Öffnungen in einem Sieb, die Maschenweite. Ein Wert von 40 mesh bezeichnet ein Sieb mit 40 Öffnungen bei einer Kantenlänge von einem Zoll. Die Schleifkörner werden gesiebt und entsprechend der Maschenweite des

FEPA Bezeichnung (Papier)	mittlerer Korndurchmesser in µm	FEPA Bezeichnung (Papier)	mittlerer Korndurchmesser in µm
P12	1815	P240	58.5 ± 2
P16	1324	P280	52.2 ± 2
P20	1000	P320	46.2 ± 1.5
P24	764	P360	40.5 ± 1.5
P30	642	P400	35.0 ± 1.5
P36	538	P500	30.2 ± 1.5
P40	425	P600	25.8 ± 1
P50	336	P800	21.8 ± 1
P60	269	P1000	18.3 ± 1
P80	201	P1200	15.3 ± 1
P100	162	P1500	12.6 ± 1
P120	125	P2000	10,3 ± 0.8
P150	100	P2500	8.4 ± 0.5
P180	82	P3000	7
P220	68	P5000	5

Tabelle 4.1 Korngrößen für Schleifpapiere nach FEPA

verwendeten Siebes klassifiziert. Eine Körnung von 40 bis 120 entspricht einem groben Schleifpapier. Eine mittlere Körnung ist bei Werten von 180 bis 400 gegeben, alle größeren Werte entsprechen feinen Körnungen, hierbei sind für sehr gute Oberflächen Werte bis zu 4000 üblich. Sollen sehr feine Oberflächen erzeugt werden, wird zuerst grobes und dann immer feineres Schleifpapier verwendet.

Die Korngröße der verwendeten Papiere ist bei der Verwendung von Korund und SiC nicht direkt aus den Angaben der Körnung zu ermitteln. Da bei einer Berechnung der Korngröße noch die Dicke der Drähte des Siebes zu berücksichtigen ist, wird die reale Maschenweite kleiner. Bei großen mesh-Werten entstehen dadurch erhebliche Differenzen zwischen den Korngrößenwerten und der Maschenweite. Eine Umrechnung oder ein Vergleich ohne entsprechende Tabelle oder genaue Kenntnis der jeweiligen Normen ist daher nicht möglich. Nur die Angaben für Diamant und Bornitrid Körnungen entsprechen der Korngröße, daher wird für diese Werkstoffe die Maschengröße des Siebes angegeben.

4.3.2.2 Läppwerkzeuge

Zum Läppen werden häufig Läppscheiben aus Gusseisen zum Planläppen, Läpphülsen zum Außenrundläppen und Läppdorne zum Läppen von Innenkonturen verwendet. Durch feste bzw. harte Läppwerkzeuge wird ein Abrollen der Läppkörner unterstützt. Durch weiche Läppwerkzeuge, z. B. aus Kunststoff, Kupfer oder auch Pech werden die Läppkörner eher festgehalten. Dadurch entstehen feinere Oberflächen. Geläppte Oberflächen besitzenen im Gegensatz zu polierten Oberflächen ein eher mattglänzendes Aussehen. Als **Läppmittel** werden Gemische aus einem ungebundenen Korn, z. B. Diamant, Korund oder Borcarbid mit einer Läppflüssigkeit, die aus Wasser, Öl, Petroleum und diversen anderen Stoffen besteht, bezeichnet. Durch Läppen sind eine Vielzahl von Werkstoffen bearbeitbar (z. B. Metalle, NE-Metalle, Gläser, Keramiken usw.). Durch Läppen können:

- hohe Oberflächengüten (bis 0,1 μm)
- hohe Formgenauigkeiten und
- enge Maßtoleranzen (bis IT 1) erreicht werden können.

> Harte Läppwerkzeuge erzielen einen hohen Abtrag, weiche Läppwerkzeuge erzielen eine bessere Oberfläche.

4.3.2.3 Abziehsteine

Abziehsteine werden zum Feinschliff und zum Abziehen von Werkzeugschneiden, aber auch von Messerschneiden verwendet. Durch das Abziehen wird der Grat, der sich beim Schleifen gebildet hat, entfernt. Es werden natürliche und künstliche Abziehsteine benutzt. Die künstlichen Abziehsteine bestehen aus den oben beschriebenen Schleifmitteln und verschiedenen Bindemitteln. Häufig bestehen die künstlichen Abziehsteine an der Ober- bzw. Unterseite aus unterschiedlichen Korngrößen. Natürliche Abziehsteine werden häufig nach ihrem Fund- oder Abbauort benannt. Abziehsteine werden meist zusammen mit Wasser oder verschiedenen Kohlenwasserstoffen verwendet. Eine regionaltypische Bezeichnung für den Abziehstein ist **Ölstein**.

4.3.3 Handwerkzeuge zum Spanen mit geometrisch bestimmten Schneiden

4.3.3.1 Bohrwerkzeuge für die Metallbearbeitung

Die Bohrwerkzeuge für die Metallbearbeitung werden im Kapitel 8.3.1 dargestellt, da diese hauptsächlich maschinengeführt sind.

4.3.3.2 Bohrwerkzeuge für die Holzbearbeitung

Forstnerbohrer

Forstnerbohrer, in Abb. 4.23 dargestellt, werden häufig auch als **Astlochbohrer** bezeichnet. Diese Werkzeuge zur Holzbearbeitung erzeugen meist Grundlochbohrungen mit Durchmessern von 6 bis 150 mm. Häufig werden diese eingesetzt, um Bohrungen für Topfbänder an Schränken und Türen zu fertigen. Sie sind für die Metallbearbeitung völlig ungeeignet, kommen aber bei der Kunststoffbearbeitung zum Einsatz. Im Gegensatz zu Wendelbohrern besitzen sie nur eine kurze Spitze zur Zentrierung und keine Späne führenden Nuten.

Schlangenbohrer

Schlangenbohrer sind Holzbohrer, die sowohl als händisch zu führende als auch als maschinengeführte Variante im Einsatz sind. Sie sind meist relativ lang und besitzen im Gegensatz zu üblichen Metallbohrern nur eine Wendel. An der Spitze des Bohrers befindet sich eine ebenfalls gewendelte kleinere Zentrierspitze.

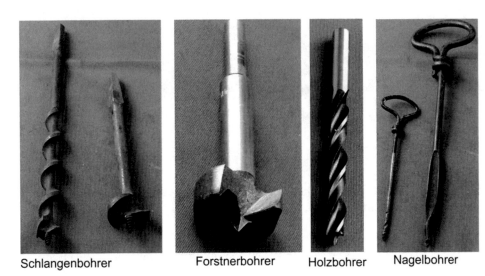

Schlangenbohrer   Forstnerbohrer   Holzbohrer   Nagelbohrer

Abb. 4.23 Bohrer für die Holzbearbeitung

Nagelbohrer

Als **Nagelbohrer** werden Bohrer bezeichnet, die händisch geführt werden und zum Vorbohren von Löchern für große Holzschrauben und große Nägel in Holz verwendet werden, um ein Spalten der Werkstoffe zu vermeiden.

Drillbohrer

Das umgangssprachlich als **Drillbohrer** bezeichnete Werkzeug ist eine sehr einfache Handbohrmaschine. Sie besitzt am unteren Ende eine Spannzange (Abb. 4.24), oben ist ein drehbarer runder Griff vorhanden. Auf der Schraube mit sehr großer Steigung befindet sich ein Griffstück, das beim Verschieben den Bohrer in Rotation versetzt. Der Drillbohrer wird nur noch im privaten Bereich zum Bohren kleiner Löcher verwendet. Eine Weiterentwicklung des Drillbohrers ist in Abb. 4.25 dargestellt. Dieses Werkzeug wird zum

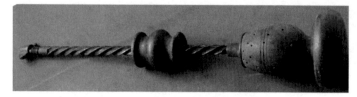

Abb. 4.24 Drillbohrer

schnellen Einschrauben von Schrauben verwendet und ist ein Vorläufer von heutzutage verwendeten Bohrschraubern.

Abb. 4.25 Weiterentwickelter Drillbohrer

4.3.3.3 Bohrwerkzeuge für die Steinbearbeitung (links) verschiedene Bohreraufnahmen (rechts)

Zum Bohren in harte Werkstoffe werden Bohrer mit eingesetzten Hartmetallschneiden verwendet. Neben diesen Werkzeugen werden auch Kernlochbohrer mit eingelöteten Hartmetallschneiden benutzt. Abb. 4.26 zeigt einen Kernlochbohrer mit eingelöteten Hartmetallschneiden, wie er zum Bohren in Naturstein, Beton und Ziegelsteinen verwendet wird. Für diese Werkzeuge werden neben Zylinderschäften auch spezielle Werkzeugaufnahmen verwendet. Beispiele dafür sind die SDS-Plus-, die SDS-Max- und Keilwellenaufnahmen. Diese Werkzeugaufnahmen wurden speziell für die effektive Weiterleitung der Schlagenergie von Bohrhämmern entwickelt. Diese Aufnahmen sind untereinander nicht kompatibel und können nur mit speziellen Bohrhämmern bzw. entsprechenden Adaptern eingesetzt werden.

Abb. 4.26 Bohrer für die Steinbearbeitung

4.3.3.4 Reibwerkzeuge

Zum Aufbohren mit mehrschneidigen Werkzeugen bei geringer Spanungsdicke (Reiben)
werden **Reibahlen** verwendet. Mit diesen Werkzeugen, die in Abb. 4.27 dargestellt sind,

Abb. 4.27 Reibahlen

werden maß- und formgenaue Bohrungen gefertigt. Reibahlen bestehen aus dem Schaft,
dem Hals, dem Führungsteil und dem Anschnittteil. Es gibt sie es als verstellbare Reibahlen, als **Maschinenreibahlen** und als **Handreibahlen**. Handreibahlen besitzen zur
Führung einen längeren Anschnitt von etwa 1/4 der Schneidenlänge und einen längeren Führungsteil als Maschinenreibahlen. Ein Vierkant zur Aufnahme eines Windeisens
(Abb. 4.32) ist am Ende des Schaftes von Handreibahlen vorhanden. Maschinenreibahlen besitzen einen kürzeren Anschnitt und eine kürzere Führung und einen zylindrischen
oder Morsekegelschaft zur Aufnahme in Maschinenspindeln. Mit **Kegelreibahlen** können
konische Formen zum Beispiel für Kegelstifte gefertigt werden. Um Reibahlen effektiv
einsetzen zu können, müssen die Bohrungen kleiner gefertigt werden. Das Reibaufmaß
muss ausreichend groß gewählt werden, da bei zu kleinen Werten kein Materialabtrag,
sondern nur eine elastische bzw. plastische Verformung stattfindet und die Schneiden des
Werkzeugs schneller verschleißen. In Tab. 4.2 sind die erforderlichen Reibaufmaße dargestellt.

Werkstoff	Ø3-5 mm	Ø5-10 mm	Ø10-20 mm	Ø20-30 mm	Ø>30 mm
Stahl bis 700 N/mm²	0,1-0,2	0,2	0,2-0,3	0,3-0,4	0,4-0,5
Stahl bis 1100N/mm²	0,1-0,2	0,2	0,2	0,3	0,3-0,4
Stahlguss	0,1-0,2	0,2	0,2	0,2-0,3	0,3-0,4
Grauguss	0,1-0,2	0,2	0,2-0,3	0,3-0,4	0,4-0,5
Temperguss	0,1-0,2	0,2	0,3	0,4	0,5
Kupfer	0,1-0,2	0,2-0,3	0,3-0,4	0,4-0,5	0,5
Messing/Bronze	0,1-0,2	0,2	0,2-0,3	0,3	0,3-0,4
Leichtmetalle	0,1-0,2	0,2-0,3	0,3-0,4	0,4-0,5	0,5
harte Kunststoffe	0,1-0,2	0,3	0,4	0,4-0,5	0,5
weiche Kunststoffe	0,1-0,2	0,2	0,2	0,3	0,3-,4

Tabelle 4.2 Aufmaß beim Vorbohren zum Reiben

4.3.3.5 Senkwerkzeuge

Durch Senken werden Bohrungen entgratet und an Bohrungen keglige oder plane Absätze gefertigt. Es können sowohl Planansenkungen als auch Planeinsenkungen und auch keglige Profilsenkungen erzeugt werden. Durch Senken werden vorhandene Bohrungen erweitert. In diesen Senkungen können Schraubenköpfe, Muttern oder auch Niete in Oberflächen von Werkstücken ohne Überstand aufgenommen werden. Die Werkstückoberfläche z. B. als Anbaufläche oder Gleitbahn bleibt daher erhalten. Ebenso helfen versenkte Schraubenköpfe Unfall- und Verletzungsgefahren zu verringern. Durch angesenkte Bohrungen wird das Gewindeschneiden und auch das Ansetzen von Spitzen beim Drehen erleichtert. Verschiedene Senkwerkzeuge sind in Abb. 4.28 dargestellt.

Abb. 4.28 Senkwerkzeuge

- **Kegelsenker** weisen eine Kegelform mit Spitzenwinkel von 60° (zum Entgraten) oder 90° (für Senkkopfschrauben) auf. Kegelsenker mit 75° Spitzenwinkel werden für Nietkopfsenkungen und mit 120° für Blechnietsenkungen verwendet. Die Schneidenanzahl von Senkwerkzeugen sind meist ungerade.
- **Querlochsenker** besitzen Bohrungen, die 45° schräg zur Senkerachse verlaufen und durch die die Späne abgeführt werden.
- **Flachsenker**, teilweise auch als **Plansenker** bezeichnet, weisen eine gerade Schneide auf und erzeugen eine ebene Senkung, wie sie beispielsweise verwendet werden, um ebene Flächen an Gussbauteilen zu erzeugen.
- **Zapfensenker** besitzen einen Zapfen, um den folgenden Senker exakt in der Bohrung führen zu können. Mit Zapfensenkern werden sowohl Senkungen für Schrauben mit zylinderförmigen Köpfen, wie Innensechskantschrauben, als auch mit nachfolgenden Kegelsenkern für Senkschraubensenkungen erzeugt.
- **Aufstecksenker** sind Werkzeuge zur Bearbeitung von weichen Werkstoffen, wie Holz oder Kunststoff. Sie werden auf einen Spiralbohrer aufgesteckt und mit einer Schraube fixiert. Damit können Bohrungen in einem Arbeitsgang gebohrt und angesenkt. bzw. entgratet werden.

4.3.3.6 Gewindeschneidwerkzeuge

Gewindebohrer

Gewindebohrer sind sowohl für manuelle als auch für maschinelle Anwendungen verfügbar. Der konstruktive Aufbau
der beiden Gewindebohrertypen ist ähnlich. Es werden geradgenutete Gewindebohrer, Gewindebohrer mit Schälanschnitt
und links- bzw. rechts-spiralige Werkzeuge unterschieden. Geradegenutete Gewindebohrer (Abb. 4.30 links) fördern den
Span nicht, er verbleibt in den Spannuten
des Werkzeugs. Daher können sie nur für
kurzspanende Werkstoffe bzw. für kurze

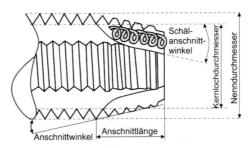

Abb. 4.29 Schälanschnitt an Gewindebohrern

Gewinde benutzt werden. Mit ihnen werden vorwiegend Durchgangsgewinde hergestellt.
Rechtsspiralige Gewindebohrer, dargestellt in Abb. 4.30 (dritter von links) führen den
Span Richtung des Werkzeugschaftes aus der Bohrung heraus. Je tiefer das Gewinde, desto
höher ist der dafür erforderliche Spiralwinkel am Werkzeug. Mit diesem Werkzeug können
Grundgewinde hergestellt werden. Gewindebohrer mit Schälanschnitt (Abb. 4.30 zweiter
von links) oder linksspiralige Gewindebohrer (Abb. 4.30 rechts) fördern den Span in Vorschubrichtung, daher können mit diesen beiden Typen nur Durchgangsgewinde gefertigt
werden.

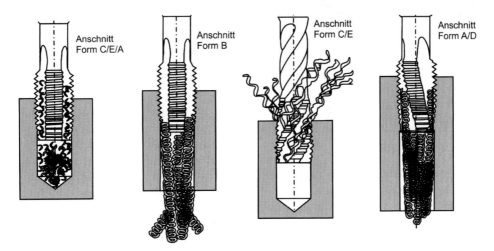

Abb. 4.30 Grundtypen von Gewindebohrern

Werkzeuge mit Schälanschnitt (Abb. 4.29) weisen eine höhere Stabilität auf, sie besitzen
nur im vorderen Bereich eine Linksstellung der Schneide und einen größeren Spanraum,
im Führungsbereich sind nur Schmiernuten vorhanden. Längere Anschnitte reduzieren die

Schneidenbelastung deutlich, allerdings wird das erforderliche Drehmoment ebenfalls erhöht. Die Ausführungsformen von Schälanschnitten sin in Tab. 4.3 dargestellt.

Form	Anzahl der Gänge im Anschnitt	Form der Spannuten	Anwendung
A	6-8	gerade	Durchgangsgewinde (mittel- und langspanende Materialien)
B	3,5-5	gerade mit Schälanschnitt	Durchgangsgewinde(mittel- und langspanende Materialien)
C	2-3	gerade- oder drallgenutet	Grundlochgewinde (mittel- und langspanende Materialien) Durchgangsgewinde (kurzspanende Materialien)
D	3,5-5	gerade- oder drallgenutet	Grundlochgewinde mit langem Gewindeauslauf Durchgangsgewinde
E	1,5-2	gerade- oder drallgenutet	Grundlochgewinde mit sehr kurzem Gewindeauslauf

Tabelle 4.3 Anschnitte von Gewindebohrern

Abb. 4.31 Handgewindebohrersatz

Handgewindebohrer

Ein Handgewindebohrer wird benutzt, um manuell Innengewinde zu schneiden. Ein Handgewindebohrersatz, dargestellt in Abb. 4.31, für metrische Gewinde besteht aus dem:

- Vorschneider (1 Ring am Schaft)
- Mittelschneider (2 Ringe am Schaft)
- Fertigschneider (ohne Ring).

Handgewindebohrer besitzen einen in der DIN 10 genormten Vierkantschaft. Die Handgewindebohrer können in einem verstellbaren Windeisen oder in Haltewerkzeugen mit Ratsche eingespannt werden. Die Gewindebohrer für die Gewinde von M 1 bis M 6 besitzen einen verstärkten Schaft und drei Spannuten. Die Größen von M 7 bis M 68 besitzen einen durchfallenden Schaft und vier Spannuten. Mit Handgewindebohrern können sowohl Grundlochbohrungen als auch Durchgangsbohrungen gefertigt werden. Handgewindebohrer-Sätze für die Gewinde UNF (Unified National Fine), BSP (British Standard Pipe), BSF (British Standard Fine) und MF (Metrisches ISO-Feingewinde) bestehen nur aus Vorschneider und Fertigschneider. Die Handgewindebohrer werden in einem **Windeisen** geführt. Windeisen, dargestellt in Abb. 4.32, gibt es in verschiedenen Größenbereichen entsprechend dem Vierkant am Schaft der benutzen Werkzeuge. Windeisen werden ebenfalls zum führen von Handreibahlen (siehe Abschnitt 4.3.3.4) verwendet.

Abb. 4.32 Windeisen mit Gewindebohrer

Maschinengewindebohrer

Maschinengewindebohrer sind zum Schneiden von Innengewinden mit Maschinen geeignet. Ein metrisches ISO Regelgewinde kann mit den Werkzeugen nach DIN 371 (verstärkter Schaft bis M10) und DIN 376 (durchfallender Schaft) geschnitten werden.

Einschnittgewindebohrer

Durch einen **Einschnittgewindebohrer** werden die drei Werkzeuge des Handgewindebohrer-Satzes in einem Werkzeug zusammengefasst. Die Bearbeitung erfolgt hierbei in einem Schnitt. Allerdings ist dieses Werkzeug nur für durchgehende Gewinde geeignet.

Kombi Maschinengewindebohrer

Kombi Maschinengewindebohrer sind Werkzeuge, die zum Bohren und Gewindeschneiden mit einem Werkzeug in einem Arbeitsgang konstruiert wurden. Mit ihnen können allerdings nur Durchgangsgewinde gefertigt werden.

Gewindeformer

Gewindeformer und deren Anwendungen werden im Abschnitt 8.2.1 dargestellt.

Schneideisen

Für die manuelle Fertigung von Außengewinden werden **Schneideisen** verwendet. Das Schneideisen (Abb. 4.33) wird in einem **Schneideisenhalter** von Hand geführt. Für sehr große Außengewinde insbesondere im Bereich der Sanitärinstallation werden **Schneidkluppen** verwendet. Bevor das Schneideisen benutzt werden kann, muss das Bauteil auf den Nenndurchmesser des zu fertigenden Gewindes gedreht werden, bzw. ein entsprechendes Rohteil verwendet werden. Weiterhin ist der Zylinder mit einer Fase von 45° zu versehen. Das Schneideisen wird rechtwinklig angesetzt und gedreht und muss nach jeder halben Umdrehung etwas zurückgedreht werden, damit die Späne gebrochen werden und nicht die Gewindegänge verstopfen. Dieser Vorgang ist solange zu wiederholen, bis die geforderte Gewindelänge erreicht ist. Während des Schneidens sollte mit einem Schneidöl

Abb. 4.33 Schneideisen und Schneideisenhalter

geschmiert werden, um den Kraftaufwand zu verringern und die Standzeit des Schneideisens zu erhöhen.

4.3.3.7 Feilen

Als Feilen (Abb. 4.34) werden mehrschneidige, spanende Werkzeuge bezeichnet, die aus dem Blatt mit den Hieben, der Angel und dem Heft (Griff) bestehen. Die Zwinge verhindert ein Aufspalten des Hefts. Die Einkerbungen auf dem Blatt der Feile werden Hiebe genannt. Sie ermöglichen den Spanabtrag. Die Hiebe können gehauen oder gefräst werden. Die klassische Art der Herstellung ist das Hauen der Hiebe. Gehauene Hiebe (Abb. 4.35)

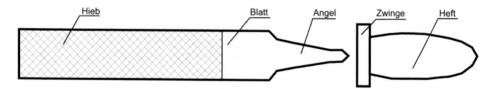

Abb. 4.34 Bezeichnungen an einer Feile

besitzen einen negativen Spanwinkel von etwa -2 % bis -15 %. Die Hiebe schaben daher nur über das Werkstückmaterial und spanen nur relativ wenig Material ab. Gefräste Hiebe (Abb. 4.35) werden in das Blatt gefräst und weisen einen positiven Spanwinkel von maximal +16 % auf. Das Hiebprofil gefräster Hiebe ähnelt einem Sägeprofil und wird für einen großen Materialabtrag verwendet. Nach der Hiebart werden die in Abb. 4.36 dargestellten Einhieb-, Kreuzhieb- und Raspelhiebfeilen unterschieden.

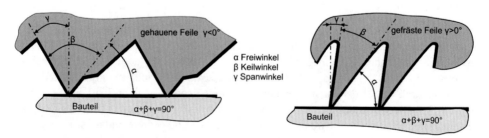

Abb. 4.35 gehauene und gefräste Feilenhiebe

Einhieb: Bei dieser Hiebart (Abb. 4.36) verlaufen die Einkerbungen parallel zueinander und können quer zum Blatt, leicht schräg oder wellenförmig verlaufen, dadurch wird die Spanabfuhr erleichtert. Mit dieser Hiebart werden weiche Werkstoffe bearbeitet und Werkzeuge wie Sägen geschärft.

Kreuzhieb: Beim Kreuzhieb (Abb. 4.36) kreuzen sich zwei Hiebe unter 50° bzw. 70° zur Blattachse. Zuerst werden die Hiebe leicht, mit etwa 70° Neigung (Unterhiebe), in das Blatt geschlagen. Anschließend erfolgt die Herstellung der Oberhiebe mit einem Winkel von etwa 50° zur Blattachse. Der Oberhieb ist meist nicht ganz so tief gehauen wie der Unterhieb. Der Vorteil des Kreuzhiebs ist, dass er nicht nur die Späne abtransportiert, sondern auch bricht.

Raspelhieb: Der Raspelhieb (Abb. 4.36), auch als Pockenhieb bezeichnet, ist eine Hiebform, bei der über das ganze Feilenblatt einzelne Zähne verteilt sind, die ähnlich wie ein Sägeblatt funktionieren. Feilen mit Raspelhieb werden umgangssprachlich auch als Raspeln bezeichnet. Mit diesen Werkzeugen erfolgt eine Grobbearbeitung von Holz, Kunststoff und auch Horn.

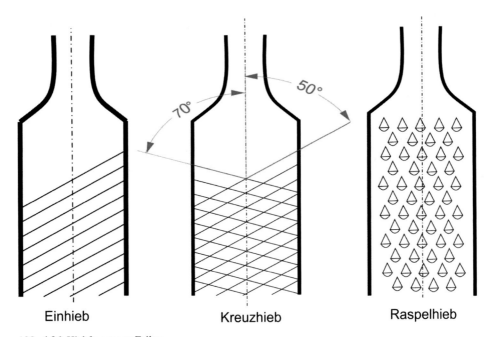

| Einhieb | Kreuzhieb | Raspelhieb |

Abb. 4.36 Hiebformen an Feilen

Hiebzahl

Die Hiebzahl gibt an, wie viele Hiebe sich auf einem Zentimeter in Längsrichtung des Blattes befinden. Je höher die Hiebzahl ist, desto geringer ist der Abstand zwischen den Hieben. Bei Raspelfeilen wird die Anzahl der Zähne pro cm² angegeben. Ein geringer Abstand ermöglicht einen langsamen Abtrag und einen kleinen Span, ein großer Abstand ermöglicht ein schnelleres und gröberes Abtragverhalten. In der Tab. 4.4 sind die Hiebnummern, Hiebzahlen und die Bezeichnung der Feilen aufgeführt.

Hieb-nummer	Hiebzahl	Feinheit / Grobheit	Feilenbezeichnung
0	~ 4,5-10	grob	Grobfeile
1	~ 5-17	mittelgrob	Schruppfeile
2	~ 9-25	mittelfein	Halbschlichtfeile
3	~ 13-35	halbfein	Schlichtfeile
4	~ 25-50	fein	Doppelschlichtfeile
5	~ 35-71	sehr fein	Feinschlichtfeile

Tabelle 4.4 Feilenbezeichnung nach Hiebnummer und Hiebzahl nach [DIN 8349]

Hiebnummer

Die DIN 8349 definiert die Hiebnummer. Sie legt fest, wie viele Hiebe sich auf einem Feilenblatt befinden dürfen. Dabei wird immer von der Gesamtlänge der Feile ausgegangen [DIN 8349]. Feilen können weiterhin nach ihrer Querschnittsform (siehe Abb. 4.37) eingeteilt werden. Beispielsweise:

- Dreikantfeile
- Vierkantfeile
- Flachfeile
- Rundfeile
- Halbrundfeile
- Schwertfeile.

Abb. 4.37 Feilenquerschnitte

Nach ihrer Größe können Feilen in Arm-, Hand-, Schlüssel- und Nadelfeilen eingeteilt werden. Regional unterschiedlich werden die größten Feilen als Bastard- oder Armfeile bezeichnet. Eine spezielle Ausführung der Feile ist die Gewindefeile. Mit ihr können Außen- und Innengewinde bei leichten Beschädigungen manuell nachbearbeitet werden. Diese Nacharbeit ist meist nur wirtschaftlich bei sehr teuren und komplexen Bauteilen.

4.3.3.8 Handbügelsäge

Die Handbügelsäge, teilweise auch als Bogensäge bezeichnet, dient zum Trennen von Material. Sie ist, wie in Abb. 4.38 dargestellt, aus dem Griff, dem Bügel, dem Spannkloben, dem Sägeblatt und der Spannschraube aufgebaut. Bevor von Hand mit einer Bügelsäge gearbeitet wird, muss die Lage des Schnittes mit einer Reißnadel und einem Winkel exakt auf das Bauteil übertragen werden (Abb. 4.39 links). Dann wird das Werkstück vor dem Sägen auf der vom Sägenden abgewandten Seite mit einer Dreikantfeile am Anriss angefeilt. Die Säge rutscht dann nicht ab, verläuft nicht und das Bauteil wird vor Verkratzungen

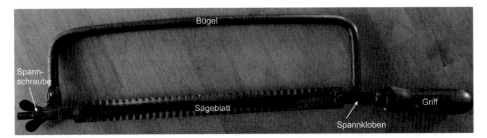

Abb. 4.38 Aufbau Bügelsäge

geschützt (Abb. 4.39 Mitte). Dann wird unter leichtem Druck beim Vorwärtssägen und einem kleinen Ansägewinkel der Sägevorgang begonnen und bis zum Trennen des Bauteils fortgesetzt (Abb. 4.39 rechts). Der Anriss soll nach dem Sägeschnitt noch sichtbar sein. Beim Sägen können folgende Fehler gemacht werden:

Abb. 4.39 Vorgänge beim Sägen von Hand

- kein Ansägewinkel, das heißt das Sageblatt wird parallel zur Werkstückoberfläche geführt, das Sägeblatt greift daher nicht und das Werkstück wird zerkratzt (Abb. 4.40 links)
- ansägen an der vorderen Kante, das Sägeblatt hakt und die Zähne brechen aus (Abb. 4.40 rechts).

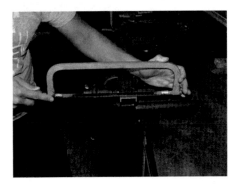 

Abb. 4.40 Fehler beim Sägen

4.3.3.9 Rohrabschneider

Der Rohrschneider (Abb. 4.41.links), auch als **Rollenschneider** bezeichnet, dient zum Trennen von Rohren aus Kupfer, Aluminium, Kunststoffen und besonders schwere Ausführungen auch zum Trennen von Rohren aus rostfreien Stählen.

Abb. 4.41 Rohrschneider

Er besteht aus einem C-förmigen Träger, an dessen gegenüberliegenden Schenkeln zwei oder mehr Rollen und ein Rollenmesser gelagert sind. Durch die Gewindespindel kann der Abstand zwischen den Rollen und dem Messer auf den zu schneidenden Rohrdurchmesser angepasst werden. Um ein Rohr zu trennen, wird das Werkzeug geöffnet und das Rohr eingelegt. Das Rollenmesser wird mit der Gewindespindel gegen das Rohr gepresst. Der Rohrabschneider wird radial um das Rohr gedreht, bis eine Kerbe entsteht. Dieser Vorgang wird solange wiederholt, bis das Rohr abgetrennt ist (Abb. 4.41).

4.3.3.10 Entgratwerkzeuge

Um Bauteile zu entgraten, werden außer Feilen auch die in Abb. 4.42 dargestellten Handentgratwerkzeuge verwendet. Das rechte Werkzeug wird zum Entgraten von Bohrungen und das linke zum Entgraten von Kanten verwendet. Zum maschinellen Entgraten werden neben kleinen Bandschleifern auch Gratschleifmaschinen benutzt.

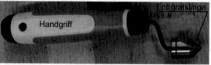

Abb. 4.42 Handentgratwerkzeug für Kanten und Bohrungen

4.3.4 Handwerkzeuge zum Zerlegen

4.3.4.1 Werkzeuge zum Lösen und Befestigen von Schrauben und Muttern

Die verschiedenen Arten von Schrauben und die Schraubenköpfe sind in Abschnitt 2.5.3.1 dargestellt. Um die Schrauben und Muttern zu lösen, gibt es eine Reihe von Werkzeugen, die zu den Antrieben (Abb. 4.43) an den Schraubenköpfen passen müssen.

| Schlitz | Tri-Wing | Torq-Set | Phillips Combo | Bristol | Innen-Vierkant | Innen-sechskant | Phillips-Kreuzschlitz | Pozidriv PZ | Torx | TorxPlus | Innenvielzahn XZN |

| TorxPlus Security | Torx TR | Sechs-kant TR | Einweg-Schlitz | Pentalobe | Spanner 2 Loch | Spanner 3 Loch | Spanner 2 Schlitz | Außen-Vierkant | Außen-sechskant | Außen-Dreikant | Außenvielzahn XZN |

Abb. 4.43 Antriebe von Schrauben

Schraubenkopf-Antriebe

Die häufigsten Formen am Schraubenkopf zum Ansatz eines Schraubendrehers oder Schraubenschlüssels sind:

- Schlitz

  - neben dem Kreuzschlitz das am weitesten verbreitete Profil.
  - Vorteil: einfache Herstellung, seit Jahrhunderten weit verbreitet
  - Nachteile: fehlender seitlicher Halt (bei höheren Drehzahlen rutscht der Bit)
  - Größen 3/ 3,5 /4 / 4,5 / 5,5 / 6,5 und 8 mm

- Tri-Wing®

  - Profil mit drei Flanken, wird überwiegend in der Luftfahrtindustrie verwendet, teilweise im Elektrobereich, um unbefugtes Öffnen zu verhindern

- TorqSet®

  - Profil mit vier asymmetrisch versetzten Flanken, häufig in Luftfahrtindustrie verwendet
  - Vorteil: Verwendung als Sicherheitsschraube gegen unbefugtes Öffnen
  - Nachteile: Spezialwerkzeug erforderlich

- PhillipsCombo
- Bristol

  - Sicherheitsschraube mit Hohlprofil mit 6, in Ausnahmefällen 4, hinterschnittene Nuten
  - Vorteil: gute Kraftübertragung ohne radiale Kräfte, kein Verschleiß durch Aufweiten an der Schraube und Abnutzen des Werkzeugs
  - Nachteile: Spezialwerkzeug erforderlich, aufwendige Herstellung
  - 18 Größen von 0,033 bis 0,595 Zoll

- Innen-Vierkant

  - wenig verwendet, häufig an Elektro-Schaltschränken und Öffnungsklappen bei Sanitärinstallationen, alten Maschinen und Oldtimern

- Innen-Sechskant (Inbus)

  - sehr weit verbreitetes Profil

- – Vorteil: günstige Herstellung
- – Nachteile: höhere Kerbwirkung, Verformungen der Schraube möglich
- – Größen 3/ 3,5 /4 / 4,5 / 5,5 / 6,5 und 8 mm

- Kreuzschlitz Phillips (PH)

  - – Vorteil: durch Kreuzschlitz wird Bit zentriert
  - – Nachteile: bei hohen Drehzahlen muss Anpressdruck erhöht werden, da sich die Flanken (Abb. 4.44) verjüngen und durch die entstehenden Axialkräfte den Bit aus dem Schraubenkopf austreiben.
  - – Größen PH0 / PH1 / PH2 / PH3 und PH4

- Kreuzschlitz Pozidriv (PZ)

  - – Weiterentwicklung des Kreuzschlitzes von Phillips mit ähnlichen Vorteilen, ohne sich verjüngende Flanken
  - – Größen PZ0 / PZ1 / PZ2 / PZ3 und PZ4

- Torx®

  - – sternähnliches Profil mit 6 Nocken
  - – Vorteil: Übertragung höherer Drehmomente, keine sich konisch verjüngenden Flanken
  - – Nachteile: aufwendigere Herstellung
  - – Größen T3 / T4 / T5 / T6 / T7 / T8 / T9 / T10 / T15 / T20 / T25 / T27 / T30 / T40 / T45 / T50

- TorxPLus®

  - – sternähnliches Profil mit 6 abgeflachten Nocken
  - – Vorteil: Übertragung noch höherer Drehmomente als beim Torx
  - – Größen 4IP / 5IP / 6IP / 7IP / 8IP / 9IP / 10IP / 10IP / 15IP / 20IP / 25IP / 27IP / 30IP / 40IP

- Innen-Vielzahn (XZN)

  - – Vielzahn-Profil mit 12 Zähnen, häufig in der Automobilindustrie verwendet, Profil entsteht durch Drehung von 3 gleichgroßen Quadraten um 30° (daher im engl. Triple Square)
  - – Vorteil: sehr gute Kraftverteilung, Übertragung hoher Drehmomente möglich
  - – Nachteile: Schrauben können leicht verformt werden bzw. Zähne können ausbrechen aufgrund hoher Drehmomente
  - – Größen 4 / 5 / 6 / 8 / 10 / 12

- TorxPLusSecurity®

  - – sternähnliches Wellenprofil mit 5 abgerundeten Nocken und einem Sicherheitszapfen in der Mitte
  - – Vorteil: Schutz vor Benutzung durch Unbefugte
  - – Nachteile: weniger hohe Drehmomente als beim Torx-Antrieb übertragbar
  - – Größen 10IPR / 15IPR / 20IPR / 25IPR / 30IPR / 40IPR

- TorxTR

  - – Torx-Profil mit einem Sicherheitszapfen in der Mitte

- – Vorteil: Schutz vor Benutzung durch Unbefugte
- – Nachteile: aufwendigere Herstellung, Schutzumfang gering
- – Größen T7H / T8H / T9H / T 10H / T15H / T20H/ T25H / T30H/ T40H

- SechskantTR

  - – Funktion wie Innensechskant, zusätzlich mit erschwertem Zugang durch Nippel im Inneren (Schutz gegen Benutzung durch Unbefugte)

- Einweg-Schlitz

  - – Sicherheitsschraube gegen unbefugtes Öffnen, Schraube lässt sich nur eindrehen, aber nicht heraus drehen (linke Flanke ist schräg).

- Pentalobe

  - – Profil aus fünf sich teilweise überlappenden Kreisen von der Firma Apple entwickelt und verwendet in deren Produkten

- Spanner (2 Loch, 3 Loch oder Viereck)

  - – Profil mit zwei oder drei Bohrungen oder zwei viereckigen Löchern
  - – Vorteil: Schutz vor Benutzung durch Unbefugte, massiver Schraubenkopf, nur durch die Bohrungen bzw. Kavitäten unterbrochen
  - – Nachteile: aufwendigere Herstellung
  - – Größen (Viereckige Zapfen) 4 / 6 / 8 / 10.

Analog zu den Innenprofilen der Schrau-benkopfantriebe gibt es auch für eine Reihe von Außenprofilen die entsprechenden Formen z. B. Außen-Dreikant, Außen-Vierkant, Außen-Sechskant oder auch Außen-Vielzahn XZN. Die Vor- und Nachteile der Außenprofile sind vergleichbar mit denen der Innenprofile. Neben der oben dargestellten Auswahl an Antriebsprofilen gibt es noch zahlreiche weitere Kombinationen aus verschiedenen Schraubenköpfen und verschiedenen Antriebsprofilen, zum Beispiel Sechskant außen mit Phillips PZ innen. Beim Ein- und Aus-

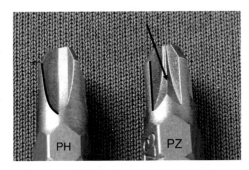

Abb. 4.44 Unterschied zwischen PH und PZ Antrieb

drehen der Schrauben ist immer das passende Werkzeug (d. h. die richtige Bitgröße und -art) zu verwenden, da sonst das Werkzeug oder die Schraube beschädigt werden können. Weiterhin besteht die Gefahr des Abrutschens und damit eine erhöhte Verletzungsgefahr.

Phillips-Kreuzschlitz(PH)- und Pozidriv(PZ)-Schrauben und -Werkzeuge sehen ähnlich aus, passen aber nicht genau in das jeweils andere System. Werden nicht die richtigen Systeme und die passenden Größen verwendet, werden die Antriebe bzw. Schrauben leicht beschädigt.

Schraubenschlüssel

Als Schraubenschlüssel werden Schraubwerkzeuge zum Befestigen oder Lösen von Schrauben und Muttern bezeichnet. Sie können verschiedene Profile aufweisen. Schraubenschlüssel werden immer auf die Mantelflächen der Schrauben oder Muttern gesteckt. Die Größe eines Schraubenschlüssels (Abb. 4.45) wird durch den Begriff der **Schlüsselweite** (SW) bezeichnet. Die Schlüsselweite ist der Abstand der parallelen Flächen an einem Schraubenschlüssel bzw. an einem Schraubenkopf. Die Schlüsselweite (Größe der Maulöffnung des Schraubenschlüssels) ist als Zahl auf dem Werkzeug sichtbar.

Abb. 4.45 Maul-Ring-Schlüssel

Maulschlüssel

Abb. 4.46 Maulschlüssel

Der **Maulschlüssel** ist ein sehr weit verbreiteter und bekannter Schraubenschlüssel. Er wird auch als **Gabelschlüssel** bezeichnet. Maulschlüssel können alle Verbindungselemente bzw. Bauteile drehen, die über zwei parallel angeordnete Schlüsselflächen verfügen. Das Schlüsselmaul ist gewöhnlich um 15° abgewinkelt zur Werkzeugachse angeordnet. Eine Abwinkelung von 75° ist ebenfalls üblich, um Arbeiten unter eingeschränkten Platzverhältnissen zu ermöglichen. Der Fertigungsprozess von Maulschlüsseln ist in Abschnitt 10.11 dargestellt.

Es gibt Werkzeuge im metrischen System und Werkzeuge im zölligen System für englische bzw. amerikanische Schrauben. Weitere Maulschlüsselformen sind Schlagmaulschlüssel (Abb. 4.47 links). für hohe Anzugmomente, Einmaulschlüssel (Abb. 4.46 rechts) und Klauenschlüssel.

Schlag-Ringschlüssel   Doppel-Gelenkschlüssel   Ring- Maulschlüssel

Abb. 4.47 Ringschlüssel

Verstellbare Maulschlüssel sind Maulschlüssel mit verstellbarer Schlüsselweite, wie sie in Abb. 4.48 dargestellt sind:

- Rollgabelschlüssel,
- Franzose (mit beidseitigem Maul)
- Exelsior-Schlüssel
- Engländer.

Umgangssprachlich werden fast alle verstellbaren Maulschlüssel als Engländer bezeichnet. Diese Sammelbezeichnung ist aber falsch. Der als **Engländer** bezeichnete verstellbare Maulschlüssel besitzt nur auf einer Seite ein Maul und wird mit Hilfe einer Gewindespindel im Werkzeuggriff verstellt. Der **Franzose** hingegen besitzt ein beidseitiges Maul, die Verstellung erfolgt durch eine Gewindespindel im Griff. Bei den heute üblichen Rollgabelschlüsseln erfolgt die Einstellung der Schlüsselweite über ein Schneckengetriebe im Schlüsselkopf. Eine Mischform dieser beiden Varianten ist der **Excelsior-Schlüssel**, bei dem die Verstellung des Mauls über ein Schneckengetriebe am Griff des Verstellschlüssels erfolgt. Allen verstellbaren Maulschlüsseln ist gemeinsam, dass beim Lösen oder Festzie-

Rollgabelschlüssel   Franzose   Excelsiorschlüssel   Engländer   Engländer

Abb. 4.48 verstellbare Maulschlüssel

hen von Schrauben oder Muttern der bewegliche Teil des Mauls mit seinem freistehenden Ende in Richtung der absolvierten Drehbewegung zeigt, da sonst die bewegliche Seite des Mauls oder die Einstellmechanik verbogen werden kann. Die Schlüsselweite ist dabei so eng wie möglich einzustellen, da sonst die Gefahr des Abrutschens besteht. Zum einen kann dies ernsthafte Verletzungen verursachen, zum anderen können die Schrauben oder Muttern beschädigt werden.

Ringschlüssel

Ein **Ringschlüssel** ist ein Schraubenschlüssel, der den Schraubenkopf oder die Mutter vollständig umschließt und mit einem ringförmigen Sechskant- oder Doppelsechskant-Profil versehen ist. Er ermöglicht eine verbesserte Kraftübertragung als ein Maulschlüssel. Der Schraubenschlüsselkopf kann flach, abgewinkelt, gekröpft oder tief gekröpft sein.

Doppel-Ringschlüssel   offener Doppelringschlüssel   gekröpfter Doppelringschlüssel

Abb. 4.49 Ringschlüssel

Eine Sonderform sind die offenen Ringschlüssel. Sie sind nicht vollständig geschlossen, weisen einen Schlitz auf und dienen zum Lösen oder Befestigen von Hydraulikleitungen (bspw. bei Kfz-Bremsleitungsmuttern).

Ratschenringschlüssel

Ratschenringschlüssel verfügen über einen Freilauf, der umschaltbar sein kann. Mit ihnen können Schrauben oder Muttern händisch schneller gelöst oder angezogen werden, da ein Neuansetzen des Werkzeugs nicht erfolgen muss. Es gibt Modelle ohne umschaltbaren Freilauf, diese müssen zum Richtungswechsel gedreht werden. Weiterhin gibt es Ratschenringschlüssel mit einem Umschalthebel (Knarre) für beide Schraubrichtungen. Diese Ratschenringschlüssel sind oft daran zu erkennen, dass die Schenkel aus vernieteten Blechen bestehen.

Steckschlüssel

Steckschlüssel (siehe Abb. 4.50) werden auch als **Rohrschlüssel** oder **Rohrsteckschlüssel** bezeichnet. Sie besitzen eine zylindrische Form mit Querbohrungen.

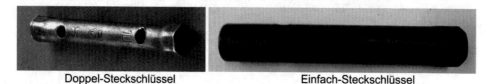

| Doppel-Steckschlüssel | Einfach-Steckschlüssel |

Abb. 4.50 Steckschlüssel

An den Enden besitzen sie die Schlüsselform, die zu den entsprechenden Schraubenkopfantrieben bzw. Muttern passt. Häufig ist dies ein Innensechskant. Angetrieben werden Steckschlüssel mit Stiften, die in die Querbohrungen gesteckt werden. Mit ihnen können Muttern angezogen oder gelöst werden, bei denen das Schraubengewinde sehr lang übersteht. Weiterhin können Schrauben und Muttern bei sehr engen Platzverhältnissen gedreht werden.

Steckschlüssel-Sätze

Als Steckschlüssel-Sätze, auch als „Nüsse" bezeichnet, werden Systeme mit einer Vielzahl von verschiedenen Antriebsteilen bezeichnet, auf die die „Nüsse" aufgesteckt werden können (Abb. 4.51). Dadurch ist es möglich, sehr flexible und vielseitige Werkzeuge für unterschiedliche Einbausituationen zusammenzustellen. Zu den Systemteilen eines „Nusskastens" können gehören Steckgriffe, Ratschen („Knarren"), Winkelverbindungen und verschiedene Verlängerungen. Stecknüsse haben den Nachteil, dass die aus der Mutter herausstehende Gewindelänge begrenzt ist. Übliche Steckschlüssel-Einsatzgrößen sind Vierkante mit Schlüsselweiten von 1/4″, 3/8″, 1/2″, 3/4″ und 1″.

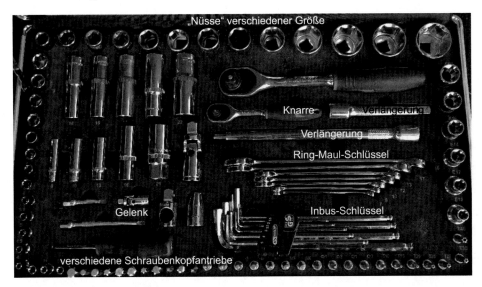

Abb. 4.51 Steckschlüssel-Kasten

Hakenschlüssel

Als **Hakenschlüssel** (Abb. 4.52) werden Werkzeuge zum Anziehen von Nutmuttern (Abb. 2.85) bezeichnet . Es gibt für jeden Durchmesser der Hutmuttern einen darauf abgestimm-

Abb. 4.52 Hakenschlüssel

ten Hakenschlüssel. Sogenannte Universalhakenschlüssel decken nur einen begrenzten Durchmesserbereich ab. Sonderformen von Hakenschlüsseln zum Drehen von Nutmuttern mit zwei oder vier stirnseitigen Nuten werden als Ritzelabzieher bezeichnet.

Schraubendreher

Als **Schraubendreher** (in der industriellen Praxis meist **Schraubenzieher** genannt) werden Schraubwerkzeuge bezeichnet, die stirnseitig in das Antriebsprofil der Schrauben gesteckt werden. Schraubendreher bestehen aus einem Griff und der Klinge, sie dienen dazu, Schrauben in Bauteile hinein- oder herauszuschrauben. Die Klinge kann verschiedene Antriebs-profile, wie sie in Abschnitt 4.3.4.1 beschrieben sind, aufweisen. Einige Schraubendreher weisen bei den meisten gängigen Größen am Übergang von der Klinge zum Griff ein Sechskantprofil mit der Schlüsselweite 13 auf. Dieses Sechskantprofil dient zur Aufnahme eines Maul- oder Ringschlüssels um festsitzende Schrauben leichter lösen zu können. Durch den längeren Hebelarm des Schraubenschlüssels kann am Antrieb der Schraube ein höheres Drehmoment aufgebracht werden als mit der bloßen Handkraft. Dadurch können schwer lösbare Schrauben gelöst werden.

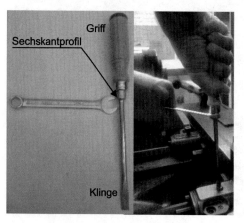

Abb. 4.53 Schraubendreher mit Sechskant

Zweilochmutterndreher

Werkzeuge zum Drehen von Zweilochmuttern mit Stirnlöchern werden als **Zweilochmutterndreher** bezeichnet. Häufig wird dieses Werkzeug in der industriellen Praxis auch **Stirnlochschlüssel** genannt. Es gibt Varianten mit verstellbaren Schenkeln und mit festem Abstand der Stifte, wie sie in Abb. 4.54 dargestellt sind. Als Werkzeuge zum Drehen der Lochmutter an Winkelschleifern werden sie auch als **Flanschschlüssel** bezeichnet.

Abb. 4.54 Zweilochmutterndreher

4.3.4.2 Durchschläge

Mit Durchschlägen (Abb. 4.55) werden Splinte und Stifte gelöst bzw. eingetrieben. Es werden Durchschläge mit verschiedenen Durchmessern entsprechend der Bohrungen verwendet. Weiterhin können Durchschläge auch eine Kegelform besitzen.

> **Stifte** sind Normteile, die verwendet werden um die Lage (Position) von mehreren Bauteilen zueinander zu sichern. Dafür werden sowohl Zylinderstifte als auch Kegelstifte verwendet (siehe Abb. 4.56). Die Bohrungen in die die Stifte eingesetzt werden, sind meist gerieben, um eine gute Form- und Oberflächenqualität der Bohrung zu gewährleisten. Um die Lage von zwei Bauteilen zueinander verdrehsicher zu definieren sind 2 Stifte erforderlich.

Abb. 4.56 zeigt verschiedene **Stifte** und deren exemplarische Anwendung bei der Sicherung der Lage (Position) der Gehäusehälften einer Zahnradölpumpe. Durch die beiden Stifte ist eine eindeutige, verdrehsichere Positionierung der Gehäusehälften gegeneinander sichergestellt. Derartige Konstruktionen werden in sehr vielen Bereichen des Maschinenbaus und des Fahrzeugbaus verwendet verwendet.

Abb. 4.55 Durchschläge

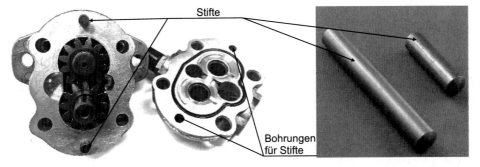

Abb. 4.56 Stifte und deren Anwendung

Stifte werden in verschiedenen Formen verwendet z. B. als:

- Zylinderstifte
- Kegelstifte
- Spannstifte
- Kerbstifte.

Ungehärtete Zylinderstifte sind in der EN ISO 2338 und gehärtete Zylinderstifte sind in der EN ISO 8734 genormt. Kegelstifte weisen eine Kegelverjüngung von $C = 1:50$ auf, sie sind genormt in der EN 22339 [DIN EN 22339, DIN EN ISO 8734, DIN EN ISO 2338]. Die Norm für Kegelstifte war die erste DIN-Norm, die DIN 1. Stifte verbinden zwei oder mehr Bauteile formschlüssig in radialer Richtung. In eine durch alle Bauteile gehende Bohrung wird dabei der Stift gesteckt. Bei der Verwendung von zylindrischen Stiften mit Übermaß entsteht eine kraftschlüssige Verbindung, die ein Herausfallen der Stifte verhindert. Form- und Reibschlüssig sind Verbindungen mit kegligen Stiften. Diese haben den Vorteil, neben der Lagesicherung auch eine zentrierende Wirkung zu besitzen [BOE12]. Weiterhin können gelenkige Verbindungen hergestellt werden, indem Spielpassungen benutzt werden. Scherstifte dienen zur Kraftbegrenzung als wichtiges Sicherheitsbauteil. Beispielsweise werden durch Scherstifte als Sollbruchstellen Maschinen vor Überlastung geschützt.

4.3.5 Handwerkzeuge zum Reinigen

4.3.5.1 Bürsten

Die am häufigsten verwendete Bürste ist die Drahtbürste (Abb. 4.57), deren Borsten bestehen meist aus Stahl oder Messing, für spezielle Anwendungen können die Borsten auch aus diversen Kunststoffen bestehen. Messingbürsten sind weicher als Stahldrahtbürsten.

Abb. 4.57 Drahtbürste

4.4 Handwerkzeuge zum Fügen

4.4.1 Zangen zum Fügen

Zu den Zangen zum Fügen zählen neben Sicherungsringzangen auch Blindnietzzangen (siehe Abschnitt 4.4.3.3) und Crimpzangen. Sowohl Blindniet- als auch Crimpzangen fügen durch Umformen.

4.4.1.1 Crimpzange (Fügen durch Umformen)

Als **Crimpen** wird ein Fügeverfahren bezeichnet, bei dem zwei Bauteile durch einen Umformvorgang verbunden werden. Diese plastische Verformung erfolgt meist durch Quetschen, kann aber auch durch Bördeln, oder Falten erfolgen. Crimpverbindungen sind, im Gegensatz zu Verbindungen durch Sicherungsringe, nicht lösbare Verbindungen. Sie werden häufig im Bereich der Elektroinstallation verwendet, um Verbindungen zwischen Litze und Aderendhülsen zu ermöglichen. Häufig werden diese Crimpzangen daher auch als **Aderendhülsenzangen** bezeichnet. Zwei Varianten von relativ einfachen Crimpzangen (Aderendhülsenzangen) sind in Abb. 4.58 dargestellt. Spezielle Crimpzangen werden auch für komplexe Steckverbindungen, wie z.B. für RJ45-Westernstecker u.ä. hergestellt.

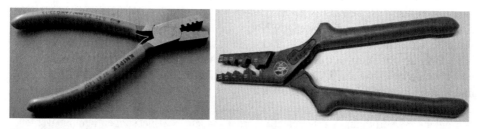

Abb. 4.58 verschiedene Crimpzangen (Aderendhülsenzangen)

Aderendhülsen, dargestellt in Abb. 4.59, werden über das abisolierte Ende Litze geführt. Danach wird mit der Crimpzange die Hülse auf die Ader gequetscht (gecrimpt). Dabei presst die Crimpzange die Aderendhülse um die einzelnen Drähte der Litze. Diese Verbindung kann dann mit Schrauben oder Federn sicher in Kontaktklemmen befestigt werden.

Als **Litze** (siehe Abb. 4.59, links) wird in der Elektrotechnik, ein aus dünnen Einzeldrähten bestehendes isoliertes Kabel bezeichnet. Litzen sind leichter zu biegen als gleich dicke Einzeldrähte. Bei Drahtseilen werden auch die einzelnen Drähte aus denen das Drahtseil besteht als Litze bezeichnet

Abb. 4.59 Litze und veschiedene Aderendhülsen

4.4.1.2 Sicherungsringzange (Fügen durch Zusammensetzen)

Um Sicherungsringe montieren bzw. demontieren zu können werden Sicherungsringzangen (Abb. 4.60) verwendet. Eine weitere Bauform einer geraden Sicherungsringzange ist in Abb. 4.61 dargestellt. Beim Arbeiten mit Sicherungsringen ist neben der Benutzung des richtigen Werkzeuges auch immer auf den Arbeitsschutz zu achten. Da die Ringe unter Spannung stehen, können sie sich leicht von den Zangen lösen und unkontrolliert durch die Werkstatt fliegen. Um schwere Verletzungen, insbesondere der Augen, zu vermeiden, ist daher immer eine Arbeitsschutzbrille zu Tragen.

Abb. 4.60 gerade und gekröpfte Sicherungsringzange

Diese gibt es sowohl für Innen- als auch für Außensicherungsringe. Weiterhin werden gerade und gekröpfte Zangen verwendet. Um Außensicherungsringe in der Nut der Welle (siehe Abb. 4.63, rechts) montieren oder demontieren zu können, muss der Innendurchmesser des Sicherungsringes vergrößert werden, d.h. die Schenkel der Zangen müssen sich auseinander bewegen. Bei Innensicherungsringen ist es genau umgeehrt. Um den Innensicherungsring in die Nut des Gehäuses (siehe Abb. 4.63, links) einführen zu können, muss der Außendurchmesser des Sicherungsringes verkleinert werden, d.h. die Schenkel der Zange müssen sich aufeinander zu bewegen.

Sicherungsringe sind genormte Maschinenelemente. Sie werden benutzt, um andere Bauteile gegen axiales Verschieben zu sichern. Es werden Innensicherungsringe für die Montage in einer Bohrung (die Enden der Sicherungsringe mit den Löchern weisen nach Innen) und Außensicherungsringe für eine Wellenmontage (die Enden mit den Löchern weisen nach Außen) unterschieden. Sicherungsringe werden in den entsprechenden Nuten der Welle oder des Gehäuses positioniert, die durch Drehen, Fräsen oder auch Schleifen gefertigt werden können. Sicherungsringe sind in der DIN 471 (Wellennuten) und in der

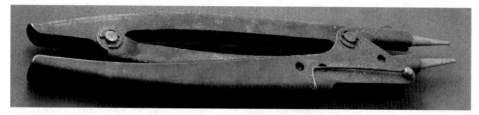

Abb. 4.61   weitere Bauform einer geraden Sicherungsringzange

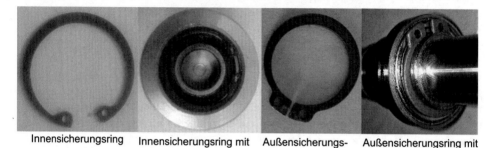

| Innensicherungsring | Innensicherungsring mit Gehäuse und Kugellager | Außensicherungs-ring | Außensicherungsring mit Welle und Kugellager |

Abb. 4.62 Sicherungsringe und deren Anwendung zur Sicherung eines Kugellagers in einem Gehäuse und auf einer Welle

DIN 472 (Bohrungsnuten) genormt. Abb. 4.62 zeigt Außensicherungsringe und deren Anwendung zur axialen Sicherung eines Kugellagers auf einer Welle.

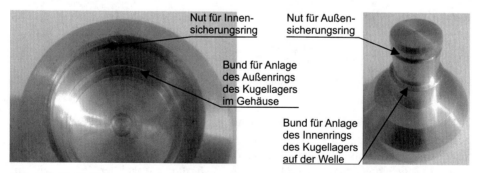

Nut für Innen-sicherungsring

Nut für Außen-sicherungsring

Bund für Anlage des Außenrings des Kugellagers im Gehäuse

Bund für Anlage des Innenrings des Kugellagers auf der Welle

Abb. 4.63   Nuten für Innen- und Außensicherungsringe

4.4.2 Fügen durch Schweißen

4.4.2.1 Gashandschweißen

Ein Schweißbrenner (Abb. 4.64) besteht aus einem Griffstück, Regulierventilen für die Gase und wechselbaren Brennerdüsen. Die zu benutzenden Düsen hängen von der Stärke der zu schweißenden Werkstücke ab. Es gibt zwei Brennertypen, den Druckbrenner und den Injektorbrenner. Hier wird nur der Injektorbrenner, auch als Saugbrenner bezeichnet, beschrieben. Bei diesem System strömt das Brenngas und der Sauerstoff über zwei Ventile in die Mischdüse. Der Sauerstoff wird mit einem Druck von etwa 2,5 bar in die Druckdüse geleitet, das Acetylen wird mit etwa 0,4 bar in den Ringraum um die Druckdüse geleitet. Durch den hohen Druck des Sauerstoffs in der Mischdüse entsteht im Ringraum ein Unterdruck, der das Brenngas ansaugt. Die Öffnung der Brenngaszufuhr erfolgt über farblich gekennzeichnete Ventile:

- Sauerstoff: blau
- Acetylen: gelb
- Flüssiggas: orange
- übrige Brenngase: rot.

Um das Verwechseln der Gase zu verhindern sind weitere Sicherheitsvorkehrungen zu beachten:

- für das Brenngas werden rote und für Sauerstoff blaue Schläuche verwendet
- der Anschluss für den Sauerstoffschlauch hat bei gleichem Außendurchmesser eine kleinere lichte Weite als der Anschluss für den Brenngasschlauch
- die Überwurfmuttern von Brenngasen besitzen ein 3/8"-Linksgewinde mit Kerben in der Überwurfmutter
- die Überwurfmuttern für Sauerstoff besitzen ein 1/4"-Rechtsgewinde.

Zum Brennschneiden wird ein **Schneidbrenner** verwendet, mit dem über einen Schneidzusatz reiner Sauerstoff auf das Werkstück geblasen werden kann. Beim Brennschneiden wird zunächst die Schnittstelle erwärmt, dann wird reiner Sauerstoff auf die Schnittstelle geblasen, dabei verbrennt das Eisen in einer Oxidation zu Eisenoxid unter starker Funkenbildung. Zum Brennschneiden wird häufig Propan verwendet. Eine „neutrale" Flamme

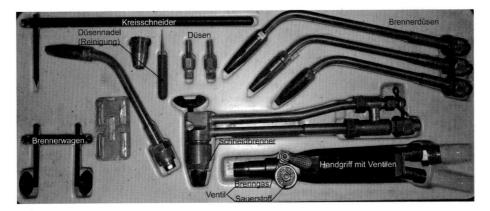

Abb. 4.64 Schweißbrenner

zum Schweißen von Stahl wird bei einem Mischungsverhältnis von Sauerstoff zu Acetylen von 1:1 erreicht. Bei einem Überschuss an Sauerstoff ("oxidierende Flamme") besteht die Gefahr des Verbrennens des Metalls. Ein Sauerstoffüberschuss wird allerdings beim Schweißen von Messing verwendet. Ein Acetylenüberschuss bewirkt eine "aufkohlende"

Flamme. Der dabei frei werdende Kohlenstoff kann in den Werkstoff diffundieren und zu einer Versprödung des Werkstoffs führen. Zur Inbetriebnahme eines Autogenbrenners mit Acetylen muss zuerst das Sauerstoffventil und dann das Acetylenventil geöffnet werden. Dann wird das Gasgemisch am Mundstück entzündet. Die Schweißflamme wird dann an den Ventilen eingestellt. Beim Löschen der Flamme wird das Acetylenventil zuerst geschlossen. Bei der Verwendung von Wasserstoff oder anderen Flüssiggasen wird nur der Brenngasventil geöffnet. Das Sauerstoffventil wird erst nach dem Zünden geöffnet. Auch beim Löschen wird das Sauerstoffventil als erstes wieder geschlossen. Entsteht ein Flammenrückschlag, der an einem knallenden Geräusch zu erkennen ist, muss sofort das Sauerstoffventil geschlossen werden und danach das Brenngasventil. Eine im Brenner weiter brennende Flamme kann den Schweißbrenner zerstören und zu schweren Unfällen führen.

4.4.2.2 E-Handschweißen

E-Handschweißen wird auch als Lichtbogenschweißen bezeichnet. Das System besteht aus einer Schweißstromquelle, einem Elektrodenhalter mit Handstück, in dem die Schweißelektroden eingespannt werden und einer Elektrodenklemme, die an das Bauteil geklemmt wird.

4.4.3 Nietwerkzeuge

4.4.3.1 Der Kopfmacher

Ein Kopfmacher sieht einem Durchschlag ähnlich. An der vorderen Fläche ist allerdings die Form einer Kugelkalotte eingearbeitet. Mit dieser Form werden die Nietköpfe geformt.

4.4.3.2 Nietenzieher

Ein Nietenzieher, teilweise als Nietzieher bezeichnet, ist ein Werkzeug, mit dem vor dem Nietvorgang die Bauteile zusammengedrückt werden, um die Ränder der Bohrungen vor dem Aufstauchen des Schließkopfes fest zusammen zu drücken. Der Durchmessser der Bohrung des Nietenziehers muss größer sein als der Aussendurchemsser des Niets. Das Herstellen einer Nietverbindung wird in Abschnitt 10.2 beschrieben.

4.4.3.3 Blindnietzange

Mit Hilfe von Blindnietzangen (Abb. 4.65) können Nietverbindungen hergestellt werden, die nur von einer Seite zugänglich sind.
Dazu wird eine Bohrung entsprechend des Durchmessers des Niets in beide Werkstücke gebohrt. Dann wird der Niet, welcher sich im Kopf der Blindnietzange befindet, in die Bohrung gesteckt und die Zange wird zusammengedrückt. Der Dorn bewegt sich dabei in Richtung des Nietkopfes. Dabei wird die Rückseite des Niets verformt und die Länge des Niets wird verkleinert. Nach überschreiten der maximalen Zugfestigkeit des Dorns,

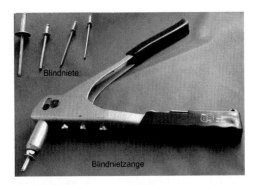
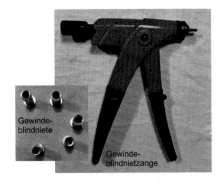

Abb. 4.65 Blindnietzangen

reißt dieser an der Sollbruchstelle (siehe 4.66, Mitte) ab und die Bauteile sind gefügt. Ein Querschnitt durch einen Blindniet und durch eine Blindnietverbindung ist in Abb. 4.66 dargestellt.

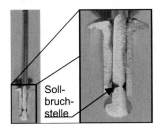
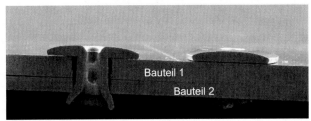

Abb. 4.66 Querschnitt durch einen Blindniet und durch eine Blindnietverbindung

Neben Blindnieten zum Verbinden von Bauteilen gibt es ebenfalls Blindniete, die ein Innengewinde aufweisen. Mit diesen Bauteilen können Gewinde in dünne Bleche eingebracht werden und somit lösbare Verbindungen geschaffen werden. Für diese Gewindeblindniete sind ebenfalls spezielle Gewindeblindnietzangen erforderlich.

4.5 Handwerkzeuge zum Beschichten

Typische Handwerkzeuge zum manuellen Beschichten sind sowohl Rollen als auch Pinsel, die es in verschiedenen Formen und aus verschieden Materialien gibt.

4.6 Handwerkzeuge zum Stoffeigenschaftsändern

Um die Stoffeigenschaften manuell zu ändern werden Wasserbäder, Ölbader, Thermometer und Uhren verwendet. Mit diesen Werkzeugen und Messmitteln werden der Zustand der Werkstoffe ermittelt und die entsprechenden Prozesse überwacht.

4.7 Weitere Handwerkzeuge

Außer den bereits genannten Werkzeugen gibt es noch eine Reihe weiterer Werkzeuge, die im Handwerk und der industriellen Fertigung verwendet werden, um zum Beispiel Bauteile zu markieren oder geometrische Formen und Maße übertragen zu können.

4.7.1 Anreißwerkzeuge

Neben Kreide, verschiedenen Stiften wie Bleistifte und Permanent-Marker werden bei der manuellen Bearbeitung vor allem Anreißwerkzeuge zum Markieren von Positionen, Kanten und Bohrungen usw. verwendet. Diese Anreißwerkzeuge sind Reiß-

nadeln (Abb. 4.69), Reißzirkel (Abb. 4.67) und Spitzen an Höhen- bzw. Parallelanreißern. Alle Anreißwerkzeuge besitzen an ihrer Spitze gehärtete Stahlnadeln, um dauerhafte Markierungen auf Metalloberflächen anzubringen. Die durch Reißnadeln erzeugten Linien werden häufig durch Körnerschläge hervorgehoben, damit die Risslinien länger sichtbar bleiben und leichter wiedergefunden werden.

Abb. 4.67 Reißzirkel

4.7.2 Höhenreißer

Abb. 4.68 Höhenreißer

Zum parallelen Anreißen von Bauteilen werden die in Abb. 4.68 dargestellten Höhenreißer (auch als **Parallelreißer** bezeichnet) verwendet. Der Standfuß gleitet auf einer hoch genauen Platte aus Stein, Mineralbeton oder Metall. Die Skala des Messsystems ist häufig mit einem Nonius wie bei einem Messschieber ausgestattet. Neuere Geräte arbeiten auch mit einem digitalen Messsystem. Mit der Spitze des Messsystems, das als Klinge oder als Spitze ausgeführt wird, können zur Tischoberfläche parallele Risse angebracht werden. Der Standfuß ist auch als Luftlager erhältlich. Mit ähnlich aufgebauten Systemen, die aber eine Messkugel an Stelle der Messspitze besitzen, werden auch Höhen gemessen. Diese Systeme heißen **Höhenmessgeräte**.

Abb. 4.69 Reißnadel

4.7.3 Zentrierwinkel

Ein Zentrierwinkel besteht aus zwei Schenkeln, die im 90°-Winkel angeordnet sind. Auf der Winkelhalbierenden ist ein Lineal befestigt. An diesem Lineal kann nach dem Anlegen des zylindrischen Werkstücks an den Winkel eine Linie gezeichnet werden. Nach der Drehung des Werkstückes oder des Zentrierwinkels um 90° kann eine zweite Markierungslinie gezogen werden. Am Kreuzungspunkt der beiden Linien befindet sich der Mittelpunkt des Kreises. Die Benutzung eines Zentrierwinkels ist in Abb. 7.16 dargestellt.

4.8 Handbetätigte Maschinen

Als handbetätigte Maschinen werden hier Maschinen verstanden, die mit menschlicher Muskelkraft angetrieben und vor allem im handwerklichen Bereich angewendet werden.

4.8.1 Kniehebelpresse

Kniehebelpressen (Abb. 4.70 links) werden in sehr vielen Bereichen der Fertigung eingesetzt. Sie werden zum Prägen von Münzen und Medaillen, beim Tiefziehen, beim Spritz- und Druckgießen verwendet. Weiterhin arbeiten nach diesem Prinzip Druckerpressen und in der Landwirtschaft Saftpressen. Typische Anwendungen im industriellen Bereich sind Verstemmen, Bördeln, Nieten, Stanzen, Schneiden und Markieren von einfachen Teilen. Ein Kniehebel System besteht aus mindestens zwei miteinander gelenkig verbundenen Hebeln. Entsprechend dem Hebelgesetz steht ein großer Weg einer kleinen Kraft und ein kleiner Weg einer großer Kraft gegenüber. Durch die Auslegung des Kniehebels wird der Stempel zunächst re-

Kniehebelpresse   Zahnstangenpresse

Abb. 4.70 Handbetätigte Pressen [Foto Lukas Schulz]

lativ schnell bewegt, wird allerdings bei Annäherung an das Bauteil langsamer und erhöht dabei die Presskraft, da sich das Übersetzungsverhältnis während der Bewegung kontinuierlich ändert. Weitere typische Anwendungen des **Kniehebelsystems** sind Bolzenschneider (siehe Abb. 4.21), Gripzangen (siehe Abb. 4.6), Rohrschneider und auch Bügelverschlüsse an Bierflaschen bzw. Verschlüsse von Springbackformen.

4.8.2 Hebelpresse

Bei einfachen Hebelpressen, (auch als **Zahnstangenpressen** bezeichnet) wirkt einfach ein Hebel zur Vergrößerung der Kraft. Häufig werden diese einfachen Pressen, die nur über eine Welle mit einer Zahnstange über ein Zahnrad mit dem Hebel verbunden sind, fälschlicherweise als Kniehebelpressen bezeichnet. Eine Funktion, wie sie Kniehebelpressen besitzen, weisen diese kostengünstigen Systeme aber nicht auf. Ein typisches Beispiel für eine Hebelpresse ist eine Saftpresse für Orangen.

4.8.3 Handspindelpresse

Abb. 4.71 Handspindelpresse

Durch eine Handspindelpresse, dargestellt in Abb. 4.73, wird die Drehbewegung des Gewindes in eine gradlinige Bewegung in Richtung der Gewindeachse umgewandelt. Durch den sehr großen Hebelarm am Kopf der Presse können in Abhängigkeit von der Steigung des Gewindes Übersetzungsverhältnisse von bis zu 1:100 erreicht werden. Spindelpressen werden ebenso angewendet wie Kniehebelpressen. Regional unterschiedlich werden Handspindelpressen auch als **Balance** oder Brahme oder Bär bezeichnet. Im handwerklichen Einsatz werden mit Spindelpressen vor allem Kugellager, Stifte, Wellen und Achsen ein- bzw. ausgepresst, da mit ihnen sehr große Kräfte erzeugt werden können, ohne die Bauteile durch Schläge zu beschädigen. Aber auch einfache Schnitte mit einfachen Schnitt- und Stanzwerkzeugen werden mit ihnen ausgeführt.

4.8.4 Schwenkbiegemaschine

Bei Schwenkbiegemaschinen werden eine schwenkbare untere Biegewange und eine feststehende obere Biegewange als Werkzeug verwendet. Das Werkstück wird dann fest zwischen der Oberwange und der Unterwange eingespannt. Dann wird die Unterwange um das

Abb. 4.72 Schwenkbiegemaschine

Gelenk gedreht und das Blech gebogen. Durch Schwenkbiegen können eine Vielzahl von Profilen erzeugt werden. Die Werkzeuge der Maschine sind auswechselbar, um verschiedene Strukturen biegen zu können. Es werden aber auch kleine Maschinen zum Biegen von Flachstählen, wie in Abb. 4.72, rechts, gezeigt, verwendet. Diese meist transportablen Maschinen finden häufig auf Baustellen Verwendung.

4.8.5 Handsickenmaschine

Handsickenmaschinen, dargestellt in Abb. 4.73, sind ähnlich aufgebaut wie Rundwalzmaschinen mit zwei Rollen.

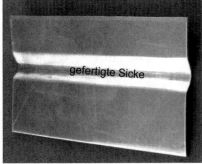

Abb. 4.73 Handsickenmaschine

Diese Rollen weisen jeweils das Negativ der gegenüberliegen Rolle auf. Dadurch können entsprechende Formen gefertigt werden. Durch Austausch dieser Rollen können verschiedene Sickenprofile gefertigt werden. Mit entsprechenden Rollen können auch Bördel hergestellt werden, um Dosen oder Rohre an deren Enden zu verschließen.

4.8.6 Gesenkbiegepresse

Die Gesenkbiegepresse, auch als **Abkantbank** bezeichnet, besteht aus einem Biegestempel und einem Biegegesenk. Das Bauteil befindet sich zwischen dem Biegestempel und dem Biegegesenk. Der Stempel nähert sich dem Bauteil und drückt es in das Gesenk. Dadurch erhält das Bauteil die Form des Gesenkes. Durch nicht vollständiges Eindrücken in das Gesenk kann der Biegewinkel verändert werden. Durch mehrfach ausgeführte Senkungen können auch sehr komplexe Profile hergestellt werden. Diese Maschinen werden sowohl hydraulisch als auch elektromotorisch angetrieben.

4.8.7 Rundwalzmaschine

Rundwalzmaschinen werden benutzt, um aus Blechen Rohre bzw. Biegungen mit relativ großen Biegeradien zu fertigen. Bei diesen Maschinen, dargestellt in Abb. 4.74, wird das Bauteil meist zwischen drei Walzen bewegt, um es zu biegen. Es werden aber auch Blechbiegemaschinen mit zwei bzw. vier Walzen verwendet. Diese Maschinen werden im einfachen Fall mit einer Handkurbel angetrieben. Für größere Blechdicken sind motorbetriebene Systeme notwendig. Bei einer Drei-Walzen-Rundbiegemaschine sind die Walzen in einem starren Maschinengerüst drehbar gelagert. Der Abstand der Walzen ist mechanisch verstellbar, so dass eine variable Umformkraft auf das Biegeteil aufgebracht werden kann. Manuelle Maschinen werden häufig im handwerklichen Bereich des Lüftungsbaus, der Blechbearbeitung z. B. von Dachklempnern eingesetzt. Durch den Schlitz in der Walze können beispielsweise Falze für Regenrinnen gefertigt werden.

Abb. 4.74 Rundwalzmaschine

Literaturverzeichnis 4

[BOE12]   Alfred Böge (Hrsg.): Handbuch Maschinenbau: Grundlagen und Anwendungen der
                Maschinenbau-Technik, 21., akt. u. überarb. Aufl. Springer Vieweg Verlag, 2012

[FRI18]   Fritz, A.H. (Hrsg.): Fertigungstechnik. 12. Auflage, Berlin/Heidelberg, Springer Ver-
                lag, 2018

[DIN 10]   DIN 10: 2009-12: Vierkante von Zylinderschäften für rotierende Werkzeuge, Beuth
                Verlag, Berlin, 2009

[DIN 471]   DIN 471: 2011-04: Sicherungsringe (Halteringe) für Wellen - Regelausführung und
                schwere Ausführung, Beuth Verlag, Berlin, 2011

[DIN 472]   DIN472: 2017-06: Sicherungsringe (Halteringe) für Bohrungen - Regelausführung und
                schwere Ausführung, Beuth Verlag, Berlin, 2017

[DIN EN ISO 2338] DIN EN ISO 2338: 1998-02: Zylinderstifte aus ungehärtetem Stahl und austeniti-
                schem nichtrostendem Stahl (ISO 2338: 1997); Deutsche Fassung EN ISO 2338: 1997,
                Beuth Verlag, Berlin, 1998

[DIN ISO 2976] DIN ISO 2976: 2005-10: Schleifmittel auf Unterlagen - Schleifbänder - Auswahl von
                Breiten/Längen-Kombinationen (ISO 2976: 2005), Beuth Verlag, Berlin, 2005

[DIN ISO 3366] DIN ISO 3366: 2000-08: Schleifmittel auf Unterlagen - Rollen (ISO 3366: 1999),
                Beuth Verlag, Berlin, 2000

[DIN 4000-131] DIN 4000-131: 2011-09: Sachmerkmal-Listen - Teil 131: Schleifwerkzeuge aus
                Schleifmittel auf Unterlage, Beuth Verlag, Berlin, 2011

[DIN 8349]   DIN 8349: 1988-12: Feilen und Raspeln; Hiebzahlen, Beuth Verlag, Berlin, 1988

[DIN EN ISO 8734] DIN EN ISO 8734: 1998-03: Zylinderstifte aus gehärtetem Stahl und martensiti-
                schem nichtrostendem Stahl (ISO 8734:1997); Deutsche Fassung EN ISO 8734:1997,
                Beuth Verlag, Berlin, 1998

[DIN EN 22339] DIN EN 22339: 1992-10 Kegelstifte, ungehärtet (ISO 2339: 1986): Deutsche Fassung
                EN 22339: 1992, Beuth Verlag, Berlin, 1992

Kapitel 5
Manuelle Mess- und Prüfmittel

Zusammenfassung Eine große Bedeutung für den Fertigungsprozess besitzt die Mess- und Prüftechnik, da hierbei mit vergleichsweise einfachen Mitteln festgestellt werden kann, inwiefern die produzierten Halb- und Fertigerzeugnisse den Anforderungen der Kunden entsprechen. Eine der Hauptaufgaben im Fertigungsprozess besteht darin, fehlerhafte Bauteile so früh wie möglich zu erkennen. Diese Werkstücke müssen aussortiert werden und der Fertigungsprozess muss überprüft werden. Eine frühe Erkennung und Aussonderung fehlerhafter Bauteile vermeidet Nacharbeit und spart Kosten. Daher ist es auch von besonderer Bedeutung, die Prüfmittel regelmäßig zu warten und diese selbst ebenfalls zu überprüfen. Insbesondere die häufig in der Produktion verwendeten Prüfmittel müssen ständig kontrolliert werden.

5.1 Prüfen

Unter dem Begriff Prüfen versteht die DIN 1319-1 bis 1319-4 das Feststellen, ob ein Prüfobjekt die geforderten Merkmale besitzt [DIN 1319-2, DIN 1319-1, DIN 1319-3, DIN 1319-4]. Das Prüfen kann subjektiv durch Betrachten des zu prüfenden Prüfobjektes erfolgen oder aber objektiv durch qualitative Messungen der Objekteigenschaften. Wird nur subjektiv geprüft, d. h. ohne Hilfsmittel, sind die aus dieser Prüfung gewonnenen Ergebnisse meistens nur sehr schlecht miteinander vergleichbar. Für diese Prüfungen werden die fünf menschlichen Sinne benutzt. Die Augen können verwendet werden, um Form, Farbe, Risse, Kratzer und Wellen zu beurteilen. Die Ohren können Geräusche wie pfeifen, zischen, klappern, schleifen wahrnehmen und damit die Dichtheit oder Spielfreiheit von Systemen beurteilen. Mit den Fingern können Rückschlüsse über den Zustand von Oberflächen gezogen werden oder aber auch Temperaturen an Lagern oder Führungen gefühlt werden. Dieses Abtasten oder fühlen wird als taktiler Sinn bezeichnet. Mit dem Geruchssinn der Nase können der Zustand von Kupplungs- und Bremsbelägen, aber auch brennende Schmierstoffe oder glimmende Stoffe wahrgenommen werden. Viele charakteristisch riechende Stoffe wie Lösungsmittel können ebenfalls an ihrem Geruch erkannt werden. Mit dem Geschmackssinn können geruchlose Stoffe unterschieden werden. Diese Methode wird häufig im Bereich der Lebensmittelindustrie verwendet. Im betrieblichen Alltag von Maschinenbauingenieuren ist dies aber eher unüblich und kann auch zu gesundheit-

© Springer Fachmedien Wiesbaden GmbH, ein Teil von Springer Nature 2023
R. Förster und A. Förster, *Einführung in die Fertigungstechnik*,
https://doi.org/10.1007/978-3-662-68130-5_5

lichen Gefährdungen führen. Bei der objektiven Prüfung werden verschiedene Prüfmittel verwendet. Die objektiven Prüfverfahren werden in die Arten Messen und Lehren unterteilt.

5.1.1 Prüfmittel

5.1.1.1 Haarlineal

Mit einem Haarlineal, dargestellt in Abb. 5.1, wird die Ebenheit von Bauteilen optisch überprüft, indem die zu prüfende Fläche zusammen mit dem Haarlineal gegen einen beleuchteten Hintergrund gehalten wird. Es kann dann anhand der Größenunterschiede des Lichtspalts auf die Ebenheit der Fläche geschlossen werden. Dieses Verfahren wird als **Lichtspaltverfahren** bezeichnet. Mit dem Lichtspaltverfahren (Prinzip siehe Abb. 5.2) werden eine Reihe von Formen, wie Gewinde, Innen- und Außenradien und auch die Winkligkeit an Bauteilen überprüft.

Abb. 5.1 Haarlineal

5.1.1.2 Haarwinkel

Mit einem Haarwinkel, dargestellt in Abb. 5.2 kann ebenso wie mit einem Haarlineal die Ebenheit von Bauteilen optisch überprüft werden. Zusätzlich kann die Lage von Flächen zueinander (die **Winkligkeit**) überprüft werden.

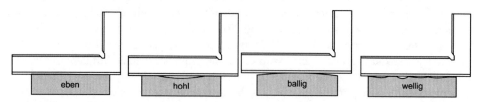

Abb. 5.2 Überprüfen der Ebenheit von Bauteilen mit Hilfe eines Haarwinkels nach dem Lichtspaltverfahren

5.2 Messen

Unter dem Begriff Messen wird ein Vorgang verstanden, bei dem durch ein Messmittel eine physikalische Größe erfasst und ein Messwert zusammen mit einer Einheit ermittelt wird. Die bedeutet, dass in der technischen Praxis fast alle Zahlenangaben immer mit einer Einheit angegeben werden müssen. Beim Messen werden die IST-Maße an den Werkstücken ermittelt. Messungen sind grundsätzlich unter definierten Bedingungen durchzuführen:

- Bezugstemperatur von 21 °C für Messwerkzeug und Werkstück
- geeichte Messmittel (regelmäßige überprüfte Messmittel)
- entgratete und gesäuberte (entfette) Bauteile
- ausreichende gleichmäßige Beleuchtung
- saubere Umgebung
- ausreichendes Sehvermögen des Messenden
- geschulte Mitarbeiter.

Beim Durchführen der Messung ist insbesondere darauf zu achten, dass Messfehler vermieden werden. Dies betrifft insbesondere Verkippungen der Messmittel (Abb. 5.9) und der Bauteile und schräges Ablesen (Parallaxenfehler) der Skalen der Messmittel, wie es in Abb. 5.10 dargestellt ist.

5.2.1 Messmittel

Messgeräte sind mit einer geeichten Skala versehen, an der die Messgröße abgelesen werden kann. Messmittel müssen regelmäßig überprüft und ggf. kalibriert werden. Grundsätzlich sollen Messgeräte eine Messgenauigkeit besitzen, die um den Faktor 10 kleiner ist, als die Toleranz der zu messenden Größe.

5.2.1.1 Gliedermassstab

Der Gliedermassstab, umgangssprachlich auch als **Zollstock** bezeichnet, ist ein Messmittel, das vor allem im Baugewerbe verwendet wird. Im Bereich des Maschinenbaues dient er meist nur zum Ermitteln der Abmessungen von Durchlässen, wie Türen und Tore, um Maschinen durch diese zu transportieren. Weiterhin werden Abstands- und Aufstellflächen für Maschinen mit diesem Messmittel ermittelt. In Abb. 5.3 sind Gliedermassstäbe mit verschiedenen Gelenken und daher auch mit unterschiedlichen Faltmöglichkeiten dargestellt.

Abb. 5.3 Gliedermassstab

5.2.1.2 Messschieber

5.2.1.3 Lineal (Stahllineal)

Das Stahllineal (Abb. 5.4) dient zum Messen und Anreißen von Längen auf Blechen und Platten. Es ist vergleichbar mit bekannten Linealen aus Holz bzw. Kunststoff. Es ist allerdings im Vergleich zu diesen Werkstoffen sehr flexibel und robust. Übliche Längen sind 300 mm und 500 mm.

Abb. 5.4 Stahllineal

5.2.1.4 Messschieber

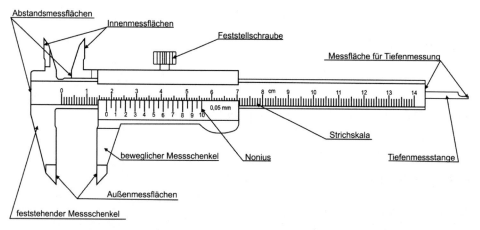

Abb. 5.5 Aufbau Messschieber

Der Messschieber, teilweise auch als **Schiebelehre** bezeichnet, ist ein sehr weit verbreitetes Messgerät, mit dem in der Praxis sehr viele Geometrien an verschiedenen Stellen gemessen werden können. Ein Messschieber, dargestellt in Abb. 5.5, besteht aus einem Grundkörper, an dem sich die zwei feststehenden Messschenkel und die Strichskala befinden. Am beweglichen Schieber befinden sich die zwei beweglichen Messschenkel, der Nonius und eine Tiefenmessstange. Der Nonius dient der Erhöhung der Ablesegenauigkeit. Neben Messschiebern mit einer Nonius-Skala sind auch Rundskala-Messschieber (auch als Uhren-Messschieber bezeichnet) und Digitale Messschieber im Einsatz. Zum Ablesen eines Maßes auf der **Nonius-Skala** wird der Punkt gesucht, an dem die Null der Nonius-Skala steht (Abb. 5.6 Punkt A). Dann wird der Strich auf dem Nonius gesucht, der deckungsgleich mit einem Strich auf der Strichskala des Msssschiebers ist (Abb. 5.6 Punkt B). Durch Addition der beiden Werte ergibt sich der Wert für das Maß.

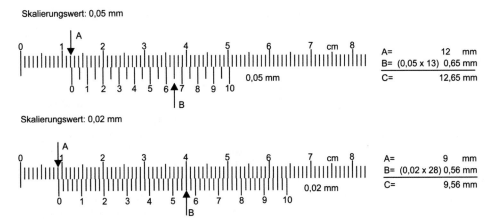

Abb. 5.6 Ablesen am Messschieber

Die Bezeichnung Nonius ist eine Erinnerung an den portugiesischen Astronomen, Mathematiker und Geografen PEDRO NUNES (1502–1578), dessen latinisierter Namen PETRUS NONIUS lautet. Die Noniusskala wurde von PIERRE VERNIER (1580–1637) entwickelt, der sie 1631 erstmals zur genaueren Längen- und Winkelmessung vorstellte. VERNIER war ein französischer Mathematiker und Münzdirektor von Burgund.

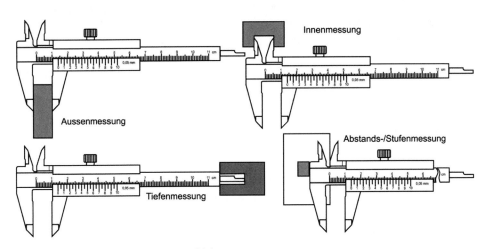

Abb. 5.7 Messmöglichkeiten mit Messschiebern

Nach ihm sind im englisch- und französischsprachigen Ausland auch die Skalen und Messschieber benannt (z. B. englisch: Vernier scale oder **Vernier calliper**) [HIN16]. Die Genauigkeit der Messschieber ist abhängig von ihrer Skalenteilung. Mit einem Messschieber können Außenmessungen, Innenmessungen, Tiefenmessungen und Abstandsmessungen ausgeführt werden (Abb. 5.7).

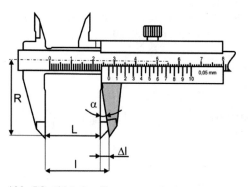

Abb. 5.8 Abbésches Komperatorprinzip

Voraussetzung für genaue Messergebnisse ist immer der gepflegte und vor allem saubere Zustand der Messmittel. Diese müssen sorgsam behandelt und niemals für andere Tätigkeiten wie schaben, ritzen oder anreißen verwendet werden. Sowohl der Messschieber als auch das Werkstück müssen frei von Verunreinigungen (insbesondere von Spänen) sein, das Werkstück muss gratfrei sein. Weiterhin ist zu beachten, dass bei Messungen von Bohrungen die Messflächen auf einer Gerade liegen, die durch den Durchmesser geht (Abb. 5.9). Bei einer Innenmessung dürfen die Messflächen nicht verkippt sein, sondern müssen rechtwinklig zum Werkstück ausgerichtet sein. Der Messschieber darf ebenfalls nicht verkippt werden. Wie bei allen Messmitteln ist auf die senkrechte Blickrichtung zur Skala des Messmittel zu achten, damit kein Parallaxenfehler, wie er in Abb. 5.10 dargestellt ist, entsteht. Der Messschieber ist ein sehr preiswertes und sicher zu bedienendes Messmittel, allerdings erfüllt er nicht das Abbésche Komparatorprinzip.

Das **Abbésche Komparatorprinzip** ist erfüllt, wenn die zu messende Strecke am Bauteil und das Messgerät (bzw. dessen Skala) auf einer Linie liegen und die Ablesung der Messwerte senkrecht zur Messskala erfolgt. Befinden sich die zu messende Strecke und der Maßstab des Messgerätes nicht in einer Linie, können am Messgerät Kippfehler entstehen. Diese werden als Kippfehler erster Ordnung bezeichnet und führen zu erheblichen Messungenauigkeiten, wie sie in Abb. 5.8 dargestellt sind. Die Kippfehler 1.Ordnung können nicht vernachlässigt werden. Um die Messgenauigkeit zu erhöhen, wird zum Beispiel wie bei einer Bügelmessschraube, die zu messende Strecke und der Maßstab des Messgerätes fluchtend angeordnet. Es treten hierbei geringere Fehler durch Verkippen auf. Das Abbésche Komparatorprinzip wurde erstmalig von ERNST ABBÉ beschrieben. ABBÉ war ein deutscher Physiker, Optiker und Industrieller, der zusammen mit CARL ZEISS und OTTO SCHOTT eine Vielzahl von optischen Instrumente entwickelte.

5.2.1.5 Bügelmessschraube

Die Bügelmessschraube besteht aus der Messspindel, dem Amboss, der Messtrommel, dem Bügel und dem isolierten Handgriff. Am Ende des Ambosses und der Messspindel befinden sich die aus geschliffenem Hartmetall bestehenden Messflächen. Diese sind wie alle Hartmetalle sehr empfindlich gegenüber Handschweiß und sollten daher nicht mit den Händen berührt werden. Um die Bügelmessschraube vor Erwärmung durch die menschliche Körpertemperatur zu schützen, ist der Bügel mit Isolierflächen versehen. Mit Hilfe der Ratsche, die an einer Rutschkupplung sitzt, wird die maximale Messkraft ausgeübt. Das zu messende Bauteil wird zwischen die Messflächen gebracht und das sehr genaue Gewinde (Steigung zwischen 0,5 und 1 mm) zwischen Messhülse und Messtrommel wird mit Hilfe der Ratsche so weit gedreht, bis beide Messflächen das Bauteil berühren. Die Messkraft soll dabei zwischen 5 N und 10 N betragen. Um Beschädigungen durch zu große Messkräfte zu vermeiden, ist nur die Ratsche zu drehen. Auf der Skala an der Messhülse kann das Maß des Bauteils abgelesen werden (Abb. 5.12 Punkt A). An der zweiten Skala

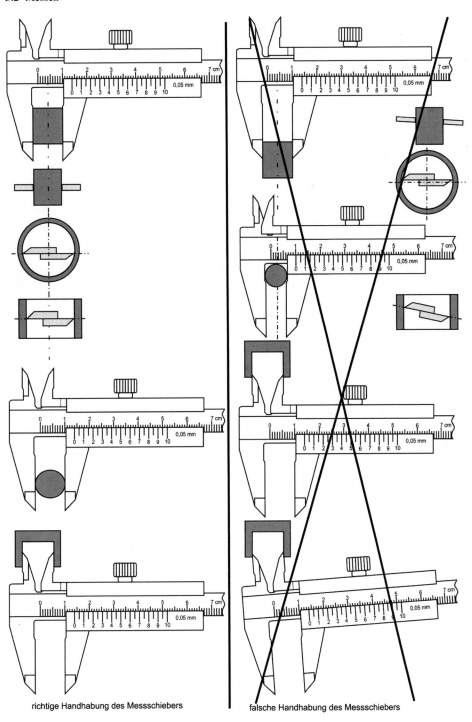

richtige Handhabung des Messschiebers | falsche Handhabung des Messschiebers

Abb. 5.9 Messfehler am Messschieber

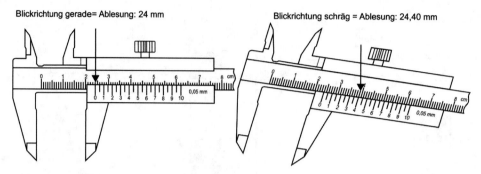

Abb. 5.10 Ablesefehler Messschieber

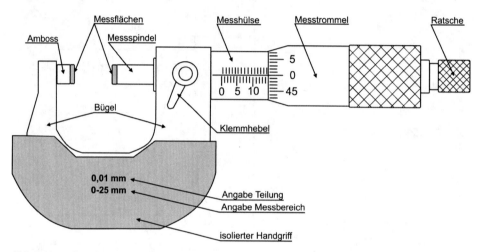

Abb. 5.11 Aufbau Bügelmessschraube

entlang des Umfangs der Messtrommel kann der Zwischenwert abgelesen werden (Abb. 5.12 Punkt B). Der genaue Wert des Maßes ergibt sich aus der Addition der beiden Werte. Messschrauben werden auch noch in einer Vielzahl von Messgeräten verwendet. Zur Messung von Innen-, Außen- und Tiefenmaßen sowie der Messung an Zahnradflanken werden Bügelmessschrauben mit modifizierten Messflächen verwendet. Es gibt weiterhin zahlreiche Messschrauben mit einer digitalen Anzeige der Messwerte.

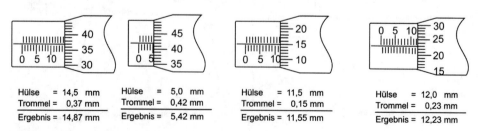

Abb. 5.12 Ablesen an Bügelmessschrauben

5.2.1.6 Messuhr - und Feinzeiger

Mit Messuhren und Feinzeigern können folgende Größen gemessen werden:

- Rundlauf
- Parallelität
- Messen von Vertiefungen.

Weiterhin können mit ihnen Maschinen eingestellt werden.

5.2.2 Rauheitsmessungen

Um Oberflächen an Werkstücken beurteilen zu können, wird die Rauheit dieser Oberfläche gemessen. Diese Messungen werden mit speziellen Messgeräten, die meist taktil oder optisch arbeiten, durchgeführt. Da das Thema der Rauheitsmessung sehr komplex ist, wird in diesem Buch nicht weiter darauf eingegangen. Sehr viele Rauheitskennwerte finden in der Praxis Anwendung, eine ausführliche Darstellung würde den Rahmen dieses Buches sprengen.

5.2.3 Hilfsmittel zum Messen

An Bauteilen, die auf Grund ihrer Größe oder Form (Hinterschnitte) nicht direkt gemessen werden können, müssen Hilfsmittel eingesetzt werden, um diese Maße zu ermitteln.

5.2.3.1 Greifzirkel

Der Greifzirkel ist ein Prüfmittel zur Messung des Außendurchmessers. Mit diesem Prüfmittel können auch Maße an Hinterschnitten „abgegriffen" werden. Mit einem **Kombinationsinnenaußentaster**, auch Aufgrund ihrer Form als **Tanzmeister** bezeichnet (Abb. 5.13 rechts), werden schwer zugängliche Außendurchmesser, Wandstärken sowie Innendurchmesser ermittelt. Mit diesem Hilfsmittel konnten die Außendurchmesser von Kanonenkugeln direkt mit den Innendurchmessern der Kanonenrohre verglichen werden.

5.2.3.2 Hohlzirkel

Der Hohlzirkel, regional unterschiedlich auch als **Lochzirkel** oder **Lochtaster** bezeichnet, ist ein Werkzeug zur Messung des Innendurchmessers von Hohlkörpern. Hohlzirkel gibt es in verschieden Ausführungen, von denen einige in Abb. 5.14 dargestellt sind. Das in der Mitte der Abb. 5.14 dargestellte Prüfhilfsmittel wird aufgrund der verwendeten Feder als Federaußentaster bezeichnet. Diese Bauform wird auch für Greifzirkel verwendet.

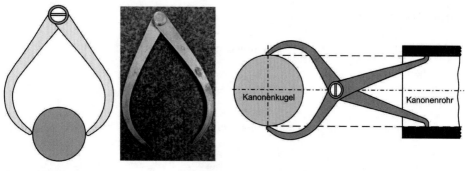

Abb. 5.13 Greifzirkel

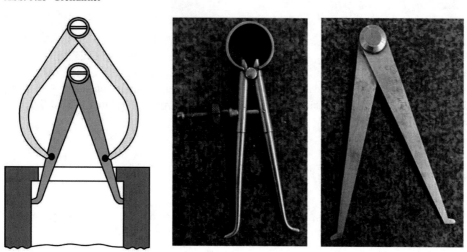

Abb. 5.14 Hohlzirkel

5.2.3.3 Schulterzirkel

Zur Ermittlung von Abständen werden die in Abb. 5.15 dargestellten Schulterzirkel verwendet. Allen oben dargestellten Hilfsmitteln ist gemeinsam, dass das Maß an ihnen nicht

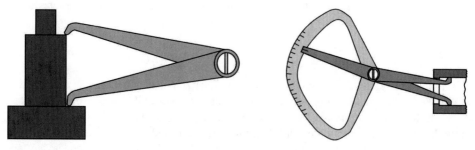

Abb. 5.15 Schulterzirkel

direkt abgelesen werden kann, sondern erst noch mit einem Messschieber, einer Bügelmessschraube oder ähnlichen Messmitteln ermittelt werden muss. Die Verbindungen der Messhilfsmittel sind sehr schwergängig, da sie den ermittelten Abstand bis zur Messung mit einem Messmittel nicht verändern sollen.

5.3 Lehren

Beim Lehren wird die Form oder ein Maß mit einer Lehre, die ein vorgeschriebenes Maß oder eine gewünschte Form verkörpert, verglichen. Die Lehre ist starr, sie hat keine Skala und keine beweglichen Teile, sodass nur festgestellt werden kann, ob das zu prüfende Objekt innerhalb der vorgegebenen Toleranzen liegt oder nicht. Als Ergebnis eines Lehrvorgangs steht kein Zahlenwert mit einer Einheit, sondern nur ein Aussage, ob das Bauteil oder das Maß innerhalb der Toleranz liegt, es ist nur eine Gut- oder Schlecht-Aussage möglich. Der Vorgang des Lehrens ist sehr viel einfacher als das Messen eines Werkstückes und wird daher bei Prozessen in der Serienfertigung sehr häufig verwendet.

5.3.1 Typen von Lehren

5.3.1.1 Maßlehren

Maßlehren sind Prüfmittel, die ein genau definiertes Maß verkörpern. Dieses Maß nimmt von Lehre zu Lehre zu. Sehr häufig werden in der industriellen Praxis Parallelendmaße eingesetzt. Parallelendmaße sind hoch genaue, geschliffene Blöcke aus Stahl, Hartmetall, Glas oder Keramik und verkörpern eine bestimmte Länge (Maßverkörperung). Die Messflächen der Endmaße sind so genau bearbeitet, dass sie auf Grund von Adhäsionskräften aneinander haften und zu beliebigen Maßen zusammengefügt werden können. Der Vorgang des aneinander Haftens wird häufig auch als „**Ansprengen**" oder „Anschieben" bezeichnet. Die **Endmaße** sind sehr empfindlich und müssen daher auch sehr sorgfältig behandelt werden. Keinesfalls sind Endmaße mit Parallelstücken zu verwechseln. Weitere Endmaßformen sind Winkel-, Kugel- oder Zylinderendmaße (auch als Pass- oder Messstifte bezeichnet) und Stufenendmaße. Endmaße sind in der DIN EN ISO 3650 genormt und werden in vier Toleranzklassen (Tab. 5.1) unterteilt. Die Toleranzklasse der Endmaße wird immer auf diesen angegeben. In Abb. 5.16 sind verschiedene Endmaßkästen mit run-

Klasse	Anwendung
K	Endmaß-Bezugsnormale (Kalibrieren anderer Endmaße)
0	Kalibrieren anderer Lehren und Messgeräte im Messlabor
1	Gebrauchsnormal im Messraum für die Prüfung von Lehren und zum Einstellen von Messgeräten
2	Gebrauchsnormal in der Fertigung für die Prüfung von Lehren und zum Einstellen von Messgeräten

Tabelle 5.1 Toleranzklassen von Endmaßen

den und prismatischen Endmaßen aufgelistet. Die runden Endmaße bestehen aus Keramik.

Die prismatischen sind Stahlendmaße. Bei der Benutzung von Endmaßen sind folgende

 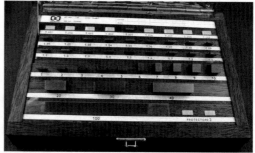

Abb. 5.16 Endmaßkästen

Hinweise zu beachten:

- vor Handwärme und Handschweiß schützen
- vor Gebrauch entfetten, Staub und Fasern entfernen
- nach Gebrauch reinigen und leicht einfetten
- wenig Endmaße verwenden
- Endmaße nicht unnötig lange angesprengt lassen (Gefahr der Kaltverschweißung).

5.3.1.2 Fühlerlehre

Mit Fühlerlehren (siehe Abb. 5.17) können Abstände zwischen Bauteilen, z. B. der Elektrodenabstand an Zündkerzen oder das Spiel an Maschinen, ermittelt werden. Hierzu wird die entsprechende Lehre in den Spalt der sich aus den Bauteilen ergibt eingeführt und der Spaltabstandt ermittelt.

 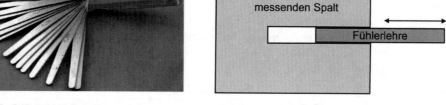

Abb. 5.17 Fühlerlehren

5.3.2 Formlehren

Formlehren sind Prüfmittel, die eine bestimmte Form verkörpern, beispielsweise: Winkellehren, Radienlehren und Gewindelehren. Die Prüfung der Bauteile erfolgt bei Formlehren ebenfalls nach dem Lichtspaltverfahren. In Abb. 5.18 sind verschiedene Formlehren für Innen- und Außenradien dargestellt. Mit ihnen können die Radien bzw. Durchmesser an Werkstücken ermittelt werden, die nicht direkt gemessen werden können.

Abb. 5.18 Formlehren

5.3.2.1 Gewindeschablonen

Gewindeschablonen, dargestellt in Abb. 5.19, in der industriellen Praxis auch als **Gewindekämme** bezeichnet, werden benutzt, um per Lichtspaltverfahren zu testen, welche Größe ein Gewinde besitzt. Durch das zwischen der Schablone und dem Gewinde eintretende Licht ist sehr schnell zu bestimmen, welche Größe das Gewinde besitzt. Wenn ein Lichtspalt zwischen dem Gewinde und der Schablone zu erkennen ist, passt das Gewinde nicht zur gewählten Schablone. Dieses Verfahren lässt allerdings nur die Überprüfung von Außengewinden zu.

5.3.2.2 Winkel

Winkel, dargestellt in Abb. 5.20, sind Formlehren, die aus zwei unterschiedlich langen rechtwinklig angeordneten Schenkeln bestehen.

Anschlagwinkel

Ein Anschlagwinkel ist Abb. 5.20 rechts dargestellt. Er besteht aus zwei ungleich langen Schenkeln aus Metall mit Anschlag

Abb. 5.19 Gewindeschablonen

am kürzeren Schenkel, um den Winkel an Kanten anlegen zu können. Anschlagwinkel sind in den Toleranzklassen 00, 0, 1 und 2 sowie als nicht zertifizierte Werkstattwinkel erhältlich. Anschlagwinkel mit einem oder beiden Schenkeln aus Holz werden vor allem von Tischlern und Zimmerleuten verwendet.

Flachwinkel

Flachwinkel, dargestellt in Abb. 5.20 links, bestehen aus Flachstahl und besitzen eine einheitliche Dicke.

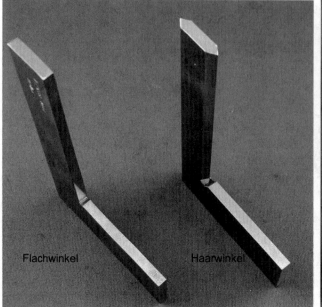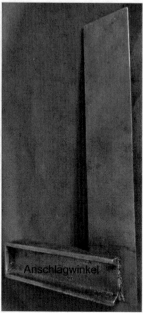

Abb. 5.20 Verschiedene Winkel

Haarwinkel

Haarwinkel (Abb. 5.20 Mitte) besitzen eine definierte, spitz zulaufende, geschliffene Messkante auf beiden Seiten des längeren Schenkels. Der kurze Schenkel ist flach geschliffen. An der Messkante können im Gegenlichtverfahren sehr kleine Abweichungen und Unebenheiten erkannt werden.

Zentrierwinkel

Der Zentrierwinkel ist keine Lehre, sondern ein Anreißwerkzeug zur Ermittlung des Mittelpunktes von kreiszylindrischen Werkstücken. Er wird im Abschnitt 4.7.3 beschrieben.

5.3.3 Grenzlehren

Gutlehren verkörpern das Gutmaß, also das Höchstmaß bei Wellen und das Mindestmaß bei Bohrungen, zum Beispiel ein Grenzlehrdorn zum Prüfen von Bohrungen oder eine Grenzrachenlehren zum Prüfen von Außenmaßen. Grenzlehren geben an, ob ein Maß innerhalb der Toleranz des Sollmaßes liegt. Grenzlehren (Abb. 5.21) besitzen zwei Prüfstellen. Die Ausschussseite ist mit roter Farbe gekennzeichnet. Bei der Prüfung mit einem Grenzlehrdorn soll die Gutseite leicht in die Bohrung eingeführt werden können, das heißt ohne Messkraft nur mit dem Eigengewicht. Die Ausschussseite darf nicht in die Bohrung passen.

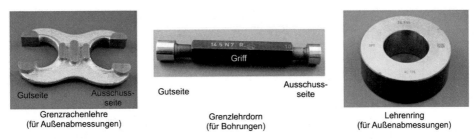

Gutseite   Ausschuss-   Gutseite   Ausschuss-
                  seite   seite

Grenzrachenlehre   Grenzlehrdorn   Lehrenring
(für Außenabmessungen)   (für Bohrungen)   (für Außenabmessungen)

Abb. 5.21 Lehren

5.3.3.1 Gewindelehren

Gewindelehren (Abb. 5.22) werden verwendet, um die Gewindeabmessungen nach der Gewindefertigung zu prüfen. Der Gewinde-Gutlehrdorn, auch als Gutseite bezeichnet, prüft die Einhaltung vom Mindestmaß des Flankendurchmessers einschließlich der Formabweichungen, Rundheitsabweichungen, Geradheitsabweichungen der Gewindeachse. Weiterhin prüft er das Mindestmaß des Außendurchmessers und die Länge des Flankenstücks. Die Gutlehrdornseite muss sich leicht in das Gewinde eindrehen lassen. Der Gewinde-Ausschusslehrdorn, auch als Ausschussseite bezeichnet, prüft, ob der Flankendurchmesser des Werkstück-Muttergewindes das vorgeschriebene Höchstmaß überschreitet. Die Ausschussseite des Lehrdorns darf sich von Hand ohne Anwendung einer besonderer Kraft in das Gewinde von beiden Seiten nicht mehr als zwei Umdrehungen einschrauben lassen. Weist ein Gewinde weniger als drei Umdrehungen auf, darf sich der Gewinde-Ausschusslehrdorn nicht vollständig durchschrauben lassen.

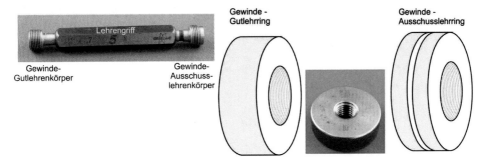

Gewinde-   Gewinde-   Gewinde -   Gewinde -
Gutlehrenkörper   Ausschuss-   Gutlehrring   Ausschusslehrring
                                    lehrenkörper

Abb. 5.22 Gewindelehren

5.3.3.2 Gewindekerndurchmesserlehren

Gewindekerndurchmesserlehren werden verwendet, um die Gewindekerndurchmesser nach der Gewindefertigung zu prüfen. Dem Überprüfen des Gewindekerndurchmessers kommt insbesondere beim Gewindeformen eine große Bedeutung zu, da der Kerndurchmesser durch den Gewindeformer hergestellt wird. Der Kerndurchmesser kann durch die Gratbildung beim Gewindeschneiden zu eng werden. Die Ausschussseite des Lehrdorn darf sich von beiden Seiten nicht mehr als einen vollen Gewindegang in das Gewinde einführen lassen.

Ein Gewinde ist lehrenhaltig, wenn sich:

- die Gutseite der Gewindelehre leicht bis auf den Grund des Gewindes einschrauben lässt
- die Ausschussseite der Gewindelehre sich nur max. 2 Umgänge eindrehen lässt
- die Gutseite der Gewindekerndurchmesserlehre leicht einführen lässt
- die Ausschussseite der Gewindekerndurchmesserlehre nur max. einen vollen Gewindegang einführen lässt.

Literaturverzeichnis 5

[HIN16]   Hinz, U.; Keidel, T.; Seidel, R.; Strümpel, J.: Messen mit Mahr, Geschichte eines Fa-
               milienunternehmens seit 1861; Verlag Vandenhoeck & Ruprecht, 1. Auflage, 2016

[DIN 1319-1]   DIN 1319-1:1995-01: Grundlagen der Meßtechnik - Teil 1: Grundbegriffe, Beuth Ver-
               lag, Berlin, 1995

[DIN 1319-2]   DIN 1319-2:2005-10: Grundlagen der Messtechnik - Teil 2: Begriffe für Messmittel,
               Beuth Verlag, Berlin, 2005

[DIN 1319-3]   DIN 1319-3:1996-05: Grundlagen der Meßtechnik - Teil 3: Auswertung von Messun-
               gen einer einzelnen Meßgröße, Meßunsicherheit, Beuth Verlag, Berlin, 1996

[DIN 1319-4]   DIN 1319-4:1999-02: Grundlagen der Meßtechnik - Teil 4: Auswertung von Messun-
               gen; Meßunsicherheit, Beuth Verlag, Berlin, 1999

[DIN EN ISO 3650] DIN EN ISO 3650:1999-02: Geometrische Produktspezifikationen (GPS) - Längen-
               normale - Parallelendmaße (ISO 3650:1998); Deutsche Fassung EN ISO 3650:1998,
               Beuth Verlag, Berlin, 1999

Kapitel 6
Handgeführte Maschinen

Zusammenfassung Handgeführte Maschinen (z. B. Bohrmaschinen, Schlagschrauber, Schleifmaschinen oder Handkreissägen) werden hauptsächlich im industriellen Bereich bei der Instandhaltung, bei Montagearbeiten oder auf Baustellen verwendet. Im handwerklichen Bereich werden sie sowohl in Werkstätten als auch auf Montage verwendet. Aufgrund ihres geringen Gewichtes lassen sie sich sehr einfach transportieren und können sehr flexibel eingesetzt werden (z. B. Bohren, Schrauben, Sägen usw.). Als Energiequellen stehen sowohl Batterien, das Stromnetz als auch Druckluft (ggfs. mit mobilem Kompressor) zur Verfügung.

6.1 Bohrmaschinen

Bohrmaschinen (Abb. 6.1) sind sicherlich die Maschinen, die den meisten Menschen bekannt sind. Sie können sowohl manuell, elektrisch als auch pneumatisch (Bergbau, explosionsgeschützte Bereiche) angetrieben werden.

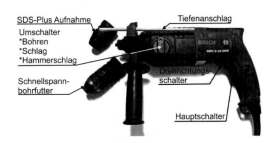

Abb. 6.1 Handbohrmaschine

Zur Spannung der Werkzeugs besitzen Bohrmaschinen entweder Zahnkranzbohrfutter oder Schnellspannbohrfutter. Standardgrößen der Bohrfutter sind 10 mm, 13 mm und 16 mm. Im industriellen Bereich werden auch teilweise Maschinen mit Morsekegelaufnahme verwendet. Bei vielen Bohrmaschinen kann die Drehrichtung umgeschaltet werden. Weiterhin besitzen Getriebebohrmaschinen die Möglichkeit mit verschiedenen Drehzahlen (meist zwei) bzw. Drehmomenten zu arbeiten, um sich der optimalen Schnittgeschwindigkeit anzunähern. Einige Maschinen besitzen auch die Möglichkeit über eine Rutsch-kupplung das Drehmoment zu begrenzen, mit diesen Maschinen können auch Schrauben ein- bzw. ausgedreht werden. Für die Bearbeitung von Steinen, Beton, keramischen und anderen sehr harten und spröden Werkstoffen werden Bohrhämmer angeboten, die über ein Schlagwerk verfügen und die Bearbeitung derartiger Werkstoffe sehr erleichtern. Häufig können mit derartigen Maschinen auch Meißelarbeiten durchgeführt werden. Hierzu können an der Maschine folgende Bearbeitungsmodi gewählt werden:

- Bohren ohne Schlag
- Bohren mit Schlag
- nur Hämmern (Schlag ohne Drehen).

Um effektiv arbeiten zu können sind häufig spezielle Werkzeugaufnahmen und Werkzeuge (siehe Abschnitt 4.3.3.3) erforderlich.

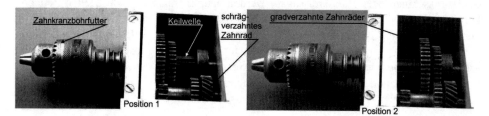

Abb. 6.2 Funktion Schaltgetriebe

Bei Maschinen, die über ein Schaltgetriebe verfügen, wird häufig ein verschiebbares Zahn-radpaar auf einer Keilwelle auf eine zweite Position verschoben und damit ein anderes Übersetzungsverhältnis realisiert. Dieser Vorgang ist in Abb. 6.2 dargestellt. Andere Ma-schinen arbeiten mit Planetengetrieben.

6.1.1 Winkelbohrmaschinen

Abb. 6.3 Winkelbohrmaschine

Um an besonders unzugänglichen Stellen arbeiten zu können wurden Winkelbohr-maschinen, dargestellt in Abb. 6.3, entwickelt. Das Bohrfutter dieser Maschinen ist um 90° zur Motorachse abgewinkelt. Die Werkzeugspannsystem an Winkelbohr-maschinen sind aus Platzgründen fast im-mer als Zahnkranzbohrfutter ausgeführt. Kleine mit Batterien betriebene Winkel-bohrmaschinen besitzen häufig auch nur einen Innensechskant als Werkzeugauf-nahme. Diese Maschinen sind besonders kompakt. Winkelbohrmaschinen können pneu-matisch, elektrisch mir Batterie oder Stromnetz betrieben werden. Zahnarztborhmaschi-nen sind ebenfalls häufig Winkelbohrmaschinen und können sowohl pneumatisch oder auch hydraulisch angetrieben werden.

6.2 Schrauber

Um Schrauben schnell und gleichmäßig ein- bzw. ausdrehen zu können, wurden Schrauber (Abb. 6.4) entwickelt. Diese verfügen über eine Drehmomentbegrenzung, eine Drehzahleinstellung und die Möglichkeit, die Drehrichtung zu ändern. Schrauber können sowohl elektrisch (Stromnetz oder Akku-Pack) als auch pneumatisch betrieben werden. Die Montage bzw. Demontage von Autorädern in Werkstätten erfolgt typischerweise mit pneumatisch angetriebenen Schraubern. Die Aufnahme der Werkzeuge kann sowohl über Zahnkranz- oder Schnellspannbohrfutter als auch über Sechskantaufnahmen erfolgen.

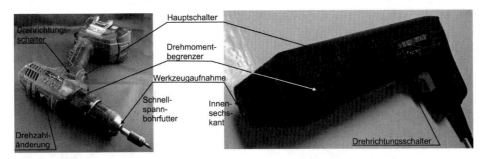

Abb. 6.4 Schrauber

6.3 Nibbler

Mit Nibblern können beliebige Konturen in Bleche geschnitten werden (siehe Kapitel 2.4.1). Beim Nibbeln oszilliert nur ein Zahn, der die charakteristischen sichelförmigen Späne (Abb. 6.5) abtrennt. Im Gegensatz zu Scheren können mit Nibblern auch Trapez- und Wellbleche geschnitten werden. Die Schnittkanten sind verzugsfrei. Es können durch Nibbeln auch Innenkonturen gefertigt werden, sofern eine Startbohrung vorhanden ist. Es gibt diese Maschinen sowohl als Akku- als auch als Festnetzsysteme.

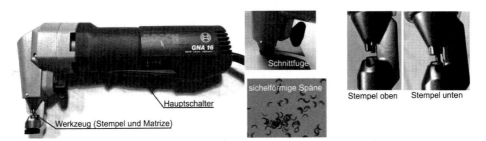

Abb. 6.5 handgeführter Nibbler

6.4 Schleifmaschinen

6.4.1 Trennschleifmaschine (Flex)

Eine der am häufigsten benutzen handgeführten Maschinen ist die Trennschleifmaschine, in der Praxis auch als „Flex", **Trennjäger** oder **Winkelschleifer** bezeichnet. Mit diesen Maschinen (Abb. 6.6) können sowohl Trenn- als auch Oberflächenschleifarbeiten, wie verputzen oder entrosten, durchgeführt werden. Diese Maschinen sind neben Batterie- und Netzbetrieb auch als extrem mobile Geräte mit Benzinmotor erhältlich. Es stehen unterschiedliche Scheibendurchmesser von 115 mm, 125 mm, 150 mm, 180 mm, 230 mm und 300 mm zur Verfügung.

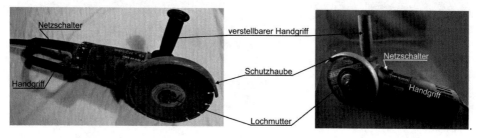

Abb. 6.6 Handtrennschleifmaschine

Die Schleifscheibe rotiert mit Drehzahlen von bis zu 13300 min^{-1} (bei 115 mm Scheibendurchmesser). Die maximale Schnittgeschwindigkeit der Scheiben am Umfang beträgt meist 80 $\frac{m}{s}$. Mit der Formel 2.15 ergibt sich maximale Drehzahl der Schleifscheibe. Die notwendigen Angaben zum Einsatz der Scheibe sind auf jeder Scheibe zu finden. Die Gefahr des Berstens der Schleifscheiben wird durch Gewebeeinlagen (Abb. 6.8) verringert, außerdem besitzen die meisten Schleifscheiben eine elastischen Kunstharzbindung, die ihnen eine gewisse Flexibilität verleiht. Dadurch wird manuelles, nicht geführtes Trennschleifen von Metall, Stein und anderen Werkstoffen möglich. Die Werkstoffe aus denen die Trenn- und Schleifscheiben bestehen sind:

- Edelkorund zum Trennen von Metall,
- Siliziumcarbid zum Trennen von Stein
- Diamant (Stahlscheiben mit Diamant belegt) zum Trennen von Werkstoffen wie Naturstein, Beton, Ziegel und Keramik.

Trennschleifmaschinen können noch mit einer Reihe von weiteren Werkzeugen eingesetzt werden z. B. mit:

- Fächerscheiben zum Schleifen oder Polieren (Abb. 6.7)
- Schleifteller mit fest aufgebrachtem Schleifkorn oder Schleifpapier mit Klettbefestigung zum Entrosten von Metall, Entfernen von Lacken
- Drahtbürsten in Topf- oder Scheibenform, (siehe Abschnitt 8.3.7)
- Fell- und Gummischeiben zum Polieren.

> **ACHTUNG!!!!**
> Trennscheiben dürfen nicht zum Schleifen von Flächen (Schruppen) verwendet werden, da sie nur für Belastungen am Umfang der Trennscheibe konstruiert wurden. Werden sie außerhalb des Umfangs belastet, bestehen erhebliche Unfallgefahren durch Bersten der Schleifscheibe.

In Abb. 6.7 sind verschiedene Schleifscheiben dargestellt. Es ist deutlich zu erkennen, wie groß die Dickenunterschiede zwischen Trenn- und Schruppscheiben sind.

Trennscheibe   Trennscheibe Schruppscheibe   Dickenvergleich   Fächerscheibe   Diamant Trennscheibe

Abb. 6.7 Schleifscheiben für Trennschleifmaschinen

Daran wird auch deutlich, wie groß die Unfallgefahr ist, wenn Trennscheiben zum Schruppen verwendet werden. Beim Schleifen von Flächen wird die Schruppschleifscheibe schräg, größtenteils auf der Stirnseite, belastet. Für derartige Belastungen sind Trennscheiben nicht ausgelegt und können leicht bersten. Weiterhin ist, insbesondere bei Diamant-Trennscheiben, auf die richtige Drehrichtung, erkennbar an den Pfeilen, zu achten.

Um Verwechslungen der Schleifscheiben zu vermeiden ist es ratsam, die bedruckte Seite (Abb. 6.6 oben) lesbar zu montieren. Das hohe Unfallrisiko, das durch die falsche Benutzung von Trennscheiben entsteht, ist in Abb. 6.8 zu erkennen. Weiterhin ist die Armierung der Trennschleifscheiben deutlich zu sehen.

6.4.2 Gradschleifmaschinen

Gradschleifmaschinen, dargestellt in Abb. 6.9, wurden insbesondere entwickelt, um in relativ engen Rohren und Bohrungen arbeiten zu können. Mit diesen Maschinen werden häufig Grate an Bauteilen entfernt und Bauteilecken angefast. Dies ist häufig bei der Schweißnahtvorbereitung notwendig. Gradschleifmaschinen besitzen einen schmalen und schlanken Hals, der gut

Abb. 6.8 Geborstene Trennscheibe nach unsachgemäßer Anwendung

Abb. 6.9 Gradschleifmaschine

an unzugängliche Stellen herangeführt werden kann. Die Werkzeugaufnahmen dieser Maschinen können als Spannzangensysteme ausgebildet sein, an diesen werden Schleifstifte (siehe Abschnitt 8.3.6) verwendet. Für die Verwendung von Umfangsschleifscheiben werden auch konische Werkzeugaufnahmen benutzt.

6.5 Allgemeine Sicherheitshinweise beim Arbeiten mit handgeführten Maschinen

Beim Arbeiten mit handgeführten Maschinen, insbesondere unter Baustellen- und Montagebedingungen, können zahlreiche Gefährdungen auftreten [BAU12]. Es sind dies unter anderem:

- Fliegende Material- und Werkzeugsplitter
- Schleiffunken beim Trennen mit Trenn- und Schleifscheiben
- Herumschlagen der Maschine oder des bearbeiteten Bauteils
- Arbeiten ohne Schutzeinrichtungen, z. B. Schutzhaube und Brille
- Ungeeignete Werkzeuge, z. B. Trennen/Schleifen
- Späne und Stäube, insbesondere auftretender Feinstaub
- Unerwarteter Anlauf bzw. Nachlauf der Maschinen und Werkzeuge
- Stromschläge bei elektrischen Defekten an der elektrische Zuleitung bzw. an den Maschinen selber
- Hohe Lautstärke
- Vibrationen.

Bei der Benutzung von handgeführten Maschinen sind folgende Sicherheitsvorkehrungen zu beachten [BAU12]:

- Vor Benutzung Sichtprüfung vornehmen, ggf. Probelauf durchführen
- Keine schadhaften Geräte benutzen
- Schutzeinrichtungen nicht demontieren
- Vibrationsarme Geräte und lärmarme Werkzeuge verwenden
- Werkstücke vor dem Bearbeiten sicher einspannen
- Sicheren Standplatz bei Arbeiten mit handgeführten Maschinen einnehmen
- Maschine beidhändig führen und nicht verkanten
- Bewegliche Anschlussleitungen gegen mechanische Beschädigungen schützen
- Schlauchverbindung von Druckluftwerkzeugen gegen unbeabsichtigtes Lösen sichern
- Druckluftleitungen vor dem Trennen drucklos machen
- Stäube absaugen
- Schutzbrille (bei Bedarf) tragen
- Gehörschutz (bei Bedarf) tragen
- Atemschutz (bei Bedarf) tragen
- Antivibrationshandschuhe (bei Bedarf) tragen.

Literaturverzeichnis 6

[BAU12]   N.N.: Handgeführte Maschinen (273 / 5/2012), Informationen Berufsgenossenschaft Holz und
          Metall 5/2012
[DIN 13-1] DIN 13-1: Metrisches ISO-Gewinde allgemeiner Anwendung- Teil 1: Nennmaße für Regel-
          gewinde; Gewinde-Nenndurchmesser von 1 mm bis 68 mm, Beuth Verlag, Berlin, 1999

Kapitel 7
Werkzeugmaschinen

Zusammenfassung Als Werkzeugmaschinen werden Maschinen bezeichnet, die mit Hilfe von Werkzeugen Werkstücke fertigen. Die Bewegung von Werkstück und Werkzeug zueinander wird dabei durch die Maschine vorgegeben. Die bekanntesten Werkzeugmaschinen sind Säge-, Bohr-, Dreh-, Fräs- und Schleifmaschinen. Weiterhin werden Pressen und Maschinenhämmer zum Schmieden verwendet. Werkzeugmaschinen können nach einer Vielzahl von Kriterien eingeteilt werden, z. B. nach dem Fertigungsverfahren in umformende, trennende und fügende Werkzeugmaschinen analog zur DIN 8580, oder z. B. nach ihrem Automatisierungsgrad in konventionelle Maschinen, Automaten, CNC-Maschinen und Bearbeitungszentren. Hier sollen nur die konventionellen Werkzeugmaschinen kurz betrachtet werden. Unter konventionellen Werkzeugmaschinen werden hier alle Maschinen ohne numerische Steuerung verstanden.

7.1 Konventionelle Werkzeugmaschinen

OTTO KIENZLE (1893-1969), ein bedeutender deutscher Wissenschaftler der Fertigungstechnik, definiert eine Werkzeugmaschine (WZM) wie folgt:

> „Eine Werkzeugmaschine ist eine Arbeitsmaschine, die ein Werkzeug an einem Werkstück unter gegenseitig bestimmter Führung zur Wirkung bringt."[TOE95]

Die Definition nach KIENZLE schließt alle **Kraftmaschinen** aus, die der Umwandlung von Energie dienen (z. B. Generatoren, Motoren oder Getriebe). Nach dieser Definition müssen Werkzeugmaschinen Werkzeuge wie Bohrer, Drehmeißel, Fräswerkzeuge, aber auch Drähte (Drahterodieren) oder Wasser- und Laserstrahlen verwenden. Werkzeugmaschinen dienen der Herstellung und Bearbeitung von Werkstücken, dabei müssen Werkstück und Werkzeug durch die Werkzeugmaschine gegenseitig bestimmt geführt werden. Dadurch sind die handgeführten Maschinen wie Bohrschrauber, Handbohrmaschinen, Handkreissägen, Stichsägen und Winkelschleifer aus dieser Definition ausgeschlossen. Konventionelle Werkzeugmaschinen bestehen aus folgenden Baugruppen:

* dem Gestell
* den Führungen und Lagerungen
* dem Antrieb

© Springer Fachmedien Wiesbaden GmbH, ein Teil von Springer Nature 2023
R. Förster und A. Förster, *Einführung in die Fertigungstechnik*,
https://doi.org/10.1007/978-3-662-68130-5_7

- der Werkzeugaufnahme
- mechanische oder hydraulische Steuerung (wenn vorhanden).

Bei CNC-gesteuerten Werkzeugmaschinen kommen noch Steuerung, Werkzeugspeicher und -wechsler, Werkstückmagazin und Werkstückwechsler, Messsysteme sowie Ver- und Entsorgungseinrichtungen für z. B. Kühlschmierstoffe, Druckluft, Hydraulikflüssigkeiten und Späne hinzu [CON06].

7.1.1 Maschinengestell

Das Gestell einer Maschine muss alle auftretenden Bearbeitungskräfte aufnehmen und an die Fundamente bzw. den Fußboden weiterleiten und die Lage aller Baugruppen der Werkzeugmaschine zueinander sichern. Häufige Bauformen insbesondere von konventionellen Werkzeugmaschinen sind C-Gestell, Ständergestell und Flachbettgestelle. Bei konventionellen Maschinen werden häufig die Tische mit den daran befestigten Werkstücken bewegt. Üblich sind Guss- und Schweisskonstruktionen.

7.1.2 Führungen und Lagerungen

Die Aufgabe der Führungen und Lagerungen an Maschinen ist die Begrenzung der Anzahl von Freiheitsgraden von bewegten Maschinenteilen. Führungen können nach ihrer Querschnittsform (z. B. Schwalbenschwanz- oder V-Führung) und nach der Art der Führungsflächentrennung in Wälz- und Gleitführungen unterschieden werden. Bei Wälzführungen werden die Führungsflächen durch Wälzkörper (z. B. Kugel, Zylinder und Tonnen) getrennt. Bei Gleitführungen befindet sich ein Medium (meist Öl oder Luft) zwischen den Führungsflächen.

7.1.3 Antrieb

Der Hauptantrieb von Werkzeugmaschinen besteht meist aus einem Motor, einem Getriebe und einer Kupplung. Er ist für die Schnittbewegung und die einmalige Spanabnahme verantwortlich.

7.1.4 Werkzeugaufnahme

Werkzeugaufnahmen dienen der sicheren Befestigung der Werkzeuge. Sie sind die Schnittstelle zwischen der Maschinenspindel und dem Werkzeug. An konventionellen Werkzeugmaschinen sind häufig noch Steilkegel (siehe Abschnitt 9.2.2) und Morsekegel (siehe Abschnitt 9.2.1) vorhanden.

7.2 Lage der Maschinenachsen

Die Bezeichnung der Maschinenachsen erfolgt nach der in Abb. 7.1 dargestellten **Rechtehandregel**. Dabei spannen der Daumen (X-Achse), der Zeigefinger (Y-Achse) und der

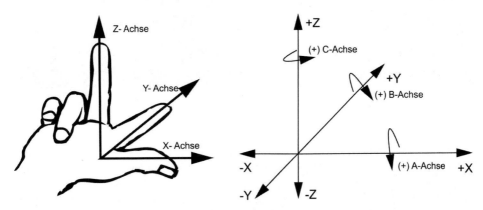

Abb. 7.1 Rechtehandregel mit Lage der Maschinenachsen

Mittelfinger (Z-Achse) ein kartesisches Koordinatensystem auf. Die Z-Achse bezeichnet immer die Hauptantriebsachse, dann bildet in den meisten Fällen die XY-Ebene die Tischebene. Die X-Achse bezeichnet die längere Achse, und die A-, B- und C-Achsen sind die Rotationsachsen um die Grundachsen XYZ. Die Hauptantriebsachse ist die Achse, an der sich die Spindel mit Werkzeugen befindet. Bei vielen Maschinen ist diese Achse vertikal. Bei den meisten Flachschleifmaschinen und Fräsmaschinen mit horizontal liegender Hauptspindel ist dies nicht so. Dann ändert sich die Lage der Achsen. Durch Drehung der rechten Hand um die Drehachsen (ABC) kann die richtige Bezeichnung der Achsen dann ermittelt werden. Bei konventionellen Werkzeugmaschinen ist eine falsche Bezeichnung der Achsen meist nicht für gravierende Fehler verantwortlich. Bei CNC-gesteuerten Werkzeugmaschinen entstehen durch die falsche Bezeichnung der Maschinenachsen aber sehr große Schäden. Ein Verwechseln der Achsen führt dort meist zu einem Crash mit Zerstörung der Hauptspindel.

7.3 Änderung der Drehzahl

Die Änderung der Drehzahl erfolgt an modernen Maschinen meist stufenlos durch eine elektronische Regelung des Motors. Bei älteren oder einfacheren Maschinen kann die Änderung der Drehzahl sowohl stufenlos oder durch ein gestuftes Zahnradgetriebe oder gestuftes Riemengetriebe erfolgen. Bei gestuften Riemengetrieben (Abb. 7.2) wird die Drehzahl durch Umlegen meist eines Riemens auf andere Riemenscheibendurchmesser bei ausgeschaltetem Antrieb geändert. Das Umlegen der Riemen erfolgt händisch nach dem Öffnen der Abdeckung und Entspannen der Riemen. Um Verletzungen zu vermeiden, ist die Maschine vor unbeabsichtigtem Einschalten zu sichern. Nach dem Umlegen der Riemen müssen diese wieder gespannt werden.

Abb. 7.2 Gestuftes Riemengetriebe

Bei gestuften Zahnradgetrieben erfolgt die Änderung der Drehzahl der Arbeitsspindel durch Umlegen von Schaltern bzw. Hebeln nach einem auf den Maschinen abgebildeten Schema. Die Stellung der Schalter und die zugehörige Drehzahl ist meist an der Maschine deutlich ersichtlich. Die Funktion eines einfachen Schaltgetriebes wird in Abschnitt 6.1 beschrieben und ist in Abb. 6.2 dargestellt. Bei stufenlos verstellbaren Riemengetrieben,

Abb. 7.3 Stufenloses Riemengetriebe [Foto Mathias Sindern]

dargestellt in Abb. 7.3, erfolgt die Drehzahländerung durch Änderung des Durchmessers, auf dem der Riemen aufliegt. In Abb. 7.3 rechts ist zu erkennen, dass die Riemenscheiben ineinander greifen. Bei einer Abstandsänderung b wird auch der den Riemen tragende Durchmesser der Riemenscheibe verändert. Diese Getriebe dürfen meist nur im eingeschalteten, aber unbelasteten Zustand bedient werden.

7.4 Sägemaschinen

Maschinen zum Sägen von Metallen können eingeteilt werden in Maschinen, an denen Sägebänder und in Maschinen, in denen Sägeblätter benutzt werden. Sägebänder sind flexibel und werden über Rollen geführt. Sie werden in horizontalen und vertikalen Bandsägen (Abb. 7.5) eingesetzt. Sägebänder sind endlos. Gebrochene Sägebänder können an diesen Maschinen häufig geschweißt werden. Sägeblätter sind relativ steif und können sowohl rund (Kreissäge) oder rechteckig (bei Maschinenbügelsägen) sein. Runde Sägeblätter finden auch an Metallkappsägen Verwendung. Verstellbare Sägemaschinen werden vor allem dazu verwendet, um Gehrungen, wie sie in Abb. 7.4 dargestellt sind, zu fertigen. Als **Gehrung** wird die Eckverbindung zweier in einem Winkel aufeinander treffender Bauteile bezeichnet. Meist ist der Gehrungswinkel die Winkelhalbierende des Winkels, in dem die Bauteile aufeinander stoßen. Bei 90°-Winkelverbindungen beträgt der Gehrungswinkel 45°.

Als „falsche Gehrung" wird die, in Abb. 7.4 rechts dargestellte Verbindung unterschiedlicher Bauteilbreiten bezeichnet. Dadurch entstehen an den zu verbindenden Bauteilen ungleiche Winkel. Für den Fall, dass die Breite b_{G2} kleiner als die Breite b_{G2} ist, werden die Gehrungswinkel α_1 und α_2 nach folgenden Formeln berechnet:

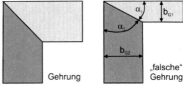

Abb. 7.4 Gehrungen

$$\alpha_1 = \arctan\left(\frac{b_{G1}}{b_{G2}}\right) \tag{7.1}$$

$$\alpha_2 = \arctan\left(\frac{b_{G2}}{b_{G1}}\right) \tag{7.2}$$

7.4.1 Bandsägen

Mit Bandsägen können sowohl Rohre als auch große Blöcke getrennt werden, weiterhin können ebenfalls Gehrungen geschnitten werden. Bandsägen können, nach der Lage des Sägebandes, in vertikale und horizontale Maschinen unterteilt werden.

horizontale Bandsäge   horizontale Bandsäge   vertikale Bandsäge

Abb. 7.5 Bandsägen

7.4.1.1 Sicherheitshinweise beim Arbeiten mit Bandsägemaschinen

- Die Benutzung der Bandsäge ist nur durch eingewiesenes Personal erlaubt!
- Keine rissigen oder stumpfen Sägeblätter verwenden!
- Bandspannung beobachten und Bandsägeblatt ggf. nachspannen!
- Eng anliegende Kleidung tragen!
- Keine Handschuhen tragen! (Gefahr des Einzugs in das Sägeblatt)!
- Gehörschutz und Schutzbrille tragen!
- Splitter, Spänlaufende und Abfälle nicht mit der Hand entfernen!

- Höhenverstellbare Blattabdeckung entsprechend der Werkstückhöhe einstellen!
- Beim Vorschub Hände flach auf das Werkstück legen; Finger nicht spreizen!
- Bei Arbeitsunterbrechungen Maschine abschalten und Sägeblatt abdecken!

7.4.2 Kappsägen

Mit Metallkappsägen, dargestellt in Abb. 7.6, können auch unter Montagebedingungen sowohl sehr exakt Rohre und dünne Stangen abgelängt, als auch Gehrungen geschnitten werden. Im Gegensatz zu Trennschleifmaschinen entsteht kein Funkenflug und es finden aufgrund der geringen Temperaturen beim Trennen auch keine Gefügeumwandlungen im Randbereich statt.

Abb. 7.6 Metallkappsäge

7.4.3 Maschinenbügelsägen

Bei Maschinenbügelsägen wird das hin- und hergehende Sägeblatt entweder mechanisch über eine Kurbelscheibe oder hydraulisch angetrieben und beim Rückhub angehoben. Die Abb. 7.7 zeigt eine Maschinenbügelsäge, die nicht den Sicherheitsanforderungen entspricht, aber an der sehr gut die Umwandlung der Rotationsbewegung des Elektromotors in die Linearbewegung des Maschinenblattes durch ein Pleuel und einen exzentrisch gelagerten Zapfen zu erkennen ist. Mit Maschinenbügelsägen können Stangen und Rohre abgelängt und auch Gehrungen gefertigt werden.

Abb. 7.7 Maschinenbügelsäge

7.4.3.1 Sicherheitshinweise beim Arbeiten mit Maschinenbügel- und Kappsägemaschinen

- Nur eingewiesene Personen dürfen die Maschinen bedienen!
- Sägeblätter sind bis auf den zum Sägen benötigten Teil zu verkleiden!
- Lange Werkstücke sind zu unterstützen!
- Beschädigte Sägeblätter sind sofort auszutauschen!
- Eng anliegende Kleidung tragen!
- Das Tragen von Handschuhen ist verboten (Gefahr des Einzugs in das laufende Sägeblatt)!
- Gehörschutz tragen!
- Schutzbrille tragen!
- Nicht am laufenden Sägeblatt vorbei greifen!

7.5 Bohrmaschinen

Ortsfeste Bohrmaschinen werden in Tisch-, Säulen-, Ständer- und Auslegerbohrmaschinen (Radialbohrmaschinen) unterteilt. Weiterhin werden Mehrspindel-, Reihen- und Koordinatenbohrmaschinen verwendet. Koordinatenbohrmaschinen werden in der industriellen Praxis auch als Lehrenbohrwerke bezeichnet.

Abb. 7.8 Tischbohrmaschinen

7.5.1 Tischbohrmaschinen

Als Tischbohrmaschinen, dargestellt in Abb. 7.8 links, werden einspindelige Senkrecht-bohrmaschinen bezeichnet, die auf Werkbänken oder Tischen festmontiert werden können. Bei den meisten derzeit industriell benutzten Tischbohrmaschinen erfolgt die Änderung der Drehzahl stufenlos oder durch ein gestuftes Zahnradgetriebe. Die Bohrdurchmesser für Baustahl liegen in den meisten Fällen im Bereich von 1 mm bis etwa 13 mm. Bei älteren Modellen erfolgt die Drehzahländerung durch Umlegen eines Keilriemens auf unterschiedlich große Riemenscheiben. Die Vorschubbewegung erfolgt in den meisten Fällen manuell über einen Hebel.

7.5.2 Reihenbohrmaschinen

Reihenbohrmaschinen, dargestellt in Abb. 7.8 rechts, sind aus mehreren Säulenbohrma-schinen aufgebaut, die auf einem gemeinsamen Maschinentisch arbeiten. Mit ihnen können verschiedene Arbeitsgänge wie Bohren mit unterschiedlichen Bohrdurchmessern, Senken und Reiben an einem Werkstück, ohne umständliche Werkzeugwechsel ausge-führt werden. Dadurch wird eine schnellere und wirtschaftlichere Fertigung ermöglicht. Diese Maschinen werden sehr häufig bei der manuellen Fertigung von Möbeln und im Rahmenbau eingesetzt.

7.5.3 Säulenbohrmaschinen

Säulenbohrmaschinen sind in Abb. 7.9 dargestellt und be-stehen aus einer senkrecht stehenden Säule, an der der Maschinentisch, das Maschinengehäuse mit Antrieb so-wie die Bohrspindel befestigt sind. Der Tisch ist meist an der Säule klemmbar befestigt und kann mit einem Ritzel-Zahnstangengetriebe mit einer Kurbel in der Höhe verstellt werden, um unterschiedlich große Werkstücke bearbeiten zu können. Mit ihnen können Bohrungsdurchmesser von etwa 10 mm bis 50 mm gefertigt werden. Die Änderung der Dreh-zahl erfolgt meist stufenlos oder durch ein gestuftes Zahn-radgetriebe.

7.5.4 Ständerbohrmaschinen

Ständerbohrmaschinen, auch als **Kastenbohrmaschinen** be-zeichnet, sind an ihrem massiven Kastenständer zu erkennen, der im Gegensatz zu Säulenbohrmaschinen eine Linearfüh-

Abb. 7.9 Säulenbohrmaschine

rung besitzt. Ständerbohrmaschinen werden für die Herstellung von Bohrungen bis zu einem Durchmesser von 90 mm verwendet.

7.5.5 Radialbohrmaschinen

Radialbohrmaschinen, auch als **Ausleger-bohrmaschinen** bezeichnet, werden für die Herstellung von Bohrungen an besonders schweren, sperrigen und unhandlichen Werkstücken eingesetzt. Mit ihnen ist es möglich, das Werkzeug an jede beliebige Stelle des ruhenden Werkstückes zur Anwendung zu bringen, da der Bohrmaschinenkopf sowohl längs, radial als auch in der Höhe verstell- und klemmbar ist. Die Bauteile werden meist direkt oder auf einem Kasten-, Winkel- oder Schwenktisch aufgespannt. Der Ausleger ist an der Säule schwenkbar gelagert. Er kann mit Hilfe eines Spindelgetriebes in der Höhe verstellt werden. Abb. 7.10 zeigt eine Radialbohrmaschine mit einem Kastenspanntisch. Radialbohrmaschinen besitzen meist eine Morsekegelaufnahme.

Abb. 7.10 Radialbohrmaschine

7.5.6 Sicherheitshinweise beim Arbeiten mit Bohrmaschinen

- Vor Arbeitsbeginn Arbeitsplatz auf Mängel kontrollieren!
- Lange Haare durch Mütze, Haarnetz o. Ä. verdecken!
- Schutzbrille tragen!
- Eng anliegende geschlossene Arbeitskleidung mit Ärmelbündchen tragen!
- Armbanduhr, Fingerringe, Armschmuck und loser Halsschmuck, Krawatten, Schals usw. ablegen!
- Keine Handschuhe beim Bohren tragen!
- Werkstück im Maschinenschraubstock fest einspannen, bzw. mit Spannpratzen sichern!
- Vor dem Einschalten der Maschine, Schutzeinrichtungen schließen!
- Zum Werkzeug- oder Werkstückwechsel, Messen, Reinigen usw. Maschine ausschalten!
- Späne nur mit Pinsel, Besen oder Spänehaken (mit sicherem Griff) entfernen.

7.6 Drehmaschinen

Drehmaschinen werden schon seit Jahrtausenden für die Herstellung diverser, meist rotationssymmetrischer Produkte verwendet. Abb. 7.11 zeigt einige Schnitte durch eine konventionelle Drehmaschine mit den Lagern, Spindeln und Wellen und Bedienelementen.

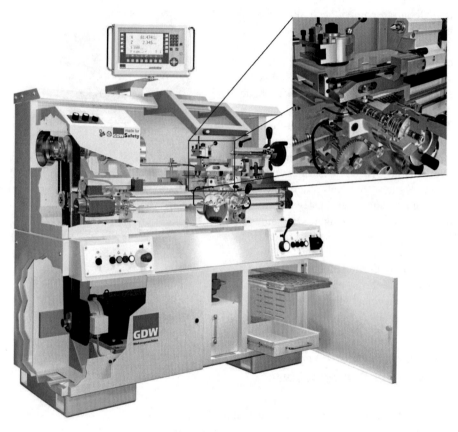

Abb. 7.11 Drehmaschine [Quelle: GDW Werkzeugmaschinen GmbH]

Die Hauptspindel ist meist als Hohlwelle ausgeführt, um lange Werkstücke zuführen zu können. Die Werkstücke können sowohl mit Spannzangen oder Dreibackenfutter gespannt werden. Zum Spannen von rechteckigen Werkstücken werden Vierbackenfutter verwendet. Konventionelle Drehmaschinen (Abb. 7.12) werden sowohl mit einer Leit- und Zugspindel als auch ohne hergestellt. Die Abb. 7.13 rechts zeigt eine sehr einfache Drehmaschine ohne Leit- und Zugspindel. Drehmaschinen, die über eine Leit- und Zugspindel verfügen werden als DLZ bezeichnet. Die **Zugspindel** ist eine Antriebswelle, die das Getriebe am Längsschlitten (Schlosskasten) antreibt. Damit wird die Vorschubbewegung beim Längsdrehen bzw. über ein zusätzliches Getriebe im Schlosskasten der Vorschub beim Plandrehen erzeugt, sofern diese Einrichtung an der Drehmaschine vorhanden ist. Die **Leitspindel** besitzt ein Trapezgewinde, das den Längsschlitten über die Schlossmutter direkt antreibt. Eine **Schlossmutter** ist eine geteilte Mutter, die beim Einschalten der

Abb. 7.12 Baugruppen an einer konventionellen Drehmaschine

Leitspindel um das Gewinde der Leitspindel geschlossen wird. Der Längsschlitten bewegt sich dann synchron zur Drehzahl der Hauptspindel. Mit diesem System können verschiedene Steigungen von Gewinden gefertigt werden. Dieses System ist sehr viel genauer als der Antrieb der Zugspindel. Zum Gewindedrehen muss die Schlossmutter eingekoppelt bleiben, damit beim Gewindedrehen immer wieder der gleiche Gewindegang bearbeitet wird.

Zugspindel = für Längs- und Planvorschub
Leitspindel = zum Gewindedrehen

Mit dem **Reitstock** werden lange Werkstücke am Ende abgestützt, weiterhin können Werkstücke zwischen zwei Zentrierspitzen und Bohrwerkzeuge aufgenommen werden. Der Reitstock wird auf den Wangen des Maschinenbettes geführt und kann an jeder beliebigen Stelle durch einen Spannhebel festgeklemmt werden. Die Pinole am Reitstock besitzt eine Gewindespindel mit einem Handrad und ist dadurch verschiebbar und kann ebenfalls mit einem Klemmhebel geklemmt werden. In der Pinole befindet sich ein Morsekegel, mit dem Werkzeuge mit kegeligem Schaft aufgenommen werden können.

Die **Lünette** wird bei Bedarf zur Unterstützung langer Werkstücke auf die Wangen der Führung der Drehmaschine gesetzt, um ein Durchbiegen der Werkstücke zu vermeiden. Häufig werden auch an konventionellen Drehmaschinen Positionsanzeigen verwendet und auch in älteren Maschinen nachträglich eingebaut. Diese Anzeigen dienen aber nur der visuellen Kontrolle der Position des Drehmeißels und nicht der Steuerung der Drehmaschine. Die wenigen vorhandenen Tasten an diesen Anzeigen dienen ebenfalls nur dem

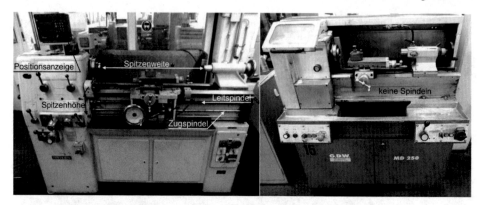

Abb. 7.13 DLZ mit Positionsanzeige und Drehmaschine ohne Leit- und Zugspindel

Setzen von Werten. Es können damit keine Positionen automatisch angefahren werden. Das Drehen und Positionieren muss auch an diesen Maschinen manuell vom Bediener erfolgen. Eine konventionelle Drehmaschine mit Leit- und Zugspindel (DLZ) und nachträglich eingebauter Positionsanzeige ist in Abb. 7.13 links, dargestellt.

7.6.1 Hinweise zum Einrichten von Drehmaschinen

Der Drehmeißel soll so kurz wie möglich eingespannt werden (Abb. 7.14), um ein Federn des Werkzeugs und damit Rattermarken am Bauteil zu vermeiden. Weiterhin soll er mittig auf dem Durchmesser des Bauteils angreifen, da er sonst in das Werkstück einhakt bzw. drückt. Die Aufnahmen an der Pinole und der Hauptspindel sind regelmäßig beim Einset-

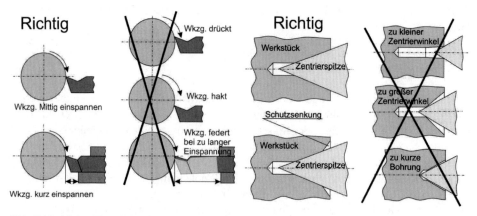

Abb. 7.14 richtige Einstellung des Drehmeißels und richtige Wahl der Zentrierbohrung

zen neuer Werkzeuge zu reinigen, da sonst kein gleichmäßiger Lauf und kein richtiger Sitz der Spitzen und Werkzeuge garantiert werden kann (Abb. 7.15). Weiterhin werden durch Schmutz und Späne die Spannflächen beschädigt.

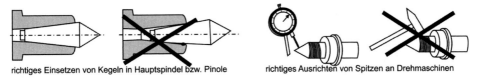

richtiges Einsetzen von Kegeln in Hauptspindel bzw. Pinole   richtiges Ausrichten von Spitzen an Drehmaschinen

Abb. 7.15 richtiges Einsetzen von Werkzeugen in Hauptspindel bzw. Pinole

Der Rundlauf ist mit einer Messuhr zu prüfen, das Arbeiten mit Hämmern an den Maschinenbaugruppen führt ebenfalls zur Beschädigung der Teile. Beim Drehen zwischen

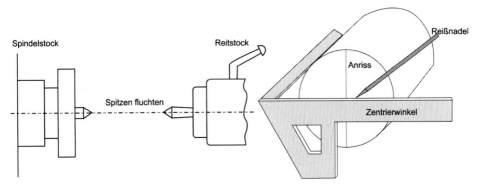

Abb. 7.16 Fluchten der Spitzen und Anreißen der Mitte mit Zentrierwinkel

Spitzen (Abb. 7.16), ist ebenfalls auf die richtige Ausrichtung der Spitzen der Drehbank zu achten. Diese sind ebenfalls mit der Messuhr auszurichten, da sonst kegelige Bauteile bzw. Absätze am Werkstück entstehen. Das Finden des Mittelpunktes und Anreißen der Mitte mit Hilfe eines Zentrierwinkels (siehe Abschnitt 4.7.3) ist in Abb. 7.16 rechts dargestellt.

7.6.2 Sicherheitshinweise beim Arbeiten mit Drehmaschinen

*   Drehmaschine nicht ohne genaue Kenntnisse der Bedienung einschalten!
*   Vor Arbeitsbeginn Arbeitsplatz auf Mängel kontrollieren!
*   Ringe, Halsketten und sonstiger Körperschmuck sind abzulegen!
*   Weite Kleidung, Schals sind an der Drehmaschine untersagt!
*   Lange Haare sind durch das Tragen eines Haarnetzes zu schützen!
*   Das Tragen von Handschuhen ist untersagt!
*   Beim Drehen ist eine Schutzbrille zu tragen!
*   Der Drehmeißel ist mit mindestens zwei Schrauben zu klemmen!
*   Vor dem Einschalten des Vorschubs ist von Hand durchzukurbeln, um festzustellen, ob der Schlitten nirgends anstößt. Anschließend ist der Endanschlag in die richtige Position zu bringen.
*   Drehmaschinenbett nicht als Ablage für Werkzeuge und Werkstücke nutzen!

- Nur Drehmaschinenfutter verwenden, die zur Maschine gehören!
- Der Drehmaschinenfutterschlüssel ist nach Verwendung sofort abzuziehen!
- Hervorstehende Werkstücke sind vor dem Einschalten der Maschine auf freien Durchgang zu prüfen!
- Lange Werkstücke werden beim Drehen mit einer Zentrierspitze bzw. zusätzlich mit einer Lünette abgesichert!
- Der Wechsel des Drehmeißels darf nie bei laufender Maschine erfolgen!
- Beim Verlassen der Maschine ist diese auszuschalten!
- Späne sind nicht mit der Hand, sondern mit einem Spanhaken zu entfernen!
- Hauptspindel nicht mit Fingern reinigen, sondern immer mit Lappen und Holz- oder Kunststoffzylinder (Abb. 7.17) oder Pinolenreiniger (Abb. 7.21)!
- Bei Verwendung des Vorschubs ist dieser zuerst und danach die Maschine abzuschalten!

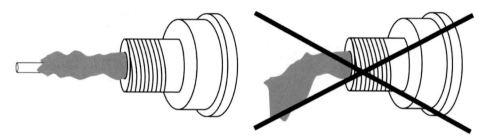

Abb. 7.17 Richtige Reinigung der Hauptspindel

7.7 Stoßmaschinen

Im Gegensatz zu **Hobelmaschinen** führt bei Stoßmaschinen das Werkzeug die Schnitt- und Rücklaufbewegung aus. Die Hublänge beträgt meist zwischen 300 bis etwa 1000 mm, in Sonderfällen auch bis 2000 mm. Bei großen Stoßlängen ragt der Stößel weit aus der Führung, dadurch kann es zu erheblichen Schwingungen der Maschine kommen, die die Genauigkeit der Bauteile deutlich einschränken. Stoßmaschinen werden daher auch meist zur Bearbeitung kleinerer Werkstücke eingesetzt. Mit sehr großen und stabilen Spezial-hobelmaschinen werden aber Maschinengestelle nach dem Guss erstmalig bearbeitet. Es werden sowohl Waagerecht- als auch Senkrechtstoßmaschinen verwendet. Die Unterteilung erfolgt nach der Lage der Werkzeugachse. Abb. 7.18 zeigt eine Waagerechtstoßmaschine mit einem Werkzeug.

Stoßwerkzeug im Einsatz

Abb. 7.18 Stoßmaschine

Als Werkzeuge zum Stoßen werden Drehmeißel verwendet. Diese haben den Vorteil sehr kostengünstig zu sein. Aus diesem Grund werden Stoßmaschinen auch verwendet, um gegossene Bauteile erstmalig zu bearbeiten und die Zunderschichten zu entfernen.

7.8 Fräsmaschinen

Konventionelle Fräsmaschinen können ebenso wie CNC-gesteuerte Fräsmaschinen nach der Lage der Hauptspindel in vertikale und **horizontale Fräsmaschinen** eingeteilt werden. Abb. 7.19 zeigt diese beiden Maschinenvarianten. Weiterhin ist in der Abb. 7.19 rechts eine **vertikale Fräsmaschine** mit einer Positionsanzeige dargestellt. Ebenso wie an konventionellen Drehmaschinen werden auch an Fräsmaschinen Positionsanzeigen verwendet, die nur der visuellen Kontrolle der Position des Maschinentisches dienen und nicht der Steuerung der Fräsmaschinen. Es können mit diesen Systemen keine Positionen automatisch angefahren werden. In Abb. 7.20 sind die wichtigsten Elemente an Fräsmaschinen dargestellt. Bei der Darstellung ist zu beachten, dass die gezeigte Fräsmaschine eine horizontale Fräsmaschine ist. Die Achsbezeichnungen orientieren sich an der Rechtenhandregel, wie sie in Abschnitt 7.2 dargestellt ist.

An vertikalen Fräsmaschinen können häufig die manuellen Spindelköpfe verstellt werden, um Schrägen, Fasen oder winklige Nuten fertigen zu können, wie es in Abb. 7.20 links dargestellt ist.

vertikale Fräsmaschine   horizontale Fräsmaschine   vertikale Fräsmaschine
                                                                         mit Positionsanzeige

Abb. 7.19 Fräsmaschinen

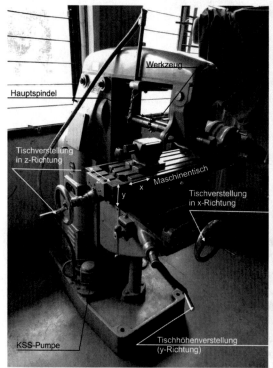

Abb. 7.20 Elemente einer Fräsmaschine

7.8.1 Hinweise zum Einrichten von Fräsmaschinen

Die Fräswerkzeuge und die Werkstücke müssen so kurz wie möglich in die Pinole bzw. das Werkstückspannsystem eingespannt werden, um ein Schwingen der Werkzeuge bzw. der Werkstücke und damit Rattermarken und Ungenauigkeiten am Bauteil zu vermeiden. Vor jedem Wechsel der Fräser sind die Aufnahmen der Pinole und die Werkzeuge zu reinigen. Dies geschieht mit einem Lappen und einem Holz- oder Kunststoffzylinder oder mit einem **Pinolenreiniger** (Abb. 7.21), häufig auch als **Kegelputzer** bezeichnet. Auf keinen Fall dürfen Finger in die Pinole eingeführt werden. Dabei besteht zum einen hohe Unfallgefahr, zum andern greift der aggressive Handschweiß die geschliffenen Oberflächen der Werkzeugaufnahmen an. Kegelputzer bestehen aus Holzkegeln, die meist mit weichem Leder beklebt sind und damit die Werkzeugaufnahmen innen reinigen können. Kegelputzer sind für alle Kegelarten wie SK, HSK oder Morsekegel und alle Kegelgrößen erhältlich. Sie bestehen aus Holz, welches meist mit Leder besetzt ist. Zum Ausrichten von Schraubstöcken oder Bauteilen auf den Maschinentischen werden Messuhren, Parallelstücke und Schonhämmer verwendet, so wie sie in Abb. 7.22 links, dargestellt sind. Nachdem der Schraubstock oder des Bauteil grob auf dem Tisch der Maschine ausgerichtet ist, wird mit Hilfe einer Messuhr geprüft, ob die Ausrichtung des Schraubstocks bzw. des Bauteils parallel zur Maschinenachse erfolgte. Hierzu wird die Maschinenachse verfahren und die Abweichung mit der Messuhr ermittelt. Durch leichte Schläge mit dem Schonhammer wird der handfest angezogene Schraubstock vorschoben. Ist das Werkstück bzw. der Schraubstock parallel ausgerichtet, werden die Muttern der Spannpratzen bzw. der T-Nutensteine fest angezogen. Danach wird die Parallelität nochmal überprüft.

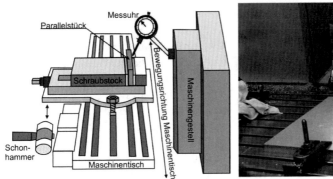

Ausrichten eines Schraubstocks mit Messuhr und Parallelstück   Ausrichten eines gepratzten Bauteils mit Messuhr

Abb. 7.22 Ausrichten eines Schraubstocks und eines gepratzten Bauteils auf einer Fräsmaschine

In Abb. 7.22 links ist das Ausrichten eines Bauteils dargestellt, das direkt mit Spannpratzen auf den Maschinentisch gespannt wurde. Die Messuhr wurde hier direkt in der Pinole der Fräsmaschine aufgenommen.

7.8.2 Sicherheitshinweise beim Arbeiten mit Fräsmaschinen

- Fräsmaschine nicht ohne genaue Kenntnisse der Bedienung einschalten!
- Vor Arbeitsbeginn Arbeitsplatz auf Mängel kontrollieren!
- Ringe, Halsketten und sonstiger Körperschmuck sind abzulegen!
- Weite Kleidung, Schals sind an Fräsmaschinen untersagt!
- Lange Haare sind durch das Tragen eines Haarnetzes zu schützen!
- Das Tragen von Handschuhen ist untersagt!
- Beim Fräsen ist eine Schutzbrille zu tragen!
- Das Fräswerkzeug und das Bauteil sind so kurz wie möglich einzuspannen!
- Vor dem Einschalten des Vorschubs ist von Hand durchzukurbeln, um festzustellen, ob der Schlitten frei läuft und nicht anstößt. Anschließend ist der Endanschlag in die richtige Position zu bringen.
- Fräsmaschinenbett nicht als Ablage für Werkzeuge und Werkstücke nutzen!
- Hervorstehende Werkstücke sind vor dem Einschalten der Maschine auf freien Durchgang zu prüfen!
- Beim Verlassen der Maschine ist diese auszuschalten!
- Späne sind nicht mit der Hand, sondern mit einem Spanhaken zu entfernen!
- Hauptspindel nicht mit Fingern reinigen, sondern immer mit Lappen und Holz- oder Kunststoffzylinder (Abb. 7.17)!
- Bei Verwendung des Vorschubs, ist dieser zuerst und danach die Maschine abzuschalten!

7.9 Schleifmaschinen

Abb. 7.21 Kegelputzer

Schleifmaschinen können grob in Flach- und Rundschleifmaschinen eingeteilt werden. **Flachschleifmaschinen** können weiterhin in Umfangs- und Stirnschleifmaschinen unterteilt werden. Beim Umfangsschleifen werden die Werkstücke mit dem Umfang der Schleifscheibe bearbeitet. Die Schleifspindel befindet sich beim Umfangsschleifen in einer horizontalen Lage. Es werden auf der Oberfläche des Werkstückes geradlinige Schleifspuren erzeugt. Beim Stirnschleifen wird das Bauteil mit der Stirnseite der Schleifscheibe bearbeitet. Die Achse der Schleifspindel steht bei diesem Verfahren senkrecht zu der bearbeitenden Werkstückoberfläche. Auf dem Werkstück sind kreisförmige Schleifriefen sichtbar, die strahlenförmig oder sich kreuzend verlaufen. Weiterhin gibt es Koordinatenschleifmaschinen, Bandschleifmaschinen, Schleifböcke und spezielle Werkzeugschleifmaschinen, die häufig auch als **Stichelböcke** bezeichnet werden.

Abb. 7.23 Flachschleifmaschine

7.9.1 Flachschleifmaschinen

Mit Flachschleifmaschinen, die mit dem Umfang der Schleifscheibe arbeiten, dargestellt in Abb. 7.23, können ebene Flächen, Nuten und Profile erzeugt werden. Häufig sind Flachschleifmaschinen mit Magnettischen ausgestattet, auf denen magnetische Bauteile mit sehr hoher Genauigkeit aufgespannt werden können.

7.9.2 Rundschleifmaschinen

Mit **Rundschleifmaschinen**, dargestellt in Abb. 7.24, können sowohl zylindrische Außen- und Innenkonturen hergestellt werden. Bei Verwendung von profilierten Schleifscheiben können auch Profile an rotationssymmetrischen Bauteilen gefertigt werden. Mit Maschinen, die einen drehbaren Werkstückspindel- oder Schleifspindelstock besitzen, können auch Kegel hergestellt werden, ohne dass die Schleifscheibe profiliert werden muss.

Abb. 7.24 Rundschleifmaschine

7.9.3 Schleifböcke und Stichelböcke

An einfachen Schleifböcken, dargestellt in Abb. 7.25 links, wird die zu schleifende Schneide des Werkstücks von Hand gegen die Schleifscheibe gedrückt.

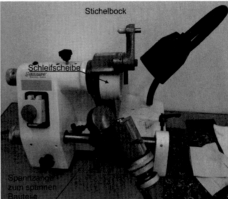

Abb. 7.25 Schleifbock und Stichelbock

Weiterhin gibt es noch spezielle Werkzeugschleifmaschinen, mit denen sehr komplizierte Geometrien an Werkzeugen geschliffen werden können. Bei diesen Maschinen erfolgt die Führung der Werkstücke mit speziellen Aufnahmen. Ein Schleifbock (Abb. 7.25 links), bei dem das zu schleifende Bauteil von Hand geführt wird, entspricht nicht der Definition von Werkzeugmaschinen nach KIENZLE, da Werkzeug und Werkstück nicht gegenseitig bestimmt geführt werden. Werkzeugschleifmaschinen werden zum Bearbeiten von Werkzeugen wie Dreh- und Hobelmeißel, Bohrer, Fräser, Messerköpfe und Sägen verwendet, um eine definierte Schneidgeometrie zu erzeugen oder verschlissene Schneiden zu schärfen. Diese Maschinen erfüllen die Anforderungen an die Definition von Werkzeugmaschinen. Die Bearbeitung auf Werkzeugschleifmaschinen erfordert ein hohes Maß an Können und Erfahrung, da Schleiffehler an der Schneide eines Werkzeugs an den Werkstücken abgebildet werden und erhöhten Werkzeugverschleiß zur Folge haben können.

7.9.4 Bandschleifmaschinen

Bandschleifmaschinen (Abb. 7.26) arbeiten mit endlosen Schleifbändern, wie sie in Abschnitt 4.3.2.1 beschrieben wurden. Diese Maschinen werden häufig für sehr spezielle Anwendungen verwendet. Weiterhin gibt es Bandschleifmaschinen, bei denen das zu schleifende Bauteil händisch am Band geführt wird. Derartige Maschinen sind nach der Definition von KIENZLE keine Werkzeugmaschinen, da die gegenseitig bestimmte Führung fehlt. Diese Maschinen werden aber auch in der Serienproduktion häufig zum Entgraten und der Oberflächenbearbeitung eingesetzt.

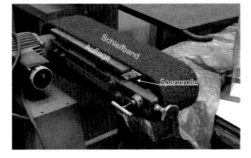

Abb. 7.26 Bandschleifmaschine

Abb. 7.27 Manuelles Abrichten einer Schleifscheibe am Schleifbock und Abrichtwerkzeug

7.9.5 Sicherheitshinweise beim Arbeiten mit Schleifmaschinen

- Vor Arbeitsbeginn Arbeitsplatz auf Mängel kontrollieren!
- Niemals mit schadhaften Maschinen und Maschinenwerkzeugen arbeiten!
- Nur geeignete Schleifwerkzeuge verwenden!
- Schleifscheiben bei der Beförderung sorgsam vor Stößen und Erschütterungen bewahren!
- Vor jedem Aufspannen von Schleifscheiben ist diese frei aufgehängt einer **Klangprobe** unterziehen!
- Schleifscheiben dürfen nur von eingewiesenen, zuverlässigen und erfahrenen Personen eingespannt werden!
- Nach jedem neuen Aufspannen Probelauf mit voller zugelassener Arbeitsgeschwindigkeit von mindestens **5 Minuten** durchführen!
- Gefahrenbereich wirksam absperren!
- Nicht die vorgegebene Zustellung überschreiten!
- Abrichten darf nur mit geeignetem Werkzeug erfolgen (Abb. 7.27)!
- Schutzbrille tragen!
- bei Arbeiten an Schleifböcken:

  – Werkstückauflagen und Schutzhauben müssen regelmäßig nachgestellt werden. (Abstand zwischen Schleifscheibe und Werkstückauflage höchstens 3 mm, zwischen Schleifscheibe und Schutzhaube höchstens 5 mm)!
  – Der Öffnungswinkel zwischen Auflage und Schutzhaube darf maximal 65° betragen!

Literaturverzeichnis 7

[CON06] Conrad, Klaus-Jörg (Hrsg.): Taschenbuch der Werkzeugmaschinen. 2. Auflage, München/Wien, Carl Hanser Verlag, 2006.

[TOE95] Tönshoff, H.K.: Werkzeugmaschinen: Grundlagen, Springer-Lehrbuch, 1. Auflage, Berlin/Heidelberg, Springer Verlag, 1995.

Kapitel 8
Maschinengeführte Werkzeuge

Zusammenfassung Neben den händisch geführten Werkzeugen gibt es eine Reihe von Werkzeugen, die auch an Werkzeugmaschinen eingesetzt werden können. Die maschinengeführten Werkzeuge besitzen häufig andere geometrische Formen, bzw. können aufgrund der erforderlichen Kräfte und Momente nur mit Werkzeugmaschinen benutzt werden, z. B. Gewindeformer und Fräswerkzeuge.

8.1 Maschinengeführte Werkzeuge zum Urformen

Werkzeuge zum Urformen sind vor allem Tiegel, Gussformen und bei den generativen Fertigungsverfahren Düsen und Laserköpfe. Auf diese Werkzeuge soll hier aber nicht weiter eingegangen werden.

8.2 Maschinengeführte Werkzeuge zum Umformen

8.2.1 Gewindeformer

Gewindeformer, auch als **Gewindefurcher** bezeichnet, stellen spanlos Innengewinde durch einen stufenförmigen Kaltumformprozess her, sofern die Werkstoffe gut kaltumformbar sind. Die Kanten (Druckstollen) des Gewindeformers drücken das Material zur Seite und formen es zu einem Gewinde, ohne den Faserverlauf des Werkstoffs zu unterbrechen. Dabei entstehen keine Späne, aber die Toleranzen des Kernlochs sind deutlich kleiner und es wird ein höheres Drehmoment als beim Gewindeschneiden benötigt. Geformte Gewinde haben eine höhere statische und dynamische Festigkeit und eine höhere Oberflächengüte als geschnittene Gewinde, da das Material am Gewindegrund stark verfestigt wurde. Allerdings sind nicht alle Werkstoffe kaltumformbar (Festigkeit $< 1400 \frac{N}{mm^2}$ und eine Bruchdehnung von $> 5\%$). Geformte Gewinde weisen folgende Vor- und Nachteile auf.

Vorteile:

- erhöhte statische und dynamische Festigkeit des Gewindes

© Springer Fachmedien Wiesbaden GmbH, ein Teil von Springer Nature 2023
R. Förster und A. Förster, *Einführung in die Fertigungstechnik*,
https://doi.org/10.1007/978-3-662-68130-5_8

- kein Vorweiten des Gewindes
- keine Späne
- für größere Gewindetiefen geeignet
- große Werkzeugbruchsicherheit
- höhere Standzeiten gegenüber Gewindebohrern
- kein Nachschärfen des Werkzeugs.

Nachteile:

- enge Toleranz des Vorbohrdurchmessers erforderlich
- hohes Drehmoment erforderlich
- Kühl-Schmierung erforderlich
- Materialanhäufung an Ein- und Auslauf des Gewindes
- unvollständig ausgeformter Gewindekern.

8.3 Maschinengeführte Werkzeuge zum Trennen

8.3.1 Bohrwerkzeuge für die Metallbearbeitung

Es gibt eine sehr große Anzahl von verschiedenen Bohrwerkzeugen, die sich alle durch ihre Geometrie und ihren Einsatzzweck unterscheiden. In der industriellen Praxis werden sehr häufig Bohrer verwendet, die aus einem Zylinder bestehen, um den sich zwei gewendelte Nuten winden. Die meisten Bohrer bestehen aus Schnellarbeitsstahl (HS), es können aber auch eine Vielzahl von weiteren Schneidstoffen wie Hartmetall, kubisches Bornitrid, Diamant oder beschichtete keramische Werkstoffe verwendet werden. (Die Grundkörper der Bohrer bestehen aber meist aus HS.) Allen Bohrwerkzeugen ist gemeinsam, dass sie nur an ihren Spitzen, d. h. der angeschliffenen Stirnseite, Schneiden besitzen. Als Werkzeugaufnahmen werden meist zylindrische Schäfte verwendet. Morsekegelaufnahmen werden verwendet, wenn sehr große Bohrungsdurchmesser gefertigt werden müssen und große Kräfte auftreten (Abb. 8.1 rechts).

Wendelbohrer mit Innenkühlung

Bohrer mit eingelöteten Hartmetallplättchen (Steinbohrer)

Bohrer mit Morsekegel-Zylinderschaft

Abb. 8.1 Verschiedene Bohrer

dreischneidiger Bohrer ohne Innenkühlung

zweischneidiger Bohrer mit Innenkühlung

einschneidiger Bohrer mit Innenkühlung

Abb. 8.2 Bohrer mit unterschiedlicher Schneidenanzahl

Für Bohrschrauber sind auch Bohrer mit Sechskantaufnahme erhältlich, diese Aufnahmen besitzen aber Defizite in der Genauigkeit, da die Zentrierung dieser Bohrer schwierig ist. Neben den sehr häufig benutzten zweischneidigen Bohrern werden aber auch **dreischneidige Wendelbohrer** (Abb. 8.2) verwendet, die eine bessere Zentrierung und höhere Vorschübe ermöglichen. Sie werden häufig zum Aufbohren verwendet.

Dreischneidig sind ebenfalls die Bohrer zum Aufbohren von Schweißpunkten. Alle Bohrer können auch innen gekühlt werden, sodass das Kühlschmiermittel direkt an der Bearbeitungsstelle austritt. Abb. 8.1 links zeigt einen innen gekühlten Bohrer für die Metallbearbeitung. Bohrer mit eingelöteten Schneiden (Abb. 8.1 Mitte) werden meist für die Stein- bzw. Betonbearbeitung verwendet. Für die Metallbe-

Abb. 8.3 Defekter Steinbohrer

arbeitung sind diese Bohrer nicht geeignet. Geschieht dies doch, wird das Lot flüssig und die Hartmetallschneide fällt ab. Abb. 8.3 zeigt einen derartig falsch verwendeten Bohrer.

8.3.1.1 Wendelbohrer

Die Bezeichnung Spiralbohrer hat sich fest in den Wortschatz der Praktiker eingeprägt, ist aber aus geometrischer Sicht falsch, da eine Spirale eine Kurve in einer Ebene um einen Punkt beschreibt und keine dreidimensionale Struktur wie sie beim Bohrer vorliegt. Die geometrisch richtige Benennung für einen Bohrer, bei dem sich eine Nut mit der Form einer Schrauben- oder Wendellinie um einen Zylinder windet, ist Wendelbohrer. Der Wendelbohrer besitzt, wie in Abb. 8.4 dargestellt, zwei Schneiden, mit Hauptschneide, Nebenschneide und Querschneide. Die Hauptschneide trennt den Werkstoff ab, die Spannuten führen den abgetrennten Werkstoff aus der Bohrung. Es gibt vier Haupttypen von Bohrern, die sich durch ihre Drallwinkel unterscheiden:

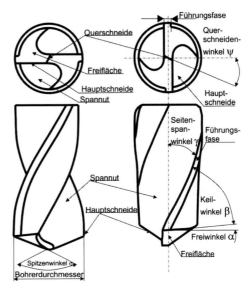

Abb. 8.4 Hauptmerkmale am Wendelbohrer

- Typ N für normalharte Werkstoffe (normalspanend), wie Stahl. Mit dem Typ N werden auch vorgebohrte, vorgestanzte oder vorgegossene Bohrungen erweitert
- Typ H für harte, zähharte und spröde Werkstoffe (kurzspanend), wie Grauguss und Magnesium
- Typ W für weiche und zähe Werkstoffe (langspanend), wie Aluminium, Kupfer und Zink
- Typ ATN für Tieflochbohrungen.

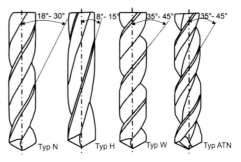

Abb. 8.5 Bohrertypen mit verschiedenen Drallwinkeln

Diese Bohrer besitzen eine unterschiedliche Schneidengeometrie, wie sie in Abb. 8.5 dargestellt sind. Weiterhin werden verschiedene Spitzenwinkel geschliffen. Für Stahlwerkstoffe werden meist Spitzenwinkel von 118° verwendet. Für weichere Werkstoffe wie Kupfer oder Kunststoff werden Spitzenwinkel um 130° benutzt. Müssen harte, verschleißfeste Werkstoffe bearbeitet werden, wird der Spitzenwinkel verkleinert und beträgt etwa 90°. Weiterhin werden noch eine Reihe von Sonderanschliffen (siehe Abb. 8.6) für Wendelbohrer verwendet, die in DIN 1412 genormt sind [DIN 1412]. Der Kegelmantelanschliff ist der Standardanschliff für alle weiteren Anschliffformen. Er kann relativ einfach, auch händisch, hergestellt werden und ist mechanisch sehr stabil und belastbar. Allerdings ist die Zentrierung des Bohrers, d. h. die Positionssicherheit relativ schlecht.

- Form A ist ein Kegelmantelanschliff mit einer ausgespitzten Querschneide. Die Zentrierwirkung verbessert sich durch diese Form deutlich. Dieser Anschliff wird bei der Bearbeitung von hochfesten Werkstoffen verwendet.
- Form B hat zusätzlich zur Form A eine veränderte Hauptschneide. Der Spanwinkel besitzt dabei einen Wert von etwa 10°. Dieser Anschliff findet Anwendung bei sehr hohen Werkzeugbeanspruchungen und der Bearbeitung von dünnen Blechen.
- Form C ist ein Kegelmantelanschliff mit Kreuzanschliff. Die Querschneide wird entfernt und durch zwei neue Hauptschneiden ersetzt. Die Vorschubkräfte werden verkleinert und die Zentrierung wird verbessert, Anwendung findet dieser Anschliff bei tiefen Bohrungen und schwer zerspanbaren Werkstoffen.
- Form D ist ebenfalls ein Kegelmantelanschliff mit ausgespitzter Querschneide und fassettierten Schneidenecken. Die Schneidenecke wird am äußeren Rand des Bohrkopfes angeschrägt und der Spitzenwinkel verringert. Dadurch wird der Verschleiß am Werkzeug verringert. Dieser Anschliff wird für harte und spröde Werkstoffen wie Gusseisen verwendet.
- Form E ist ein Sonderanschliff mit Zentrumsspitze und einem Spitzenwinkel von etwa 180°. Dieser Anschliff ermöglicht es, aus dünnen Blechen kleine Plättchen ohne Grat auszuschneiden.

8.3.1.2 Wendelbohrer mit Wendeschneidplatten

Wendelplattenbohrer sind ähnlich aufgebaut wie Wendelbohrer. Um den Abtransport der Späne zu gewährleisten, besitzen sie ebenfalls Nuten. Die Zuführung des Kühlschmiermittels kann durch den Werkzeugschaft oder direkt durch die Bohrung erfolgen. Die Spitze von Wendelplattenbohrern besteht aus mindestens zwei oder mehreren austauschbaren Wendeschneidplatten, die meist asymmetrisch angeordnet sind. Die Grundkörper der Bohrer sind meist aus Werkzeugstahl gefertigt mit Spanfläche und Spannuten als Aufnahme für eine oder mehrere Wendeschneidplatten. Wendelplattenbohrer werden bis etwa 120 mm Bohrungsdurchmesser verwendet.

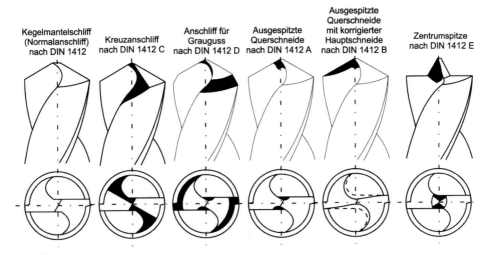

Abb. 8.6 Sonderanschliffe für Wendelbohrer nach DIN 1412-2.

8.3.1.3 Tieflochbohrer

Als Tiefbohren oder auch Tieflochbohren wird in der metallverarbeitenden Industrie eine Bohrung bezeichnet, bei der die Bohrungstiefe mehr als das 3-fache des Werkzeugdurchmessers beträgt [VDI 3210-Bl1, VDI 3210-Bl2]. Dieses Verhältnis wird als **Aspektverhältnis** bezeichnet. Wird mit einem Bohrer mit Durchmesser von 8 mm ein 80 mm tiefes Loch gefertigt, so besteht ein Aspektverhältnis von 10:1. Beim Tieflochbohren ist das Wandern der Bohrmitte von der geforderten Fertigungsgeometrie die besondere Herausforderung, da die Biegesteifigkeit von langen schmalen Querschnitten deutlich geringer ist als von kurzen Querschnitten. Tiefbohrer besitzen daher keine Querschneide in der Mitte des Bohrers, da diese den Werkstoff nur verdrängt. Die Wand der Bohrung führt den Bohrer. Häufig wird daher am Beginn der Bohrung mit einer Pilotbohrung oder einer Bohrbuchse gearbeitet. Es sind Bohrtiefen bis zum 250-fachen des Werkzeugdurchmessers möglich. Die Tieflochbohrverfahren unterscheiden sich durch die Schneidenanzahl der Bohrer und der Art der Zuführung des Kühlschmiermittels, welches auch dem Abtransport der Späne aus dem Bohrloch dient. Es werden **Einlippenbohrer**, BTA-Tiefbohrer und Ejektor-Tiefbohrer unterschieden. In Abb. 8.7 ist die Austrittsöffnung für das KSS und die Beschichtung der Schneide deutlich zu erkennen.

Abb. 8.7 Einlippentieflochbohrer

8.3.1.4 Kernlochbohrer

Das Bohren mit Kernlochbohrern in metallische Werkstoffe (häufig Stahl) wird insbesondere dort angewendet, wo sehr große Bohrdurchmesser gefertigt werden müssen. Aufgrund der kleineren zerspanten Fläche ist eine geringere Kraft und eine geringere Leistung der Maschine erforderlich. Da weniger Volumen zerspant werden muss, sinken die Bearbeitungszeiten und der Energieaufwand, deutlich. Kernlochbohrer für die Bearbeitung von Steinen sind in Abb. 4.26 dargestellt.

8.3.1.5 Zentrierbohrer

Mit Zentrierbohrern (Abb. 8.8), definiert in der Norm DIN 333, werden an Dreh- oder mit Bohrmaschinen die ersten Bohrungen hergestellt, um ein Verlaufen der nachfolgenden Bohrer zu verhindern. Am Anfang besitzen diese Bohrer eine Zentrierspitze. Der Durchmesser der Zentrierspitze bezeichnet auch den Nenndurchmesser des jeweiligen Zentrierbohrers. Der Durchmesser der Zentrierspitze beträgt zwischen 0,5–12,5 mm und ist in einem ersten Bereich, der etwas länger ist als der entsprechende Nenndurchmesser, konstant. Im Anschluss laufen die Schneiden mit einem Spitzenwinkel von 60° in den größeren Schaftdurchmesser des Zentrierbohrers über. Aufgrund der kleinen Zentrierspitze treten beim Anbohren am Bauteil deutlich geringere Belastungen auf. Die kurze Bohrerlänge erhöht die Stabilität des Zentrierbohrers. Bei der Benutzung von CNC-Maschinen werden NC-Anbohrer (Abb. 8.8 rechts), benutzt, die Spitzenwinkel von 60°, 90° oder 120° besitzen.

Abb. 8.8 Zentrierbohrer und NC-Anbohrer

8.3.1.6 Stufenbohrer

  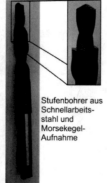

Stufenbohrer aus Schnellarbeitsstahl und Morsekegel-Aufnahme

Stufenbohrer mit Sechskantaufnahme

Stufenbohrer mit eingelöteten HM-Schneiden und

Stufenbohrer besitzen verschiedene definierte Durchmesser, mit denen vorgebohrte, vorgestanzte oder vorgegossene Bohrungen erweitert werden. Stufenbohrer werden im handwerklichen Bereich hauptsächlich zur Bearbeitung von dünnen Blechen oder Kunststoffen verwendet. Ein typisches Beispiel für diese Anwendung ist in Abb. 8.9 rechts dargestellt. Stufenbohrer im industriellen Bereich dienen häufig der Zeiteinsparung, indem mehrere Durchmesser innerhalb eines Prozesses gebohrt werden können. Diese Bohrer sind fast immer Spezialanfertigungen. In Abb. 8.9 Mitte und links sind zwei Stufenbohrer für industrielle Anwendungen dargestellt, die unterschiedliche Aufnahmen besitzen und auch aus verschiedenen Werkstoffen bestehen.

8.3.1.7 Schälbohrer

Schälbohrer besitzen eine konische Form, mit denen ebenfalls wie mit Stufenbohrern vorhandene Bohrungen erweitert werden können. Im Gegensatz zu Stufenbohrern verlaufen ihre Schneiden aber kegelförmig und nicht in definierten Stufen. In Abb. 8.10 ist ein Schälbohrer mit einer Sechskantaufnahme dargestellt, wie er häufig im handwerklichen Bereich für das Erweitern von Bohrungen in Blechen verwendet wird.

8.3.1.8 Bohrstangen

Bohrstangen besitzen meist nur eine Schneide, mit denen vorhandene Bohrungen aufgebohrt werden können. Bohrstangen werden sowohl an Drehmaschinen als auch auf Bohrmaschinen verwendet.

8.3.1.9 Gewindebohrer

Beim Gewindebohren werden Innengewinde in vorhandene Bohrungen, die dem Kernlochdurchmesser des Gewindes entsprechen, mit Gewindebohrern von Hand oder maschinell geschnitten. Die maschinellen Varianten sind für eine Vielzahl von Anwendungen und Werkstoffen (HRC<60) nutzbar. Vorteile des maschinellen Verfahrens sind:

* breites Einsatzgebiet
* Einsatz auf einfachen Maschinen
* einfacher Aufbau der Werkzeuge
* nachschleifbare Werkzeuge.

Nachteile des maschinellen Verfahrens sind:

Abb. 8.10 Schälbohrer

* axiales Ausgleichsfutter erforderlich
* Spanabfuhrprobleme bei tiefen Gewinden
* Gefahr des axialen Verschneidens (Vorweiten).

8.3.2 Räumwerkzeuge

Alle Räumwerkzeuge, dargestellt in Abb. 8.11, bestehen aus mehreren Schneiden und einem Schaft, der in die Maschine eingespannt wird, um das Werkzeug durch das Bauteil zu ziehen. Am Schaft befindet sich die Führung, die das Einführen in die Bohrung am Bauteil übernimmt. Dann schließt sich der Schneidenteil an, der in drei Bereiche unterteilt wird:

- Schruppteil für die Grobbearbeitung, mit relativ großer Spanungsdicke und entsprechend hohem Zahnvorschub
- Schlichtteil für die Feinbearbeitung, mit geringerer Spanungsdicke und Zahnvorschub. Der letzte Schlichtzahn legt die Endkontur fest.
- Kalibrierteil mit mehreren gleich großen Reservezähnen, die Maßänderung durch Verschleiß der Schlichtzähne ausgleichen sollen. Wenn die Schrupp- und Schlichtzähne nachgeschliffen werden müssen, da sie verschlissen sind, werden sie kleiner. Durch die Reservezähne ist es möglich das Endmaß zu halten. Der ehemals erste Kalibrierzahn wird dabei zum letzten Schlichtzahn.

Räumwerkzeuge für die Herstellung von Innenkonturen werden auch als Räumnadeln bezeichnet. Die Werkzeuge zum Räumen sind die einzigen Zerspanungswerkzeuge mit Reservezähnen. Da die Herstellkosten für die Werkzeuge sehr hoch sind, können so die Kosten für neue Werkzeuge reduziert werden, da die alten Räumnadeln länger genutzt werden können.

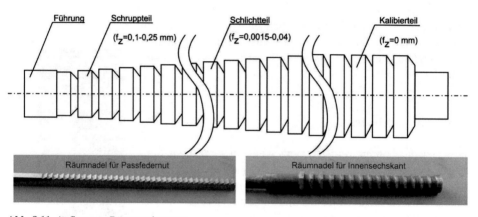

Abb. 8.11 Aufbau von Räumwerkzeugen

8.3.3 Drehwerkzeuge

Zum Drehen werden Werkzeuge verwendet, die aus einem Einspannteil, einem Schneidenkörper und einem Werkzeugkörper bestehen. Der Werkzeugkörper verbindet den Schneidenkörper (auch Schneide genannt) und den Einspannteil (auch als Schaft bezeichnet) miteinander, außerdem nimmt er die Befestigungselemente für die Schneiden auf. Der Einspannteil wird in den Werkzeughalter der Drehmaschine eingespannt. Die Hauptschneide steht in Kontakt mit dem Werkstück und bearbeitet dieses. Drehwerkzeuge, bei denen die drei Komponenten unlösbar miteinander verbunden sind, werden als **Drehmeißel** bezeichnet. Drehmeißel können aus Schnellarbeitsstahl bestehen oder aus einem Werkzeugstahl mit aufgelöteten Hartmetallschneiden, wie sie in Abb. 8.12 dargestellt sind.
Bei diesen Werkzeugen können die Schneiden nachgeschliffen werden, wenn sie verschlissen sind. Beim Nachschleifen des Schneidenteils ist darauf zu achten, dass die Hauptfreifläche und die Nebenfreifläche gegenüber der Haupt- bzw. der Nebenschneide zurück-

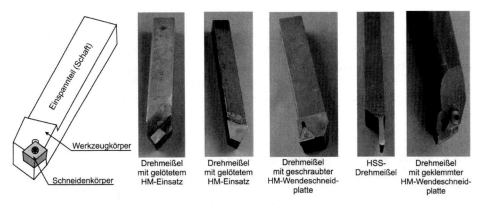

Drehmeißel mit gelötetem HM-Einsatz | Drehmeißel mit gelötetem HM-Einsatz | Drehmeißel mit geschraubter HM-Wendeschneidplatte | HSS-Drehmeißel | Drehmeißel mit geklemmter HM-Wendeschneidplatte

Abb. 8.12 Drehwerkzeuge

gesetzt sind. Geschieht dies nicht, drückt die Hauptfreifläche auf das Werkstück und es kann keine Bearbeitung stattfinden. Ebenso muss die Spanfläche hinter der Hauptschneide zurückfallen, da sonst die Späne drücken würden. In Abb. 8.13 sind die wichtigsten Bezeichnungen am Schneidenteil eines Drehwerkzeuges dargestellt. Zum Anschleifen von Drehwerkzeugen mit aufgelöteten Hartmetallschneiden werden Schleifscheiben mit Diamantkörnung und einer Kunstharzbindung verwendet. Schleifscheiben aus Korund können nicht verwendet werden.

Werkzeuge, in die Wendeschneidplatten geklemmt oder geschraubt werden können, werden als **Klemmhalter** oder **Schneidplattenhalter** bezeichnet. Wendeschneidplatten können aus Hartmetall, Schneidkeramik, CBN oder PKD bestehen. Sie besitzen sehr viel verschiedene, ihrem Einsatzzweck angepasste Formen und Größen. Wendeschneidplatten haben den Vorteil, dass abgenutzte Schneidplatten so oft gewendet werden können, wie Schneidkanten zur Verfügung stehen. Wenn alle Schneidkanten verschlissen sind, wird eine neue Platte eingespannt und die alte dem Werkstoffrecycling zugeführt. Gebrauchte Wendeschneidplatten werden meist nicht nachgeschliffen, der Grundwerkstoff wird aber wiederverwendet.

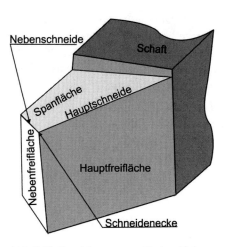

Abb. 8.13 Bezeichnungen am Drehmeißel

8.3.3.1 Werkzeugformen

Für die zahlreichen Arbeitsaufgaben beim Drehen wurden zahlreiche verschiedene Werkzeuge entwickelt. Während Drehmeißel aus Schnellarbeitsstahl und auch in begrenztem Umfang Drehmeißel mit aufgelöteten Hartmetallschneiden sehr schnell in der handwerklichen Praxis angeschliffen oder drahterodiert werden können und so Formdrehmeißel und Sonderwerkzeuge hergestellt werden können, ist dies bei Klemmhaltern mit Wendeschneidplatten nicht möglich. Nach der Form der Werkzeugkörper (siehe Abb. 8.14) wird in linke, rechte, gerade, gebogene und abgesetzte Drehmeißel unterschieden. Linke und rechte Werkzeuge werden nach der Lage ihrer Hauptschneide unterschieden. Wenn die Schneide zum Körper des Betrachters zeigt und die Hauptschneide liegt rechts, ist es ein rechter Drehmeißel. Die verschiedenen Drehmeißelformen zum Querplandrehen sind

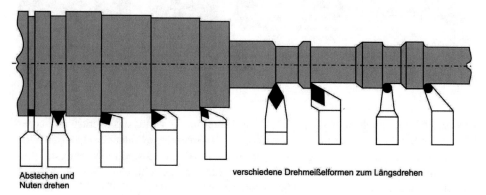

Abstechen und
Nuten drehen

verschiedene Drehmeißelformen zum Längsdrehen

Abb. 8.14 Verschiedene Drehmeißelformen zum Längsdrehen und Einstechen und Nuten drehen

in Abb. 8.15 dargestellt. Die Formen der verschiedenen Drehmeißel sind in einer Vielzahl von Normen beschrieben [DIN 4951, DIN 4952, DIN 4953, DIN 4954, DIN 4955, DIN 4956, DIN 4957, DIN 4963, DIN 4961, DIN 4960, DIN 4965]. Die nachstehend aufgeführten Normen gelten für Werkzeuge aus HS-Stahl:

- Gerader Drehmeißel: DIN 4951
- Gebogener Drehmeißel: DIN 4952
- Eckdrehmeißel: DIN 4965
- Abgesetzter Seitendrehmeißel: DIN 4960
- Breiter Drehmeißel: DIN 4956
- Spitzer Drehmeißel: DIN 4955
- Stechdrehmeißel: DIN 4961
- Innendrehmeißel: DIN 4953
- Innen-Eckdrehmeißel: DIN 4954
- Innen-Stechmeißel: DIN 4963.

Für Drehmeißel aus Hartmetall sind ähnliche Normen verfügbar. Ebenso sind die Klemmhalter für Wendeschneidplatten genormt. Merkmale und Abmessungen von Wendeschneidplatten sind in der DIN 4981 beschrieben und in Abb. 8.16 dargestellt [DIN 4968, DIN 4983]. Durch die Nutzung von Wendeschneidplatten konnten die Werkzeugkosten deutlich reduziert werden, da nur die Schneide aus dem sehr teuren Schneidstoff besteht und mehrmals verwendet werden kann. Bei der Benutzung von Wendeschneidplatten muss neben der Bearbeitungsaufgabe auch auf den passenden Klemmhalter geachtet werden. Die Bezeichnungen von Klemmhaltern sind in der DIN 4983 genormt und in Abb. 8.17 dargestellt. In der Norm werden folgende Eigenschaften beschrieben:

- die Schneidenbefestigungsart

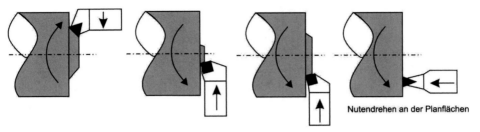

Abb. 8.15 Drehmeißelformen zum Querplandrehen

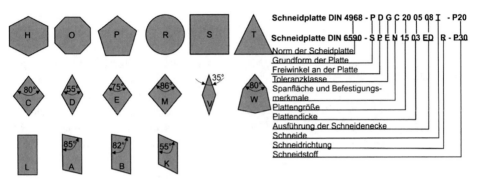

Abb. 8.16 Bezeichnungen und Grundformen von Wendeschneidplatten

- die Wendeschneidplattengrundform
- die Halterform und Hauptschneidenlage (Einstellwinkel $\varkappa$)
- der Wendeschneidplattenfreiwinkel
- die Ausführung als rechter oder linker Halter
- die Abmessungen und Toleranzen.

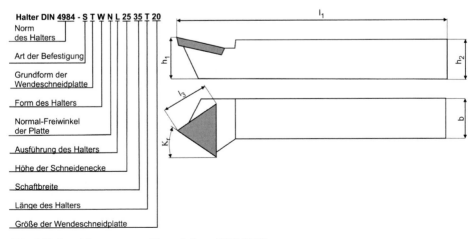

Abb. 8.17 Bezeichnungen vom Klemmhaltern [DIN 4983]

Wendeschneidplatten können auf folgende Art am Klemmhalter befestigt werden:

- von oben geklemmt (Platte enthält keine Bohrung), (Spannsystem C)
- von oben und über eine Bohrung geklemmt, (Spannsystem M)
- nur in einer Bohrung geklemmt, (Spannsystem P)
- in Befestigungssenkung geschraubt (Platte mit Senkung), (Spannsystem S).

8.3.4 Fräswerkzeuge

Fräser mit vier
gleichen Schneiden

Fräser mit zwei
ungleichen
Schneiden

Fräser mit drei
ungleichen
Schneiden

Abb. 8.18 Fräser mit unterschiedlicher Anzahl und Form der Schneiden

Fräswerkzeuge besitzen mindestens eine, meist aber mehrere Schneiden. Fräser sind rotierende Zerspanungwerkzeuge zum Fräsen, die sich von Bohrern dadurch unterscheiden, dass sie zur Bearbeitung auch senkrecht oder schräg zur Rotationsachse eingesetzt werden können. Bohrer tragen Material nur in Richtung der Rotationsachse ab. Fräser, die Schneiden besitzen, die über den Mittelpunkt des Fräserdurchmessers reichen, werden als Bohrnutenfräser bezeichnet. In der Abb. 8.18 Mitte und rechts sind die Schneiden derartiger Fräser dargestellt. Bei beiden Fräsern reicht eine Schneide über den Mittelpunkt des Fräser, daher können mit diesen Werkzeugen auch Bohrungen hergestellt werden. Mit dem in Abb. 8.18 links, dargestellten Fräser ist dies nicht möglich. Fräser können in einer Vielzahl von Bauformen verwendet und nach einer Vielzahl von Kriterien eingeteilt werden. Einteilungskriterien können sein:

- Schneidstoff (HS, Hartmetall, Keramik, Cermets, PKD, CBN)
- Art der Beschichtung (unbeschichtet, TiC, TiN, ...)
- Bauart (Vollfräswerkzeuge, Trägerwerkzeuge)
- Aufnahmeart (Schaftfräser, Aufsteckfräser)
- Bearbeitungsart (Schruppen, Schlichten)
- Verwendungszweck (z. B. Gewindefräser, Planfräser, Gravierfräser, Nutenfräser)
- Form: (Kugelfräser, Messerköpfe, Walzenfräser).

8.3.4.1 Allgemeiner Aufbau von Fräswerkzeugen

Alle Fräser bestehen aus einem Fräserkörper mit einem Spannteil und dem Schneidenteil. Die Winkel (Abb. 8.20) an den Schneiden werden analog zu den Drehwerkzeugen bezeichnet als:

- Freiwinkel α: er soll die Reibung und dadurch die Erwärmung der Schneide reduzieren
- Keilwinkel β: er ist abhängig von der Härte und Festigkeit des zu bearbeitenden Materials: kleine Keilwinkel erleichtern die Zerspanung, aber vergrößern den Schneidenverschleiß und verringern die Standzeit der Werkzeuge

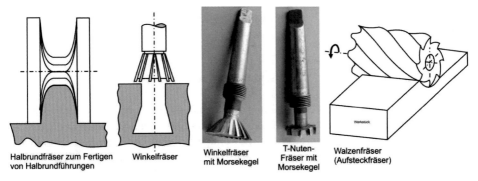

Halbrundfräser zum Fertigen
von Halbrundführungen   Winkelfräser   Winkelfräser
mit Morsekegel   T-Nuten-
Fräser mit
Morsekegel   Walzenfräser
(Aufsteckfräser)

Abb. 8.19 Verschiedene Formen von Fräsern

- Spanwinkel γ: er hat Einfluß auf die Spanbildung und die Schnittkräfte: große Spanwinkel verringern die Schnittkräfte, aber erhöhen die Bruchgefahr und den Kolkverschleiß der Schneide.

Die meisten Fräser besitzen eine nach rechts gedrehte Wendel (Abb. 8.21 links und Mitte), da bei dieser Form die Späne besonders effizient und schnell aus dem Arbeitsbereich entfernt werden. Es gibt aber auch Schaftfräser mit linksgedrehten Wendeln (Abb. 8.21 rechts). Mit diesen Werkzeugen werden sehr saubere Kanten hergestellt, allerdings wird die Spanabfuhr verschlechtert, da Späne in die Nut gedrückt werden. Die Drehrichtung der Werkzeuge wird dabei nicht geändert. Hauptsächlich werden diese links gedrehten Fräser bei der Bearbeitung von weichen Werkstoffen wie Kunststoffen und ähnlichem verwendet. Der Eckenradius an einem Fräser bestimmt den minimalen Inneneckenradius am Bauteil.

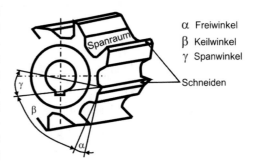

α Freiwinkel
β Keilwinkel
γ Spanwinkel

Schneiden

Abb. 8.20 Winkel am Fräser

8.3.4.2 Vollfräswerkzeuge

Vollfräser sind Fräswerkzeuge, die aus nur einem Werkstoff (meist HS oder Hartmetall) bestehen und am Werkzeugkörper die spanabhebenden Schneiden tragen. Abgenutzte Schneiden von Vollfräsern können durch Werkzeugschleifen wieder nachgearbeitet werden. Eine Sonderform bilden

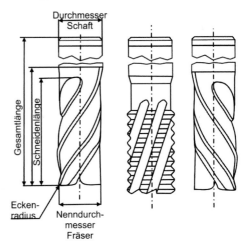

Abb. 8.21 Fräserprofile und Bezeichnungen

Werkzeuge mit eingelöteten Hartmetallschneiden. Weiterhin gibt es Werkzeuge mit Innenkühlung.

8.3.4.3 Trägerwerkzeuge für Wendeschneidplatten

Trägerwerkzeuge bestehen aus einem Grundkörper aus unvergüteten Stählen, an denen die Wendeschneidplattenaufnahmen angebracht sind. Die Wendeschneidplatten können einzeln angeschraubt oder geklemmt werden. Sie können je nach Geometrie der Schneidplatte mehrmals wiederverwendet werden. Trägerwerkzeuge mit internem Kühlsystem versorgen über Kühlmittelbohrungen meist jede Schneidplatte einzeln mit KSS.

8.3.4.4 Schaftfräser

Schaftfräser, dargestellt in Abb. 8.22, besitzen einen integrierten Schaft, der über verschiedene Spannsysteme (siehe Kapitel 9), wie Spannzangen, Morsekegel, Gewinde oder Hydrodehnspannfutter, an der Maschinenspindel befestigt wird.

| Schaftfräser mit Spannfläche | Schaftfräser mit Anzugsgewinde | Schaftfräser mit Morsekegel | Schaftfräser (Kopierfräser) mit glatten Schaft | Schaftfräser mit Steilkegel und runder Wendeschneidplatte |

Abb. 8.22 Schaftfräser

Die Schneidlänge typischer Schaftfräser ist etwa 5 bis 10 mal länger als deren Durchmesser. Es existieren sehr viele verschiedene Bauformen für die Fertigung von z. B. Schlitzen, Nuten, Taschen, Aussparungen und Gesenken. Typische Fräsdurchmesser sind etwa 1 mm bis 30 mm. Wendeplattenfräswerkzeuge sind etwa ab 15 mm verfügbar. Vollhartmetall-Mikrofräser sind ab 0,05 mm Durchmesser standardmäßig verfügbar. Alle Fräser, außer die sehr kleinen Durchmesser, können innen liegende Bohrungen besitzen, um die Zufuhr von Kühlschmierstoffen zu ermöglichen.

8.3.4.5 Aufsteckfräser

Aufsteckfräser besitzen in ihrer Mitte eine Bohrung, mit welcher sie zwischen verschiedenen Stellringen und einer abschließenden Mutter auf einem Fräserdorn eingespannt werden. Abb. 8.23 zeigt zwei Walzenfräser zum Aufstecken auf Horizontalfräsmaschinen.

Abb. 8.23 Aufsteckfräser

8.3.4.6 Planfräser

Mit diesen Werkzeugen werden, wie der Name schon beschreibt, vor allem plane Fläche erzeugt.

8.3.4.7 Gravierfräser

Gravierfräser, auch als Gravierstichel bezeichnet, sind meist einschneidige Werkzeuge zum Gravieren von verschiedenen Werkstoffen. Typische Spitzenwinkel sind 15°, 36°, 40°, 45°, 60° und 90°. Häufig ist die Spitze zusätzlich abgeplattet bzw. mit einem Radius versehen.

8.3.4.8 Nutenfräser

Nutenfräser dienen zum Fräsen von Nuten, neben geraden Nuten und halbrunden Nuten werden vor allem T-Nuten (Abb. 8.19) gefertigt. Diese Werkzeuge sind typische Formwerkzeuge.

8.3.4.9 Kugelfräser

Kugelfräser besitzen eine kugelige Form und werden zum Gesenkfräsen, Kopierfräsen und zum Fräsen von Freiformflächen, wie Turbinenschaufeln, verwendet.

8.3.4.10 Messerköpfe

Messerköpfe, teilweise auch als Fräsköpfe bezeichnet, werden zum Planfräsen verwendet, um schnell große Materialvolumina zerspanen zu können. Messerköpfe bestehen aus einem Grundwerkzeug mit der Maschinenschnittstelle und der Schneidenaufnahme. Messerköpfe können sowohl eingelötete Schneiden aus Hartmetall als auch austauschbare Wendeschneidplatten aus Hartmetall, Keramik oder Cermets besitzen. Je nach Anordnung und Winkel der Schneiden gehören sie zu den Stirnfräsern oder zu den Stirn-Umfangsfräsern. Messerköpfe zum Planfräsen besitzen einen Werkzeug-Einstellwinkel zwischen 45° und kleiner 90°, Messerköpfe zum Eckfräsern besitzen einen Werkzeug-Einstellwinkel von 90°, um auch senkrechte Strukturen fertigen zu können. Abb. 8.24 zeigt einen solchen Messerkopf zum Eckfräsen. Besitzen Messerköpfe runde Schneidplatten können sie zum Kopierfräsen oder Freiformfräsen verwendet werden. Abb. 8.24 zeigt einen solchen Messerkopf mit geschraubten runden Wendeschneidplatten und einer SK-Aufnahme.

Messerkopf zum Kopierfräsen   Messerkopf zum Eckenfräsen

Abb. 8.24 Messerköpfe

8.3.4.11 Walzenfräser

Walzenfräser besitzen nur auf dem Umfang Schneiden. Mit ihnen können nur Umfangsfräsprozesse ausgeführt werden. Walzenstirnfräser besitzen zusätzlich auf der Stirnseite Schneiden und können daher auch zum Stirn-Umfangsfräsen benutzt werden. Typische Durchmesser beider Fräsertypen liegen zwischen 40 mm und 160 mm. Walzenfräser und Walzenstirnfräser sind sowohl als Aufsteckwerkzeuge als auch als Schaftwerkzeuge erhältlich. Ein Walzenfräser zum Aufstecken ist in Abb. 8.23 dargestellt.

8.3.4.12 Gewindefräser

Das Fräsen von Gewinden ist für eine Vielzahl von Werkstoffen üblich. Durch die CNC-gesteuerte Überlagerung der Kreis- und Vorschubbewegung des Fräswerkzeugs mit dessen Eigendrehung wird das Gewinde gefräst, ohne dass ein Ausgleichsfutter benötigt wird. Es können sowohl Außen- als auch Innengewinde gefertigt werden. Bei Verwendung von Bohrgewindefräsern bzw. mit Zirkularbohrgewindefräsern kann die Herstellung gefräster Gewinde auch ohne Vorbohren erfolgen. Allerdings benötigt die Fräsmaschine neben einer

3-Achsen-CNC-Steuerung auch eine indizierte Spindel, d. h. die Fräsmaschine muss die Winkellage der Spindel kennen.

Vorteile des Gewindefräsens sind:

- nur ein Werkzeug für Rechts- und Linksgewinde, Grund- und Durchgangsgewinde
- niedrige Drehmomente
- keine Spanabfuhrprobleme, da kurze Späne
- keine Drehrichtungsumkehr der Werkzeugspindel
- kein axiales Verschneiden (Vorweiten) der Gewinde
- Gewindetiefe bis zum Bohrungsgrund, da kein Anschnitt vorhanden ist
- bei konischen Gewinden keine Spanwurzelreste
- bei Werkzeugbruch problemloses Entfernen des Werkzeugs aus dem Werkstück, da Werkzeugdurchmesser immer kleiner als Gewindekerndurchmeser.

Nachteile des Gewindefräsens:

- komplexe Maschinen erforderlich (3-Achsen-CNC-Steuerung, auch eine indizierte Spindel)
- höhere Werkzeugkosten.

8.3.4.13 Scheibenfräser

Scheibenfräser, dargestellt in Abb. 8.25, sehen auf den ersten Blick Kreissägeblättern sehr ähnlich. Sie besitzen einen scheibenförmigen Grundkörper, deren Durchmesser deutlich größer als seine Dicke ist. In der Mitte des Fräsers befindet sich eine Bohrung zur Aufnahme eines Spannsystems zur Befestigung an der Maschinenspindel. Die Schneiden befinden sich auf dem Umfang des Fräsers. Scheibenfräser werden zur Fertigung von tiefen, langen und offenen Nuten verwendet. Sehr schmale Scheibenfräser, die auch als Trennfräser bezeichnet werden, sind zum Abtrennen von Bauteilen vom Spannmaß bestimmt.

Abb. 8.25 Scheibenfräser

8.3.4.14 Fräser für spezielle Anwendungen

Neben den bekannten Standardwerkzeugen für die Fräsbearbeitung gibt es auch noch zahlreiche Sonderformen mit speziellen Formen, Schneidengeometrien und Beschichtungen. Mit diesen Werkzeugen können sehr effektiv Sonderwerkstoffe, Komposit-Werkstoffe und auch Sandwichmaterialien bearbeitet werden. In Abb. 8.26 sind zwei Fräser dargestellt, die speziell für die Bearbeitung von Graphit und Titan entwickelt wurden. Sie verfügen über spezielle Schneidengeometrien und auch über speziell an die Bearbeitung angepasste Beschichtungen. In Abb. 8.27 sind Zerspanwerkzeuge dargestellt, die speziell für die Bearbeitung von Honeycombs entwickelt wurden.

Diamantbeschichter Fräser für die
präzise Bearbeitung von Graphit

Gewindefräser für die Titanbearbeitung

Abb. 8.26 Fräser für die Bearbeitung von Sonderwerkstoffen [Quelle: Hufschmied Zerspanungssysteme GmbH, Bobingen]

Als Honeycomb wird die sechseckige Kernlage von Sandwichplatten bezeichnet, da sie wie eine Honigwabe in einem Bienenstock aussieht. Die Kernlage in Wabenform kann aus einer Vielzahl von Werkstoffen (wie, Pape, Papier, Holz, Kunststoffen und auch Metallschäumen) bestehen. In der Luft- und Raumfahrtindustrie wird meist Aluminium als Kernlage verwendet. Die Deckschichten können aus Holz, Pappe, Kunststoff, Faserverbundwerkstoffen oder Metallblechen bestehen. In der Luft- und Raumfahrtindustrie werden neben Aluminium Faserverbundwerkstoffe als Decklage verwendet. Die Bearbeitung derartig komplexer Werkstoffverbünde stellt die Fertigungstechnik vor eine Reihe von Herausforderungen. Durch die Entwicklung von Zerspanwerkzeugen, die an diese Bearbeitungsbedingungen angepasst sind, ist es möglich diesen Herausforderungen zu begegnen.

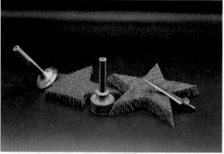

Abb. 8.27 Zerspanwerkzeuge für die Honeycomb Bearbeitung [Quelle: Hufschmied Zerspanungssysteme GmbH, Bobingen]

8.3.5 Sägewerkzeuge

Die Qualität der Schnittfugen und die Schneidleistung der verschiedenen Sägewerkzeuge (Abb. 8.28) wird vor allem beeinflusst durch:

- die Zahl der Zähne
- den Zahnabstand (Zahnteilung)
- den Freischnitt (Schränkung/Zahnbreite)
- die Zahnform

- die Blattdicke
- die Blattbreite.

Durch die Zahl der Zähne wird bestimmt, ob der Schnitt grob oder fein ausgeführt wird. Mit wenigen, weit auseinander stehenden Zähnen wird meist sehr schnell gearbeitet, der Schnitt ist aber meist auch grob. Viele, eng stehende Zähne werden vor allem für harte

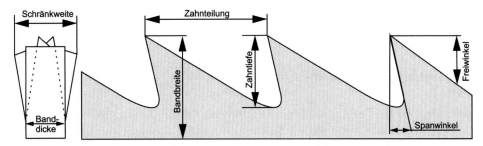

Abb. 8.28 Bezeichnungen an einem Sägeblatt

Materialien verwendet. Die Schränkung (Abb. 8.29) des Sägeblatts verhindert ein Klemmen im Sägespalt. Dies wird erreicht, indem die Zähne abwechselnd nach links bzw. nach rechts gebogen sind. Weiterhin kann ein Sägeblatt auch gewellt, gestaucht oder verdickt sein. Bei einem gewellten Sägeblatt befinden sich die einzelnen Zähne nicht auf einer geraden Linie, sondern laufen in einer leichten Kurve. Gestauchte Zähne sind an der Zahnspitze breiter. Verdickte Zähne haben aufgesetzte Schneiden, diese sind breiter als das Sägeblatt, dies ist typisch für eingelötete HM-Plättchen. Die Zähne können sehr unterschiedliche Formen besitzen. Sie können z. B. spitz, flach, trapezförmig, dreieckig oder beliebig anders geformt sein. Je dicker das Blatt ist, umso länger kann es in der Regel verwendet werden, ohne dass es stumpf wird. Allerdings dauert der Sägevorgang länger, da das Blatt mehr Material abtrennen muss, als ein dünneres. Durch die Blattbreite wird der Verlauf des Schnittes beeinflusst, umso breiter ein Blatt ist, desto besser ist der Geradlauf. Allerdings verringert sich dabei die Kurvengängigkeit insbesondere bei Stichsägen. Werkstoffe für Sägeblätter sind vor allem:

- CV – hochlegierter Chrom-Vanadium Stahl für weichere Materialien, wie Holz, Holzfaserplatten oder Kunststoffe.
- HS – Schnellarbeitsstahl für härtere Materialien wie zum Beispiel Eisen, Stahl, Aluminium und Buntmetalle.
- Bi-Metall – Federstahl mit aufgeschweißtem HSS-Streifen mit Cobalt für harte als auch weiche Materialien
- HM – Hartmetall: hohe Verschleißfestigkeit und hohe Standzeit, für fast alle Werkstoffe.

Für die verschiedenen Sägetypen (z. B. Bandsäge, Kreissäge und Bügelsäge) sind noch Angaben für die Länge, bzw. den Durchmesser und die Werkzeugaufnahme erforderliche. Diese Angaben sind den Datenblättern der entsprechenden Maschinen zu entnehmen.

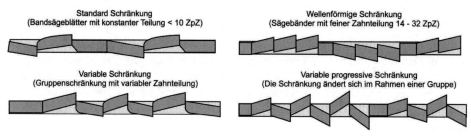

Abb. 8.29 Schränkungsarten

8.3.6 Schleifscheiben und -stifte

Schleifscheiben und Schleifstifte können aus Korund, Siliziumkarbid, CBN und Diamant als Hartstoff bestehen (siehe Kapitel 3). Diese Schneidstoffe befinden sich in einer Bindung, durch die sie im Werkzeug gehalten werden. Die am häufigsten verwendeten Bindungen sind keramische Bindungen, Kunstharzbindungen und metallische Bindungen. Die Art der Bindung, die Porosität, die Härte, die Größe und Verteilung der Schleifkörper beeinflussen den Schleifprozess und sind charakteristisch für eine Schleifscheibe [TOE04].

- **Keramische Bindungen** (Kennzeichen V) bestehen aus Kaolin, Ton, Quarz, Feldspat und Flussmittel. Bindestoffe und ggfs. noch zusätzliche Hilfsstoffe werden zusammen mit den Schleifkörnern zum Schleifwerkzeug gebrannt. Dabei herrschen für Korund- und Siliziumkarbidscheiben Temperaturen von maximal 1100 °C bis 1400 °C, für Bornitrid liegen die Temperaturen unter 1000 °C und für Diamant unter 700 °C. Die Wahl und Zusammensetzung der Binde- und Hilfsstoffe beeinflussen die Struktur und die Porosität der keramisch gebundenen Schleifkörper.
- **Kunstharzbindungen** (Kennzeichen B) bestehen meist aus Duroplasten. Sie werden durch Heißpressen zusammen mit den Schleifkörnern zu Schleifwerkzeugen bei Temperaturen zwischen 150 °C und 170 °C hergestellt. Kunstharzbindungen können auch faserverstärkt werden (Kennzeichen BF)
- **Metallische Bindungen** (Kennzeichen M) werden durch Pressen und Sintern (bei Temperaturen von 700 °C bis 900 °C) von Bronze-, Stahl- oder Hartmetallpulvern hergestellt
- **Galvanische Bindungen** (Kennzeichen G) werden durch galvanische Beschichtung mit Kupfer, Nickel oder Nickelverbindungen gefertigt
- Weitere Bindungssysteme, die aber nur für sehr spezielle Anwendungen genutzt werden, sind Leim- und Gummibindungen (Kennzeichen R), Silikatbindungen (Kennzeichen S), Schellackbindungen (Kennzeichen E), faserstoffverstärkte Gummibindungen (Kennzeichen RF).

> In der Praxis gilt als Faustregel: weiche Werkstoffe werden mit harten Schleifscheiben und harte Werkstoffe werden mit weichen Schleifscheiben bearbeitet.

8.3.6.1 Korngröße von Schleifmitteln

Zur Ermittlung der Korngröße werden Schleifmittel aus Aluminiumoxid und Siliziumkarbid bis zur Körnung 220 gesiebt, danach werden sie durch Sedimentation aus einer Flüssigkeit getrennt. Dazu werden standardisierte Drahtsiebe verwendet [DIN ISO 8486-1]. Durch das Sieben mit immer feiner werdenden Sieben werden die einzelnen Korngrößen separiert. Bei Aluminiumoxid und Siliziumkarbid wird die Korngröße durch die Maschenanzahl je Zoll des Siebes bei definiertem Drahtdurchmesser bestimmt. Eine Körnung von 60 mesh wird mit einem Sieb von 60 Maschen je Zoll aus dem Korngemisch gewonnen. Eine Übersicht über die Korngrößen-Klassifikation nach FEPA ist in Kapitel 3 dargestellt. Bei hochharten Schleifstoffen wie Diamant und CBN wird allerdings nach einem anderen System gearbeitet. Bei diesen Schneidstoffen ist die lichte Maschenweite der Siebe bestimmend für die Korngröße, d. h. die Korngröße kann direkt aus der Kennzahl des Siebes bestimmt werden. Die Klassifikation dieser Schneidstoffe ist ebenfalls in Kapitel 3 dargestellt.

8.3.6.2 Bezeichnungen von Schleifscheiben

Die Einteilung der Schleifkörperformen erfolgt nach der:

- Grundform
- Randform
- Art der Scheibenbefestigung.

Grundformen und Hauptabmessungen von Schleifscheiben sind in Abb. 8.31 dargestellt. Die Bezeichnungen von Schleifscheiben sind in Abb. 8.30 dargestellt. Insbesondere die Angabe der Höchstgeschwindigkeit und deren Beachtung und der richtige Durchmesser für die Werkzeugaufnahme (Bohrungsdruchmesser) sind für die Arbeitssicherheit sehr wichtig. Die Auswahl der Schleifscheibe bzw. des Schleifstiftes richtet sich nach der Arbeitsaufgabe. Gerade Schleifscheiben werden in der industriellen Praxis sehr häufig verwendet. Große

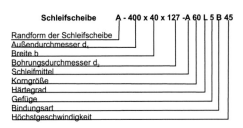

Abb. 8.30 Bezeichnung von Schleifscheiben

Scheibendurchmesser werden beim Außenrundschleifen, Flachschleifen und Trennschleifen benutzt, kleine Durchmesser und Schleifstifte vor allem beim Innenrundschleifen. Besonders breite Schleifscheiben finden beim Spitzenlosschleifen und Umfangsflachschleifen Anwendung. Zum Trennschleifen werden sehr schmale und dünne Schleifscheiben eingesetzt. Zum Schleifen von Werkzeugen, Getriebeteilen werden vor allem konische und verjüngte sowie Topf- und Tellerschleifscheiben verwendet, da mit ihnen Hinter- und Freischnitte erzeugt werden können. Für handwerkliche Anwendungen im Werkstattbereich werden ebenfalls Topf- und Tellerscheiben verwendet, um Trenn- und grobe Putz- und Entrostungsarbeiten durchzuführen. Für Spezialanwendungen werden von den Herstellern der Schleifscheiben auf Anforderung auch vielfältige Sondergrößen und Sonderformen gefertigt. Mit Diamant besetzte Schleifscheiben werden hauptsächlich für die Bearbeitung

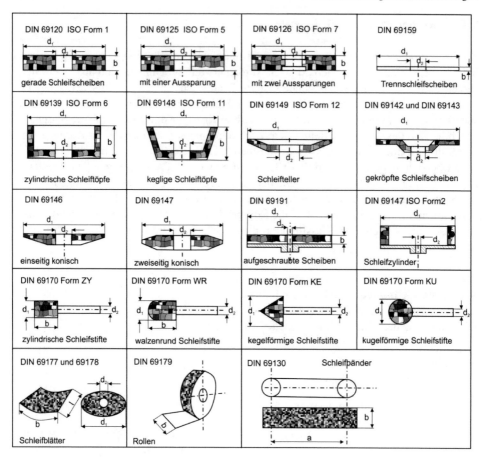

Abb. 8.31 Grundformen von Schleifkörperformen

von Hartmetallwerkzeugen verwendet. Das Profil dieser Scheiben ist auf diesen Hauptanwendungszweck ausgerichtet. Diamantbesetzte Trennscheiben zum Trennen von Bauteilen für z. B. Maschinenbetten aus Granit können auch sehr große Durchmesser haben. Bei Diamantschleifscheiben sind aus Kostengründen nur schmale Bereiche am Umfang mit Diamanten belegt. Die Belagdicke (t in Abb. 8.32) ist daher auch ein wesentlicher Kostenpunkt beim Kauf von Diamant- oder Bornitrit-Schleifscheiben. Die Bezeichnung von Schleifkörpern aus gebundenem Schleifmittel soll folgende Angaben enthalten [DIN ISO 525]:

- Form und Abmessungen
- Zusammensetzung
- Umfangsgeschwindigkeit.

Die Randform wird mit einem Kennbuchstaben, wie in Abb. 8.31 dargestellt, angegeben. Als nächstes folgen Angaben über den Außendurchmesser, die Breite, den Innendurchmesser der Aufnahmebohrung. Zur Kennzeichnung der Grundform der Schleifscheine wird die entsprechende DIN-Norm eingesetzt. Um den Aufbau der Scheibe darzustellen, werden das Schleifmittel, die Körnung, der Härtegrad, das Gefüge und die Bindung angegeben. Schleifmittelbezeichnungen sind :

- A: Korund
- C: Siliziumkarbid
- Z: Zirkonoxid.

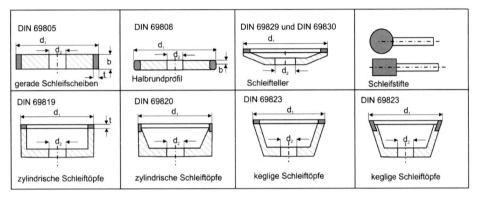

Abb. 8.32 Grundformen von mit Diamant oder CBN belegten Schleifscheiben (t = Belagdicke)

Härtegrade werden von A-D (äußerst weich), E-D (sehr weich), H-K (weich), L-O (mittel), P-S (hart), T-W (sehr hart) und X-Z (äußerst hart) angegeben. Unter dem Begriff Gefüge wird eine Kennziffer verstanden, die die Offenheit der Scheibe kennzeichnet und mit Zahlen von 0 (geschlossen) bis 30 (offen) belegt wird. Unter Körnung sind die Körnungen nach FEPA (siehe Schneidstoffe) anzugeben. Weitere Angaben sind herstellerspezifisch.

8.3.6.3 Arbeitssicherheit

Schleifprozesse sind meist mit sehr hohen Drehzahlen, hohen Umfangsgeschwindigkeiten (Schnittgeschwindigkeit von $20 - 100\frac{m}{s}$) und vergleichsweise großen Massen der Schleifscheibe verbunden. Daher besteht beim Arbeiten mit Schleifmaschinen und auch Schleifböcken eine erhebliche Unfallgefahr. In Schleifmaschinen dürfen nur nach DIN ISO 12413 für konventionelle Schleifscheiben und nach DIN ISO 13236 für Schleifscheiben aus Diamant oder Bornitrid zugelassene Schleifscheiben verwendet werden. Die zulässigen Arbeitshöchstgeschwindigkeiten sind an den Schleifscheiben angegeben. Wird eine neue Scheibe eingesetzt, sind folgende Prüfungen durch fachkundiges Personal vorzunehmen:

- Sichtprüfung auf Risse, Ausbrüche oder andere Beschädigungen
- bei keramisch gebundenen Scheiben Klangprobe auf hellen Klang (i. O.) oder Scheppern bzw. dumpfen Klang (nicht i. O.).
- Aufnahme in speziellen Spannflanschen und statisches Wuchten
- Probelauf in der Maschine mit der Höchstdrehzahl der Schleifspindel, maximal Höchstdrehzahl der Scheibe, über 1 Minute
- Abrichten der Schleifscheibe auf der Maschine.

Defekte Schleifscheiben sind nicht mehr zu verwenden. Diese Vorgänge sind auch an Schleif- und Stichelböcken durchzuführen. Das manuelle Abrichten einer Schleifscheibe an einem Schleifbock ist in Abb. 7.27 dargestellt.

8.3.7 Bürsten

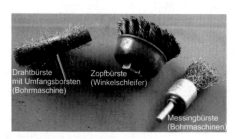

Abb. 8.33 Maschinengeführte Bürsten

Bürsten, dargestellt in Abb. 8.33, werden häufig zum Reinigen, Entrosten und auch zum Strukturieren von Oberflächen eingesetzt. Maschinengeführte Bürsten werden u. a. mit Bohrmaschinen und Winkelschleifern verwendet. Als Werkstoffe für Bürsten werden neben verschiedenen Kunststoffen auch Messing und Stahl eingesetzt. Bürsten können gezopft oder gerade sein. Zopfbürsten sind meist härter und stabiler.

Literaturverzeichnis 8

[KIE13]	Kief, H.B. u. Roschiwal, H.A.: CNC Handbuch 2013/2014, Carl Hanser Verlag GmbH & Co. KG; 2013
[KLO05]	Klocke, F. u. König W.: Fertigungsverfahren 2 – Schleifen, Honen, Läppen. 4. Auflage, Berlin Heidelberg, Springer Verlag, 2005.
[KLO06]	Klocke, F. u. König W.: Fertigungsverfahren 4 – Umformen. 5. Auflage, Berlin/Heidelberg, Springer Verlag, 2006.
[KLO07]	Klocke, F. u. König W.: Fertigungsverfahren 3 – Abtragen, Generieren und Lasermaterialbearbeitung. 4. Auflage, Berlin/Heidelberg, Springer Verlag, 2007.
[KLO08]	Klocke, F. u. König, W.: Fertigungsverfahren 1 – Drehen, Fräsen, Bohren. 8. Auflage, Berlin/Heidelberg/New York, Springer Verlag, 2008
[TOE04]	Tönshoff, H. K. u. Denkena, B.: Spanen Grundlagen, 2. Auflage, Berlin Heidelberg, Springer Verlag, 2004.
[DIN 13-1]	DIN 13-1: Metrisches ISO-Gewinde allgemeiner Anwendung- Teil 1: Nennmaße für Regelgewinde; Gewinde-Nenndurchmesser von 1 mm bis 68 mm, Beuth Verlag, Berlin, 1999
[DIN 13-2]	DIN 13-2: Metrisches ISO-Gewinde allgemeiner Anwendung- Teil 2: Nennmaße für Feingewindemit Steigungen 0,2 mm, 0,25 mm und 0,35 mm; Gewinde-Nenndurchmesser von 1 mm bis 50 mm, Beuth Verlag, Berlin, 1999
[DIN 13-3]	DIN 13-3: Metrisches ISO-Gewinde allgemeiner Anwendung- Teil 3: Nennmaße für Feingewinde mit Steigung 0,5 mm; Gewinde-Nenndurchmesser von 3,5 mm bis 90 mm, Beuth Verlag, Berlin, 1999
[DIN 13-4]	DIN 13-4: Metrisches ISO-Gewinde allgemeiner Anwendung- Teil 4: Nennmaße für Feingewinde mit Steigung 0,75 mm; Gewinde-Nenndurchmesser von 5 mm bis 110 mm, Beuth Verlag, Berlin, 1999
[DIN 13-5]	DIN 13-5: Metrisches ISO-Gewinde allgemeiner Anwendung- Teil 5: Nennmaße für Feingewinde mit Steigungen 1 mm und 1,25 mm; Gewinde-Nenndurchmesser von 7,5 mm bis 200 mm, Beuth Verlag, Berlin, 1999
[DIN13-6]	DIN 13-6: Metrisches ISO-Gewinde allgemeiner Anwendung- Teil 6: Nennmaße für Feingewinde mit Steigung 1,5 mm; Gewinde-Nenndurchmesser von 12 mm bis 300 mm, Beuth Verlag, Berlin, 1999
[DIN 13-7]	DIN 13-7: Metrisches ISO-Gewinde allgemeiner Anwendung- Teil 7: Nennmaße für Feingewinde mit Steigung 2 mm; Gewinde-Nenndurchmesser von 17 mm bis 300 mm, Beuth Verlag, Berlin, 1999
[DIN 13-8]	DIN 13-8: Metrisches ISO-Gewinde allgemeiner Anwendung- Teil 8: Nennmaße für Feingewinde mit Steigung 3 mm; Gewinde-Nenndurchmesser von 28 mm bis 300 mm, Beuth Verlag, Berlin, 1999
[DIN 13-9]	DIN 13-9: Metrisches ISO-Gewinde allgemeiner Anwendung- Teil 9: Nennmaße für Feingewinde mit Steigung 4 mm; Gewinde-Nenndurchmesser von 40 mm bis 300 mm, Beuth Verlag, Berlin, 1999
[DIN 13-10]	DIN 13-10: Metrisches ISO-Gewinde allgemeiner Anwendung- Teil 10: Nennmaße für Feingewinde mit Steigung 6 mm; Gewinde-Nenndurchmesser von 70 mm bis 500 mm, Beuth Verlag, Berlin, 1999
[DIN 13-11]	DIN 13-11: Metrisches ISO-Gewinde allgemeiner Anwendung- Teil 11: Nennmaße für Feingewinde mit Steigung 8 mm; Gewinde-Nenndurchmesser von 130 mm bis 1000 mm, Beuth Verlag, Berlin, 1999
[DIN 13-19]	DIN 13-19: Metrisches ISO-Gewinde allgemeiner Anwendung- Teil 19: Nennprofile, Beuth Verlag, Berlin, 1999
[DIN 103-1]	DIN 103-1:1977-04: Metrisches ISO-Trapezgewinde; Gewindeprofile, Beuth Verlag, Berlin, 1977
[DIN 103-2]	DIN 103-2:1977-04: Metrisches ISO-Trapezgewinde; Gewindereihen, Beuth Verlag, Berlin, 1977
[DIN 103-3]	DIN 103-3:1977-04: Metrisches ISO-Trapezgewinde; Abmaße und Toleranzen für Trapezgewinde allgemeiner Anwendung, Beuth Verlag, Berlin, 1977
[DIN 103-4]	DIN 103-4:1977-04: Metrisches ISO-Trapezgewinde; Nennmaße, Beuth Verlag, Berlin, 1977

[DIN 103-5]   DIN 103-5:1972-10: Metrisches ISO-Trapezgewinde; Grenzmaße für Muttergewinde
                    von 8 bis 100 mm Nenndurchmesser, Beuth Verlag, Berlin, 1972
[DIN 103-6]   DIN 103-6:1972-10: Metrisches ISO-Trapezgewinde; Grenzmaße für Muttergewinde
                    von 105 bis 300 mm Nenndurchmesser, Beuth Verlag, Berlin, 1972
[DIN 103-7]   DIN 103-7:1972-10: Metrisches ISO-Trapezgewinde; Grenzmaße für Bolzengewinde
                    von 8 bis 100 mm Nenndurchmesser, Beuth Verlag, Berlin, 1972
[DIN 103-8]   DIN 103-8:1972-10: Metrisches ISO-Trapezgewinde; Grenzmaße für Bolzengewinde
                    von 105 bis 300 mm Nenndurchmesser, Beuth Verlag, Berlin, 1972
[DIN EN 207]   DIN EN 207:2017-05 Persönlicher Augenschutz - Filter und Augenschutz gegen La-
                    serstrahlung (Laserschutzbrillen); Deutsche Fassung EN 207:2017, Beuth Verlag, Ber-
                    lin, 2017
[DIN 228-1]   DIN 228-1:1987-05: Morsekegel und Metrische Kegel; Kegelschäfte, Beuth Verlag,
                    Berlin, 1987
[DIN 228-2]   DIN 228-2:1987-03: Morsekegel und Metrische Kegel; Kegelhülsen, Beuth Verlag,
                    Berlin, 1987
[DIN EN ISO 228-1] DIN EN ISO 228-1:2003-05: Rohrgewinde für nicht im Gewinde dichtende Verbin-
                    dungen - Teil 1: Maße, Toleranzen und Bezeichnung (ISO 228-1:2000); Beuth Verlag,
                    Berlin, 2003
[DIN 332]   DIN 332:1986-04: Zentrierbohrer 60°; Form R, A und B, Beuth Verlag, Berlin, 1986
[DIN 332-1]   DIN 332-1:1986-04: Zentrierbohrungen 60°; Form R, A, B und C, Beuth Verlag, Ber-
                    lin, 1986
[DIN 332-2]   DIN 332-2:1983-05: Zentrierbohrungen 60° mit Gewinde für Wellenenden elektri-
                    scher Maschinen, Beuth Verlag, Berlin, 1983
[DIN 332-4]   DIN 332-4:1990-06: Zentrierbohrungen für Radsatzwellen von Schienenfahrzeugen,
                    Beuth Verlag, Berlin, 1990
[DIN 332-7]   DIN 332-7:1982-09: Werkzeugmaschinen; Zentrierbohrungen 60°; Bestimmungsver-
                    fahren, Beuth Verlag, Berlin, 1982
[DIN 332-8]   DIN 332-8:1979-09: Zentrierbohrungen 90°, Form S; Maße, Bestimmungsverfahren,
                    Beuth Verlag, Berlin, 1979
[DIN 333]   DIN 333:1986-04: Zentrierbohrer 60°; Form R, A und B, Beuth Verlag, Berlin, 1986
[DIN 371]   DIN 371:2016-01: Maschinen-Gewindebohrer mit verstärktem Schaft für Metrisches
                    ISO-Regelgewinde M1 bis M10 und Metrisches ISO-Feingewinde M1 × 0,2 bis M10
                    × 1,25, Beuth Verlag, Berlin, 2016
[DIN 376]   DIN 376:2016-02: Maschinen-Gewindebohrer mit abgesetztem Schaft (Überlaufboh-
                    rer) für Metrisches ISO-Regelgewinde M1,6 bis M68, Beuth Verlag, Berlin, 2016
[DIN 380-1]   DIN 380-1:1985-04: Flaches Metrisches Trapezgewinde; Gewindeprofile, Beuth Ver-
                    lag, Berlin, 1985
[DIN 380-2]   DIN 380-2:1985-04: Flaches Metrisches Trapezgewinde; Gewindereihen, Beuth Ver-
                    lag, Berlin, 1985
[DIN 405-1]   DIN 405-1:1997-11: Rundgewinde allgemeiner Anwendung - Teil 1: Gewindeprofile,
                    Nennmaße, Beuth Verlag, Berlin, 1997
[DIN 405-2]   DIN 405-2:1997-11: Rundgewinde allgemeiner Anwendung - Teil 2: Abmaße und To-
                    leranzen, Beuth Verlag, Berlin, 1997
[DIN 405-3]   DIN 405-3:1997-11: Rundgewinde allgemeiner Anwendung - Teil 3: Lehren für
                    Außen- und Innengewinde; Lehrenarten, Profile, Toleranzen, Beuth Verlag, Berlin,
                    1997
[DIN 513-1]   DIN 513-1:1985-04: Metrisches Sägengewinde; Gewindeprofile, Beuth Verlag, Berlin,
                    1985
[DIN 513-2]   DIN 513-2:1985-04: Metrisches Sägengewinde; Gewindereihen, Beuth Verlag, Berlin,
                    1985
[DIN 513-3]   DIN 513-3:1985-04: Metrisches Sägengewinde; Abmaße und Toleranzen, Beuth Ver-
                    lag, Berlin, 1985
[DIN ISO 525]   DIN ISO 525:2015-02: Schleifkörper aus gebundenem Schleifmittel - Allgemeine An-
                    forderungen, Beuth Verlag, Berlin, 2015
[DIN 1412]   DIN 1412:2001-03: Spiralbohrer aus Schnellarbeitsstahl – Anschliffformen, Beuth
                    Verlag, Berlin, 2001
[DIN ISO 1832]   DIN ISO 1832: Wendeschneidplatten für Zerspanwerkzeuge, Bezeichnung, Beuth Ver-
                    lag, Berlin, 2005

[DIN 4951]   DIN 4951:1962-09: Gerade Drehmeißel mit Schneiden aus Schnellarbeitsstahl, Beuth
                  Verlag, Berlin, 1962
[DIN 4952]   DIN 4952:1962-09: Gebogene Drehmeißel mit Schneiden aus Schnellarbeitsstahl,
                  Beuth Verlag, Berlin, 1962
[DIN 4953]   DIN 4953:1962-09: Innen-Drehmeißel mit Schneiden aus Schnellarbeitsstahl, Beuth
                  Verlag, Berlin, 1962
[DIN 4954]   DIN 4954:1962-09: Innen-Eckdrehmeißel mit Schneiden aus Schnellarbeitsstahl,
                  Beuth Verlag, Berlin, 1962
[DIN 4955]   DIN 4955:1962-09: Spitze Drehmeißel mit Schneiden aus Schnellarbeitsstahl, Beuth
                  Verlag, Berlin, 1962
[DIN 4956]   DIN 4956:1962-09: Breite Drehmeißel mit Schneiden aus Schnellarbeitsstahl, Beuth
                  Verlag, Berlin, 1962
[DIN 4957]   DIN EN ISO 4957:2001-02: Werkzeugstähle (ISO 4957:1999); Deutsche Fassung EN
                  ISO 4957:1999, Beuth Verlag, Berlin, 2001
[DIN 4960]   DIN 4960:1962-09: Abgesetzte Seitendrehmeißel mit Schneiden aus Schnellarbeits-
                  stahl, Beuth Verlag, Berlin, 1962
[DIN 4961]   DIN 4961:1962-09: Stechdrehmeißel mit Schneiden aus Schnellarbeitsstahl, Beuth
                  Verlag, Berlin, 1962
[DIN 4963]   DIN 4963:1962-09: Innen-Stechdrehmeißel mit Schneiden aus Schnellarbeitsstahl,
                  Beuth Verlag, Berlin, 1962
[DIN 4965]   DIN 4965:1962-09: Gebogene Eckdrehmeißel mit Schneiden aus Schnellarbeitsstahl,
                  Beuth Verlag, Berlin, 1962
[DIN 4968]   DIN 4968:1987-03: Wendeschneidplatten aus Hartmetall mit Eckenrundungen, ohne
                  Bohrung, Beuth Verlag, Berlin, 1987
[DIN 4983]   DIN 4983:2004-07: Klemmhalter mit Vierkantschaft und Kurzklemmhalter für Wen-
                  deschneidplatten - Aufbau der Bezeichnung, Beuth Verlag, Berlin, 2004
[DIN ISO 8486-1] DIN ISO 8486-1:1997-09: Schleifkörper aus gebundenem Schleifmittel - Bestimmung
                  und Bezeichnung von Korngrößenverteilung - Teil 1: Makrokörnungen F4 bis F220
                  (ISO 8486-1:1996), Beuth Verlag, Berlin, 1997
[DIN EN 12413]   DIN EN 12413:2011-05: Sicherheitsanforderungen für Schleifkörper aus gebunde-
                  nem Schleifmittel; Deutsche Fassung EN 12413:2007+A1:2011, Beuth Verlag, Berlin,
                  2011
[DIN EN 13236]   DIN EN 13236:2016-05: Sicherheitsanforderungen für Schleifwerkzeuge mit Diamant
                  oder Bornitrid, Beuth Verlag, Berlin, 2016
[VDI 3209]   VDI 3209: Blatt 1: Tiefbohren mit äußerer Zuführung des Kühlschmierstoffes (BTA-
                  und ähnliche Verfahren), Blatt 2: Tiefbohren; Richtwerte für das Schälen und Glattwal-
                  zen von Bohrungen. VDI-Gesellschaft Produktion und Logistik (Hrsg.), Beuth Verlag,
                  Berlin, 1999
[VDI 3210-Bl1]   VDI 3210 Blatt 1: Tiefbohrverfahren, VDI-Gesellschaft Produktion und Logistik
                  (Hrsg.), Beuth Verlag, Berlin, 2006
[VDI 3210-Bl2]   VDI 3210 Blatt 2:1986-10: Tiefbohranlagen; Formblatt für Anfrage, Angebot, Bestel-
                  lung, VDI-Gesellschaft Produktion und Logistik (Hrsg.), Beuth Verlag, Berlin, 1986

Kapitel 9
Spannmittel

Zusammenfassung Spannmittel müssen sowohl die Werkzeuge als auch die Werkstücke sicher und ohne Zerstörung der Bauteile spannen können. Beide Spannsysteme müssen die Prozesskräfte aufnehmen und weiterleiten können. Nach Möglichkeit sollen die Spannkräfte auch an die Bearbeitungsaufgabe und die zu spannenden Werkstoffe anpassbar sein. Um diesen Anforderungen gerecht zu werden, gibt es eine sehr große Anzahl von verschiedenen Spannsystemen. Einige von ihnen sollen hier kurz beschrieben werden.

9.1 Werkstückspannmittel

Eines der wichtigsten Elemente von Werkzeugmaschinen sind die Werkstückspannmittel. Folgende Kriterien sollten alle Werkstückspannmittel erfüllen:

- Komplettbearbeitung möglich (nach Möglichkeit kein Umspannen)
- Flexible Spannkraft (an Werkstückwerkstoff und Bearbeitungsaufgabe anpassbar)
- Sichere Ableitung der Prozesskräfte in das Maschinengestell
- Kurze Rüstzeiten
- Hohe Bearbeitungsgenauigkeit des Werkstückes
- Hohe Reproduzierbarkeit (Serienfertigung)
- Vielfältige Spannmöglichkeiten, um auch komplizierte Formen sicher spannen zu können.

Es gibt eine Vielzahl von Werkstückspannmitteln, die den sehr unterschiedlichen Anforderungen gerecht werden. Für die Auswahl der Werkstückspannmittel ist vor allem die erforderliche Spannkraft und die Festigkeit der zu bearbeitenden Werkstoffe zu berücksichtigen.

Spannkraft

Die erforderliche Spannkraft F_{Spann}, die über die Werkstückspannmittel auf das Maschinengestell übertragen wird, muss mindestens genauso groß sein wie die Schnittkraft F_c, die bei der Bearbeitung der Bauteile auftritt. Die Schnittkraft F_c kann mit der folgenden Formel nach KIENZLE berechnet werden.

© Springer Fachmedien Wiesbaden GmbH, ein Teil von Springer Nature 2023
R. Förster und A. Förster, *Einführung in die Fertigungstechnik*,
https://doi.org/10.1007/978-3-662-68130-5_9

$$F_c = k \cdot b \cdot h^{(1-m_c)} \cdot k_{c1.1} \tag{9.1}$$

Hierbei sind die spezifische Schnittkraft $k_{c1.1}$ und der Spanungsdickenexponent m_c abhängig vom zu bearbeitenden Werkstückwerkstoff. Die spezifische Schnittkraft $k_{c1.1}$ ist hierbei die Kraft, die benötigt wird, um einen Span mit einem Querschnitt von 1 mm² vom Grundwerkstoff abzutrennen. Diese Parameter wurden für zahlreiche Werkstoffe schon für das Fertigungsverfahren Drehen in Versuchen ermittelt und müssen aus entsprechenden Tabellen herausgesucht werden. Ursprünglich haben KIENZLE und VICTOR 16 Werkstoffe untersucht. Von VICTOR wurde dieses Werkstoffspektrum auf 64 Werkstoffe ausgedehnt [PAU08]. Weiterhin werden die Spanungsbreite b, die Spanungsdicke h sowie der Korrekturfaktor k benötigt. Die Herleitung der Spanungsdicke h und der Spanungsbreite b ist im Abschnitt 2.4.2 in den Formeln 2.3 bis 2.7 dargestellt worden. Der Korrekturfaktor berücksichtigt die verschiedenen Bearbeitungsbedingungen und Einflüsse des Werkzeugs auf den Fertigungsprozess. Er setzt sich aus dem Korrekturfaktor k_{vc} für die Schnittgeschwindigkeit, dem Korrekturfaktor k_y für den Spanwinkel, dem Korrekturfaktor k_{Sch} für den Schneidwerkstoff und den Verschleißfaktor k_{ver} zusammen. Weiterhin wird ein Korrekturfaktor k_{Fert} angegeben, der die Änderung der Bedingungen berücksichtigt, wenn nicht mit dem Fertigungsverfahren Drehen gearbeitet wird.

$$k = k_{vc} \cdot k_y \cdot k_{Sch} \cdot k_{ver} \cdot k_{Fert} \tag{9.2}$$

In zahlreichen Tabellenwerken und Büchern wird die Schnittkraftformel vereinfacht und besteht dann nur aus Faktoren, die die einzelnen Einsatzbedingungen berücksichtigen. Bei der Benutzung dieser Tabellen ist darauf zu achten, dass die Werte nicht aus verschiedenen Literaturquellen stammen.

9.1.1 Maschinenschraubstöcke

Schraubstöcke (Abb. 9.1) bestehen aus Backen, zwischen denen das Bauteil eingespannt wird. Bei einfachen Schraubstöcken ist eine Backe beweglich über eine Spindel mit einer festen Backe verbunden. Die Spindel besitzt ein Bewegungsgewinde (Trapezgewinde). Die feste und die bewegliche Backe des Schraubstocks sind neben der Spindel auch noch durch eine Gleitführung verbunden. Die Bedingung (Öffnen und Schließen) der Schraubstöcke kann neben manuellen Kurbeln oder Knebeln auch hydraulisch oder pneumatisch erfolgen. Die Backen der Maschinenschraubstöcke sind häufig geschliffen. Die feste Backe an Schraubstöcken dient als Anschlag für die zu bearbeitenden Bauteile. Die maximal übertragbare Spannkraft wird aus der Flächenpressung, dem Druck zwischen Bauteil und Schraubstockbacke errechnet. Ist die Fläche des Bauteils zu klein, muss diese vergrößert werden. Dies kann durch verschiedene Maßnahmen erreicht werden. Zum einen kann die eingespannte Fläche vergrößert werden, zum anderen können Pyramiden oder Kerben in den Bereich des Spannmaßes geprägt werden.
Schraubstöcke sind in verschiedene Größen (Backenbreite) und Ausführungen erhältlich. Alle Schraubstöcke müssen sicher und fest am Maschinentisch und parallel zu den Maschinenachsen befestigt werden. Dies geschieht meist über T-Nutensteine bzw. über Spannpratzen. Neben dem Vorteil, dass Maschinenschraubstöcke sehr vielseitig und universell

Schraubstock mit Schrauben an einem T-Nutentisch befestigt

Schraubstock mit Spannpratzen an einem T-Nutentisch befestigt

Niederzugschraubstock mit Spannpratzen an einem T-Nutentisch befestigt

Abb. 9.1 Maschinenschraubstöcke

einsetzbar sind, ist es nachteilig, dass sie relativ hoch aufbauen und damit die bearbeitbaren Bauteilhöhen stark reduzieren.

9.1.1.1 Niederzugschraubstöcke

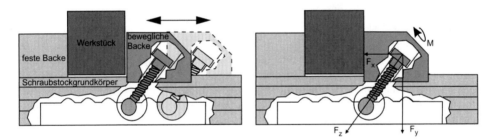

Abb. 9.2 Niederzugschraubstock

Niederzugschraubstöcke dienen zum festen und sicheren Einspannen von Werkstücken an Werkzeugmaschinen. Der Spanndruck bei diesen Systemen wird durch die Niederzug-Spanntechnik erreicht, wie sie in Abb. 9.2 dargestellt ist. Dazu wird unterhalb der beweglichen Spannbacke ein kleiner Schlitten parallel zur Spannbacke bewegt, der durch einen stetigen Zug die bewegliche Backe nach unten zieht. Dadurch kann das Werkstück auch unter hoher Spannkraft nicht verkanten. Niederzugschraubstöcke sind sowohl als manuelle Ausführung, als auch als pneumatische und hydraulische Systeme verfügbar.

9.1.1.2 Sinusschraubstöcke

Sinusschraubstöcke werden verwendet, um genaue Winkel an Bauteilen fertigen zu können. Der Schraubstock wird als Sinusschraubstock (Abb. 9.3) bezeichnet, da für die Berechnung der erforderlichen Höhe des Endmaßes der Sinussatz nach Formel 9.3 benutzt wird.

$$\textit{Gegenkathete von } \alpha = sin(\alpha) \cdot \textit{Hypothenuse} \tag{9.3}$$

 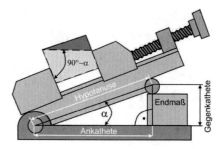

Abb. 9.3 Sinusschraubstock

Das benötigte Endmaß ergibt sich aus der Differenz der errechneten Gegenkathete und dem Radius des oberen Anschlags am Sinusschraubstock. Sinusschraubstöcke sind auch als Magnetspanntische erhältlich. Weiterhin werden auch komplette T-Nutentische angeboten, die über eine Winkelverstellung analog dem oben dargestellten Sinusprinzip verfügen.

9.1.1.3 Prägesysteme

Wenn die über die Flächen am Werkstück und am Schraubstock übertragbaren Kräfte nicht ausreichen, können Prägesysteme verwendet werden, die kleine Strukturen in das Werkstück einprägen und somit für einen festeren Sitz und hohe Auszugsicherheit sorgen. In Abb. 9.4 links ist ein Prägessystem dargestellt. Auf der rechten Seite dieser Abbildung ist ein Zentrischspanner mit Spannbacken zu sehen, die ein Prägeprofil aufweisen. Das Prägen der Werkstücke erfolgt extern vor dem Spannen in das Spannmittel.

Prägestation   Prägung am Werkstück und Gegenstück an Backe

Abb. 9.4 Prägesystem [Quelle: Lang Technik GmbH, Holzmaden]

9.1.2 Zentrischspanner

Um Werkstücke mit unterschiedlicher Geometrie immer an exakt definierten Positionen spannen zu können werden Zentrischspanner verwendet, wie sie in Abb. 9.5 dargestellt sind. Bei diesen Systemen bewegen sich beide Backen und spannen das Werkstück immer in der Mittenposition des Zentrischspanners. Realisiert wird diese Bewegung durch eine Spindel, die auf der einen Seite ein Linksgewinde und auf der anderen Seite ein Rechtsgewinde besitzt. Wird diese Spindel gedreht, bewegen sich die beiden Backen des Zentrischspanners aufeinenader zu bzw. von einander weg.

Abb. 9.5 Zentrischspanner [Quelle: Lang Technik GmbH, Holzmaden]

9.1.3 Spannpratzen

Spannpratzen (Abb. 9.6) werden an Werkzeugmaschinen verwendet, um Bauteile und Vorrichtungen, wie Schraubstöcke usw. sicher spannen zu können. Spannpratzen, teilweise auch als **Spanneisen** bezeichnet, werden mit Hilfe von T-Nutensteinen an den T-Nuten des Maschinentisches befestigt. Spannpratzen drücken auf die Oberseite des Werkstücks. Sie drücken dadurch das Bauteil auf den Tisch. Allerdings verringern sie dadurch die nutzbare Arbeitsfläche der Maschine und erhöhen die Gefahr der Kollision der Werkzeuge bzw. Werkzeughalter mit den Spannpratzen selber. Von Vorteil ist die geringe Spannhöhe und damit Ausnutzung der vollen Arbeitshöhe der Maschine. Häufig werden Spannpratzen mit **Treppenböcken** (auch als **Stufenböcke** bezeichnet) als Unterlage verwendet, um den Höhenunterschied auszugleichen.

Abb. 9.6 Spannpratzen

9.1.4 T-Nutentische und T-Nutensteine

Skizze T-Nutentisch   Skizze T-Nutenstein   T-Nutenstein   T-Nutentisch

Abb. 9.7 T-Nutentisch und T-Nutenstein

b_{HTS}-0,3/-0,5 in mm	d_I			b_{TS} in mm	h_{GTS} in mm	h_{TS} in mm	T-Nuten DIN 650
10	M 6	M 8	-	15 -0,5	12	6 -0,5	10
12	M 8	M 10	-	18 -0,5	14	7 -0,5	12
14	M 10	M 12	-	22 -0,5	16	8 -0,5	14
16	M 10	M 12	M 14	25 -0,5	18	9 -0,5	16
18	M 12	M 14	M 16	28 -0,5	20	10 -0,5	18
20	M 12	M 16	M 18	32 -0,5	24	12 -0,5	20
22	M 16	M 20	-	35 -0,5	28	14 -0,5	22
24	M 20	M 22	-	40 -0,5	32	16 -0,5	24
28	M 20	M 24	-	44 -1	36	18 -1	28

Tabelle 9.1 Abmessungen von T-Nutensteinen nach [DIN 508]

An fast allen Maschinen befinden sich Maschinentische mit T-Nuten, wie sie in Abb. 9.7 dargestellt sind. Es gibt eine Vielzahl von Größen der T-Nuten. Sowohl die T-Nuten als auch die T-Nutensteine sind in den DIN 650 bzw. DIN 508 beschrieben. Die Tabellen 9.1 und 9.2 geben einen Überblick über die verschiedenen Maße der T-Nuten bzw. dazu gehörigen T-Nutensteine. Die T-Nuten werden meist mit entsprechenden T-Nuten-Fräsern (Abb. 8.19) gefertigt.

9.1.5 Niederzugspanner

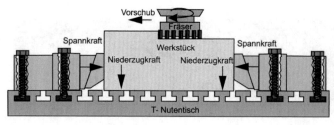

Abb. 9.8 Niederzugspanner

Um Bauteile niedrig spannen zu können, d. h. die volle Arbeitsraumhöhe nutzen zu können und die komplette Oberfläche der Bauteile bearbeiten zu können, werden Niederzugspanner verwendet, wie sie in Abb. 9.8 dargestellt sind. Aufgrund der Konstruktion dieser Spannelemente wirkt eine Niederzugkraft, so dass die Werkstücke auf den Maschinentisch angedrückt werden.

b_{HTN} in mm	für Schrauben	b_{TN} in mm	h_{TN} in mm	h_{GTN} in mm	e in mm
10	M8	18	8	19	1,0
12	M10	21	9	23	1,0
14	M12	25	11	26	1,0
16	M14	27	11	30	1,5
18	M16	32	14	33	1,5
20	M18	34	14	37	1,5
22	M20	40	17	42	1,5
24	M22	42	18	46	1,5
28	M24	50	20	52	1,5
32	M27	53	22	61	1,5
36	M30	60	25	66	2,0
42	M36	70	32	79	2,0

Tabelle 9.2 Abmessungen von T-Nuten nach [DIN 650]

9.1.6 Dreibackenfutter

Um zylindrische Werkstücke spannen zu können, werden Dreibackenfutter sowohl an Drehmaschinen als auch an Bohr- und Fräsmaschinen verwendet. Mit diesen Spannmitteln können Werkstücke sowohl am Außen- als auch am Innendurchmesser gespannt werden (Abb. 9.9). Es gibt Backen, die auf beiden Seiten spannen und auch Backen, die nur auf einer Seite die Werkstücke spannen können. Daher sind die Backen des Dreibackenfutters austauschbar. Um die richtige Reihenfolge beim Wechseln der Backen zu gewährleisten, sind diese mit Zahlen gekennzeichnet. Die entsprechenden Zahlen sind auch an den Positionen am Grundkörper des Dreibackenfutters zu finden. Dreibackenfutter können sowohl horizontal oder vertikal betrieben werden, beispielsweise an Teilköpfen.

Dreibackenfutter   Vierbackenfutter   Außenspannung   Innenspannung

Abb. 9.9 Backenfutter für Drehmaschinen

9.1.7 Vierbackenfutter

Um prismatische Bauteile auch in Drehmaschinen sicher spannen zu können, werden Vierbackenfutter verwendet, wie sie in Abb. 9.9 dargestellt sind.

9.1.8 Magnetspanntische

Eine weitere Möglichkeit, um Werkstücke spannen zu können ohne deren Oberfläche zu zerkratzen, besteht bei ferromagnetischen Werkstoffen in der Verwendung von Magnetspannsystemen. Anwendung finden diese Systeme vor allem beim Schleifen und beim funkenerosiven Senken.

9.1.9 Nullpunktspannsysteme

Um das Einmessen der Werkstücke an weiteren Maschinen innerhalb einer Prozesskette zu vermeiden und die damit verbundenen Zeit- und Genauigkeitsverluste zu reduzieren, wurden Nullpunktspannsysteme (NPS) entwickelt. Diese Systeme verwenden an den jeweiligen Maschinen einen einmal eingerichteten Adapter. Abb. 9.10 zeigt ein derartiges System. An der Pinole befindet sich ein NPS, das exakt zu den Maschinenachsen ausgerichtet wurde. Durch die geschliffenen Anlageflächen für die X-, Y- und Z-Achse wird das Werkzeug, z. B. eine Senkelektrode, beim Einspannen ebenfalls exakt zu den Maschinenachsen ausgerichtet. Bei der Fertigung der Werkzeugelektrode wird auf dem Maschinentisch ebenfalls das dargestellte NPS exakt ausgerichtet zu den Maschinenachsen der Fräsmaschine verwendet. Das sich auf dem Bauteil befindende NPS wird nach der Abnutzung der Werkzeugelektrode gelöst und weiterverwendet. In der Abb. 9.10 rechts

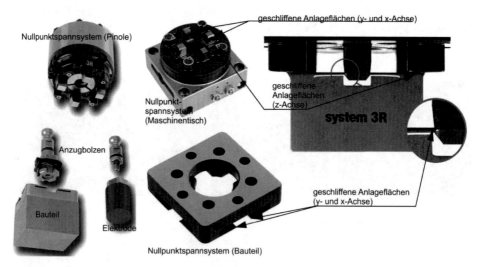

Abb. 9.10 Nullpunkspannsysteme [Quelle: GF MachiningSolutions GmbH, Schorndorf]

ist die Funktion der Anlageflächen dargestellt. Wenn die kleinen geschliffenen Zungen verschlissen oder auch abgebrochen sind, dürfen die bauteilseitigen NPS nicht mehr verwendet werden. Die Genauigkeit der Systeme liegt im Bereich von 1-4 μm, abhängig von der Größe und dem Gewicht der zu bearbeitenden Werkstücke. Der Anzugbolzen dient nur dem Spannen und Klemmen der Bauteile und hat keinen Einfluss auf die Genauigkeit. Wichtig bei der Benutzung von NPS ist die Sauberkeit der Anlageflächen. Diese müssen regelmäßig gereinigt werden. Bei automatischen Wechselsystemen, wie sie in Abb. 9.11 dargestellt sind, werden die Auflageflächen mit Druckluft bei jedem Wechsel abgeblasen, um Späne und Schmutz zu beseitigen.

Abb. 9.11 Nullpunktspannsysteme mit Roboter (links) und für das Drahterodieren [Quelle: GF MachiningSolutions GmbH, Schorndorf]

9.1.10 Vakuumspannsysteme

Zum Spannen von empfindlichen bzw. sehr filigranen Bauteilen, die aus unmagnetischen Werkstoffen, wie Aluminium, Leichtmetall, Kunststoff und keramischen Werkstoffen bestehen, wurden Vakuumspannsysteme (Abb. 9.12) entwickelt. Vakuumspannsysteme kön-

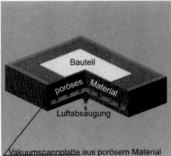

Abb. 9.12 Vakuumspannsystem [Quelle: Witte Barskamp KG, Hamburg]

nen ebenfalls zum Spannen und Führen von flexiblen Werkstoffen (Abb. 9.12 rechts) verwendet werden. Diese Systeme können auch für die Bearbeitung von sehr großen, filigranen Bauteilen verwendet werden. Abb. 9.13 zeigt ein derartiges Vakuumspannsystem zum Fixieren von Flugzeugbauteilen.

Abb. 9.13 Vakuumspannsystem für Flugzeugbauteile [Quelle: Witte Barskamp KG, Hamburg]

9.1.11 Eisspannsysteme

Um sehr empfindliche Werkstoffe ohne Beschädigung spannen zu können, ist die Verwendung von Eisspannsystemen (Abb. 9.14) möglich. Vergleichbare Systeme werden ebenfalls in der Sanitärtechnik zum Vereisen von geplatzten Rohren verwendet, um diese abdichten zu können, ohne dass Wasser austreten kann.

Abb. 9.14 Eisspannsystem [Quelle: Witte Barskamp KG, Hamburg]

9.1.12 Kitten und Kleben

Insbesondere bei der Bearbeitung von sehr empfindlichen Bauteilen aus Keramik, Glas und Kunststoff werden zur Befestigung die Verfahren Kitten und Kleben angewendet. Die dabei verwendeten Kitte und Kleber sind abhängig von den Anforderungen. Meist ist darauf zu achten, dass die verwendeten Substanzen leicht und ohne Beschädigung der Bauteile wieder zu entfernen sind.

9.1.13 Hilfsmittel

Um eine sichere Spannung der Werkstücke während der Bearbeitung zu gewährleisten, können noch eine Reihe weiterer Hilfsmittel verwendet werden.

9.1.13.1 Schraubzwingen

Schraubzwingen (Abb. 9.15 mitte) bestehen aus einem festen und einem beweglichen Spannarm. Diese sind durch eine Führungsschiene miteinander verbunden. Der bewegliche Spannarm besitzt ein Gewinde, in dem eine Gewindespindel geführt wird. An einem Ende der Gewindespindel befindet sich ein drehbarer Teller und am anderen Ende ein Holzgriff. Der drehbare Teller sorgt für eine optimale Auflage der Schraubzwinge am Werkstück. Mit dem Holzgriff wird die Zwinge durch drehen verspannt bzw. gelockert. Mit Schraubzwingen werden verschiedene Bauteile oder Vorrichtungen kraftschlüssig verbunden. Es gibt eine Reihe von unterschiedlichen Zwingen für verschieden Anwendungen.

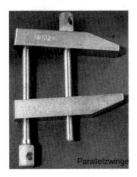

Abb. 9.15 Zwingen

9.1.13.2 Parallelzwingen

Parallelzwingen (Abb. 9.15 links) werden benutzt, um Werkstücke klemmen bzw. zu einander ausrichten zu können. Sie bestehen aus zwei Gewindespindeln und parallelen Spannbacken. Die Parallelzwinge wird im Gegensatz zur Schraubzwinge verwendet, um Werkstücke oder Vorrichtungen verdrehsicher spannen zu können.

9.1.13.3 Feilkloben

Der in Abb. 9.15 rechts dargestellte Feilkloben wird zum Einspannen und Befestigen kleiner Werkstücke, von Blechen und auch Werkzeugen benutzt. Ein Feilkloben ist dem Schraubstock ähnlich. Im Gegensatz zu diesem wird er aber nicht an einer Werkbank oder einem Maschinentisch befestigt, sondern in der Hand gehalten, um das Drehen und Bewegen von Bauteilen oder Werkzeugen zu ermöglichen. Häufig werden Feilkloben auch zum kraftschlüssigen Klemmen von Blechen verwendet, um beim Nieten bzw. Blindnieten das Verrutschen der Werktücke zu verhindern. Ein Feilkloben ist aus zwei Backen aufgebaut, die von einer Feder auseinander gedrückt werden. Die Feder umschließt eine Gewindespindel, an deren einem Ende eine Mutter sitzt (meist eine Flügelmutter). Die Feder sorgt dafür, dass sich die Backen beim Lösen der Schraube selbsttätig öffnen und die Bauteile freigeben.

9.1.13.4 Parallelstücke

Um Bauteile höher spannen zu können, werden die in Abb. 9.16 dargestellten, geschliffenen Parallelstücke verwendet. Die Parallelstücke werden auf die Gleitflächen des Schraubstocks und unter das Rohbauteil gelegt. Dadurch wird das Spannmaß und die Kollisionsgefahr zwischen Bauteil und Werkzeughalter verringert. Parallelstücke sind nicht identisch mit Parallelendmaßen. Parallelstücke werden meist paarweise verwendet.

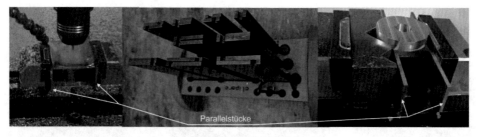

Abb. 9.16 Parallelstücke und deren Anwendung

Parallelstücke ≠ Endmaße
Endmaße sind sehr teuer und empfindlich und dürfen nicht zum Unterlegen an Schraubstöcken bzw. Spannpratzen verwendet werden.

9.1.13.5 Prismen

Prismen, dargestell in Abb. 9.17 werden verwendet, um auch zylindrische Bauteile sicher spannen zu können. Häufig besitzen auch Maschinenschraubstöcke horizontale bzw. vertikale Nuten mit einem Öffnungswinkel von 90°, um zylindrische Bauteile ohne weitere Hilfsmittel spannen zu können. Insbesondere beim Arbeiten an Bohrmaschinen ist die Verwendung von Prismen dringend angeraten, um Rundmaterial beim Bohren sicher spannen zu können.

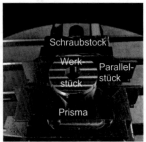

Abb. 9.17 Prisma

9.2 Werkzeugspannmittel

Werkzeugaufnahmen sind die Schnittstelle zwischen der Spindel der Maschine und dem Bearbeitungswerkzeug. Die Funktionsfähigkeit des Werkzeugs darf durch das Spannmittel nicht vermindert werden. Werkzeugaufnahmen müssen vorrangig folgende Anforderungen erfüllen:

- Gute Vibrationsdämpfung
- Hohe Rundlaufgenauigkeit
- Hohe Spannkraft / Haltekräfte
- Hohe Auszugsicherheit
- Optimale Kühlung
- Einfache Handhabung
- Schneller Werkzeugwechsel
- Hohe Fertigungsgenauigkeit.

Die Werkzeugaufnahmen können grob in die folgenden drei Kategorien eingeteilt werden:

- Werkzeugaufnahmen mit Morsekegel
- Werkzeugaufnahmen mit Steilkegel
- Werkzeugaufnahmen mit Hohlschaftkegel.

Die Werkzeugaufnahmen sind in folgenden DIN-Normen beschrieben:

- DIN ISO 7388-1:2014-07 (alte Version: DIN 69871)
- DIN 2080
- DIN 69893
- DIN 69880.

Weiterhin findet noch die japanische Norm JIS B 6339 Anwendung. Die ersten Werkzeugaufnahmen für rotierende Werkzeuge waren Morsekegel (MK), welche in der DIN 228 Teil 1 und 2 genormt sind. Diese Werkzeugaufnahmen wurden zu den Steilkegelaufnahmen (SK) weiter entwickelt. Gegenwärtig werden aufgrund ihrer technologischen Vorteile vorwiegend Hohlschaftkegelaufnahmen (HSK) eingesetzt. Bei den HSK-Aufnahmen erfolgt das Spannen auf der Innenkontur, wodurch dieses System für höhere Drehzahlen geeignet ist.

9.2.1 Morsekegel

Der Morsekegel (MK), teilweise auch als **Morsekonus** bezeichnet, wurde von STEPHEN A. MORSE entwickelt und 1864 zum Patent angemeldet. Der von ihm entwickelte Morsekonus findet in der industriellen Praxis immer noch Anwendung, hauptsächlich bei Stand- und Tischbohrmaschinen und an Reitstöcken von konventionellen Drehmaschinen [MOR16, LUE05, LUE07]. Aber auch in der Medizin wird das Morsekegelsystem heute noch erfolgreich verwendet, um beispielsweise künstliche Gelenke mit den menschlichen Knochen zu verbinden. Weiterhin werden auch Stiftzähne mit diesem System befestigt. Die Übertragung des Drehmomentes erfolgt vom Hohlkegel der Werkzeugspindel auf den darin klemmenden Schaft des Werkzeugs durch Haftreibung. Hierbei tritt Selbsthemmung auf. Selbsthemmung weisen Kegel auf, deren Kegelverhältnis über 1:5 liegt (also z. B. Morsekegel 1:10). Allgemein müssen Keile und Kegel einen kleineren Halbwinkel als der Arcustangens der Haftreibungszahl μ zwischen Keil und zu verkeilendem Werkstück aufweisen, um den Bereich der Selbsthemmung zu erreichen.

$$\frac{\alpha}{2} = \arctan \cdot \mu \qquad (9.4)$$

Aufgrund der selbsthemmenden Eigenschaften von Morsekegelverbindungen können diese allerdings nicht für Maschinen mit automatischem Werkzeugwechsel verwendet werden. Um die Morsekegelverbindung zu trennen, hat die Hülse eine Queröffnung. Mit einem

Bauteil	Maß in mm	MK0	MK1	MK2	Mk3	Mk4	Mk5	MK6
Schaft	D_1	9,212	12,24	17,981	24,052	31,544	44,732	63,726
	d	6,401	9,371	14,534	19,76	25,909	37,47	53,752
	d_2	6,115	8,972	14,06	19,133	25,156	36,549	52,422
	l_2	54	57,5	69	85,5	108,5	138	52,422
	l_4	59,5	65,5	78,5	98	123	155,5	217,5
Hülse	D	9,045	12,065	17,781	23,826	31,269	44,401	63,35
	d_5	6,7	9,7	14,9	20,2	26,5	38,2	54,8
	l_5	51,9	55,5	66,9	83,2	105,7	134,5	187,1
	l_6	49	52	63	78	98	125	177
Kegel		1:19,21	1:20,047	1:20,02	1:19,922	1:19,254	1:19,002	1:19,18

Tabelle 9.3 Dimensionen von Morsekegeln (Schaft und Hülse) nach [HOI73]

Keiltreiber kann der Schaft des Werkzeugs aus der Hülse gedrückt werden. Morsekegel werden in 7 Größen - bezeichnet als MK 0 bis MK 6 – eingeteilt. Die Kegelverjüngungen betragen zwischen 1:19,002 und 1:20,047, der Neigungswinkel beträgt ca. 1°26'. Die wichtigsten Maße von Schaft und Hülse der Morsekegel sind in Tab. 9.3 aufgeführt. Die in Abb. 9.18 dargestellten Morsekegel werden in den folgenden 4 Formen hergestellt:

- Form A (Schaft) und C (Hülse) mit Anzugsgewinde zum Befestigen.
- Form B (Schaft) und D (Hülse) mit Austreiblappen am Schaft und Schlitz in der Hülse für den Austreibkeil.

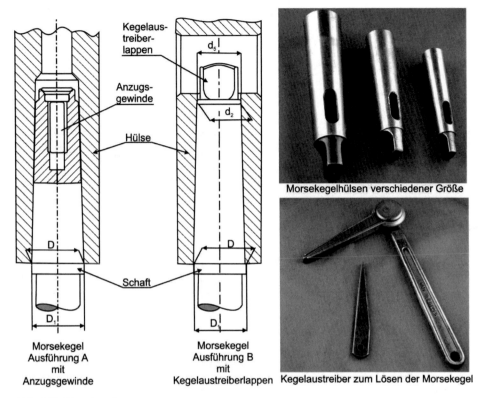

Abb. 9.18 Morsekegel

9.2.2 Steilkegel

Der Steilkegel (SK) ist die klassische Variante eines Werkzeugspannsystems an Werkzeugmaschinen mit automatischem Werkzeugwechsel [DIN ISO 7388-1, DIN ISO 7388-2, DIN ISO 7388-3]. Die Spannung in der Werkzeugmaschinenspindel erfolgt über einen Anzugsbolzen. Die Zentrierung des Schaftes in der Hülse erfolgt dabei ausschließlich über die Kegelfläche.

Aus diesem Grund ist die Verwendung von Steilkegelaufnahmen auf eine Drehzahl von 12.000 U/min begrenzt. Die Steilkegelaufnahme nach DIN 69871 ist eine sowohl für den automatischen, als auch für den manuellen Werkzeugwechsel geeignete Schnittstelle (Abb. 9.19). In der Norm sind drei unterschiedliche Formen (A, B, C) der Steilkegelausführungen vorgesehen [DIN 69871-1]. Die am weitesten verbreitete Form des Steilkegels ist die nach DIN 69871 Form A mit Trapezrille und Orientierungsnut. Die Hauptmerkmale eines SK-Werkzeugspannsystems sind:

- Anzugbolzen
- keine Plananlage
- starke Verbreitung
- einfache Fertigung
- selbst zentrierend.

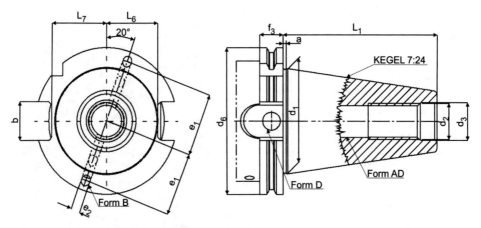

Abb. 9.19 Skizze des Steilkegelsystems SK nach [DIN 69871-1]

	Maß in mm	Toleranz	SK				
Nenngröße			30	40	45	50	60
Kegeldurchmesser	d_1		31,75	44,45	57,15	69,85	107,95
Bezug Kegeldurchmesser	a	±0,1	3,2	3,2	3,2	3,2	3,2
Anzugsbolzengewinde	d_2		M16	M20	M24	M30	
Zentrier-Ø Anzugsbolzen	d_3	H7	13	17	21	25	32
Bunddurchmesser	d_6	-0,1	50	63,55	82,55	97,50	155
Bundhöhe	f_3	-0,1	19,1/22	19,1/27	19,1/33	19,1/38	19,1
Mitnehmernutbreite	b	H12	16,1	16,1	19,3	25,7	25,7
Schaftlänge	L_1	-0,3	47,8	68,4	82,7	101,75	161,8
Tiefe Mitnehmernut	L_6	-0,4	16,4	22,8	29,1	35,5	54,5
Tiefe Mitnehmernut	L_7	-0,4	19	25	31,3	37,7	59,3
Abstand Kühlmittelbohrung	e_1	±0,1	21	27	35	42	66
Ø Kühlmittelbohrung	e_2	Max.	4	4	5	6	8

Tabelle 9.4 Abmessungen der Steilkegelsysteme SK [DIN 69871-1]

Kegelschäfte werden mit einem Kegelverhältnis von 7:24 bzw. 3,5 Zoll/Fuß gefertigt. Es gibt sechs Hauptgrößen: SK 30, SK 35, SK 40, SK 45, SK 50, SK 60, wobei die kleineren Größen (z. B. SK 30) für sehr kleine Maschinen und für sehr große Maschinen die größeren Kegelschäfte (SK 60) geeignet sind (Tab. 9.4). Einige Firmen bieten allerdings auch Sondergrößen zum Beispiel für Mikrofräsmaschinen an. Im Gegensatz zu Morsekegeln verfügen SK-Spannsysteme über keine Selbsthemmung. Daher müssen diese Werkzeugaufnahmen von Greifern in die Maschinenspindel eingezogen und während der Bearbeitung gehalten werden (Abb. 9.20). Die SK-Varianten werden nach der Kühlmittelzufuhr unterschieden. Die Kühlmittelzufuhr kann zentral (Form A/D), über den Bund (Form B) oder in kombinierter Version (Form AD/B) erfolgen. Die klassische Steilkegelschnittstelle ermöglicht im Gegensatz zum Morsekegelsystem den automatischen Werkzeugwechsel, kann aber nicht die Möglichkeiten moderner Werkzeugmaschinen voll ausnutzen. Bei hohen Umdrehungen verliert der Spindeldorn an Stabilität, Rundlaufgenauigkeit, Kraftübertragung und Positionsgenauigkeit. Neben Rattermarken an der Oberfläche des Werkstücks führt dies zu verringerter Maßhaltigkeit am Bauteil und zu verkürzten Werkzeugstandzeiten. Diese Unzulänglichkeiten führten zur Entwicklung des Hohlschaftkegelsystems.

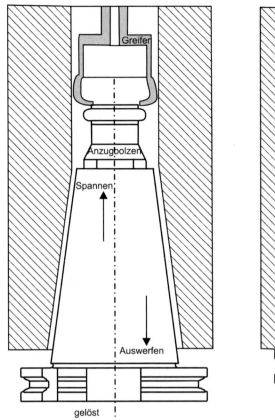
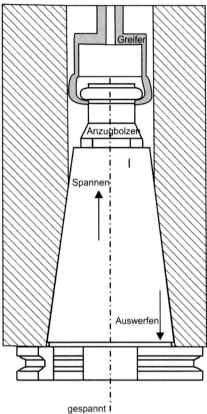

Abb. 9.20 Spannfunktion Steilkegel

9.2.3 Hohlschaftkegel

Die Hohlschaftkegelaufnahme (HSK) ist in der DIN 69893 genormt [DIN 69893-1, DIN 69893-2]. Sie ist eine Weiterentwicklung des Steilkegelssystems und hat sich in den letzten Jahren in der industriellen Anwendung weit verbreitet. Sie besitzt eine kegelige Außenkontur im Kegelverhältnis 1:10 und ist innen hohl. Die Eignung für hohe Spindeldrehzahlen und die Möglichkeit zum schnellen Werkzeugwechsel hat zu einer Vorrangstellung gegenüber der SK-Schnittstelle geführt. Im Vergleich zur SK-Aufnahme besitzt die HSK-Schnittstelle eine deutlich höhere radiale und axiale Steifigkeit. Außerdem ist die Biegesteifigkeit eines Hohlschaftkegels weitaus größer als die von Steilkegeln oder Zylinderschäften ähnlicher Größe. Weitere Vorteile des Hohlschaftkegels liegen in der hohen reproduzierbaren axialen Einwechselgenauigkeit, die sich bei Werten von unter 1 µm befindet, sowie in der geringeren Masse und der geringeren Länge gegenüber dem Steilkegel. Letztere vereinfachen und verkürzen die Werkzeugwechselvorgänge. Die Spannfunktion des HSK-Systems ist in Abb. 9.23 dargestellt.

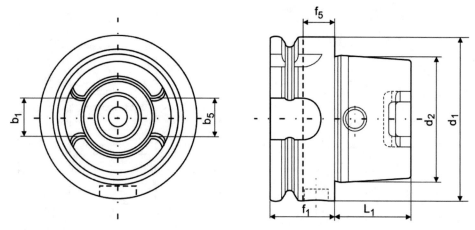

Abb. 9.21 Abmessungen HSK

	Maß in mm	HSK-Größe						
Nenngröße	d_1	25	32	40	50	63	80	100
Kegeldurchmesser	d_2	19,006	24,007	30,007	38,009	48,010	60,012	75,013
Toleranz	t	0,002	0,002	0,002	0,0025	0,003	0,003	0,003
Schaftlänge	L_1	13	16	20	25	32	40	50
Nutbreite	b_1	6,05	7,05	8,05	10,54	12,54	16,04	20,02
Nutbreite HSK-T	b_5	--------	6,932	7,932	10,425	12,425	15,93	19,91
Toleranz b5	T. B5	--------	+0,03	+0,03	+0,035	+0,035	+0,035	+0,035
Flanschbreite HSK-A/T	f_1	10	20	20	26	26	26	29
Flanschbreite HSK-C	f_5	8	10	10	12,5	12,5	16	16

Tabelle 9.5 Abmessungen der HSK-Systeme nach [DIN 69893-1] und [ISO 12164-1]

In der Norm sind verschiedene Formen (A, B, C, D, E, F und T) mit jeweils unterschiedlichen Eigenschaften beschrieben (Abmessungen in Abb. 9.21 und Tab. 9.5). Im industriellen Einsatz spielen die folgenden Formen die größte Rolle:

- HSK-A für automatischen und manuellen Werkzeugwechsel
- HSK-C für manuellen Werkzeugwechsel
- HSK-T für genaue radiale Positionierung, für automatischen und manuellen Werkzeugwechsel
- HSK-E für Hochgeschwindigkeitsbearbeitung, für automatischen (und manuellen) Werkzeugwechsel
- HSK-F für Hochgeschwindigkeitsbearbeitung mit erhöhten Querkräften, für automatischen (und manuellen) Werkzeugwechsel.

Die Formen (Abb. 9.22) unterscheiden sich in der Breite der Plananlage. Die Formen A, C und E besitzen eine schmale Plananlagefläche, während die Formen B, D und F breite Plananlageflächen haben. Weitere Unterschiede bestehen bei der Kühlmittelzufuhr. Die Formen C und D sind lediglich für einen manuellen Werkzeugwechsel geeignet. Die am weitesten verbreitete Form nach DIN 69893 ist die Form A. Die HSK-Aufnahme ist kleiner und leichter als die SK-Aufnahme. Die Drehmomente werden kraftschlüssig durch Kegel und Anlagefläche übertragen und formschlüssig über die Mitnehmernuten. Es kön-

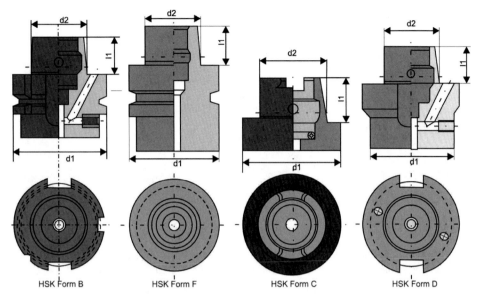

Abb. 9.22 Verschiedene HSK-Formen

nen mit HSK-Aufnahmen höhere Drehzahlen übertragen werden. Die Funktion der HSK-
Spannsysteme ist in Abbildung 9.23 dargestellt. Um die verschiedenen Werkzeuge mit

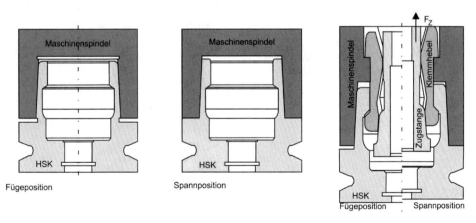

Abb. 9.23 Spannfunktion HSK

der Spindel der Werkzeugmaschinen verbinden zu können, sind noch weitere Werkzeugaufnahmen notwendig. Beispielsweise sollen sowohl Morsekegel als auch zylindrische
Fräserschäfte mit den Werkzeugmaschinenspindeln über SK- bzw. HSK- Spannsysteme
verbunden werden.

9.2.4 Spannfutter Systeme

Grundsätzlich können die folgenden Spannfutter-Systeme unterschieden werden:

- Spannzangenfutter mit Spannzange (nach [ISO 10897]und [DIN 15488])
- Hydraulische Spannfutter / Dehnspannfutter
- Schrumpffutter
- Weldon- und Whistle Notch – Spannfutter
- Polygonspannfutter
- Aufsteckfräserdorne
- Aufnahmedorne für Messerköpfe.

9.2.4.1 Spannzangen

Eine Spannzange spannt den zylindrischen Teil eines Werkzeugschaftes kraftschlüssig.
Ein Spannzangenfutter besteht meist aus folgenden drei Teilen (Abb. 9.24):

- Einem Grundkörper mit Konus
- Einer geschlitzten Spannzange
- Einer Überwurfmutter.

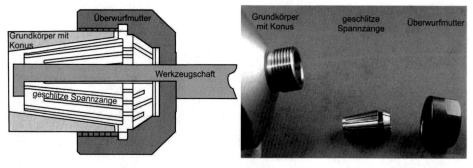

Abb. 9.24 Spannzange

Die Spannzange wird durch die Überwurfmutter in das konische Spannfutter gedrückt, um
den Zylinderschaft des Werkzeugs im Grundkörper zu fixieren. Durch die Schlitze in der
Spannzange wird das Zusammendrücken der Spannzange innerhalb bestimmter Grenzen
ermöglicht. Daher sind Spannzangen immer nur für bestimmte Durchmesserbereiche geeignet. Der Bohrungsdurchmesser wird verringert, und das Werkzeug wird kraftschlüssig
fixiert. Da der Spannbereich von Spannzangen nur sehr klein ist, werden für verschiedene Werkzeugschaftdurchmesser verschiedene Spannzangen benötigt. Neben Spannzangen
mit runden Bohrungen sind auch Spannzangen mit drei- und viereckigen Bohrungen erhältlich. Standardspannzangen sind in der ISO 10897 und der DIN 15488 genormt.

9.2.4.2 Dehn-Spannfutter

Bei einem Dehnspannfutter (auch als **Hydrodehn- Spannfutter**
oder **hydraulisches Spannfutter** bezeichnet) wird ein gleichmäßiger Spanndruck mit Hilfe von Öl erzeugt. Bei einem Hydraulik-
Dehnspannfutter wird die Aufnahme für das Werkzeug durch eine dünnwandige, dehnbare Buchse gebildet. Diese Dehnbuchse
ist an eine mit Öl gefüllte Druckkammer angeschlossen. Mittels einer Spannschraube und einem Spannkolben wird innerhalb
des geschlossenen hydraulischen Kammersystems ein gleichmäßiger Druck aufgebaut. Die elastische verformbare Dehnbuchse
dehnt sich bei Druckbeaufschlagung aus und spannt den Werkzeugschaft fest in der Aufnahme (Abb. 9.25). Ein hydraulisches
Dehnspannfutter besitzt den Vorteil, dass auftretende Schwingungen und Stöße gedämpft werden. Dadurch werden hohe Oberflächengüten und lange Standzeiten der Werkzeuge erreicht. Durch
die gleichmäßige Spannung wird ebenfalls eine gute Positionier-
genauigkeit erreicht. Ein weiterer Vorteil ist, dass keine Vorrich-
tung zum Spannen/Lösen benötigt wird.
Vorteile der Dehnspannfutter sind:

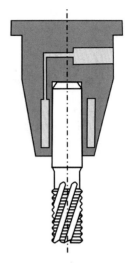

Abb. 9.25 Prinzip Dehnspannfutter

- erhöhte Standzeit des Werkzeugs durch höchste Rundlauf- und Wiederholgenauigkeit
  (< 0,003 mm)
- gleichmäßiger Schneideneingriff
- verbesserte Oberflächenqualität am Werkstück
- verringerte Mikroausbrüche an der Werkzeugschneide durch Schwingungsdämpfung
  des Hydrauliksystems
- flexibler Spannbereich bei Einsatz von geschlitzten Zwischenbuchsen (Rundlaufgenauigkeit der Buchsen < 0,002 mm) möglich
- geeignet für Minimalmengenschmierung (MMS)
- schneller Werkzeugwechsel ohne Zusatzgeräte
- geschlossenes Spannsystem beugt Verschmutzung vor
- kein Nachlassen der Spannkräfte bei hohen Drehzahlen.

9.2.4.3 Schrumpffutter

Ein Schrumpffutter-Halter arbeitet nach dem Prinzip der thermischen Ausdehnung von
Werkstoffen. Bei Arbeitstemperatur ist die Aufnahmebohrung für das Werkzeug etwas zu
klein, durch Erwärmen dehnt sich die Bohrung im Werkzeugschrumpffutter aus und das
Werkzeug kann eingeführt werden. Nachdem der Werkzeughalter abgekühlt ist, verkleinert sich die Bohrung der Werkzeugaufnahme und spannt den Werkzeugschaft. Es wird
eine konzentrische, feste Verbindung gebildet (Abb. 9.26). Es werden verschiedene Arten
von Heizgeräten zum Erwärmen der Schrupffutter verwendet:

- Induktiv-Schrumpfgerät
- Elektrisch beheiztes Kontakt-Schrumpfgerät
- Heißluft-Schrumpfgerät .

Abb. 9.26 Schrumpffutter, Kühlgerät und Heizgerät zum Erwärmen von Schrumpffuttern

Besonders bei der Hochgeschwindigkeitsbearbeitung werden in der industriellen Praxis häufig Schrumpffutter eingesetzt. Vorteile der Schrumpffuter sind:

- Hohe Flexibilität: Vielfältige Kombinationsmöglichkeiten von Schrumpffuttern und Verlängerungen
- Hohe Drehmomentübertragung
- Hohe Radialsteifigkeit
- Keine Wartungskosten
- Rundlaufgenauigkeiten und Wiederholgenauigkeiten < 0,003 mm
- Hohe Werkzeugstandzeiten und Oberflächengüten: standardmäßig feingewuchtet.

Moderne leistungsfähige Heiz- und Kühlgeräte (mit wassergekühlten Kühlkörpern) ermöglichen schnelle Heiz- und Abkühlraten innerhalb von 30 Sekunden (Abb. 9.26).

9.2.4.4 Flächenspannfutter: Weldon- und Whistle Notch

Diese Spannfutter spannen durch eine seitliche Schraube am Spannfutter das Werkzeug im Futter. Daher müssen die zylindrischen Werkzeugschäfte eine Spannfläche besitzen. Es wird mit diesen Systemen eine spielfreie Spannung und ein vibrationsarmer Lauf realisiert. Whistle Notch Systeme sind im Unterschied zur Weldon- Notch-Aufnahme für Werkzeuge mit geneigter Spannfläche (2°) geeignet. Die Whistle Notch Aufnahme stützt das Werkzeug zusätzlich axial mit einer Anschlagschraube. Die Spannschraube verschlechtert allerdings bei den Weldon- und Whistle Notch Systemen die Rundlaufgenauigkeit. Daher müssen diese Aufnahmen sehr genau ausgewuchtet werden.

9.2.4.5 Polygonspannfutter

Ein Polygonspannfutter arbeitet nach folgendem Prinzip: Die Spannseite des Werkzeughalters wird mit einer genau definierten äußeren Kraft – diese unterscheidet sich bei verschiedenen Werkzeughaltern – beaufschlagt. Die polygonförmige Bohrung verformt sich innerhalb des dauerelastischen Bereiches. Es wird unter der Wirkung der äußeren Kraft eine zylindrische Form ausgebildet. Der zylindrische Werkzeugschaft kann nun in die verformt Bohrung eingeführt werden. Bei Wegnahme der Kraft geht die Spannbohrung in ihren polygonförmigen Ausgangszustand zurück und spannt den Werkzeugschaft (Abb. 9.27). Die Kraft wird mittels einer hydraulischen Spannvorrichtung (Handpumpe) eingebracht. Da das komplette Spannsystem aus einem Stück gefertigt wird und somit einen rotationssymmetrischen Aufbau hat, besitzt es einen hervorragenden Rundlauf.

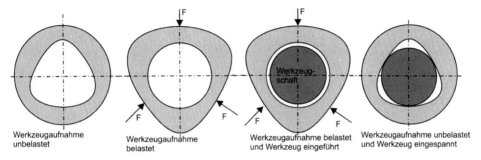

Abb. 9.27 Prinzip Polygonspannfutter

9.2.4.6 Weitere Systeme

Neben den oben genannten Spannsystemen wurden von einer Vielzahl von Anbietern weitere Aufnahmen entwickelt, die verschiedene Systeme kombinieren und das System der Werkzeugaufnahmen weiter entwickeln und verbessern. Insbesondere die Auszugsicherheit und die Anforderungen der HSC-Bearbeitung treiben diese Entwicklungen. Beispiele (ohne Anspruch auf Vollständigkeit) sind:

- Werkzeugaufnahme HyWel von TEssMa
- Safe Lock System der Firma Haimer
- powRgrip Spannsystem der Firma Rego-Fix.

9.2.5 Gegenüberstellung der einzelnen Spannfutter

Die Güte der verwendeten Schnittstellen und des Spannfutters ist von entscheidender Bedeutung, insbesondere bei Hochgeschwindigkeitsanwendungen. In der Tab. 9.6 werden Spannfutter bezüglich ihrer Eigenschaften und Anwendungsmöglichkeiten verglichen.

	Spannzange	Weldon // Whistle Notch	Dehn- Spanfutter	Schrumpffutter
Fertigungs-verfahren	Fräsen Gewindebohren Bohren Reiben Aufsenken	Fräsen Gewindebohren Bohren Reiben Aufsenken	Fräsen Gewindebohren Bohren Reiben Aufsenken	Fräsen Gewindebohren Bohren Reiben Aufsenken
Rundlauf-fehler	ca. 25 µm	ca. 10 µm	ca. 5 µm	ca. 4 µm
Spannkraft	gut	sehr gut	gut	sehr gut
Dämpfung von Vibrationen	-	-	durch Öl sehr gut	-
Unwucht	-	asymmetrisch	symmetrisch	symmetrisch
Drehzahl	bis ca. 15000 min^{-1}	bis ca. 15000 min^{-1}	bis ca. 40000 min^{-1}	bis ca. 100000 min^{-1}

Tabelle 9.6 Gegenüberstellung der einzelnen Spannfutter

9.2.5.1 Weitere Kegelsysteme

Weitere Kegelsysteme, die vereinzelt in der Praxis angewendet werden sind Metrische Kegel und vor allem Bohrfutterkegel. Diese Bohrfutterkegel werden häufig in Handbohrmaschinen benutzt, um die Zahnkranz- bzw. Schnellspannbohrfutter an der Welle der Bohrmaschine zu befestigen. Spezielle Adapter für Stand- bzw. Tischbohrmaschinen besitzen auf der einen Seite Bohrfutterkegel und auf der gegenüberliegenden Seite einen Morsekegel.

Literaturverzeichnis 9

[LUE07]	Lueger, O.: Lexikon der gesamten Technik und ihrer Hilfswissenschaften, Bd. 5 Stuttgart, Leipzig 1907., S. 611-612.
[LUE05]	Lueger, O.: Lexikon der gesamten Technik und ihrer Hilfswissenschaften, Bd. 2 Stuttgart, Leipzig 1905., S. 180-187.
[HOI73]	Hoischen, H.: Technisches Zeichnen - Grundlagen, Normen, Beispiele; Verlag W. Girardet, Essen 13. Auflage von 1973;
[MOR16]	S. 81 http://www.morsecuttingtools.com/cgi/CGP2CSGEN?PMSIDE=Y&PMFILE=MS2ABOUT01.ht 24.09.2016 22:55 Uhr US-Patent No. 42592
[HER13]	Hernigou, P. et.all: One hundred and fifty years of history of the Morse taper: from Stephen A. Morse in 1864 to complications related to modularity in hip arthroplasty International Orthopaedics. 2013 Oct; 37(10): 2081–2088. Springer-Verlag Berlin Heidelberg 2013
[PAU08]	Pauksch, E. et.all: Zerspantechnik, Vieweg-Teubner Verlag, 2008, 12. Auflage
[DIN 228-1]	DIN 228-1: 1987-05: Morsekegel und Metrische Kegel; Kegelschäfte, Beuth Verlag, Berlin, 1987
[DIN 228-2]	DIN 228-2: 1987-03: Morsekegel und Metrische Kegel; Kegelhülsen, Beuth Verlag, Berlin, 1987
[DIN 508]	DIN 508: 2002-06: Muttern für T-Nuten, Beuth Verlag, Berlin, 2002
[DIN 650]	DIN 650: 1989-10: Werkzeugmaschinen; T-Nuten; Maße, Beuth Verlag, Berlin, 1989
[DIN ISO 7388-1]	DIN ISO 7388-1: 2014-07: Werkzeugschäfte mit Kegel 7/24 für automatischen Werkzeugwechsel - Teil 1: Maße und Bezeichnung von Schäften der Formen A, AD, AF, U, UD und UF (ISO 7388-1:2007), Beuth Verlag, Berlin, 2014
[DIN ISO 7388-2]	DIN ISO 7388-2: 2014-07: Werkzeugschäfte mit Kegel 7/24 für automatischen Werkzeugwechsel - Teil 2: Maße und Bezeichnung von Schäften der Formen J, JD und JF (ISO 7388-2:2007), Beuth Verlag, Berlin, 2014
[DIN ISO 7388-3]	DIN ISO 7388-3: 2015-03: Werkzeugschäfte mit Kegel 7/24 für automatischen Werkzeugwechsel - Teil 3: Anzugsbolzen für Schäfte der Formen AC, AD, AF, UC, UD, UF, JD und JF (ISO 7388-3:2013), Beuth Verlag, Berlin, 2015
[ISO 10897]	ISO 10897: 2016-09: : Spannzangen für Werkzeugaufnahmen mit Kegelverhältnis 1:10 - Spannzangen, Spannzangenaufnahmen, Spannmuttern, Beuth Verlag, Berlin, 2016
[ISO 12164-1]	ISO 12164-1: 2001-12: Hohlkegelschnittstelle mit Plananlage - Teil 1: Schäfte; Maße, Beuth Verlag, Berlin, 2001
[DIN 15488]	DIN ISO 15488: 2006-01: Spannzangen mit Einstellwinkel 8° für Werkzeugspannung - Spannzangen, Spannzangenaufnahmen, Spannmuttern, Beuth Verlag, Berlin, 2006
[DIN 69871-1]	DIN 69871-1: Steilkegelschäfte für automatischen Werkzeugwechsel - Teil 1: Form A, Form AD, Form B und Ausführung mit Datenträger, Beuth Verlag, Berlin, 1995
[DIN 69893-1]	DIN 69893-1: 2011-04:Kegel-Hohlschäfte mit Plananlage - Teil 1: Kegel-Hohlschäfte Form A und Form C; Maße und Ausführung, Beuth Verlag, Berlin, 2011
[DIN 69893-2]	DIN 69893-2:2011-04:Kegel-Hohlschäfte mit Plananlage - Teil 2: Kegel-Hohlschäfte Form B; Maße und Ausführung, Beuth Verlag, Berlin, 2011

Kapitel 10
Komplette Fertigungsprozesse

Zusammenfassung Sehr viele Bauteile werden ständig während der täglichen Arbeit verwendet, deren Herstellungsverfahren aber nicht mehr allgemein bekannt sind. In diesem Kapitel wird daher die Herstellung von einigen Normteilen beschrieben, die fast jeder schon einmal benutzt hat. Weiterhin werden einige Fertigungsprozesse beschrieben, wie sie in vielen Firmen angewendet werden, die aber vielen Studenten aufgrund der fehlenden praktischen Erfahrung nicht bekannt sind.

10.1 Blechbearbeitung

10.1.1 Konservendosenherstellung

Zur Herstellung von einfachen Bauteilen, wie Konservendosen (Abb. 10.1), werden eine Vielzahl von typischen Blechbearbeitungsverfahren verwendet. Daher soll dieser Prozess hier kurz beschrieben werden. Konservendosen werden aus Weißblech oder Aluminiumblech gefertigt. Als Weißblech wird ein mit Zinn beschichtetes Stahlblech bezeichnet. Die Beschichtung erfolgt elektrolytisch oder durch ein Schmelztauchverfahren (Abschnitt 2.6.1.2). Die Blechtafel wird entsprechend dem Umfang und der Länge der Dose in mehrere Abschnitte geschnitten. Danach wird das Blech zu einem Rohr geschweißt. An diesem Rohr

Abb. 10.1 Konservendose

werden die Enden mit Falzen versehen. Dann werden die Sicken in das Rohr eingebracht, das nun sehr stabil ist. Anschließend wird der geprägte und gefalzte Boden durch Bördeln mit der Dose verbunden. Nach dem Befüllen wird der Deckel ebenfalls durch Bördeln mit der Dose verbunden und die Dose damit verschlossen. Bei flachen Dosen (Fischdosen) wird der Dosenkörper tiefgezogen, der Deckel wird (nach dem Befüllen) ebenfalls meist durch Bördeln mit dem Dosenkörper verbunden.

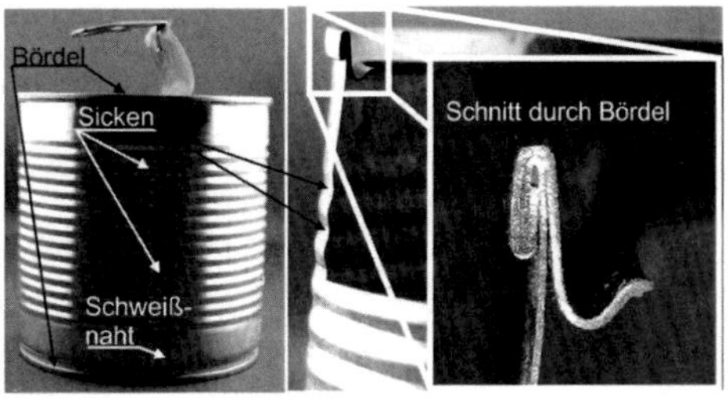

R. Förster und A. Förster, *Einführung in die Fertigungstechnik*,
https://doi.org/10.1007/978-3-662-68130-5_10

10.1.2 Sickenherstellung

Sicken können im handwerklichen Bereich durch die in Abbildung 4.73 dargestellte Sickenmaschine gefertigt werden. Für industrielle Anwendungen beispielsweise in der Automobilindustrie werden die Sicken direkt beim Tiefziehen gefertigt.

10.1.3 Herstellung von Bi-Metallsägeblättern

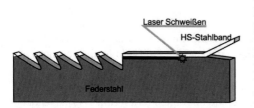

Bi-Metallsägeblätter vereinen eine sehr
hohe Härte an den Sägezähnen mit einer
hohen Flexibilität am Sägeblattkörper. Die
Kombination dieser beiden widersprüch-
lichen Eigenschaften gelingt durch das
Laserstahlschweißen von zwei Metallbän-
dern (dargestellt in Abb. 10.2). Nach dem
Fügen werden die Zähne in das Metallsä-
geband geschliffen. Die beiden Metallbän-
der besitzen unterschiedliche Eigenschaften. Der Federstahl ist biegsam und zäh,

Abb. 10.2 Herstellung eines Bi-Metallsägeblattes

während das das Stahlband aus Werkzeugstahl sehr hart und widerstandsfähig ist.

10.2 Herstellen einer Nietverbindung

Es wird nur ein Werkstück angerissen und gekörnt. Vor dem Nieten sind die zu verbindenden Bauteile auszurichten. Danach sind beide Werkstücke fest zusammen zu spannen, beispielsweise mit Schraubzwingen, Feilkloben oder Schweißzangen. Dann werden
die Bauteile zusammen gebohrt und entgratet und wenn notwendig (Senkniet) gesenkt.
Die Rückseiten der Bauteile, die sich berühren, müssen ebenfalls entgratet werden. Dann

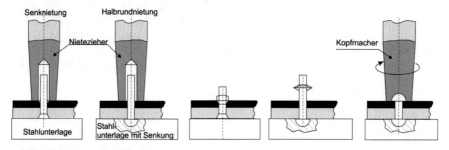

Abb. 10.3 Abläufe beim Nieten

werden beide Bauteile mit der Niete gefügt und auf eine entsprechende Stahlunterlage
(siehe Abb. 10.3) gelegt. Mit einem Nietezieher wird das Material etwas verdichtet. Mit

dem Hammer wird nun mit wenigen Schlägen die Nietung hergestellt, indem der Schließkopf leicht dachförmig vorgeformt wird (Abb. 10.3, zweites von links). Der Schließkopf
wird beim Halbrundniet durch kreisende Bewegungen mit dem Kopfmacher und Schläge des Hammers geformt. Bei der Senknietung wird der Schließkopf in die Einsenkung
des Werkstücks durch den Hammer geformt. Beim Nieten ist auf eine gerade Nietung zu
achten, damit der Niet nicht versetzt wird (Abb. 10.4). Weiterhin sind nur wenige Schläge
auszuführen, da das Material der Niete sonst versprödet und abplatzen kann.

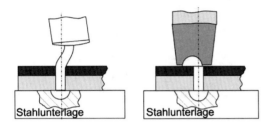

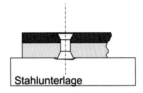

Nietkopf versetzt (nicht senkrecht gestaucht)   Niet zurückgezogen (Unterlage prüfen)

Abb. 10.4 Typische Fehler beim Nieten

10.3 Gewindeherstellung

10.3.1 Gewinde

Gewinde können grundsätzlich eingeteilt werden in:

- **Befestigungsgewinde** (dienen zum Befestigen und Halten von z. B. Schrauben und
  Muttern)
- **Bewegungsgewinde** (dienen der Umwandlung von rotatorischen Bewegungen in trans-
  latorische Bewegung)
- **Transportgewinde** (dienen dem Transport von Stoffen, z. B. Wasser (archimedische
  Schraube), Pasten usw.).

Üblich sind rechtsdrehende Gewinde (RH), die sich im Uhrzeigersinn anziehen lassen. Für
spezielle Anwendungen sind auch Linksgewinde (LH) erhältlich. Linksgewinde werden
benutzt, wenn sich Normalgewinde während der Anwendung selbst lösen könnten (beispielsweise linke Pedale eines Fahrrades, Spannmuttern von Sägeblättern). Ventile von
Gasflaschen besitzen aus Sicherheitsgründen ebenfalls ein Linksgewinde. Zur Herstellung
dieser verschiedenen Gewindearten gibt es eine Reihe von Werkzeugen, sowohl für die
Fertigung von Außen- als auch von Innengewinden. Es gibt verschiedene Gewindeformen
(siehe Abb. 10.6):

- Metrisches Gewinde
- Metrisches Feingewinde
- Trapezgewinde

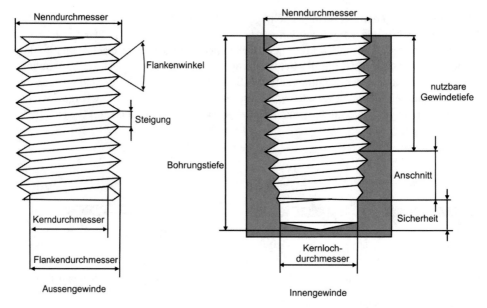

Abb. 10.5 Bezeichnungen am Innen- und Außengewinde

- Whitworth- Gewinde (Rohrgewinde)
- Stahlpanzergewinde
- Rundgewinde
- Sägegewinde
- Flachgewinde.

Die **Steigung** p (Abb. 10.5) eines Gewindes gibt an, wie weit sich das Gewinde bei einer Umdrehung (360°) in den Untergrund bewegt.

Abb. 10.6 Verschiedene Gewindeformen

Metrisches ISO-Gewinde (M)

Das Metrische ISO-Gewinde wird in der industriellen Praxis auch als Regel- oder Normalgewinde bezeichnet. Die Außenkanten des Profils laufen keilförmig zusammen. Der Flankenwinkel des metrischen ISO-Gewindes beträgt 60°. Das metrische Gewinde ist in der DIN 13-1 genormt. Der Durchmesser des Gewindes wird in Millimeter angegeben und mit einem „M" gekennzeichnet, beispielsweise M6, oder M10. Die Steigung des Gewindes wird ebenfalls in Millimeter angegeben.

Metrisches ISO Feingewinde (MF)

Metrische ISO-Feingewinde entsprechen im Aufbau dem metrischen Normalgewinde. Allerdings ist die Steigung eine andere als beim Metrischen ISO-Gewinde. Bei den Maßangaben wird neben dem Außendurchmesser zusätzlich die Steigung des Gewindes angegeben und das Kürzel MF davor gesetzt (MF 6x1). Der Flankenwinkel des Feingewindes beträgt ebenfalls 60°. Metrische Feingewinde sind in Normen DIN 13-1 bis DIN 13-11 genormt.

Trapezgewinde

Für die Umwandlung einer rotatorischen Bewegung in eine translatorische Bewegung werden häufig Trapezgewinde verwendet. Der Querschnitt des Gewindes entspricht einem gleichschenkeligen Trapez mit einem Winkel von 15°. Dadurch ergibt sich ein Flankenwinkel von 30°. Trapezgewinde sind steifer als Normalgewinde und besitzen eine größere Steigung. Es wirkt selbsthemmend, d. h. es kann sich nicht von selbst lockern, daher wird es häufig bei Schraubstöcken und Schraubzwingen verwendet. Trapezgewinde sind in den Normen DIN 103-1 bis DIN 103-8 (metrische ISO-Trapezgewinde), DIN 380-1 und 380-2 (flache Trapezgewinde) und DIN 30295-1 und DIN30295-2 (abgerundetes Trapezgewinde) genormt.

Whitworth-Gewinde

Das Whitworth-Gewinde ist das erste genormte Gewinde der Welt. Es wurde von JOSEPH WHITWORTH entwickelt. Das Whitworth-Gewinde wird als Schraubgewinde, analog zum metrischen Gewinde und als Rohrgewinde vor allem im Rohrleitungsbau (Wasserinstallation und Gasleitungsbau usw.) benutzt. Daher wird es häufig allgemein auch als Rohrgewinde bezeichnet. Diese allgemeine Bezeichnung ist allerdings irreführend, da nicht alle Whitworth-Gewinde Rohrgewinde sind. Selbstdichtende Rohrgewinde besitzen ein zylindrisches Innengewinde, welches in ein konisches Außengewinde geschraubt wird und dadurch selbstdichtend ist. Zylindrische Rohrgewinde sind nicht selbstdichtend, sie müssen mit Hanf, Teflon und ähnlichen Materialien abgedichtet werden. Alle Whitworth-Gewinde besitzen einen Flankenwinkel von 55°. Der Durchmesser und die Steigung von Whitworth-Gewinden werden in Zoll angegeben. Die Steigung wird in Steigung pro Zoll angegeben. Häufig wird das Kürzel WW (für Whitworth) oder BSW (British Standard Whitworth Coarse Thread) vorangestellt. Diese Gewinde sind in der DIN-Norm 3858 beschrieben [DIN EN ISO 228-1, DIN 3858].

- British Standard Fine Thread (BSF) entspricht in der Anwendung einem Feingewinde (Flankenwinkel 55°, alle Angaben in Zoll)
- British Standard Pipe Thread (BSP/G) ist ein zylindrisches Rohrgewinde welches nicht selbstdichtend ist
- Britisch Standard Pipe Taper (BSPT/R) ist ein selbstdichtendes Rohrgewinde mit einem konischen Außengewinde und einem zylindrischen Innengewinde. Kürzel R für kegeliges Außengewinde) und Kürzel Rp für zylindrisches Innengewinde.

Stahlpanzergewinde

Das Stahlpanzerrohrgewinde, im industriellen Sprachgebrauch auch als Panzergewinde (Pg) bezeichnet, ist ein Gewinde, das im Bereich der Elektroinstallation angewendet wird. Der Flankenwinkel beträgt beim Stahlpanzergewinde 80° und ist in der DIN 40430 genormt. Es wird zunehmend von metrischen Gewinden nach DIN EN 62444 substituiert.

Rundgewinde

Die Form des Gewindes schützt gegen Verschmutzung und minimiert den Wartungsaufwand erheblich, da es auch deutlich widerstandsfähiger als andere Gewindearten ist (keine filigranen Kanten). Es wird eingesetzt, um Ventile zu verstellen oder Bahnwaggons zu verkuppeln. Der Flankenwinkel beträgt 30°, Rundgewinde sind in unter anderen in der Norm DIN 405 beschrieben.

Sägengewinde

Das Sägengewinde weist eine asymmetrische Form auf. Das Profil ähnelt einem Sägezahn. Dadurch kann es in axialer Richtung sehr hohe Kräfte übertragen. Der Flankenwinkel beträgt zwischen 30° und 45°. Sägengewinde werden in der industriellen Anwendung benutzt, um große Kräfte zu übertragen. (Pressen, Stanzen usw.) Sägegewinde sind in den Normen DIN 513, 2781, 20401, 55525 und 6063 beschrieben.

Flachgewinde

Das Flachgewinde besitzt ein flaches Profil mit einem Flankenwinkel von 0°. Die Gewindeflanken verlaufen parallel zueinander. Es hat heute keine Bedeutung mehr, ist aber in historischen Maschinen noch zu finden.

Amerikanische Gewindeformen

Die Maßangaben bei amerikanischen Gewindearten erfolgen in Zoll (1 Zoll = 25,4 mm). Der Flankenwinkel beträgt bei allen Gewinden 60°. Der Unterschied zwischen den verschiedenen amerikanischen Gewinden ist die Steigung der Gewindegänge. Sie werden in Gänge pro Zoll angegeben. Um die Steigung zu bestimmen, muss die Anzahl der Gänge auf einem Zoll gezählt werden.

- Unified National Coarse Thread (UNC), Schraubenregelgewinde, amerikanisches Pendant zum Metrischen ISO-Gewinde
- Unified National Fine Thread (UNF), Feingewinde, amerikanisches Pendant zum Metrischen ISO-Feingewinde
- Unified National Extra Fine Thread (UNEF), Feingewinde mit spezieller Steigung,
- Unified National Special Thread (UNS), Spezialgewinde, mit spezieller Steigung
- Unified National Thread with rounded root (UNR), Sonderform mit runden Flanken

- National Taper Pipe (NPT), kegeliges bzw. konisches Rohrgewinde, selbstdichtend bei niedrigen Drücken
- National Taper Pipe Dryseal (NPTF), kegeliges bzw. konisches Rohrgewinde, selbstdichtend.

Gewinde können sowohl maschinell als auch manuell hergestellt werden. Die maschinelle Gewindefertigung kann durch Umformen (spanlos) oder Trennen (spanend) erfolgen. Bei der spanenden Fertigung wird die Form des Gewindes von einer oder mehreren Werkzeugschneiden aus dem Werkstoff herausgeschnitten. Bei der umformenden Fertigung wird das Gewinde meist durch Walzen oder Rollen von komplexen Maschinen hergestellt. Beim Gewindewalzen wird das Rohmaterial zwischen zwei mit Rillen versehenen Metallblöcken verformt. Durch die Vorwärtsbewegung des Zylinders zwischen der feststehenden und der beweglichen Walzbacke wird das Gewinde erzeugt. Gewinderollen erfolgt zwischen zwei oder drei gleich laufenden Rollen. Spanlose manuelle Fertigung findet fast nur beim Gewindefurchen statt. Manuelle Fertigung von Gewinden erfolgt meist nur bei sehr kleinen Stückzahlen und Sonderbauformen.

Manuelle Fertigung eines Innengewindes mit einem Gewindebohrersatz

Für die Fertigung eines Innengewindes muss zunächst die Kernlochbohrung erstellt werden. Die in der Praxis verwendete Faustformel für den erforderlichen Durchmesser des Kernlochs d_K lautet:

$$d_K = d_N - p \qquad (10.1)$$

Hierbei ist d_N der Nenndurchmesser des Gewindes und p die Steigung des Gewindes. Weiterhin wird die Bohrungstiefe t_B für ein Grundlochgewinde aus der nutzbaren Gewindetiefe t_{Gew}, dem Anschnitt (ca. 3 Gewindegänge) und einer Sicherheitszugabe von etwa 2 Gewindegängen errechnet (Abb. 10.5 rechts).

Gewinde	Steigung	Kernloch	Schlüssel-weite	Torx-Größe	Inbus-Größe	Phillips PH / PZ
	in mm	in mm	in mm			
M 2	0,40	1,60	4	TX 6	1,5	0
M 2,5	0,45	2,05	5	TX 8	2	0
M 3	0,50	2,50	5,5	TX 10	2,5	1
M 3,5	0,60	2,90	6	TX 15		1
M 4	0,70	3,30	7	TX 20	3	1
M 5	0,80	4,20	8	TX 25	4	2
M 6	1,00	5,00	10	TX 30	5	2
M 8	1,25	6,80	13	TX 40	6	3
M 10	1,50	8,50	16	TX 50	8	4
M 12	1,75	10,20	18	TX 55	10	
M 14	2,00	12,00	21	TX 60	12	
M 16	2,00	14,00	24	TX 70		
M 18	2,50	15,50	27			
M 20	2,50	17,50	30			

Tabelle 10.1 Übersicht über die Kernlochdurchmesser, die Steigungen und Antriebsgrößen metrischer Gewinde

In Tab. 10.1 sind die Steigungen und die Kernlochdurchmesser zusammen mit den Größen
verschiedener Antriebe von metrischen Gewinden dargestellt. Zu beachten ist, dass die
Zuordnung der Gewinde nur zu den Schlüsselweiten genormt ist. Die Antriebsgrößen sind
nicht genormt und entsprechen den am meisten verwendeten Größen.

10.3.1.1 Gewindefertigung durch Fließbohren

Beim Fließbohren wird der Werkstoff durch die große Reibung, die bei hohen Drehzahlen
und hohen Kräften entsteht, plastifiziert. Der Bohrer drückt den Werkstoff zur Seite und
es bildet sich eine Wulst, in die später mit einem Gewindefurcher das Gewinde hergestellt
wird. Von Vorteil ist dieser Vorgang (Abb. 10.7), bei relativ dünnen Werkstücken, wie Rohren und Blechen, da die tragende Länge des Gewindes ohne Schweiß- oder Nietprozesse
deutlich erhöht werden kann.

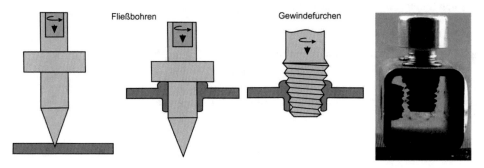

Abb. 10.7 Fließbohren und Gewindefurchen

10.3.1.2 Manuelle Gewindefertigung

Für die manuelle Fertigung eines Durchgang-Innengewindes wird eine Bohrung gefertigt
(siehe 2.4.2.3), die dem Kerndurchmesser des Gewindes entspricht (Tab. 10.1) Die Ränder
der Bohrung werden durch Senken entgratet und angefast, die Fase sollte etwas größer sein
als der Nenndurchmesser des Gewindes. Das Bauteil ist fest im Schraubstock einzuspannen. Dann wird der erste Gewindebohrer (Vorschneider) mit Hilfe eines Winkels rechtwinklig zur Oberfläche des Werkstücks positioniert und KSS der Wirkstelle zugeführt.
Mit Hilfe des Windeisens wird der Gewindebohrer zwei- bis dreimal gedreht, dann wird
zum Brechen des Spans ca. eine halbe Umdrehung zurückgedreht. Dieser Vorgang wird
solange wiederholt bis das Gewinde durchgeschnitten ist. Dieser Vorgang wird dann mit
dem zweiten (Nachschneider) und dritten (Fertigschneider) Gewindeschneider wiederholt
bis das Gewinde vollständig geschnitten ist. Während des Gewindeschneidens ist ständig
auf die Rechtwinkligkeit des Werkzeugs zur Oberfläche und ausreichende Schmierung zu
achten. Für die Fertigung von Grundlochgewinden müssen andere Werkzeuge verwendet
werden, weiterhin muss tiefer gebohrt werden als die tragende Länge des Gewindes.

10.3.1.3 Gewindefertigung mit einer Stand- oder Tischbohrmaschine

Das Werkstück wird in einen Schraubstock gespannt, der fest mit dem Maschinentisch verbunden ist. Dann wird das Kernloch gebohrt und die Bohrung so angesenkt, dass der Außendurchmesser der Fase etwas größer als der Nenndurchmesser des Gewindes ist. Der erforderliche Gewindeschneider wird gegen den Senker getauscht. Das Bohrfutter wird nun so weit bewegt, bis der Gewindeschneider im Rand der Fase aufliegt (ohne Druck). Nun wird das Bohrfutter von Hand im Uhrzeigersinn gedreht. Wenn der Gewindeschneider gegriffen hat und das Gewinde angeschnitten ist, wird das Bohrfutter geöffnet. Der Gewindebohrer verbleibt weiterhin in der Bohrung und mit dem Windeisen wird das Gewinde unter Zugabe von KSS fertig geschnitten. Von Vorteil an diesem Vorgehen ist die sehr gute Ausrichtung des Gewindes.

10.3.1.4 Gewindefertigung an einer Drehmaschine

Bei der Fertigung eines Gewindes auf einer Drehmaschine (siehe Abb. 10.8) ist am Bauteilende eine Nut zu fertigen, damit der Drehmeißel auslaufen kann. Das Profil des Drehmeißels muss der Form des Gewindes entsprechen. Der Vorschub der Drehmaschine muss der Gewindesteigung entsprechen, so dass der Drehmeißel exakt die Schraubenlinie des Gewindes fertigt. Wichtig ist die exakte Einstellung der Schneidenspitze auf die Drehmitte und eine exakte rechtwinklige Zustellung der Drehachse. Der Drehmeißel muss mehrere Male durch dieselbe Spur bewegt werden, er dringt dabei jedes Mal etwas tiefer in das Bauteil ein. Um sicherzustellen, dass sich der Drehmeißel bei jeder Umdrehung exakt

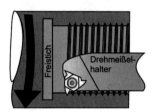

Abb. 10.8 Innengewinde drehen

um die gewünschte Steigung weiterbewegt, wird die Vorschubbewegung mit dem Spindelantrieb synchronisiert. Dies kann an den Drehmaschinen mechanisch durch die Schlossmutter oder an modernen Maschinen elektronisch erfolgen.

10.4 Kugellagerherstellung

Kugellager besitzen eine außerordentliche Bedeutung für fast alle Bereiche der Industrie. Sie werden sowohl in Autos, Motoren und Maschinen eingesetzt, als auch in Computern als Lager in Lüftern. Die Kugellager gehören zu den Wälzlagern, bei denen mehrere Wälzkörper zwischen einem Innenring und einem Außenring laufen. Durch diese rollenden, bzw. wälzenden Körper wird der Reibungswiderstand zwischen Innen- und Außenring deutlich verringert. Der Aufbau von Wälzlagern ist in Abb. 10.9 dargestellt.
Wälzlager dienen der Fixierung von Achsen und Wellen. Sie können je nach Ausführung sowohl radiale und/oder axiale Kräfte aufnehmen. Aufgrund der Form der Wälzkörper werden z. B. Kugellager, Rollenlager, Tonnenlager und Nadellager unterschieden. Die weitere Einteilung, der Aufbau und die zahlreichen Anwendungen von Wälzlagern sind

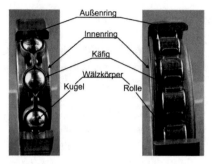

Abb. 10.9 Aufbau von Kugellagern

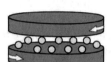

| Trennen der Rohlinge von einer Drahtrolle | Stauchen des Rohlings zu einer groben Kugelform | Grobschleifen der Rohlinge (Entfernen des Grates) | Härten der Kugel | Vor-, Fertigschleifen und Läppen der Kugeln |

Abb. 10.10 Herstellung der Kugeln von Kugellagern

Bestandteil weiterführender Bücher und Vorlesungen. Kugellager werden meist nach den in den Abbildungen 10.10, 10.11 und 10.12 dargestellten Prozessen hergestellt.

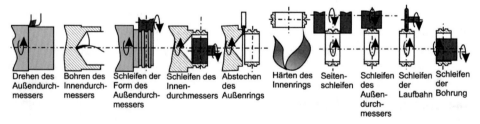

| Drehen des Außendurchmessers | Bohren des Innendurchmessers | Schleifen der Form des Außendurchmessers | Schleifen des Innendurchmessers | Abstechen des Außenrings | Härten des Innenrings | Seitenschleifen | Schleifen des Außendurchmessers | Schleifen der Laufbahn | Schleifen der Bohrung |

Abb. 10.11 Herstellung des Innenringes von Kugellagern

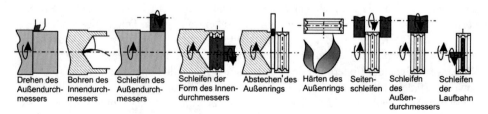

| Drehen des Außendurchmessers | Bohren des Innendurchmessers | Schleifen des Außendurchmessers | Schleifen der Form des Innendurchmessers | Abstechen des Außenrings | Härten des Außenrings | Seitenschleifen | Schleifen des Außendurchmessers | Schleifen der Laufbahn |

Abb. 10.12 Herstellung des Außenringes von Kugellagern

Der übliche Fertigungsablauf für die Herstellung der Kugellager besteht aus dem Fertigen der Kugel (Abb. 10.10):

- Trennen von kleinen Drahtstücken von einer Drahtrolle
- Stauchen dieses Rohlings (ggfs. mit Vorstauchen, Zwischenstauchen und Fertigstauchen)
- Grobschleifen der Kugelrohlinge (incl. Gratentfernung)
- Härten der Kugel
- Vor- und Fertigschleifen
- Polierläppen (wenn erforderlich).

und dem Fertigen des Innen- und Außenrings (Abb. 10.11 und 10.12) der Kugellager:

- Drehen des Außendurchmessers
- Bohren des Innendurchmessers
- Schleifen des Außendurchmessers
- Formschleifen des Außendurchmessers (Innenring)
- Formschleifen des Innendurchmessers (Außenring)
- Abstechen von Innen-, bzw. Außenring
- Härten der Ringe
- Seitenschleifen beider Ringe
- Laufbahnschleifen beider Ringe
- Polierenläppen (wenn erforderlich).

Der Zusammenbau der Kugellager erfolgt nach der in Abb. 10.13 dargestellten Reihenfolge.

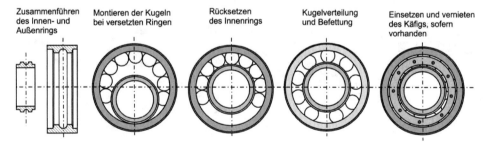

Abb. 10.13 Zusammenbau von Kugellagern

10.5 Schrauben- und Mutternherstellung

Schrauben und Muttern können grundsätzlich genauso wie Gewinde sowohl durch Umformen als auch durch Trennen hergestellt werden. Die umformenden Fertigungsverfahren können sowohl als Kalt- als auch als Warmumformung (Abb. 10.14) durchgeführt werden.

Abb. 10.14 Fertigungsverfahren zur Schrauben- und Mutternherstellung

Zur Herstellung von Muttern und Schrauben werden verschiedene Fertigungsverfahren zu einem komplexen Prozess kombiniert. Massenprodukte werden meist durch mehrstufige Verfahrensschritte wie Stauchen, Pressen und Rollen durch Kaltumformung hergestellt. Je höher der Umformgrad des Werkstücks ist, umso mehr Prozessschritte sind erforderlich. Sind die Umformgrade sehr hoch (hohe Verformungswiderstände) oder die Geometrien sehr komplex, wird der Werkstoff der Schrauben und Muttern erwärmt (Warmumformung). Schrauben und Muttern ab etwa M36 werden im Warmumformverfahren hergestellt. Spezialschrauben und -muttern werden ebenso wie sehr kleine Stückzahlen durch trennende Fertigungsverfahren hergestellt.

10.5.1 Herstellung metrischer Schrauben

Der übliche Fertigungsablauf für die industrielle Herstellung von metrischen Sechskant- und Inbusschrauben geht aus Abb. 10.15 hervor:

Fertigungsfolge einer Sechskantschraube

Fertigungsfolge einer Innensechskantschraube

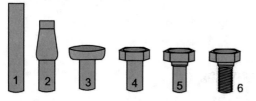

1 Draht abschneiden
2 Vorstauchen
3 Zwischenstauchen
4 Fertigstauchen
5 Kalibrieren
6 Gewindewalzen

Abb. 10.15 Fertigungsfolge zur Herstellung von Sechskant- und Inbusschrauben

Je nach Anforderungen an die Schrauben sind noch Wärmebehandlungen erforderlich. Ab der Festigkeitsklasse 8.8 ist das Vergüten von Schrauben vorgeschrieben [DIN EN ISO 898 Teil 1]. Weiterhin werden einige Schraubenarten (z. B. Blechschrauben) einsatzgehärtet, um eine ausreichende Härte zum Gewindeschneiden in den Blechen zu erreichen. Weitere Fertigungsschritte bei der Schraubenherstellung sind beispielsweise Tempern, Glühen und Beschichtungsprozesse wie Verzinken, Verkupfern, Vernickeln, Phosphatieren und Nitrieren. Das Gewindewalzen und Gewinderollen ist in Abb. 10.16 dargestellt.

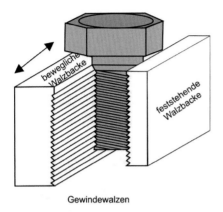

Gewindewalzen

Gewinderollen (2 Rollen-Verfahren)

Abb. 10.16 Gewindewalzen und Gewinderollen

10.5.2 Herstellung von Blechschrauben (Bohrschrauben)

Werden spezielle Eigenschaften von Schrauben gefordert, ist es auch möglich, verschiedene Werkstoffe zu verbinden. Am Beispiel einer selbstschneidenden Blechschraube soll dieser Prozess beschrieben werden. Die Fertigungsschritte sind zunächst ähnlich wie bei der Herstellung von metrischen Schrauben, allerdings werden von zwei Werkstoffen (Edelstahl und ein härtbarer Stahl) Zylinder abgetrennt (1 und 4 in Abb. 10.17), dann werden die Umformungen am Schraubenkopf ausgeführt (2 und 3). Im Anschluss werden durch einen Reibschweißprozess beide Bauteile verbunden. Danach werden die Bohrspitze angeformt und das Gewinde gewalzt. Danach erfolgt das Härten der Bohrspitze und eine galvanische Oberflächenbehandlung. Komplettiert wird die Bohrschraube noch mit einer Dichtscheibe. Die so gefertigte Schraube ist an der Spitze sehr hart, sie ist selbstschneidend in Metall

1 Draht abschneiden
  (Edelstahl)
2 Anstauchen des
  Kopfes
3 Fertigstauchen des
  Kopfes
4 Draht abschneiden
  (härtbarer Stahl)
5 Reibschweißen
6 Anstauchen der Bohr-
  spitze
7 Gewindewalzen

Abb. 10.17 Herstellung von Bohrschrauben [Quelle: Ejot Baubefestigung GmbH]

und am Schraubenkopf (der bewitterten Seite) vor Korrosion geschützt.

10.5.3 Herstellung von Muttern

Muttern werden ähnlich wie Schrauben durch diverse Kaltumformprozesse gefertigt. Das
Ausgangsmaterial kann dabei sowohl rund als auch flach sein. In Abb. 10.18 sind einige
Möglichkeiten der Herstellung von Muttern dargestellt. Eine Besonderheit bei der Fertigung von Muttern ist der kontinuierliche Gewindeschneidprozess mit Hilfe eines Über-
laufbohrers an Gewindeschneidautomaten. Der Gewindebohrer dreht sich ständig und die
geschnittenen Muttern werden über das gebogene Ende des Bohrers aus der Maschine abgeführt. Ähnlich wie bei der Fertigung von Schrauben können sich auch hier noch weitere

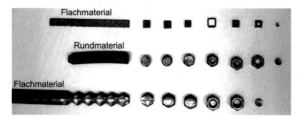 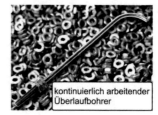

Abb. 10.18 Fertigungsschritte zur Herstellung von Muttern [Quelle: Wolters GmbH, Gütersloh]

Fertigungsschritte wie Vergüten, Tempern, Glühen, und verschiedene Beschichtungsprozesse anschließen. Für Muttern ist nach DIN EN 20898 Teil 2 eine Wärmebehandlung in
der Festigkeitsklasse 05 sowie 8 (>M16) und ab der Festigkeitsklasse 10 vorgeschrieben.

10.6 Bohrerherstellung

Bohrer aus HS können grundsätzlich durch zwei verschiedene Fertigungsprozesse hergestellt werden: Zum einen durch Wendelschleifen und zum anderen durch Rollwalzen.

10.6.1 Wendelschleifen

Hierbei wird die Wendel des Bohrers aus einem Rundstab geschliffen. Geschliffene Bohrer sind sehr präzise und werden für anspruchsvolle Fertigungsaufgaben verwendet. Häufig sind geschliffene Bohrer an ihrer silberglänzenden Farbe und den Fertigungsspuren
(leichte Riefen) an der Innenfläche der Wendel zu erkennen. Um die Standzeit geschliffener Bohrer zu erhöhen, werden diese häufig beschichtet. Übliche Beschichtungen, die an
ihrer Färbung zu erkennen sind, zeigt Tab. 10.2.

Geschliffene Bohrer werden während der Fertigung nicht verformt. Allerdings wird durch den Schleifprozess das Metallgefüge beeinflußt und der Bohrer erleidet einen Stabilitätsverlust,

Färbung	Beschichtung	Kurzzeichen
gold	Titannitrid	TiN
violett bis dunkelgrau	Titanaluminiumnitrid	TiAlN, AlTiN
dunkelbraun	Titancarbonid	TiCN
regenbogenfarbig	Cobalt	Co

Tabelle 10.2 Beschichtungen und deren Farbe an Bohrwerkzeugen

dadurch kann er leichter abbrechen. Der Herstellungsprozess geschliffener Bohrer ist dem Fertigungsprozess von Fräswerkzeugen, wie er in Abschnitt 10.7 dargestellt ist, ähnlich.

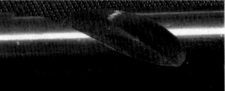

Abb. 10.19 Gerollter und geschliffener Bohrer

10.6.2 Rollwalzen

Einfache Bohrer werden durch Rollwalzen hergestellt. Der Bohrerrohling (ein Metallstab) wird bis zum Glühen erwärmt. Das Material ist nun leichter verformbar. Der glühende Rundstab wird durch Walzen in eine Form gepresst. Dabei erhält der Bohrer die typische Form. Diese Bohrer eignen sich vorrangig für gröbere Arbeiten. Rollgewalzte Bohrer sind meist an ihrer dunkelgrau bis schwarzen Färbung zu erkennen. Der Vorgang des Rollens ist ähnlich dem in Abb. 10.16 gezeigten Walzen von Gewinden. Der Übergang vom Schaft zum Spiralenanfang ist nicht scharfkantig, meist sogar leicht abgerundet, da die formgebenden Walzen ebenfalls keine scharfkantige Form aufweisen. Abb. 10.19 zeigt links einen gewalzten Bohrer und auf der rechten Seite einen geschliffenen Bohrer, wo die Schleifspuren deutlich zu erkennen sind. Das Metallgefüge rollgewalzter Bohrer wird beim Herstellvorgang nicht unterbrochen und weist daher eine hohe Bruchfestigkeit auf. Allerdings verbiegen sich die Bohrer während des Fertigungsprozesses aufgrund der hohen Temperaturen etwas. Daher besitzen diese Bohrer einen schlechteren Rundlauf als geschliffene Bohrer und sind für präzise Bohrungen nicht geeignet. Rollgewalzte Bohrer sind allerdings kostengünstiger in der Beschaffung.

10.7 Fräserherstellung

Fräser werden durch Schleifen hergestellt. Das Ausgangsmaterial kann sowohl ein Werkzeugstahl oder ein Sintermaterial sein. In beiden Fällen wird der Rohling rundgeschlif-

gesinterter und rundgeschliffener Rohling   geschliffener Fräser   beschichteter Fräser

Abb. 10.20 Herstellungsschritte geschliffener Fräser [Quelle: Hufschmied Zerspanungssysteme GmbH, Bobingen]

fen, dann werden auf speziellen Werkzeugschleifmaschinen die Werkzeugschneiden und Spanräume geschliffen. Danach kann das Werkzeug poliert, beschichtet oder auch direkt

Schleifen eines Schaftfräsers   Schleifen eines Kugelfräsers

Abb. 10.21 Schleifen von Fräswerkzeugen [Quelle: Rollomatic SA]

eingesetzt werden. Abb. 10.20 zeigt die wichtigsten Schritte bei der Herstellung von Fräswerkzeugen. Der Arbeitsbereich einer Fräser-Schleifmaschine ist in Abb. 10.21 ersichtlich.

10.8 Feilenherstellung

Feilen sind Werkzeuge, die schon seit vielen Jahrhunderten als Werkzeug verwendet werden. FELDHAUS beschreibt eine Feile (Abb. 10.23), datiert um 265 n. Chr [FEL31]. Feilen waren Jahrhunderte lang Präzisionsbearbeitungswerkzeuge. Mit ihnen wurden u. a. Schlösser, Klingen und Schlüssel gefertigt. Das Hauen von Feilen ist eine sehr alte Tätigkeit. Feilen werden im einfachsten Fall mit einem Meißel und einem Hammer gehauen. Feilenhauer war jahrhundertelang ein eigenständiger Beruf, der eine sehr lange Tradition hat. Er erfordert sehr viel technologische Erfahrung, handwerkliches Geschick und umfangreiche Kenntnisse des Verhaltens der Werkstoffe und der Wärmebehandlungsverfahren. Schon LEONARDO DA VINCI konstruierte einen Feilenhauapparat (Abb. 10.22), um die sehr anstrengende Arbeit des Feilenhauers zu vereinfachen [FEL31]. Er stellt auch zwei Hämmer dar, mit denen der Kreuzhieb erzeugt werden kann. Feilen werden mit den folgenden Fertigungsschritten hergestellt:

- Zuschnitt

    Der Herstellungsprozess beginnt mit dem Zuschnitt der Feilenrohlinge aus einem legierten Werkzeugstahl, entsprechend der Länge der zu fertigenden Feile.

- Schmieden

    Die Angel und die Spitze der Feile, falls sie sich verjüngen, werden angeschmiedet. Bei mittleren und großen Feilen erfolgt dies durch Warmschmieden. Kleinere Feilen wie Schlüssel- und Nadelfeilen wurden auch kaltgeschmiedet.

- Glühen

    Da der Werkzeugstahl sich beim Schmieden und anschließenden Abkühlen aufhärtet, muss er vor der Weiterverarbeitung weichgeglüht werden. Die Feilenrohlinge werden bis zur Rotglut (ca. 750 °C) erhitzt und danach kontrolliert abgekühlt.

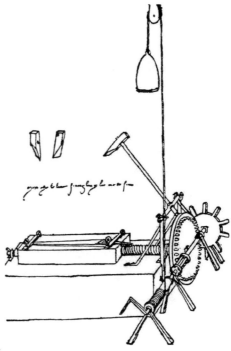

Abb. 10.22 Feilenhauapparat von Leonardo da Vinci [FEL31]

- Vorrichten

    Der Verzug, der durch die vorhergehenden Arbeitsgänge am Rohling entstanden ist, muss vor dem Schleifen durch Richten kompensiert werden.

- Schleifen

    Die Feilenrohlinge erhalten durch Schleifen eine glatte Oberfläche.

- Entgraten

    Die Schleifgrate werden entfernt.

- Hauen / Fräsen

    Nun erfolgt das Einbringen der Hiebe durch Hauen, dabei wird traditionell mit einem Meißel Hieb für Hieb in die Feile geschlagen. Industriell wird diese Arbeit von speziellen Haumaschinen erledigt. Alternativ können die Hiebe auch auf Fräsmaschinen gefertigt werden.

- Nachrichten

  Der Verzug der Feilen, der beim Hauen entstanden ist, muss wiederum durch Richten der Feilenrohlinge kompensiert werden.

- Härten

  Die notwendige Härte der Feilen wird durch Erwärmen der Feilenrohlinge auf etwa 760 °C – 780 °C und anschließendes Abschrecken in einem Öl- oder Wasserbad erreicht.

- Weichglühen der Angel

  Sofern die Angel mit gehärtet wurde, wird sie nun nochmals erwärmt und langsam abgekühlt, um ihr die notwendige Elastizität zu verleihen.

- Reinigen, Versiegeln

  Nach dem Härten und Weichglühen der Angel werden die Feilen gereinigt und mit einem Korrosionsschutz (meist Öl) versehen.

Lange war es üblich, Feilen nachdem sie verschlissen waren, neu zu hauen.

Abb. 10.23 Eiserne Feile um 265 n.Chr. [FEL31]

Dies wird aber in der industriellen Praxis derzeit nur noch vereinzelt durchgeführt. Die hier dargestellten umfangreichen Wärmebehandlungsverfahren sind für die Herstellung sehr vieler Werkzeuge und Bauteile notwendig. Sie sollen exemplarisch verdeutlichen, wieviel Wissen und Erfahrung in vermeintlich einfachen, täglich genutzten Produkten steckt.

10.9 Fertigung von Wasserpumpenzangen

Bei der Fertigung von Wasserpumpenzangen werden eine Reihe von Fertigungs- und Wärmebehandlungsprozessen genutzt, die in den vorhergehenden Kapiteln dieses Buches schon erläutert wurden. Der Fertigungsprozess beginnt mit der Lieferung der Stahldrähte auf einer Rolle (Coil).

- Die Stahlrohlinge werden vom Coil abgetrennt und gerichtet (Abb. 10.25, a).
- In mehreren Gesenkschmiedeschritten wird die Form der beiden Schenkel der Wasserpumpenzange geschaffen (Abb. 10.25, b-e).
- Im nächsten Schritt wird der Grat, der sich beim Gesenkschmieden in der Gratrinne (siehe 2.3.1.3) gebildet hat entfernt (Abb. 10.25, f).
- Durch Sandstrahlen wird der Zunder an den Bauteilen entfernt und in einem weiteren Schritt werden die Schmiedeteile in einer Presse gerichtet und kalibriert. Hierbei wird die Form der Bauteile verbessert (Abb. 10.26, links).

Abb. 10.24 Anlieferungszustand des Rohmaterials als Coil [Quelle: KNIPEX-Werk C. Gustav Putsch KG, Wuppertal]

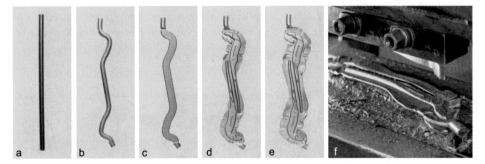

Abb. 10.25 Fertigungsschritte des Umformens einer Wasserpumpenzange [Quelle: KNIPEX-Werk C. Gustav Putsch KG, Wuppertal]

- Die Verzahnung der Wasserpumpenzange, die die Verstellung der Größe des Zangenmauls ermöglicht, wird mit Hilfe eines Lasers hergestellt (siehe Abb. 10.26, Mitte).
- Im nächsten Prozessschritt werden weitere spanende Fertigungsverfahren durchgeführt.
- Um eine hohe Härte und Widerstandsfähigkeit der Zange zu erreichen, wird der Zangenrohling erwärmt und anschließend schnell in einem Ölbad abgekühlt. Die gesamte Zange ist nun sehr hart und relativ spröde. Um eine ausreichende Zähigkeit zu erhalten, muss der Rohling noch angelassen werden, d. h. er wird nochmals erwärmt. Die Anlasstemperatur wird eine Zeitlang gehalten. Die Härte und Sprödigkeit der Zangenschenkel wird reduziert und die Elastizität erhöht (Abb. 10.26, rechts).

- Die Zähne der Wasserpumpenzange werden durch Induktionshärten gehärtet, dabei wird der Werkstoff der Zähne partiell durch Induktion erwärmt und schnell wieder abgeschreckt (Abb. 10.27, links). Anschließend erfolgt ein weiterer Anlassschritt.

Abb. 10.26 Fertigungsschritte einer Wasserpumpenzange [Quelle: KNIPEX-Werk C. Gustav Putsch KG, Wuppertal]

- Nach dem Anlassen erfolgt die Oberfächenbehandlung. Die Chromschicht der verchromten Zangen (Abb. 10.28, rechts) wird durch einen galvanischen Beschichtungsprozess aufgebracht. Die schwarzen Zangen werden zinkphospahtiert.
- Das Maul der Zange wird poliert, dabei entsteht ein Spiegelglanz (Abb. 10.28 links).
- Die Griffe der Wasserpumpenzange werden mit Kunststoff beschichtet (Abb. 10.28 Mitte). Werkzeuge die für Elektroinstallationsanwendungen benutzt werden erhalten einen Mehrkomponentengriff, der eine wirksame eletrische Isolation gewährleistet (Abb. 10.29, Schritt 7).

Abb. 10.27 weitere Fertigungsschritte einer Wasserpumpenzange [Quelle: KNIPEX-Werk C. Gustav Putsch KG, Wuppertal]

Abb. 10.28 finalen Fertigungsschritte einer Wasserpumpenzange [Quelle: KNIPEX-Werk C. Gustav Putsch KG, Wuppertal]

10.10 Fertigung von Schraubendrehern

Die Herstellung von Schraubendrehern beginnt mit der Lieferung von Drahtrollen (Coil) (Abb. 10.24). Danach erfolgen die in Abb. 10.29 dargestellten Fertigungsschritte. Der hier dargestellte Fertigungsprozess zeigt die Schritte der Herstellung eines isolierten Schraubendrehers für Anwendungen im Bereich der Elektroinstallation. Die Schritte für die Fertigung von Schraubendrehern für andere Anwendungen erfolgt analog. Allerdings werden nicht alle Schraubendreher mit Kunststoff ummantelt. Es gibt auch Schraubendreher mit Griffen aus Holz (Abb. 4.53).

- Die Stahlrohlinge werden im ersten Schritt abgetrennt und gerichtet (Abb. 10.29, Schritt 1).
- Das Antriebsprofil, wird durch Umformen (Schmieden) erzeugt (Abb. 10.29, Schritt 2). Das hier dargestellte Profil ist ein Kreuzschlitzprofil.
- Die Flügel werden gepresst, um eine sichere Übertragung des Drehmoments vom Griff auf den Schraubenkopfantrieb zu gewährleisten (Abb. 10.29, Schritt 3).
- Der Rohling des Schraubendrehers wird gehärtet, um eine hohe Verschleissfestigkeit zu erreichen (Abb. 10.29, Schritt 4). Dabei wird der gesamte Rohling erwärmt und anschliessend sehr schnell in einem Wasser- oder Ölbad abgekühlt.
- Um eine ausreichende Zähigkeit zu erhalten muss der Rohling noch angelassen werden (Abb. 10.29, Schritt 4). Dabei wird die Härte und Sprödigkeit des Bauteils reduziert und die Elastizität erhöht, allerdings mit Ausnahme des Schraubenprofils. Dieses soll hart und Widerstandsfähig bleiben.
- Anschließend erfolgt eine Oberflächenbehandlung, das Schwärzen, hierbei wird der Korrosionsschutz verbessert und die ästhetische Erscheinung verändert (Abb. 10.29, Schritt 4).
- Im nächsten Schritt (Abb. 10.29, Schritt 5) wird die Klinge umspritzt, um eine ausreichende elektrische Isolation zu erreichen.
- Die Rohform des Griffes wird im nächsten Schritt an die Klinge gespritzt (Abb. 10.29, Schritt 6).
- Die Endform des Schraubendrehers und die finale haptische Anmutung werden durch das Umspitzen mit zwei verschieden farbigen Kunststoffen erreicht (Abb. 10.29, Schritt 7).

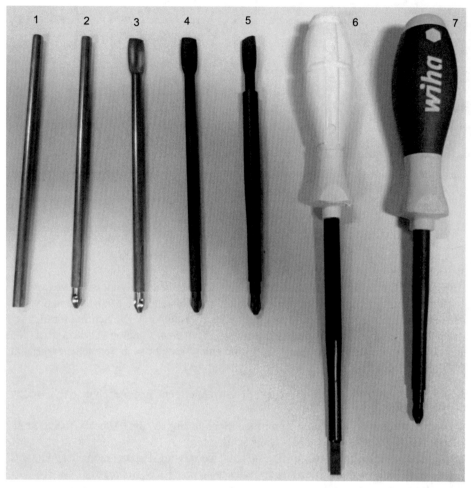

Abb. 10.29 Fertigungsprozessschritte eines Schraubedrehers [Quelle: Wiha Werkzeuge GmbH, Schonach]

10.11 Fertigung von Maulschlüsseln

Bei der Herstellung von Schraubenschlüsseln werden eine Vielzahl von Fertigungs- und Wärmebehandlungsprozessen angewendet. Obwohl diese Werkzeuge, die jeder schon einmal benutzt hat, relativ einfach wirken, ist bei deren Herstellung sehr große Erfahrung und Sorgfalt erforderlich. Die genaue Einhaltung der Fertigungstoleranzen ist für eine hohe Zuverlässigkeit und Arbeitssicherheit unbedingt erforderlich. In Abb. 10.30 ist deutlich zu erkennen, wie sich eine Vergrößerung der Toleranzen auf die Belastung eines Maulschlüssels auswirkt. Die Punktbelastung nimmt deutlich zu und ermöglicht das Versagen des Grundwerkstoffs des Maulschlüssels und das Verrunden des Schraubenkopfes. Dadurch steigt die Gefahr von schweren Arbeitsunfällen durch abrutschen.

Wird ein minderwertiger Werkstoff für die Herstellung von Werkzeugen verwendet, kann es ebenfalls zum Abrutschen durch Verrundung vom Schraubenkopf kommen, es kann

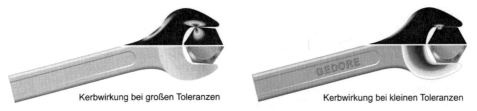

Kerbwirkung bei großen Toleranzen | Kerbwirkung bei kleinen Toleranzen

Abb. 10.30 Einfluss der Toleranzen auf die Kerbwirkung im Maulbereich eines Maulschlüssels [Quelle: Gedore GmbH & Co. KG, Remscheid]

auch das Maul des Werkzeugs brechen. Ein Maulschlüssel aus sehr minderwertigem Material ist in Abb. 10.31 dargestellt. Es sind deutlich die Poren im Grundkörper und ein Riss im Maul zu erkennen. Die Arbeit mit derartigen Werkzeugen ist sehr gefährlich. Bei der

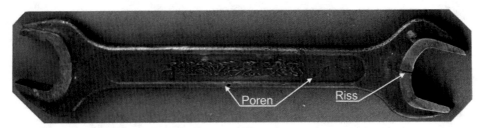

Abb. 10.31 fehlerhafter Maulschlüssel

Beschaffung auch von einfachen Werkzeugen ist es sehr wichtig, nicht nur auf den Preis, sondern auch auf die Qualität der verwendeten Werkstoffe und Herstellungsprozesse zu achten. Die einzelnen Fertigungs- und Wärmebehandlungsprozesse für einen Maulschlüssel sind in Abb. 10.32 dargestellt.

10.12 Rohrherstellung

Die Fertigung von Rohren hat eine sehr große industrielle Bedeutung, da Röhren in fast allen Bereichen der Industrie Anwendung finden. In der Zeit des kalten Krieges wurde versucht, mit Hilfe eines Röhrenembargos den Aufbau von Erdölpipelines in den Ostblockstaaten zu behindern.

10.12.1 Nahtlose Rohre

In der Praxis wird für die Herstellung nahtloser Rohre überwiegend das Mannesmann-Verfahren verwendet, wie es in Abb. 10.33 dargestellt ist. Das Verfahren wurde von den Brüdern MAX und REINHARD MANNESMANN zwischen 1885 und 1890 entwickelt. Die runde, zu walzende Stange wird dabei zwischen zwei Walzen geführt, die schräg zu einander stehen. Durch die Walkarbeit der gleichsinnig drehenden Walzen wird die Stange

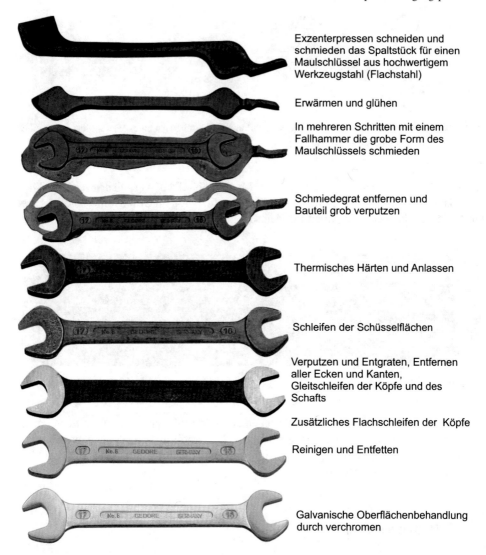

Exzenterpressen schneiden und schmieden das Spaltstück für einen Maulschlüssel aus hochwertigem Werkzeugstahl (Flachstahl)

Erwärmen und glühen

In mehreren Schritten mit einem Fallhammer die grobe Form des Maulschlüssels schmieden

Schmiedegrat entfernen und Bauteil grob verputzen

Thermisches Härten und Anlassen

Schleifen der Schüsselflächen

Verputzen und Entgraten, Entfernen aller Ecken und Kanten, Gleitschleifen der Köpfe und des Schafts

Zusätzliches Flachschleifen der Köpfe

Reinigen und Entfetten

Galvanische Oberflächenbehandlung durch verchromen

Abb. 10.32 Herstellungsprozess eines Maulschlüssels [Quelle: Gedore GmbH & Co. KG, Remscheid]

in ihrer Mitte aufgerissen. Das entstehende Rohr wird auf den Glättdorn gedrückt, der dabei die Innenfläche des Rohres glättet. Zum Fertigwalzen wird im Anschluss das Pilger-schnittverfahren verwendet. Weitere Verfahren zur Herstellung von nahtlosen Rohren sind das Kegelloch-Verfahren, das Scheiben-Loch-Walzverfahren und das Pressverfahren nach EHRHARDT.

Das Pilgerschrittverfahren ist ein Walzverfahren zur Weiterbearbeitung von nahtlosen Rohren. Ziel dieses Verfahrens ist es, die Wanddicke von Rohren, die nach dem Mannes-mann-Verfahren hergestellt wurden, zu reduzieren. Hierbei wird in die Rohrrohlinge (auch als Rohrluppen bezeichnet) ein Dorn mit dem Innendurchmesser des fertigen Rohres, ein-geführt. Die äußeren Walzen fertigen dann den gewünschten Außendurchmesser, indem die Rohrluppe eine hin- und hergehende Bewegung ausführt. Die beiden Walzen drehen

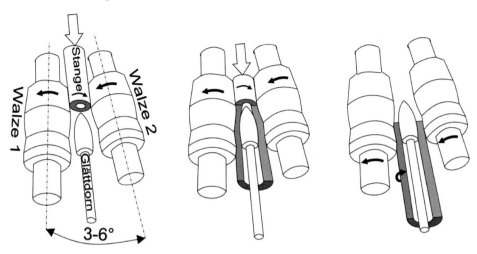

Abb. 10.33 Prinzip Mannesmann Verfahren

sich dabei in entgegengesetzter Richtung. Die pendelnde Bewegung aus Vorschub und Rückwärtswalzen führte zur Benennung des Verfahrens.

10.12.2 Rohre mit Naht

Rohre mit einer Naht können gefertigt werden, indem Blechstreifen schraubenförmig zu einem Rohr gewickelt werden oder Blechstreifen in Rohrachsrichtung rund gebogen werden. Bei beiden Fertigungsprozessen ist im Anschluss an den Umformprozess ein Schweißprozess an den Verbindungsstellen notwendig, um die Rohre zu schließen. Nahtrohre sind zwar deutlich preiswerter herzustellen, können allerdings nicht für alle Anwendungen genutzt werden, da sie nicht für hohe Drücke geeignet sind. Rohre mit geradliniger Naht können unter anderem auf einer Schleppziehbank

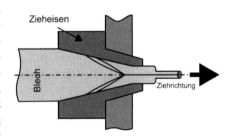

Abb. 10.34 Schleppziehverfahren zur Herstellung von Rohren

(Abb. 10.34), aber auch auf einem Einrollwalzwerk (Abb. 10.35) gefertigt werden. Rohre mit einer Schraubenliniennaht (Abb. 10.36) werden von einem Coil gewickelt, hydraulisch gespannt und durch einen automatisierten Unterpulverschweißprozess gefügt. Es gibt ebenfalls die Möglichkeit gewickelte Rohre vom Coil zu fertigen, indem die Verbindung nicht geschweißt sondern gebördelt wird. Dieses Verfahren wird insbesondere bei Rohren, die geringen mechanischen Belastungen ausgesetzt sind, wie Lüftungsrohre und Filterrohre angewendet.

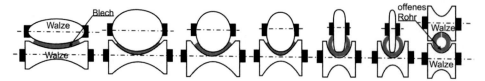

Abb. 10.35 Einrollwalzwerk

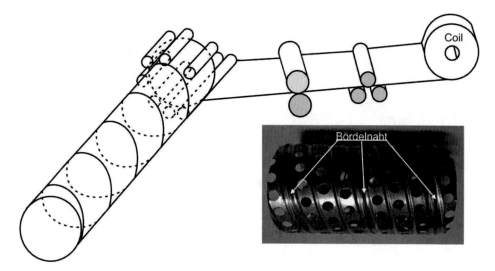

Abb. 10.36 Fertigung von Rohren mit Schraubenliniennaht (geschweißt oder gebördelt)

10.13 Herstellung von gesinterten Bauteilen

Die Herstellung von gesinterten Bauteilen bildet insbesondere bei der Werkzeugherstellung die Grundlage aller weiteren Fertigungsprozesse. Der Fertigungsprozess, dargestellt in Abb. 10.37 und 10.38 läuft in folgenden Schritten ab:

Abb. 10.37 Keramikherstellung erste Schritte [Quelle: HC Starck GmbH, Selb]

- Masseaufbereitung: Nach dem Anliefern der Rohstoffe erfolgt die Masseaufbereitung durch Mahlen, Mischen, Filtrieren, Granulieren und Sprühtrocknen. Durch diese Schritte wird die Korngröße, die Zusammensetzung und die Reinheit des Werkstoffes bestimmt. Je nach folgenden Formgebungsverfahren muss nun ein entsprechendes Rohstoffgemisch hergestellt werden.
- Formgebungsprozess: Die Formgebung kann durch Trocken- oder Nasspressen, isostatisches Pressen, Extrudieren, Schlicker- oder Spritzgießen erfolgen. Bei diesem Prozess ergibt sich eine erste Verdichtung und der Werkstoff erhält seine erste Form. Dieser sogenannte Grünling ist noch relativ weich und spröde, er hat in etwa die Konsistenz von Butterkeks, er kann in diesem Zustand noch relativ leicht und kostengünstig bearbeitet werden.
- Brandvorbereitung: Vor dem Sintern müssen ggfs. organische Verunreinigungen, Bindemittel oder auch Wasser entfernt werden.
- Sintervorgang: Die Endhärte des Bauteils wird beim Sintern erreicht. Dieser Prozess findet bei etwa $0,75 \cdot T_s$ in Sinteröfen statt. Er kann, je nach Werkstoff, unter verschiedenen Atmosphären (z. B. Vakuum oder Schutzgas) stattfinden. Beim Sintern schwindet das Material und es verzieht sich auch geringfügig. Der Volumenschwund muss bei der Grünbearbeitung vorgehalten werden.
- Endbearbeitung: Kann durch Schleifen, Läppen, Funkenerodieren oder auch Laserbearbeitung erfolgen. Keramikbauteile die nicht hart bearbeitet wurden, werden als "as fired", wie gebrannt, bezeichnet.

Die oben dargestellten Prozesse finden bei Herstellung von z. B. HM-Werkzeugen statt, bevor dieser zum fertigen Produkt weiterbearbeitet wird.

Pressen des Pulvers Grünbearbeitung (Drehen) Sintern im Sinterofen Hartbearbeitung des Bauteils (Rundschleifen)

Abb. 10.38 Keramikherstellung letzte Schritte [Quelle: HC Starck GmbH, Selb]

Literaturverzeichnis 10

[FEL31]   Feldhaus, F. M.: Die Technik der Antike und des Mittelalters. Akademische Verlags-
               gesellschaft Athenion Potsdam, 1931

[FRI18]   Fritz, A.H. (Hrsg.): Fertigungstechnik. 12. Auflage, Berlin/Heidelberg, Springer Ver-
               lag, 2018.

[DIN 13-1]   DIN 13-1: Metrisches ISO-Gewinde allgemeiner Anwendung- Teil 1: Nennmaße für
               Regelgewinde; Gewinde-Nenndurchmesser von 1 mm bis 68 mm, Beuth Verlag, Ber-
               lin, 1999

[DIN 13-2]   DIN 13-2: Metrisches ISO-Gewinde allgemeiner Anwendung- Teil 2: Nennma-
               ße für Feingewindemit Steigungen 0,2 mm, 0,25 mm und 0,35 mm; Gewinde-
               Nenndurchmesser von 1 mm bis 50 mm, Beuth Verlag, Berlin, 1999

[DIN 13-3]   DIN 13-3: Metrisches ISO-Gewinde allgemeiner Anwendung- Teil 3: Nennmaße für
               Feingewinde mit Steigung 0,5 mm; Gewinde-Nenndurchmesser von 3,5 mm bis 90
               mm, Beuth Verlag, Berlin, 1999

[DIN 13-4]   DIN 13-4: Metrisches ISO-Gewinde allgemeiner Anwendung- Teil 4: Nennmaße für
               Feingewinde mit Steigung 0,75 mm; Gewinde-Nenndurchmesser von 5 mm bis 110
               mm, Beuth Verlag, Berlin, 1999

[DIN 13-5]   DIN 13-5: Metrisches ISO-Gewinde allgemeiner Anwendung- Teil 5: Nennmaße für
               Feingewinde mit Steigungen 1 mm und 1,25 mm; Gewinde-Nenndurchmesser von 7,5
               mm bis 200 mm, Beuth Verlag, Berlin, 1999

[DIN 13-6]   DIN 13-6: Metrisches ISO-Gewinde allgemeiner Anwendung- Teil 6: Nennmaße für
               Feingewinde mit Steigung 1,5 mm; Gewinde-Nenndurchmesser von 12 mm bis 300
               mm, Beuth Verlag, Berlin, 1999

[DIN 13-7]   DIN 13-7: Metrisches ISO-Gewinde allgemeiner Anwendung- Teil 7: Nennmaße für
               Feingewinde mit Steigung 2 mm; Gewinde-Nenndurchmesser von 17 mm bis 300 mm,
               Beuth Verlag, Berlin, 1999

[DIN 13-8]   DIN 13-8: Metrisches ISO-Gewinde allgemeiner Anwendung- Teil 8: Nennmaße für
               Feingewinde mit Steigung 3 mm; Gewinde-Nenndurchmesser von 28 mm bis 300 mm,
               Beuth Verlag, Berlin, 1999

[DIN 13-9]   DIN 13-9: Metrisches ISO-Gewinde allgemeiner Anwendung- Teil 9: Nennmaße für
               Feingewinde mit Steigung 4 mm; Gewinde-Nenndurchmesser von 40 mm bis 300 mm,
               Beuth Verlag, Berlin, 1999

[DIN 13-10]   DIN 13-10: Metrisches ISO-Gewinde allgemeiner Anwendung- Teil 10: Nennmaße
               für Feingewinde mit Steigung 6 mm; Gewinde-Nenndurchmesser von 70 mm bis 500
               mm, Beuth Verlag, Berlin, 1999

[DIN 13-11]   DIN 13-11: Metrisches ISO-Gewinde allgemeiner Anwendung- Teil 11: Nennmaße für
               Feingewinde mit Steigung 8 mm; Gewinde-Nenndurchmesser von 130 mm bis 1000
               mm, Beuth Verlag, Berlin, 1999

[DIN 13-19]   DIN 13-19: Metrisches ISO-Gewinde allgemeiner Anwendung- Teil 19: Nennprofile,
               Beuth Verlag, Berlin, 1999

[DIN 103-1]   DIN 103-2: 1977-04: Metrisches ISO-Trapezgewinde; Gewindeprofile, Beuth Verlag,
               Berlin, 1977

[DIN 103-2]   DIN 103-2: 1977-04: Metrisches ISO-Trapezgewinde; Gewindereihen, Beuth Verlag,
               Berlin, 1977

[DIN 103-3]   DIN 103-3: 1977-04: Metrisches ISO-Trapezgewinde; Abmaße und Toleranzen für
               Trapezgewinde allgemeiner Anwendung, Beuth Verlag, Berlin, 1977

[DIN 103-4]   DIN 103-4: 1977-04: Metrisches ISO-Trapezgewinde; Nennmaße, Beuth Verlag, Ber-
               lin, 1977

[DIN 103-5]   DIN 103-5: 1972-10: Metrisches ISO-Trapezgewinde; Grenzmaße für Muttergewinde
               von 8 bis 100 mm Nenndurchmesser, Beuth Verlag, Berlin, 1972

[DIN 103-6]   DIN 103-6: 1972-10: Metrisches ISO-Trapezgewinde; Grenzmaße für Muttergewinde
               von 105 bis 300 mm Nenndurchmesser, Beuth Verlag, Berlin, 1972

[DIN 103-7]   DIN 103-7: 1972-10: Metrisches ISO-Trapezgewinde; Grenzmaße für Bolzengewinde
               von 8 bis 100 mm Nenndurchmesser, Beuth Verlag, Berlin, 1972

[DIN 103-8]   DIN 103-8: 1972-10: Metrisches ISO-Trapezgewinde; Grenzmaße für Bolzengewinde
               von 105 bis 300 mm Nenndurchmesser, Beuth Verlag, Berlin, 1972

[DIN EN ISO 228-1] DIN EN ISO 228-1: 2003-05: Rohrgewinde für nicht im Gewinde dichtende Verbindungen - Teil 1: Maße, Toleranzen und Bezeichnung (ISO 228-1:2000); Beuth Verlag, Berlin, 2003

[DIN 380-1] DIN 380-1: 1985-04: Flaches Metrisches Trapezgewinde; Gewindeprofile, Beuth Verlag, Berlin, 1985

[DIN 380-2] DIN 380-2: 1985-04: Flaches Metrisches Trapezgewinde; Gewindereihen, Beuth Verlag, Berlin, 1985

[DIN 2781] DIN 2781: 1990-09: Werkzeugmaschinen; Sägengewinde 45°, eingängig, für hydraulische Pressen, Beuth Verlag, Berlin, 1985

[DIN 3858] DIN 3858: 2005-08: Whitworth-Rohrgewinde für Rohrverschraubungen - Zylindrisches Innengewinde und kegeliges Außengewinde - Maße, Beuth Verlag, Berlin, 2005

[DIN 6063-1] DIN 6063-1: 2011-04: Gewinde, vorzugsweise für Kunststoffbehältnisse - Teil 1: Sägengewinde, Maße, Beuth Verlag, Berlin, 2011

[DIN 40430] DIN 40430: 1971-02: Stahlpanzerrohr-Gewinde; Maße, Beuth Verlag, Berlin, 1971

[DIN 30295-1] DIN 30295-1: 1973-05: Gerundetes Trapezgewinde; Nennmaße, Beuth Verlag, Berlin, 1973

[DIN 30295-2] DIN 30295-2: 1973-05: Gerundetes Trapezgewinde; Gewindegrenzmaße und Abmaße, Zulässige Abweichungen und zulässige Abnutzungen der Gewindelehren, Beuth Verlag, Berlin, 1973

[DIN 55525] DIN 55525: 1988-11: Gewinde, vorzugsweise für Kunststoff- und Glasbehältnisse mit einheitlicher Schraubkappe; Sägengewinde; Maße, Beuth Verlag, Berlin, 1988

[DIN EN 62444] DIN EN 62444: 2014-05: Kabelverschraubungen für elektrische Installationen (IEC 62444: 2010, modifiziert); Deutsche Fassung EN 62444: 2013, Beuth Verlag, Berlin, 2014

Sachverzeichnis

Printed in the United States
by Baker & Taylor Publisher Services